## SUPER FLY

Copyright © 2021 by Jonathan Balcombe
All rights reserved
Korean translation rights ⓒ 2025 by SangSangSquare
This edition is published by arrangement with Dystel,
Goderich & Bourret LLC through EYA Co.,Ltd

Excerpt from "Blackfly Song" by Wade Hemsworth, Copyright © 1963 by Southern Music Publishing Co. Inc. Copyright © renewed. International rights secured. Used by permission. All rights reserved.

"The Fly" by Ogden Nash, copyright © 1942 by Ogden Nash, renewed. Reprinted by permission of Curtis Brown Ltd.

이 책의 한국어판 저작권은 EYA Co.,Ltd를 통한
Dystel, Goderich & Bourret LLC사와의 독점계약으로
주식회사 상상스퀘어가 소유합니다.
저작권법에 의하여 한국 내에서 보호를 받는 저작물이므로
무단전재 및 복제를 금합니다.

우리가 가장 싫어하지만
가장 필요한 존재에 관하여

조너선 밸컴 지음 정다은 옮김

# 신이
# 선택한
# 곤충

상상스퀘어

## 《신이 선택한 곤충》에 쏟아진 찬사

"파리란! 짜증 나는 곤충이다. 여름에 바깥에서 식사할 때면 음식 위에 훌쩍 올라앉고, 말의 눈가에 떼 지어 모이며, 작은 발을 간질대면서 병을 옮긴다. 어떻게 파리로 책 한 권을 쓸 수 있을까! 내가 해 줄 최고의 말은 '이 책을 읽으세요!'다. 《신이 선택한 곤충》은 타고난 동물학자이자 이야기꾼이 쓴 아주 재미있고, 이해하기 쉬우며, 유쾌한 유머 감각이 담긴 훌륭한 책이다. 조너선 밸컴은 어마어마하게 다양한 파리 종에 관한 해박한 지식뿐 아니라, 날개 달린 멋진 존재를 향한 진정한 사랑도 녹여 낸다. 파리는 조화로운 삶을 살아가는 데 정말 중요한 역할을 하는 존재다."

— 제인 구달, 박사이자 DBE(대영제국 2등급 훈장 - 옮긴이),
제인 구달 연구소 Jane Goodall Institute 설립자이자 UN 평화 대사

"밸컴이 또 해냈다. 오해받고 푸대접받은 생물의 껍질을 벗겨 내듯 파리의 뜬소문을 벗겨 내고, 파리가 경이롭고 위풍당당하며 우아하다는 사실을 보여 준다. 나는 파리의 눈 속에서 밸컴이 밝혀낸 천상의 푸른빛에 넋을 잃고 이 책을 덮었다. 파리가 잘 알려지지 않은 꽃가루 매개자이자, 법의학 도구로 쓰이며, 미술 작품 속에 숨은 암호처럼 늘 우리 주변에 존재해 왔다는

사실을 알게 돼 무척 기뻤다. 이 책에는 자연을 사랑하는 사람, 엔지니어, 시인, 세상을 사랑하는 마음에 다시 불을 붙이고픈, 지친 지친 영혼을 위한 선물이 빼곡히 담겨 있다."

— 룰루 밀러, 《물고기는 존재하지 않는다》의 저자이자 〈라디오랩Radiolab〉의 공동 진행자

"생물학자 조너선 밸컴은 파리의 세계에 깊이 파고들면서 우리의 마음을 사로잡는다. 유머러스한 이 책은 연구를 위해 아프리카로 떠났을 때 구더기가 몸에 침입한 일화를 생생하게 그려 내면서, 보통은 윙윙대며 물어뜯는 해충으로 보고 넘기지만 실은 매우 복잡하고 비밀스러운 파리의 세계를 드러낸다. 밸컴은 생동감 넘치는 문장으로 복잡한 자연 세계를 완벽하게 보여 준다. 탁상공론만 하는 동식물 연구가라면 아마도 깜짝 놀라며, 이 책처럼 자연 세계를 생생하게 그려 낸 《꿀벌의 숲속살이》나 《문어와 영혼》 같은 책들과 함께 읽으면 금상첨화라는 사실을 알게 될 것이다."

— 〈퍼블리셔스위클리〉(별점 리뷰)

"전염성 있는 열정과 엄청난 공감을 바탕으로 쓴 이 책을 읽으면, 화들짝 놀라면서도 즐거워진다. 과학에 스토리텔링과 명확성, 우아함과 유머까지 결합한 밸컴은 남들이 선뜻 나서지 못하고 망설인 길을 기꺼이 걸으려는 의지를 보여 준다. 적극적으로 추천할 수밖에 없는 책."

— 제프리 무사예프 메이슨, 《코끼리가 울고 있을 때》의 공동 저자

"시인 오그덴 나시는 '신은 지혜롭게도 파리를 창조해 놓고, 우리에게 이유를 알려 주는 건 깜빡했다'라고 썼다. 우리는 조너선 밸컴이 쓴 재치 있는 책 덕분에 그 이유를 알고 눈을 번쩍 뜨게 될 것이다. 밸컴은 파리가 생태계뿐 아니라 훨씬 더 많은 곳에서 놀라운 역할을 해낸다는 사실을 알려 준다. 이 책은 술술 읽히고, 재미있으며, 학술적이기까지 하다."

—잉그리드 뉴커크, 동물을 인도적으로 사랑하는 사람들PETA의 회장이자 공동 창립자

"인간이 지구를 지배하는 동물이라고 생각한 바로 그 순간, 조너선 밸컴이 개성 넘치고 재미있는 산문과 함께 들이닥쳐서는 '사실 사람 한 명당 파리는 1,700만 마리나 된다'고 일깨워 준다. 그런데 우리는 어디에나 있으면서도 이렇게 중요한 생물에 관해 얼마나 알고 있을까? 이 책에서 눈을 뗄 수 없는 이야기를 읽고 나면 파리목에 대한 무지에서 벗어날 뿐 아니라, 어떤 파티에 가든 가장 재미있게 나눌 만한 이야기도 알게 된다."

—폴 샤피로, 《클린 미트: 인간과 동물 모두를 구할 대담한 식량 혁명》의 저자

"이렇게 매력이 넘치는 데다 탄탄한 연구를 바탕으로 한 이 책을 읽고 나면 우리가 왜 파리 없이는 살 수 없는지 깨닫게 된다. 책을 읽고 이들이 제공하는 '생태학적 서비스'를 이해하고 존중하자. 그리고 우리보다 감각과 능력이 훨씬 더 많이 발달한 파리는 어떻게 느낄지도 생각해 보자."

—마이클 W. 폭스, 수의사이자 생태학자,
《동물과 자연이 제일이다Animals and Nature First》의 저자

"조너선 밸컴은 물고기에 관한 행동, 인식, 감정 연구의 뒤를 이어 파리에 관한 연구를 훌륭히 이어 나간다. 물고기는 많은 사람이 물을 따라 흘러 다니는 한낱 식용 단백질로만 보던 존재였다. 《신이 선택한 곤충》에서 밸컴은 파리 또한 물고기처럼 복잡하면서도 멋진 존재이며, 가벼이 처치하거나 찰싹 때려도 되는 해충이 아니라는 사실을 보여 준다. 파리는 우둔하고 무감각한 무언가가 아니라 소중한 생명이다. 우리는 반드시 파리를 소중히 여겨야 한다. 나의 유일한 바람은 사람들이 이 책처럼 아주 독보적이고, 중요하며, 사실로 꽉 찬 책을 다 읽은 후 파리와 소외된 동물을 진심으로 존중해 줬으면 한다. 놀라운 곤충의 삶을 들여다보는 과정에서 우리 자신에 대해서도 크게 깨닫는 바가 있을 것이다."

―마크 베코프, 《동물의 감정은 왜 중요한가》, 《개와 산책하는 방법》의 저자

"지구는 미세한 깔따구부터 벌새를 무찌를 만큼 거대한 파리매, 날개 없는 파리, 물속에서 헤엄치는 파리, 흡혈파리, 코뿔소 뱃속에 사는 파리까지 16만 종이 넘는 파리의 터전이다. 꼼꼼한 연구를 뛰어난 스토리텔링과 결합한 《신이 선택한 곤충》은 짜증 나고, 치명적이지만, 흥미로운 생물의 행동과 생활사 그리고 이들이 인류에 끼치는 영향을 모든 면에서 다룬다. 조너선 밸컴은 이 책 덕에 오늘날 손꼽히는 과학 작가로 단단히 자리매김할 것이다. 이 책을 읽고 나면, 파리채를 집어 들 때 망설이게 될 것이다."

―할 헤르조그, 《우리가 먹고 사랑하고 혐오하는 동물들》의 저자

"조너선 밸컴은 어떤 주제든 간에 물 흐르듯 매력 넘치게 글을 쓰는 작가다. 밸컴이 쓴 전작들처럼 이 책도 매우 매력적이다. 엄청나게 뛰어나지만, 자그마한 동물 무리를 재미나게 둘러볼 기회를 얻었다. 책을 읽은 뒤 깨달음을 얻고 나면, 전에는 불가능하리라고 생각했던 방식으로 공감하게 될 것이다."

─브루스 프리드리히, 굿푸드 인스티튜트The Good Food Institute 공동 창립자이자 대표

"조너선 밸컴은 오랫동안 '소외된 동물'을 위해 훌륭하게 목소리를 내왔다. 밸컴은 동물의 왕국 구석진 곳에 몰려 가장 오해받는 동물의 내밀한 삶을 통찰력 있게 바라보며 공감을 얻는다. 탁월한 연구자이자 이야기꾼인 밸컴은 자신의 역량을 온전히 발휘해 동물 세계에서 가장 흔하지만 잘 안 알려진 파리의 숨겨진 세계를 흥미롭게 풀어내고 있다."

─스티븐 A. 마셜, 온타리오 궬프대학교 곤충학 교수이자
《파리: 파리목의 자연사와 다양성Flies: The Natural History and Diversity of Diptera》의 저자

"《신이 선택한 곤충》은 파리에 관한 흥미로운 사실들로 가득하다. 수많은 생물체 사이에서 주목받지 못하는 파리와 관련해 저자가 겪은 재미있는 일화도 담겨 있다. 밸컴은 파리의 다양성과 복잡성을 통해 경이로움을 이끌어 내는 동시에, 이들이 지구에서 꼭 필요한 역할을 한다는 사실을 훌륭하게 보여 준다."

─소니아 파루키, 《동물 농장 프로젝트Project Animal Farm》,
《굴 도둑The Oyster Thief》의 저자

"《신이 선택한 곤충》은 우리가 깊게 생각하지 못한, 작고 잘 알려지지 않은 생명체의 세계로 안내한다. 당신이 무엇을 기대하든 그 이상을 보여주는 재미있는 책이다. 아름다움, 다양성, 생활 방식, 놀라운 적응력, 그리고 감히 말하건대 파리의 지능과 감정까지, 이 모든 것이 빠짐없이 우아하게 펼쳐진다. 밸컴이 《물고기는 알고 있다》를 통해 물속에 사는 사촌에 대한 우리의 관점을 완전히 바꿔 놓았듯이, 《신이 선택한 곤충》을 통해 인간과 훨씬 먼 거리에 있는 사촌에 대한 관점을 완전히 바꿔 놓는다. 이 책의 가장 큰 강점은 우리의 공감 능력에 한계란 없다는 사실을 설득력 있게 보여 준다는 점이다. 이 책을 읽고 나면, 두 번 다시 파리를 예전과 똑같이 생각하지 않을 것이다."

— 롭 레이들로, 주체크 INC. Zoocheck Inc. 이사

파리에 대해 거의 모든 것을 꿰고 있는 재능 있는 작가를 떠올려 보라. 이제 작가가 그 지식을 누구나 쉽게 읽고 이해할 수 있도록 정리하고, 파리를 매우 중요하면서도 매혹적인 존재로 그려낸 책을 썼다고 상상해 보라. 그 책을 읽고 나면, 파리를 넘어서 생명과 세계를 새롭게 바라보게 될 것이다. 조너선 밸컴이 쓴 《신이 선택한 곤충》이 바로 그런 책이다. 이 책은 곤충의 시선으로 들여다본, 경이롭고도 유쾌한 생명의 복잡성을 찬미한다.

— 빌 스트리버, 생물학자이자 《콜드 Cold》,
《바다 깊은 곳에서 In Oceans Deep》를 쓴 베스트셀러 작가

"《신이 선택한 곤충》은 파리의 삶을 정교하게 엮은 놀라운 이야기를 들려준다. 많은 사람이 파리를 역겹고 해로운 존재로 여기지만, 밸컴은 유해한 종은 사실 다양하고 흥미로운 파리 무리 중 극히 일부에 불과하다는 사실을 보여 준다. 밸컴은 파리의 놀라운 행동, 생태계에서의 중요성, 지구상 어디에나 존재한다는 보편성을 다룬 흥미로운 이야기를 들려준다. 이 책에서 중요한 점은 밸컴의 경쾌하고 매력적인 문체를 통해 이 작고도 놀라운 생명체들의 세계에 깃든 경이로움과 아름다움이 생생하게 드러난다는 점이리라."

— 아트 보켄트 박사, 왕립 브리티시컬럼비아 박물관 및 미국 자연사 박물관 연구원

"《신이 선택한 곤충》을 처음 읽게 될 사람들이 너무 부럽다. 나는 거의 50년 동안 동물학을 연구했는데 이 책에서 새롭고 멋진 사실들을 많이 배웠다. 이 책은 자연계에서 아마 가장 다양하고, 다채로우며, 매혹적인 파리의 세계로 들어가는 마법 같은 통로가 되어 줄 것이다. 정교한 연구, 아름다운 문장, 그리고 요즘 시대에는 보기 드물게 과학적으로 100퍼센트 정확하다는 점까지, 《신이 선택한 곤충》에는 우리가 조너선 밸컴이 쓴 책에서 기대하는 모든 것이 담겨 있다. 나의 두 아이가 조금 더 자라 이 책을 읽고 크게 즐거워할 날이 기대된다."

— 블라디미르 디네츠 박사, 《용의 노래 Dragon Songs》,
《피터슨 포유류 찾기 안내서 Peterson's Guide to Finding Mammals》의 저자

"밸컴은 끝없이 연구를 이어 나가며 모든 동물을 소중한 존재로 만든다. 《신이 선택한 곤충》과 함께라면 파리가 지구에 존재하는 생명체가 생존하는 데 있어 토대라는 점도 알게 된다. 살아 있는 존재에 평생을 바칠 만큼 크나큰 애정을 품은 밸컴은 이 책에 과학과 개인의 경험뿐 아니라 미시적 관점과 통찰까지 결합한다. 모든 존재를 진지하면서도 즐겁게 바라볼 수 있는 새로운 장르의 책이라고 해도 과언이 아니다. 구달과 베코프여, 이제 훌륭한 후배에게 자리를 양보하시라."

─케네스 샤피로 박사, 동물과 사회 연구소 Animals and Society Institute 이사장

"우리는 우리 주위를 둘러싼 엄청나게 다양하고 풍부한 곤충 세계를 알지 못한 채 인생을 산다. 곤충은 너무도 자주 비난 받는다. 특히 파리의 평판은 매우 안 좋다. 파리를 떠올리면 말라리아, 황열, 콜레라 같은 질병부터 떠오른다. 하지만 우리는 파리 없이 살아남을 수 없다. 조너선 밸컴은 《신이 선택한 곤충》에서 흥미로운 파리의 세계를 남다르게 확장한다. 밸컴은 매력이 넘치고 유머러스한 글을 쓰는 사람이다. 내가 파리를 다루는 책을 앞에 두고 '이 책 맘에 들어!'라고 말하게 될 줄은 전혀 몰랐다."

─아이샤 아크타르, 의학 박사이자 공중 보건학 석사,
《동물과 함께하는 삶: 사람과 동물이 공유하는 감정, 건강, 운명에 관하여》의 저자

"생생하고 명쾌한 탐구. 파리와 관련해 알고 싶었던 내용보다 훨씬 많은 내용이 이 한 권에 모두 담겨 있다."

―〈커커스리뷰〉

"이 책을 읽으면 파리를 예전처럼 바라볼 수 없을 것이다. 밸컴에게 감사의 인사를 전한다. 그는 파리라는 일상 속 평범한 생명체에게 무한한 경이로움이 숨어 있다는 사실을 일깨워 주었다."

―사이 몽고메리, 《문어의 영혼》의 저자, '내셔널 북 어워드' 최종 수상 후보

이름 모를 100경에게

차례

## 1부　파리란 무엇인가

1　신의 총애를 받은 존재　19
2　파리가 일하는 방식　48
3　깨어 있는가?(곤충이 생각한다는 증거)　74

## 2부　파리는 어떻게 사는가

4　기생충과 포식자　105
5　피 수색자　137
6　음식물 쓰레기 처리자이자 재생 처리자　167
7　식물학자　191
8　연애 상대　215

## 3부　파리와 사람

9　유전율의 영웅　247
10　매개체와 해충　273
11　탐정과 의사　301
12　파리에게 마음 쓰기　329

감사의 말　353
미주　356
참고문헌　393

# 파리란 무엇인가

**1부**

# 1
# 신의 총애를 받은 존재

> 인간의 지식은 세계 기록 보관소에서 삭제될 것이다. 우리가 각다귀에게 마지막으로 들어야 할 말을 알게 되기도 전에 말이다.
>
> ─장 앙리 파브르 Jean-Henri Fabre

여섯째 날쯤, 가슴에 난 자그맣고 빨갛게 부푼 자국 네 개가 모기에게 뜯긴 게 아니라는 사실을 알게 됐다. 남아공 크루거 국립 공원 Kruger National Park에서 한 달간 체류하던 시절로, 3주 차였다. 생물학자 14명으로 구성된 팀의 일원으로서 그곳에서 박쥐의 움직임과 휴식 습성을 연구했다. 우리 중 몇 명은 무선 장치를 단 아프리카 노란집박쥐 몇 마리의 위치를 추적하려고 시도하던 사이에 점심을 먹으며 쉬고 있었다.

부푼 자국이 날이 갈수록 점점 더 커지면서 가려웠다. 하지만 대수롭지 않게 여겼다. 뭐든 간에 아프리카 모기가 작정하고 물면 내가 더 민감하게 반응할 거라고 생각했다. 샌드위치를 우적우적 베어 물면서 셔츠 위로 툭 튀어나온 부분을 대충대충 긁던 순간, 이상한 느낌이 들었다. 살짝 간지러웠다. 셔츠를 벗고 부푼 자국 하나를 꼼꼼히 뜯어보았다.

자국이 움직이고 있었다.

몇 년 전, 커다란 말파리 구더기가 한 십 대 소녀의 팔다리 피부를 뚫고 들어갔다는 글을 읽었다. 1970년대에 리마Lima로 가던 도중 발생한 비행기 공중 폭발 사고에서 기적처럼 살아남은 소녀의 이야기였다. 소녀는 땅으로 곤두박질쳤는데, 초목에 떨어진 덕에 충격이 완화됐고, 깨어나 보니 여전히 비행기 좌석에 묶인 채 아마존 정글에 떨어져 있었다. 용기와 결단력으로 무장한 데다 식물학자인 부모의 가르침 덕에 식용 식물에도 빠삭했던 소녀는 12일을 견뎌 내며 홀로 숲길을 헤쳐 도시로 걸어 나왔다.

난 그보다는 덜 심하게 뜯겼다. 말파리에게 물린 게 아니었다. 캠프로 돌아오니 때마침 리오 브랙Leo Braack, 그러니까 기생파리에 도가 튼 남아공 공원 경비원이 나를 찾아온 불청객은 아프리카 피부 파리 구더기, 즉 **코르딜로비아 안트로포파가**(Cordylobia anthropophaga, 망고파리-옮긴이)라고 금세 확인해 줬다. 안트로포파가는 '식인종'이라는 뜻이다. 땀범벅이 돼 말리려고 널어 둔 옷에서 코를 찌르는 악취가 풍겼고, 이에 사로잡힌 어미 파리가 더러운 옷에 알을 깐 것이다. 한 번 더 입어도 별 탈 없겠거니 생각하며 다시 옷을 입은 순간, 구더기가 체열에 꿈틀대며 나타나더니 피부를 뚫고 들어갔다. 굶주린 유충은 살 속으로 곤두박질치며 파고 들어가 살갗에 아주 작게 난 구멍으로 숨을 쉬었다. 자그마한 상처 네 군데는 아프진 않았지만 간질간질했다.

엄밀히 따져 보면 **식인종**이라는 꼬리표는 사실이지만, 평판이 안 좋은 상어나 호랑이처럼 잡아먹는 쪽은 아니라고 해야겠다. 난 팔다리를 잃거

**사진 1**
조너선 밸컴이 남아공 크루거 국립공원에서 자세를 잡는 동안 공원 경비원인 리오 브랙이 아프리카 피부 파리 확대 사진을 찍고 있다. ⓒ 브록 펜턴Brock Fenton

나 피를 흘리기 일보 직전은 아니었다. 그런데도 다른 생물체가 살을 물어뜯는다는 걸 알게 되니 불안했다. 크기가 작았는데도 말이다. 점심을 먹는 대신 다른 누군가와 이 새로운 문제부터 먼저 처리해야 했다. **그것들을 뽑아내고 싶었다!**

 1시간 뒤, 루부부Luvuvhu 강가에 있는 캠프장에서 사진을 찍으려고 자세를 잡았을 때, 브랙이 구더기를 없애는 방법을 알려 줬다.
 "그냥 구멍에 바셀린을 좀 바른 다음에 30분쯤 뒤에 짜내면 돼요."
 속으로 '위로되는 말이네요. 당신한테야 쉽겠죠'라고 생각했다.
 바셀린 튜브랑 좋은 책을 하나 챙겨서 그늘진 곳으로 물러났다. 1시간 뒤에 진주처럼 희고 쌀알만 한 구더기 세 마리를 짜냈다. 네 번째 구더기는 다음 날까지 남아 있었다.

　　기쁜 듯한 브랙의 말에 따르면, 여행 당시 아프리카 피부 파리 구더기의 숙주가 된 사람은 나밖에 없었을 뿐 아니라, 역사상 그때 우리가 있던 지역에서 숙주가 된 사람 역시 나뿐이었다. 아프리카 피부 파리는 흔하지만, 아프리카 대륙 최남단에서 나타난 기록은 없었다. 머지않아 동료들은 다정하게도 나를 "생태계"라고 불렀고, 나는 남은 여행 내내 위생과 관련된 농담을 들으며 놀림감이 됐다. 보아하니 전체 팀원 중에 나만 유일하게 채식주의자라 파리가 물어뜯기에는 내 살이 최적이었다는 뜻밖의 결과를 간파한 사람은 아무도 없었다.

### 인기는 없어도 중요한 존재

툭 터놓고 말하면, 파리는 인기투표 1등 감은 아니다. 우리가 가장 무서워하는 동물 중에 거미, 뱀, 사자, 악어 등이 파리보다 엄청나게 상위에 있다. 하지만 인간이 가장 싫어하는 동물을 조사해 보면, 파리는 상위 10위 안에 여러 번 들어갈 거다. 마크 데이럽Mark Deyrup이라는 곤충학자는 1999년에 출간한 《플로리다의 멋진 곤충들Florida's Fabulous Insects》에서 "파리는 주요 곤충군을 통틀어 가장 덜 알려졌다. 가장 많이 미움받기도 한다. 파리를 편드는 사람도, 파리를 위해 나서는 사람도, 파리에 취미 붙인 사람도 없다. 파리를 연구하는 사람도, 파리 정원도, 그림으로 된 파리 안내서도 없다"라고 말한다(데이럽이 마지막에 주장한 내용은 우리가 앞으로 보게 되다시피 한물 갔다). 인간이 몹시 싫어하는 곤충으로 말할 것 같으면, 처지가 비슷한 바퀴벌레가 다 자란 파리를 제친다. 하지만 썩어 가느라 고약한 냄새를 풍기는 시체의 살을 가로질러 나아가는 축축한 파리 구더기가 반투명한 껍질 사이로 내장까지 계속해 파도치듯 드러나면, 구역질 등급에서는 팽팽히 맞붙게 된다.

 게다가 파리는 악랄하게도 피에 굶주려 있다. 우리 대부분은 살면서 육식성 구더기의 숙주가 되는 일을 겪지는 않는다. 하지만 모기가 불안하게 앵앵대는 소리나 모기에게 물려서 생긴 익숙한 가려움증에 시달려 본 적 없는 사람은 드물다. 이 책을 읽는 이들 중에 파리매, 모래파리, 사슴파리, 침파리나 말파리 때문에 애를 먹은 사람이 있을지도 모른다. 나는 북미 지역에서 수천 시간 동안 야외를 탐험하면서 온갖 공중 채혈사의 표적이 됐다. 커다란 말파리의 맨 끝부분에는 '구기'가 있는데, 톱이 번갈아 움직이듯 피부를 뚫고 들어간다. 그때의 고통이란 코웃음 칠 수준이 아니다. 어린 시절, 온타리오Ontario 여름 캠프에서 수영하다가 말파리를 처음 마주하고는 겁을 잔뜩 먹었다. 크고 까만 생물체는 수영하던 사람이 수면으로 떠오르자 머리 위로 덤벼들었다. 물리자마자 바로 심한 통증이 느껴졌다. 죽을힘을 다해 물고기로 변신하고 싶었다. 언젠가 텍사스 힐 컨트리Texas Hill Country에서 거대한 말파리가 소 옆구리를 게걸스럽게 물어뜯는 모습을 봤는데, 상처에서는 피가 뚝뚝 떨어졌다.

 쌍시류 곤충과 함께 지구에서 살아가면서 유일하게 하는 희생이 물어뜯겨서 아픈 것뿐이라면, 운이 좋은 셈이다. 파리는 치명적인 열대병의 매개체로서 훨씬 더 어마어마한 피해를 준다. 사람과 동물을 물면서 무심결에 병을 옮기는 것이다. 전 세계 질병의 임상적 사례 중 절반은 모두 곤충에게서 전염된 것이며, 파리는 가장 흔한 매개체다. 12초에 1명이 말라리아로 사망하는데, 주요 운반원은 다양한 모기 종이다. 모기는 신체에 상처만 남기고 도망가는 게 아니라 미생물도 옮겨서, 황열, 뎅기열, 지카 바이러스, 사상충증과 뇌염을 유발한다.

모기만 범인이 아니다. 열대 모래파리는 사람에게 리슈만편모충증 leishmaniasis을 퍼뜨리고, 열대 파리매는 회충을 옮겨서 강맹안증을 유발한다. 오늘날 살아 있는 사람 6명 중 1명은 곤충 매개 병에 걸린다. 범죄 현장에 남은 발자취가 파리의 소행일 때도 많다.

파리를 악마처럼 묘사하려고 이 책을 쓰는 게 아니다. 나는 파리에게 악감정이 없다. 현재 밝혀진 파리 16만 종 중에서 아주 적은 비율, 그러니까 1퍼센트 정도만 사람에게 해롭다. 반면에 이로우면서도 아름다운 꽃등에꽃등에과는 꼭 필요한 꽃가루 매개체인데, 그 자체만으로도 6,000종 넘게 발견되었다. 흔히들 곤충에 반감을 품는데, 특히 파리는 중요하면서도 이로운 다양한 일을 하면서도 이를 숨긴다. 여기에는 수분受粉, 쓰레기 제거, 자연 해충 방제, 여러 동물에게 중요한 식량원이 되는 일 등이 포함된다. 이런 사실과 파리의 또 다른 이점을 아는 사람은 드물다. 예를 들면, 전 세계에 분포하는 깔따구 유충이 중요한 오염 방지 단체라는 사실은 모르고들 있었을 텐데(난 몰랐다), 어떤 곳에서는 에이커(1에이커는 약 4,047제곱미터-옮긴이)당 수십억 마리가 될 만큼 그 수가 어마어마한 이들은 물속에서 조류(물속에 사는 식물군-옮긴이)와 미세한 부스러기를 걸러 낸다. 진흙에 고개를 묻은 채 몸 주위에 스스로 만든 관을 자유자재로 움직이면서 가느다란 물줄기 속에서 부스러기를 빨아들이는 방식이다.

아무리 악랄하게 꽉 무는 파리마저도 숨겨 둔 이점이 있다. 인간 중심주의를 너무 지나치게 고집하지 않는다면 그렇다는 얘기다. 흡혈파리는 습성상 민감한 지역에 사람이 들어가지 못하게 막음으로써 서식지를 보호해 생물 다양성이 감소하는 것을 막았다. 좋은 예가 바로 보츠와나Botswana에 있는 세계에서 가장 큰 오카방고 삼각주Okavango Delta다. 오카방고 삼각주는 계절성 범람원으로, 16,800제곱킬로미터(6,500제곱마일)에 이른다. 야생동물에게는 낙원이며, 체체파리에게는 요새다. 체체파리에게 물리면 사람과 소 모두 병에 걸릴 수 있다.

파리는 과학에서도 중요한 역할을 한다. 현대 유전학은 초파리에게 빚을 잔뜩 지고 있다. **노랑초파리**Drosophila melanogaster를 주제로 발표한 연구만 해도 수천, 수백 가지가 넘는다.[1] 범죄를 수사할 때도 파리목에 빚지게 된다. 속도와 효율성 때문이다. 특정 파리가 시체에 군집을 형성하면, 이러한 파리 종의 생활사를 속속들이 아는 곤충학자는 몇 시간 만에 사망 시점을 알아낼 수 있다. 이 기법은 살인에 대한 유죄 판결 및 면죄 판결 수백 건에 도움을 주었다.

### 풍부한 생물 다양성

쓸모가 있든 없든 간에 파리는 엄청나게 잘나간다. 내가 책 부제목을 괜히

---

[1] 2020년 2월 12일 현재, 국립 의학 도서관National Library of Medicine 펍메드 PubMed 데이터베이스에 초파리를 검색하면 조회 수가 107,760건이 넘는다.

그렇게 정한 게 아니다. 파리가 "신의 총애를 받은 존재"라던 주장에서 슬쩍 내뺄 구실을 마련하고 있는 것도 아니다.

　무슨 의미로 파리가 **잘나간다**고 했을까? 잘나간다는 형용사는 갇혀 있는 상태에서 얼빠진 듯 창유리에 툭툭 뛰어드는 집파리하고는 영 어울리지 않는다. 사실 잘나간다고 표현한 건 생물학적 의미에 더 가깝다. 다양성과 엄청난 수에 관련된 얘기다. 이러한 면에서 보면 파리는 하늘을 찌르는 수준으로 잘나간다.

　우선 파리는 단연코 지구에서 가장 잘나가는 동물군에 속한 곤충이다. 캐나다 곤충학자 스티븐 마셜Stephen Marshall은 2006년에 발표한 《곤충Insects》의 머리말에서 "압도적으로 많은, 발이 여섯 개씩 달린 곤충 세상에서 사람이 자그마한 두 발 달린 소수자가 된다는 걸 깜빡하기 쉽다"라고 말한다. 곤충은 지금껏 명명된 동물 약 150만 종 중에서 80퍼센트라는 굉장한 비중을 차지한다. 아직 발견되지 않은 종 역시 500만에서 1,000만 사이로 추산된다. 언제라도 곤충 1,000경 마리(10,000,000,000,000,000,000)가 동시에 스멀스멀 기어다니거나, 팔짝팔짝 뛰거나, 굴을 파거나, 구멍을 뚫거나, 날아다닐 수 있다. 《동물 백과사전Animal Life Encyclopedia》을 쓴 베른하르트 그르지멕Bernhard Grzimek에 따르면, 사람 한 명당 곤충 2억 마리가 산다고 한다. 저널리스트인 데이비드 맥닐David MacNeal은 2017년에 발표한 《버그드Bugged》에서 좀 더 편향된 채점표를 들이민다. 살아 있는 사람 한 명당 곤충 14억 마리가 산다는 것이다. 개미 수만으로도 사람 수의 12배가 넘는다. 리사 마르고넬리Lisa Margonelli는 자신의 책 《언더버그Underbug》에서 흰개미가 비슷한 비율로 사람 수를 넘어선다고 말한다. 뒷마당에서는 보통 곤충 수천 종과 개체군 수백 종이 살고 있을 것이다.

지구상에 몇 마리의 파리가 함께 살고 있는지는 아무도 모르지만, 애니멀리스트Animalist 채널 연구진은 1경 7천 조(17,000,000,000,000,000) 마리가 살고 있으리라고 추정한다. 영국의 파리 전문가 에리카 맥엘리스터 Erica McAlister는 사람 한 명당 1,700만 마리에 해당하는 파리가 있다고 추산한다. 이런 숫자를 보면, 구름처럼 떼를 지어 다니면서 성가시게 구는 각다귀와 모기가 계속해서 우리를 공격하지 않는 이유가 궁금해진다. 이는 파리 대부분이 성충기 전 단계(알, 유충이나 애벌레)여서, 명명된 이름에 나타난 특성이 눈에 띄지 않기 때문이다. 그런데도 파리는 이토록 풍부해서 어디에나 있으니, 이 책을 읽는 순간에도 몇 센티미터 아니면 몇 걸음 안에 어떤 파리 종이 있을 확률이 높다. 세상 어디에 있든 간에, 따뜻한 날에 바깥에서 시간을 보내고 있다면 언제든지, 틀림없이 최소한 파리 한 마리와 신체 접촉을 하게 된다.

앞서 말한 숫자에 의문을 품는다고 해도 괜찮다. 하늘과 땅에 곤충이 들끓는 일은 거의 없으니까. 하지만 땅이 드넓게 펼쳐진 지역, 특히 머나먼 북쪽 지방에서는 곤충의 번식력이 정점을 찍는데, 특히 파리가 정말 엄청나게 들끓는다. 내 책을 옮긴 러시아 번역가가 나에게 영상 하나를 보내줬는데, 영상에서는 말파리와 파리매 수만 마리가 온 시베리아 습지를 누비고 다니며 탈것 주변에서 들끓고 있었다. 비디오 제작자는 그물과 장갑으로 몸을 단단히 보호했지만, 나는 그곳을 걷는 순록의 모습에 몸이 후들후들 떨렸다. 다음으로 깔따구가 등장하는데, 알고 보면 지구상에서 가장 우세한 종이 모여 있을지도 모른다. 2008년, 위스콘신대학교 매디슨University of

Wiscon sin in Madison 소속 원격 탐사 전문가인 필 타운센드Phil Townsend는 아이슬란드 미바튼 호수(Lake Mývatn, '깔따구 호수'라는 뜻이다) 근처에서 하루에 축적되는 깔따구 사체 무게가 헥타르(1헥타르는 10,000제곱미터-옮긴이)당 135킬로그램(에이커당 약 54킬로그램)이라고 밝혔다. 동아프리카에서도 유령 깔따구가 그렇게 어마어마하게 많이 모이는 바람에, 지역 주민은 양동이를 흔들어 가면서 이들을 잡는다. 그런 뒤에는 공 모양으로 뭉쳐서 먹을 수 있는 덩어리로 요리하는데, 이를 쿤구 케이크kungu cake라고 부른다.

분명히 말해 두지만, 나는 지구상에서 가장 많은 수의 생물체가 어떤 파리 종이라고 이야기하려는 게 아니다. 더 작은 생물체를 살펴보면, 일부는 그 수가 천문학적으로 치솟는다. 기름진 토양을 찻숟가락으로 한 숟가락 떠 보면, 지구에 사는 사람 수보다 더 많은 생물체가 들어 있다. 지구상에 풍부하다고 손꼽히는 동물은 바로 왕성하게 연구된 선충(회충)인데, **코이노르하브디티스 엘레간스**Coenorhabditis elegans라고 불린다. 한 영국 생물학자는 매일 선충 6해 마리가 새로 생긴다고 추산했다. 1998년 추산치에 따르면, 지구에는 세균이 $5 \times 10^{30}$마리쯤 살고 있다.

진화론에 따라 잘나간다고 볼 만한 또 다른 척도는 바로 종의 수이다. 어떤 전문가에게 묻느냐에 따라 다른데, 지구에서 종이 가장 풍부한 동물을 순서대로 꼽아 보면, 파리는 첫 번째나 두 번째 또는 세 번째 순위(딱정벌레와 아마도 말벌, 개미, 벌 다음으로)를 차지할 것이다. 영국 유전학자 J. B. S. 홀데인J. B. S. Haldane이 1930년대에 한 유명한 말이 있다. 신이 "딱정벌레를 지나치게 좋아했다"는 것이다. 딱정벌레는 종이 끝내주게 다양했던 만큼 그 당시에 파리의 종 수를 훨씬 앞섰다. 오늘날 우리가 아는 곤충은 100만 종쯤 되는데, 그중에 35만 종이 딱정벌레다. 대개 파리는 딱정벌레보다 파악이 쉽지 않고 널리 알려지지도 않았는데, 과학자들이 수집 및 새로운 종을 찾아내는 실력을 갈고닦으면서 파리가 딱정벌레를 따라잡고 있다.

1964년 해럴드 올드로이드Harold Oldroyd가 고전 격인 《파리의 자연사The Natural History of Flies》를 출간했을 때, 우리가 아는 파리는 8만 종 정도였다. 그 뒤로 종 수는 2배 늘어 16만 종이 되었다. 그런데도 수박 겉핥기에 그치고 있다는 징후가 나타난다. 2016년에 한 DNA 바코드 연구는 캐나다에 있는 혹파리가 1만 6천 종을 초과할 만큼 다양하다고 추산했다. 예상했던 수의 10배다. 이러한 결과를 추론해 보면 깜짝 놀랄 만한 사실을 예측할 수 있다.

"많이들 알고 있는 분류군과 마찬가지로, 캐나다에 전 세계 동물상(특정 지역에 사는 모든 종류의 동물을 가리킴-옮긴이)의 1퍼센트 정도가 있다면, 혹파리과에 곤충 1,000만 종과 180만 분류군이 존재한다는 연구 결과가 도출된다. 그렇다면 이 파리과에 들어가는 전 세계 종의 수는 142개 과를 모두 합한 총수를 초과할 것이다."

홀데인은 틀림없이 무덤에서 데굴데굴 구르고 있을 것이다. 나와 대화를 나눈 파리 전문가에 따르면, 이런 추론은 다소 과장된 것일 수 있다. 하지만 혹파리는 분명히 "거대하고, 또 거대한" 집단으로, 거의 전부가 발견되지 않은 셈이며, 주로 식물을 섭취한다. 현재 전 세계에서 명명된 혹파리는 6,203종에 불과하다.

스티븐 마셜은 파리가 생물 다양성 측면에서 확실히 최상위권에 있다고 평가한다. 나는 궬프대학교University of Guelph 교외 캠퍼스에서 마셜을 만나기 위해 토론토Toronto에서 서쪽으로 1시간쯤 차를 몰았다. 마셜은 환경 생명 학부에서 35년간 근무했으며, 세계적으로 명성이 자자한 궬프대학교의 곤충 채집 책임자로 일하기도 했다. 마셜은 그동안 인상 깊은 이력을 쌓아 왔는데, 200편이 훨씬 넘는 학술 서적과 어마어마한 양의 곤충 서적이 여기에 포함된다. 눈길을 사로잡는 확대 사진 수천 장도 직접 찍어 함께 실었다. 마셜은 나중에 만나 볼 아트 보켄트Art Borkent와 더불어 캐나다의 '파리 사나이'로 불린다.

"파리목과 관련해 알아야 하는 부분은 바로 지구상에서 목(생물을 분류하는 단위 - 옮긴이)이 가장 다양할 거라는 점이에요. 제 생각에 가장 다양한 목을 가려내는 시합에서 파리목에 진정한 도전장을 내민다고 인정할 만한 상대는 막시류(말벌, 개미, 벌)밖에 없어요."

연구실의 커다란 책상 반대쪽에 앉은 마셜이 나에게 말했다.

"요즘은 대부분 그렇게 생각하나요?"

내가 물었다.

"딱정벌레 연구가라면 다르게 생각할 거예요. 하지만 전 확신해요. 파리 종이 딱정벌레 종보다 더 많아요. 현재로서는 딱정벌레 종이 파리 종보다 두 배쯤 더 명명되긴 했지만요."

마셜이 이렇게 확신하는 이유는 현재 새로운 파리 종이 급격한 비율로 발견된다는 사실과 어느 정도 관련이 있다. 마셜은 자기의 뜻을 설명하려고 실험실 구석에 있던 대학원생 쪽을 바라보았다. 대학원생은 신열대구에서 새로 채집해 온 파리 무리를 다루고 있었다.

"티파니, 요즘 연구하는 속(분류군의 기본 단위 - 옮긴이)의 참신도가 어떻게 되지?"

마셜이 물었다(참신도란 표본에서 새롭게 나타나는 종의 비율이다).

"90~95퍼센트입니다."

마셜이 다시 나를 힐끗 곁눈질했다.

"한 속에 든 채집 표본 모음 약 6,000개 중에서 그렇다는 거예요. 지금까지 37종이 새로 나타났죠."

또 다른 대학원생 구스타보는 가까이에 있는 긴 의자에 서서 **카르디아케팔라**Cardiacephala**속**에 들어가는 마이크로퍼지드micropezid 표본을 자세히 들여다보고 있었다.

"구스타보는 참신도가 몇인가?"

"50퍼센트쯤 됩니다."

"들판에서 제법 눈에 잘 띄는 큰 파리 정도예요. 눈에 가장 많이 띄는 파리를 수집해도 절반은 우리가 전에 몰랐던 것들이라는 얘기죠."

마셜이 말을 이었다.

"참신도가 100퍼센트인 표본도 있었나요?"

내가 물었다.

"아, 그럼요. 특히 열대에서요. 열대에는 연구되지 않은 지역이 많아요. 작은 파리 속은 전부 새로운 종으로 구성돼 있고요. 제가 1982년에 이곳 궬프대학교에서 연구를 시작했을 때도 덜 유명한 파리과 중에는 참신도가 절반이 넘는 것도 있었어요."

마셜은 자신과 팀원이 새로 기재하고 명명한 파리 종이 얼마나 되는지 단박에 말하지는 못했다. 하지만 1,400종은 확실히 넘는다. 힘들고 기나

긴 과정이다. 엄격한 지침을 따라야 하고, 아주 자세하게, 정식으로 기재하면서 새로 명명한 종이 밀접한 관련이 있는 종과 확연히 다르다는 점을 명확히 드러내야 하기 때문이다.

나는 큰 목소리로 질문을 던졌다.

"생물학자 두 명이 동시에 새로운 종을 기재하고 명명하는 상황도 생기나요? 그렇게 곤란한 시나리오엔 어떻게 대처하나요?"

그런 우연이 일어날 리는 없다고 못을 박을 줄 알았건만, 마셜은 사람을 놀라게 하는 재간이 있었다.

"그런 일이 딱 한 번 일어났어요. 2012년이었고요. **스페올렙타 Speolepta**라는 종으로, 북아메리카 버섯파리속이었어요. 다르게 기재된 종은 하나뿐이었죠. 스페올렙타는 동굴 속에서 살아요. 주로 호숫가에서 번데기 끝에 걸린 실에 매달린 모습을 볼 수 있죠. 이미 유명한 데다 육식성이고 동굴에 사는 뉴질랜드 개똥벌레 유충과 습관이 아주 비슷하죠. 개똥벌레 유충은 버섯파리과 동족에 속해요."

어린 시절 나는 잊지 못할 광경을 목격했다. 뉴질랜드 북섬 와이토모Waitomo에 있는 동굴 천장에서 발광성 유충 수만 마리가 활활 타오르듯 빛나고 있었다. 맑은 밤하늘을 올려다보는 느낌이었다.

마셜이 말을 이었다.

"기묘한 우연은 새로운 종을 동시에 따로 기재하는 데 그치지 않았어요. 똑같이 명명했거든요! 같은 종을 두고 각자 리처드 보케로스Richard Vockeroth의 이름을 따서 명명한 거예요. 시대를 초월한 위대한 인물이자 속의 권위자였죠. 최근에 막 세상을 떠났고요."

"어떻게 알게 됐어요?"

내가 물었다.

"저희는 새로 종을 처음 발견하고 6년 뒤에(논문은 버섯파리과 전문가인 얀 세브직Jan Ševčík과 공동 집필했다) 논문을 제출하려고 했어요. 논문을 제출한 뒤에 노르웨이 트롬쇠대학교 박물관Tromsø University Museum 소속의 요슈타인 티제란센Jostein Kjærandsen 역시 논문에서 새 종을 **스페올렙타 보케로티**Speolepta vockerothi라고 기재하려 했다는 사실을 알게 됐어요. 놀랍게도 저희가 연구하던 파리와 똑같은 종이었죠. 저희는 티제란센에게 논문의 공동 저자가 되어서 같이 기재하자고 제안했어요. 티제란센도 이를 받아들였고요."

**스페올렙타 보케로티**는 버섯파리로 아직 일반명은 없었는데(내가 과감하게 '보케로스 버섯파리'라고 추천해도 되려나?), 2012년 2월 〈캐나다 곤충학자The Canadian Entomologist〉에 활자로 찍히면서 데뷔했다.

새로운 파리 종은 1년에 1퍼센트 또는 약 1,600종이라는 활발한 비율로 기재된다. 새로운 종을 기재하고 명명하는 일(분류학)은 전문가가 시간을 들여서 꼼꼼하게 수행하는 작업이다. 따라서 책에 들어가는 새로운 종의 비율에 제약이 따르는 것은 파리 종의 다양성 때문이 아니라 인간의 한계 때문이다.

파리 연구가 얼마나 난해한지, 파리를 향한 열광이 얼마나 꾸준한지를 나타내는 척도인 동시에, 총 3권으로 1,000페이지가 넘는다는 사실을 감안해야 하는 책이 있다. 제목이 《에티오피아 지역의 말파리Horesflies of the Ethiopian Region》인데 이 책에는 1957년 출간 당시 새로운 종이었던 228가지를 포함해 총 565종의 말파리가 묘사돼 있다. 같은 대학교 도서관(코넬대학교 만Mann 도서관)에서 이 보석을 발견했는데, 전권에서 집벼룩파리scuttle fly, 재니등에, 좀파리매, 깔따구, 파리매, 집파리, 뿔들파리를 다루고 있다는 사실을 알게 되었다. 물론 초파리도 있었다. 《CP 알렉산더가 파리목에 관해 쓴 논문, 1910~1914년Papers on Diptera by CP Alexander, 1910 to 1914》이라는 오래된 책을 펼쳐 보니 속표지에 짧은 메모와 저자의 서명이 적혀 있었다.

"컴스톡 메모리얼 도서관Comstock Memorial Library에 제출함. 1914년 12월 30일."

알렉산더1889~1981는 곤충학자 사이에서 전설로 통한다. 파리목 전문가 중에서 누구보다도 다작한 인물일 것이다. 알렉산더는 60년 넘게 경력을 쌓아 나가면서 새로운 파리를 1만 1천 종 이상 기재했다. 이틀에 한 번꼴이니 엄청난 속도다.

생명 공학 분야에서도 종의 수가 급속도로 늘어나고 있다. DNA 바코드 신기술[2] 덕에 예전보다 엄청나게 많은 종이 모습을 드러내는 것이다. 2016년 캐나다에서 진행한 연구 결과에 따르면, 캐나다에 있는 곤충은 5만 4천 종에서 9만 4천 종으로 2배 가까이 늘었다. 이 연구에서는 한 파리과가 의외로 어마어마하게 다양하다는 사실 또한 발견되었다. 전체 종에서 6종당 1종 이상이 혹파리였다. 아주 작고 가느다란 혹파리는 길이가 1밀리미터도 채 안 될 때가 많다(20마리를 줄 세워도 2.54센티미터가 안 될 정도다).

---

[2] DNA 바코드 기술은 DNA 단편을 활용해 새로운 종을 확인하거나 기존에 알려진 속에 포함되는지를 확인한다.

산란 수는 생물이 잘나가는 정도나 최소한 잘나갈 가능성을 나타내는 척도다. 파리는 새끼를 많이 낳는다. 8장에서 살펴볼 텐데, 파리는 괴상한 방식으로 짝짓기한다. 파리, 사실 곤충의 번식 가능성은 학부 시절 곤충학 수업 교과서 머리말에서 읽은 대로 설명하는 게 최고다. 고맙게도 가설을 바탕으로 한 시나리오였다. 이야기는 1월 1일에 짝짓기를 한 초파리 한 쌍과 함께 시작된다. 초파리는 보통 100개에 달하는 알을 품는다. 알은 굶주린 유충으로 부화한다. 일이 순조롭게 돌아가면, 유충은 즙이 많고 푹 익은 과일로 배를 채우며 번데기가 된다. 그런 뒤에는 성충이라는 새로운 세대가 되어 나타난다. 보통 새끼 중에 절반 정도는 암컷이 되는데, 암컷 파리는 각자 100마리 정도 새끼를 낳는다. 생활 주기 동안 이런 속도로 뚝딱 번식하는 초파리는 1년에 25세대를 완성한다.

이제 기존 24세대 파리는 모두 제쳐 놓고, 25세대 파리가 12월 31일에 번데기에서 나오는 모습만 생각해 보자. 그런 파리 세제곱인치(1세제곱인치는 약 16.38밀리리터 - 옮긴이)당 1,000마리를 공 안에 집어넣는 모습을 상상해 보자.

공 크기는 어느 정도일까?

이 질문을 여러 사람에게 던져 봤는데, 예외 없이 공 크기를 과소평가한다. 집만 할까? 축구 경기장 크기는 어떨까? 가끔 공 크기가 지구만 하리라고 짐작하는 사람도 있을 것이다. 틀에서 벗어난 건 장하지만, 여전히 못 미친다. 비참할 만큼 못 미친다. 5024라는 숫자는 얼마 안 되는 수치가 아니다. 윙윙대는 존재가 불룩하게 채운 공의 지름은 155,097,290킬로미터다. 여기에서 태양까지 쭉 뻗어 나가고도 몇 백만 킬로미터가 남을 정도다.

집파리는 초파리와 거의 같은 정도로 새끼를 많이 낳는다. 1911년, 클린턴 F. 호지Clinton F. Hodge라는 미국인 곤충학자는 집파리 한 쌍이 4월에 짝짓기하고 나서 8월 무렵에 새끼가 모두 살아 있다면 191,010,000,000,000,000,000(19,100경이다)마리가 넘는 성충을 낳는다고 추산했다. 각각 2.04밀리터를 차지한다고 하면, 5개월 뒤에는 지구를 3층 깊이로 뒤덮게 된다.

이런 추산을 바탕으로 자연에서 또 다른 교훈을 얻을 수 있다. 바로 견제와 균형의 중요성이다. 현실 세계에서는 초파리 알의 극소수만 살아남아 초파리 구더기가 된다. 그중에서도 지극히 일부만 번데기 단계로 들어가 날개를 달고 번식하는 성체가 된다. 이들이 성공리에 다음 차례로 들어가려면 결국 여러 위험을 처리해야 하는데, 자연은 매 단계에서 다듬고 쳐낸다. 파리는 균형 잡힌 자연 먹이 그물망 안에서 수를 헤아릴 수 있을 만큼 짝짓기한다. 그 과정에서 죽게 되면 그물망 속 다른 생물의 식량원이 된다. 성충 파리를 지켜보는 건 복권 당첨자를 바라보는 격이다.

파리는 다산성뿐 아니라 어디에나 존재한다는 특징도 있다. 이 책을 쓰는 동안, 파리 여럿이 잠깐잠깐 들러서 내 작업 진행 과정에 흔적을 남겼다. 도서관에 있을 땐 초파리가 찾아왔고, 스타벅스에선 정체 모를 파리 종이 예상대로 머그잔 테두리에 사로잡혔다. 많은 경우 온 계절에, 자그마한 벼룩파리가 불쑥 나타나서는 컴퓨터 화면을 정신없이 획획 가로지른다. 어떤 파리는 유리잔에 든, 점도가 치명적인 물속에서 꼼짝달싹 못 하다가 죽고 말았다. 내가 살리려고 안간힘을 썼는데도 말이다. 책상에서 멀리 떨어진 곳에서 모기, 사슴파리, 무는 벌레, 침파리, 날개 달린 습격자를 수없이 맞이하기도 했다. 벼룩파리보다는 덜 가엽게 느껴졌다. 파리는 한가운데로

가서 어슬렁거릴 인간이 있는 한 우리 곁에서 어슬렁거려왔다. "벽에 붙은 파리(fly on the wall, 염탐꾼이라는 뜻 - 옮긴이)"는 처음에는 분명히 동굴에서 엿듣고 있었을 거다.

파리가 살기에 너무 척박한 대륙이란 없다. 남극 대륙마저도 일부 용감무쌍한 깔따구의 터전이다. 소수 종은 바다에서 대량 서식하기도 했다. 바다는 다른 곤충이라면 다다르지 못할 서식지다. 북쪽에 서식하는 일부 깔따구는 영하 15도(화씨 5도)를 견뎌 내기 위해 스스로 수분을 바짝 말려서 세포막이 얼음 결정 때문에 파괴되지 않도록 만든다. 다른 깔따구 유충은 바이칼 호Lake Baikal 수면 아래 1,000미터(3,200피트)가 넘는 곳에서 산다. 세상에서 수역이 가장 깊은 민물이다. 파리의 서식지는 거칠며, 완전히 모호하다.

《브리태니커 백과사전》에서는 파리 유충이 나타나지 않는 곳에는 생명 유지에 도움 되는 매개체가 없으리라고 본다. 이름에서 짐작할 수 있듯이 석유파리 즉, **헬라이오미이아 페트롤레이**Helaeomyia petrolei 유충은 자연 원유 웅덩이에서 성장한다. 유충은 그곳에서 스노클로 숨을 쉬면서 찐득찐득한 곳에 갇힌 곤충의 유해를 먹고 산다. 다른 유충은 참게의 분비선에서 성충이 된다. 나라면 웜뱃이나 노래기 똥, 아니면 뉴질랜드짧은꼬리박쥐 배설물 속에서 청소년기를 보낸다는 생각은 한번도 못 해 봤을 텐데. 하지만 파리는 그렇게 했다.

### 문화를 만난 파리

가장 기이한 파리 서식지 후보로 치즈를 생각해 보자. 정확히는 사디니아

Sardinia 산양유 치즈인 카수 마르주casu marzu인데, 번역하면 '썩은/냄새 고약한 치즈'다. 그런 표현을 들으면 앞서 말한 치즈를 단단히 밀봉한 쓰레기통으로 내팽개치게 되리라고 생각할 것이다. 사실 파리라는 존재는, 더 정확히 말하면 구더기는 특정한 냄새를 훅 풍기며 사디니아 지역의 별미를 살리는 데 꼭 필요하다. 치즈파리 유충(Piophila casei, 피오필라 카세이)은 조리할 때 일부러 넣는 재료 중 하나다. 유충은 몇 주 동안 소화와 배설 과정을 거친다. 더 정확한 표현은 부패와 발효다. 이 과정에서 응유가 숙성되면서 아주 부드러우면서도 톡 쏘는 맛이 나는 치즈가 된다.

길이가 8.46밀리미터인 치즈 구더기는 눈에 띄게 기력이 넘친다. 이들은 치즈 스키퍼cheese skipper라고도 하는데, 몸을 공중으로 15.24센티미터 넘게 쏘아 올릴 수 있다. 입을 고리 삼아 고정해 꼬리 끝을 잡은 뒤에 탁 놓으면서 쏘아 올린다.[3] 작은 식당 중에는 먹기 전에 치즈 구더기를 제거하는 곳도 있지만, 그러지 않는 곳도 많다. 한 미식가는 "구더기라면 다 그렇듯이, 구더기한테서는 자기가 먹고 사는 음식 맛이 납니다"라고 전한다. 치즈파리

---

[3] 2019년에 발표된 한 연구에서는 이와 관련 없는 혹파리 구더기가 훨씬 더 높이 뛰어오른다는 결과가 발표됐다. 혹파리는 찍찍이 같은 잠금장치를 활용해 자기 몸길이보다 36배 높이 뛰어올라 위험에서 벗어난다. "혹파리는 몸을 고리로 만들고 몸 일부를 압축해 임시 '다리'를 만드는 방식으로 탄성 에너지를 저장한다. 탄성 에너지를 싣는 동안에는 두 부위를 서로 미세 구조로 덮어 못 움직이게 한다. 이는 새로 형성된 접착성 자물쇠 역할을 할 가능성이 있다."
혹파리는 이를 반복하는데, 기어다니는 것보다 수십 배 더 효과가 좋다. 아래 논문의 초록을 보라.
G. M. Farley et al., "Adhesive Latching and Legless Leaping in Small, Worm-like Insect Larvae," Journal of Experimental Biology 222, no. 15(August 2019), http://jeb.biologists.org/content/222/15/jeb201129 (2020년 5월 접속)

구더기를 섭취하는 데 위험 요소가 없는 건 아니다. 섭취 시에 살아남았다가(끈질기다고 하겠다) 숙주의 창자에서 사는 사례가 확인되었다. 거짓구더기증이라는 질환인데 걸리면 장에 구멍이 생겨서 구토, 설사, 내출혈이 발생할 수 있다. 치즈 스키퍼는 세계 곳곳에서 발견되며, 식성도 특별히 까다롭지 않다. 치즈뿐 아니라 고기, 기름진 음식, 썩어 가는 시체에서도 볼 수 있다.

이런 곳에서 서식하는 파리에게 존경심이란 없다고 해도 놀랄 사람은 없을 것이다. 파리의 뻔뻔함에서 자신만만하게 피해를 모면하는 능력이 드러난다. 호주에 서식하는 덤불파리bush fly는 익숙한 집파리와 밀접한 관련이 있다. 덤불파리는 무례하게도 사람의 머리와 얼굴에 무단 침입한다. 그래서 이를 쫓으려고 애쓰는 몸짓을 '호주식 경례'라고 표현한다. 호주 인구의 증가(소 무리도)는 덤불파리에게 매우 유익한데, 덤불파리 100마리 정도가 한 사람의 대변에서 번식한다. 어떤 곳에서는 에이커당 9,000마리의 밀도로 나타나기도 한다.

제대로 불손한 존재가 되려면 엘리트 계층을 어려워해서는 안 된다. 2016년 미국 대통령 선거 준비 단계를 유심히 지켜봤다면, 대통령 후보자 토론을 하는 동안 파리가 힐러리 클린턴의 눈썹 위에 내려앉은 모습을 알아챘을 것이다. 카메오 출연이었고, 2초도 안 됐지만, 슬로 모션 유튜브 영상과 트위터 해시태그로 '대통령을위한파리'가 등장하기에 충분했다.[4] 오

---

[4] 이 책이 인쇄에 들어갈 무렵, 텔레비전에서 대통령 후보자 토론을 방송하는 사이에 또 다른 파리가 화면 전체에서 가장 눈에 띄는 곳에 2분간 걸터앉았다. 바로 공화당 후보 마이크 펜스가 바짝 깎은 은백색 머리카락 위였다.

바마 대통령은 인터뷰 중에 한 번 이상 성가신 파리를 언급했다. 파리가 불쑥 현장에 들어왔을 때는 이를 두고 농담도 했다. 운동선수 역시 파리에게 존중받지 못하기는 매한가지다. 2018년 월드컵 축구 잉글랜드-튀니지 경기에 선발된 축구 선수는 구름 같은 각다귀 떼와 함께 출전했다. 2007년 메이저리그 야구 플레이오프 경기는 8이닝 때 자그마한 파리떼가 불쑥 들이닥친 뒤에 '깔따구 경기'라는 별명을 얻었으며, 경기 결과에도 영향을 미쳤다. 2018년 8월, 독일에서는 미니 도미노 세계 신기록이 폭삭 무너지려던 순간, 파리 한 마리가 이를 훼방했다. 파리가 손톱만 한 조각 하나에 내려앉자 도미노가 무너지면서 폭포처럼 처참하게 쏟아진 것이다. 왕자부터 빈민까지, 파리의 관심에서 벗어날 수 있는 사람은 아무도 없다. 위대한 파리 덕에 모두의 삶이 평등해진다. "파리와 성직자는 어느 집에든 들어갈 수 있다"라는 러시아 속담도 있지 않은가.

여러 나라의 수많은 속담에는 어디에나 있는 파리의 특성과 문화적 존재감이 모두 나타난다. 영어를 구사하는 사람이라면 대부분 "벽에 붙은 파리"라는 표현이 익숙할 텐데, 이는 일이 일어나는 온갖 상황을 몰래 지켜보는 사람을 뜻한다. "연고에 빠진 파리(A fly in the ointment, 옥에 티라는 뜻-옮긴이)"는 인기가 예전만 못한데, 아마도 **연고**라는 단어를 점점 덜 사용하는 추세라 그런 듯하다.

"입을 꾹 다물면 파리를 잡지 못한다"라는 속담은 그렇지 않다. 이 속담은 가끔은 침묵을 지키는 게 더 낫다고 조언한다. 속담 속에서 파리는 쉽게 속고(파리는 모두 그림자가 있다), 자만하며(물소 등에 붙은 파리는 자기가 물소보다 더 크다고 생각한다), 잡기 어렵고(창으로 파리를 죽일 순 없다), 소탐대실(손도

끼를 써서 친구 이마에 붙은 파리를 없애려 하지 말 것)하는 존재로, 또는 긍정의 힘(파리는 식초보다 꿀로 잡기가 더 쉽다)에 관련된 내용으로 등장했다.

파리는 시각 예술에서도 낯선 존재가 아니다. 17세기 이전 서양화에서는 초상화에 파리가 등장하면 대상이 죽음을 의미했다. 르네상스 시기 동안에는 트롱프뢰유Trompe-l'œil 기법으로 파리를 캔버스에 배치해 기교를 보여 주는 방식이 네덜란드 정물화가 사이에서 특히 인기를 끌었다.

미술에서 파리를 상징으로 활용하는 예는 20세기 초현실주의 화가 살바도르 달리Salvador Dalí가 그린 거대한 그림(거의 410×84센티미터다) 〈크리스토퍼 콜럼버스의 아메리카대륙 발견The Discovery of America by Christopher Columbus〉에서 드러난다. 그림에서 파리는 나르시사 성인(파리를 상징함)의 묘실에서 나온 뒤 스페인을 해방하고 프랑스 침략군을 물리치는 모습으로 묘사돼 있다. 달리는 파리의 날개가 십자가까지 뻗도록 표현함으로써 영웅다운 상징성을 과장했다. 파리는 카탈로니아Catalonia 정체성을 상징하는데, 달리 역시 〈환각을 유발하는 기마투우사The Hallucinogenic Toreador〉라는 후기 그림에서 파리 수백 마리를 묘사한다. 로스앤젤레스에서 활동하는 화가 존 커누스John Knuth는 파리를 활용해 캔버스에 색깔과 무늬를 만든다. 커누스는 상인에게 집파리 구더기 수천, 수백 마리를 얻어서 기른다. 성충 파리는 커누스가 주는 물, 설탕, 수채화 물감 혼합물을 선뜻 받아들이고는 자그마한 액체 얼룩을 되뿜어내며 "그림을 그린다". 먹이를 먹을 때 자연스레 하는 행동이다. 몇 달이 지나면서 알록달록한 얼룩이 파리 울타리 안에 놓인 캔버스에 쌓이면, 마침내 분위기 있는 점묘화 작품이 탄생한다.

예상대로 파리는 노래 가사에도 나타난다. 캐나다인 작곡가 웨이드

헴스워스Wade Hemsworth는 1940년대 후반에 야생 측량사로 일하는 동안 파리매의 이름을 딴 노래를 지어서 파리매에게 불후의 명성을 안겨 주었다. 나는 이 노래를 어린 시절에 갔던 여름 캠프에서 파리와 함께 마주했다.

파리매, 작은 파리매
어딜 가든 늘 파리매가 있지
내 뼈를 택하는 파리랑 같이 죽을래
노스 온-타-리-오-이-오에서, 노스 온-타-리-오에서

인터넷상에서 캐나다 영화 위원회Canadian Film Board가 1991년에 제작한 재미있고 짧은 애니메이션 영화를 보면, 헴스워스의 노랫소리를 들을 수 있다. 1999년에 발표한 관능적인 노래 〈세상의 마지막 밤Last Night of the World〉에서는 또 다른 캐나다인 음악가이자 포크 록 아이콘인 브루스 콕번Bruce Cockburn이 과테말라 난민 캠프에서 럼주를 홀짝홀짝 마시는 동안 "안경테에 붙은 초파리를 날린다"라고 노래하는 소리가 들린다.

파리는 단연 꽤 많은 농담의 출처다. 그루초 막스Groucho Marx에 따르면, "시간은 쏜살같이 지나가고, 초파리는 바나나를 좋아한다". 개인의 신분을 상승하는 데 구더기를 써먹을 수 있을지 의문이 든다면, 윈스턴 처칠Winston Churchill이 1906년에 평생 친구이자 절친인 바이올렛 본햄 카터Violet Bonham Carter에게 한 말을 생각해 보자.

"우린 다들 벌레지만 난 내가 반딧불이라고 믿어."

우리는 파리의 이름과 과학자가 가끔 창의적으로 명명한 긴 학명

에 이끌린다. 콰시모도Quasimodo파리는 아치 모양 흉부를 따서 명명됐는데, 그런 흉부 모양 때문인지 곱사등처럼 보인다. **신데렐라**라고 불리는 속도 있다(구글에 검색해도 왜 **신데렐라**인지 나오지 않지만, 놈 우들리Norm Woodley라는 파리 전문가가 친절하게도 그게 1949년에 오클라호마Oklahoma주 에이다Ada에서 수집한 표본 하나를 두고 새로 지은 이름이라고 알려 줬다. 그렇게 이례적인 곤충은 기존 파리과에 쉽사리 속하지 않아서, 난 그 이름이 신데렐라가 성질 나쁜 의붓언니들과 잘 어울리지 못했던 것과 관련 있지 않을까 하고 생각했다). 시체에서 대량 서식하는 파리에게 **칼리포라 보미토리아**Calliphora vomitoria 또는 **C. 모르티키아** C. morticia 같은 이름을 붙인 이유나 구기가 무척 긴 각다귀속을 **엘레판토미이아**Elephantomyia라고 부르는 이유는 그리 불가사의하지 않다. 어떤 사람은 재니등에bee fly 두 마리의 소리를 듣고 장난스럽게 **아폴리시스 훔부그**Apolysis humbug나 **A. 지즈크세시스**A. zzyzxenxis라고 명명했다. 하지만 3월파리(March fly, 영문명을 그대로 옮기면 3월파리지만, 국문명은 털파리다-옮긴이)라는 이름은 4월 전에는 거의 날아다니지 않는 곤충에게는 어울리지 않는다. 아마도 지구 온난화를 예상했나 보다.

 호주인 곤충학자 브라이언 레사드(Bryan Lessard, '파리 사나이'라고 불림)는 30년 된 헌금함에서 새로운 파리 종을 발견했다. 복부가 샛노랗다는 특징이 있으며, 팝 스타 비욘세 놀즈Beyoncé Knowles가 태어난 해인 1981년에 채집된 파리다. 그래서 레사드는 이 파리를 **스캅티아 베이옹케아이** Scaptia beyonceae라고 명명했다. 비욘세 파리라는 뜻이다.

 파리가 유명 인사 이름을 싹쓸이한 건 아니다. 최소한 다른 곤충 5종도 대중문화 아이콘의 이름을 따서 명명됐다. 여기에는 딱정벌레 **아그라**

**사진 2**
다리무늬각다귀는 비행 중 띠무늬가 새겨진 다리를 펼쳐 포식자가 다리를 공격하게 유도함으로써 몸을 보호한다.
ⓒ 카롤리나 슈투츠만Karolina Stutzman

**카테빈슬레타이**Agra katewinsletae(영화배우 케이트 윈슬렛에서 따온 이름 - 옮긴이), **히드로스카파 레드포르디**Hydroscapha redfordi(영화배우이자 감독인 로버트 레드포드에서 따온 이름 - 옮긴이), 영화배우 리브 타일러Liv Tyler를 위한 **아그라 리우**Agra liv와 눈길을 사로잡는 노란색 왕관을 쓰고 꿰뚫는 듯 빤히 쳐다보는 나방 **네오팔파 도날드트룸피**Neopalpa donaldtrumpi(도널드 트럼프에게서 따온 이름 - 옮긴이)가 포함된다.

*

이제 명명은 다 제쳐 놓자. 이 책을 통해 무엇보다도 이루고 싶은 중대 목표

**사진 3** 붉은불개미 무리 위를 맴도는 벼룩파리가 알을 낳기 위한 틈을 호시탐탐 노리고 있다. 캐나다에서 촬영. © 존 애벗, 켄드라 애벗 John and Kendra Abbott

가 있다. 첫째, 심하게(어떤 경우에는 정당하게) 미움받고, 제대로 이해받지 못하며, 그다지 돌아보게 되지 않는 동물 무리도 얼마든지 다양하고, 복잡하며, 잘나간다는 사실에 감탄했으면 한다. 둘째, 우리는 다양한 종과의 상호작용 덕에 지구상에 존재하며, 파리에 반감이 심하더라도 이들이 전체 기능에 꼭 필요한 구성원이라는 인식을 높이고 싶다. 이 책은 파리를 놀라운 기회주의자로 보며 탐구한다. 파리란 가장 의외의 장소에서 이득을 얻으며 사는 존재다. 나는 파리를 인간사와 문화에 배치하며 과학자가 현장에서, 집주인이 부엌에서 이들을 기묘하게 마주치는 이야기를 들려줄 것이다. 우리는 바이러스를 옮기는 존재이자 육식동물, 연애 상대이자 꽃가루 매개체, 피

수색자이자 포식자, 기생충이자 포식 기생자, 해충이자 재생 처리자, 사기꾼이자 협력자인 파리를 만나게 될 것이다.

파리의 신체 기능에 대한 이야기도 나눌 것이다. 어떻게 날개가 초당 1,000번씩 요동치는지, 발은 어떻게 창문에 쩍 달라붙는지, 육식성 파리매는 휙휙 날아다니는 먹잇감을 어떻게 잡는지, 파리 주둥이가 어떻게 주사기(모기를 생각해 보시라), 톱(말파리), 스펀지(집파리) 같은 역할을 하는지를 말이다. 다채로운 파리의 몸과 생활사를 낱낱이 알릴 것이다. 허약하고 얌전한 각다귀**사진2**와 잊힌 데다 날개 없이 기생하는 박쥐파리까지도 말이다. 박쥐파리는 평생을 털이 북슬북슬한 숙주 곁에서 종종거리며 보낸다. 뻔뻔스럽고 자그마한 인공위성인 벼룩파리는 겁에 질린 개미의 턱이 닿지 않는 곳에서 맴돌며 황급히 돌진할 기회를 노리다가 작살 같은 산란관으로 알을 찔러 넣는다.**사진3** 우리는 파리목 전문가를 현장, 연구실, 실험실, 전문 곤충 학회에서 만나 볼 것이다.

시선을 사로잡는 또 다른 파리도 만날 것이다. 이상하게도 눈자루 길이가 나머지 몸길이보다 더 긴 파리도 있고, 솜씨가 뛰어난 흉내쟁이 파리를 보면 틀림없이 호박벌이라고 착각할 것이다. 아주 작은 수컷에게 포르노 배우가 질투할 만큼 상대적으로 큰 생식기가 달려 있기도 하다. **겹눈**인 수컷**사진4**은 거대하고 체리처럼 붉은 눈이 불룩한 풍선 같은 머리 전체를 둘러싸고 있는데, 그게 다 지나가는 암컷을 더 잘 찾아내려고 그러는 거다. 우리는 별나고, 대담하며, 눈부신 파리 이야기와 더불어 뜻을 펼치는 존재는 인간뿐인 **듯했던** 세상에서 이들이 기적처럼 잘나가는 방식을 마주하게 될 것이다.

**사진 4** 수컷 큰머리파리는 전방위 시야를 제공하는 겹눈 구조 덕분에 거의 모든 각도에서 암컷이나 적을 식별할 수 있다. ⓒ 카트야 슐츠Katja Schulz

파리와 관련한 편견은 넣어 두고, 파리를 생각하는 데 짐이 될지도 모르는 불안감도 던져 버리길 바란다. 파리를 멋대로 재단하지 않길 바란다. 여러분이 해내리라 믿는다. 그렇게 하면 적어도 파리가 먹고 살려고 찾아낸 환상적이며 다양한 방식을 보고 깜짝 놀라게 될 것이다. 파리를 향한 황홀감과 존경심이 제법 많이 들 수도 있다. 그런 마음이 든다면, 내가 할 일을 제대로 한 것이리라. 희망은 거기에 있다. 쉽게 말하면, 우린 파리 없이 살 수 없다.

# 2
# 파리가 일하는 방식

파리에게는 리바이어던만큼 조직이 많다.

—에른스트 윙거Ernst Jünger, 《유리벌The Glass Bees》

 파리가 잘나가는 이유는 분명 신체 구조 덕이다. 우선 파리에게는 일반적인 특징이 있는데, 바로 그런 특징 덕에 곤충이 지구상에서 가장 우세한 생물이 되었다. 앞으로 보게 되다시피, 곤충은 그런 뼈대에 실용성도 더했다.

 본격적으로 파리를 이야기하는 데 앞서, 잠시 곤충의 몸이 어떻게 기능하는지 기초를 짚어 보자. 곤충의 몸은 뜻밖에도 우리 인간의 몸처럼 작용한다.

 진화는 뛰어난 기술자이며, 곤충은 놀라운 소형화 결과다. 나는 이 문장 맨 끝에 있는 마침표보다도 더 자그마한 깔따구가 짝짓기하는 무리 속에서 위아래로 까딱거리거나 응애(엄밀히 따지면 곤충은 아니지만, 가까운 친척뻘이다)가 책 페이지를 허둥지둥 가로지르는 모습을 볼 때면 경외심을 느낀다.

그토록 작은 몸에 굉장히 복잡한 조직이 압축돼 있으니 말이다. 곤충은 인체의 10가지 기관계 중 8가지의 동일한 기관을 가지고 있다. 바로 신경계, 호흡계, 소화계, 순환계, 배설계, 근육계, 내분비계, 생식계다. 나머지 두 체계, 즉 뼈대와 피부는 곤충의 몸에서는 외골격으로 대체된다. 외골격은 단단한 판(sclerite, 경피)으로 이루어져 있고, 유연한 막에 연결돼서 구조를 효과적으로 받쳐 줄 뿐 아니라, 크기가 작고 자유롭게 움직이는 생물체도 보호한다. 교향악단에 속한 악기처럼, 이런 체계도 서로 힘을 합친다.

개방 순환계open circulatory system는 혈림프(우리의 혈액과 똑같다)가 몸 전체를 순환하게 한다. 척추가 있을 법한 자리에 있는 배맥관dorsal vessel 속에서 흐를 때를 제외하면, 혈림프는 자유자재로 흐르면서 내부 장기를 씻어 내고, 환기계를 통해 들어온 산소를 공급하며, 면역력에도 도움을 준다. 환기(또는 숨쉬기)는 복잡하게 갈라지는 관, 즉 기관trachea에서 담당하며, 이는 기문spiracle이라는 구멍을 몸 바깥쪽으로 연다. 기문은 일부 큰 곤충의 몸에 일직선으로 깔끔하게 배열돼 있으며, 보트에 있는 둥근 창과 비슷하다. 기관지에서 산소가 흡수되고 이산화탄소가 배출되는 과정은 직접 확산으로 이루어지는데, 외막outer membrane을 지나면서 세포 속을 드나드는 방식이다. 곤충의 몸속에서 활발하게 움직이는 기계식 폐펌프처럼 작동하면서 산소와 이산화탄소가 더 원활하게 교환된다. 우리 몸속 횡격막이 하는 역할과 비슷하다.

이런 체계는 소화계가 처리한 먹이에서 힘을 얻는데, 곤충의 소화계는 우리 소화계처럼 마련돼 있다. 곤충의 앞창자는 위를 대신하며, 섭취한 먹이를 처리하고 저장한다. 먹이를 섭취하면 침샘이 윤활유 역할을 하면서

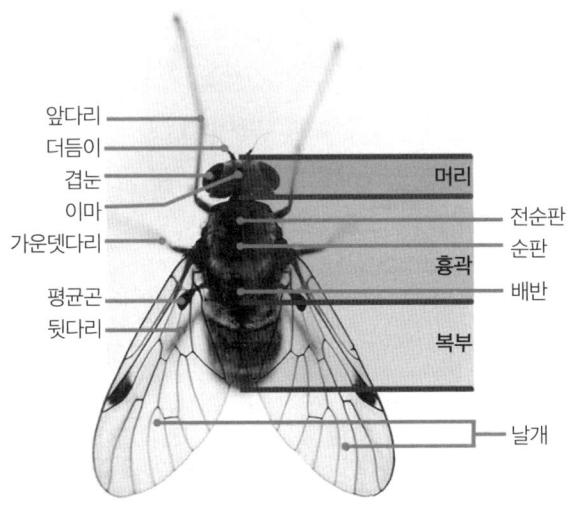

**사진 5** 파리의 일부분
ⓒ 밥스 벅스BOB'S BUGS, HTTP://WWW.BOBS-BUGS.INFO/BUG-BASICS-ANATOMY/

소화 과정을 시작한다. 곤충의 침샘은 우리 침샘보다 용도가 더 다양하다. 예를 들면 어떤 곤충은 명주실을 만들지만, 다른 곤충은 화합물을 생성해 식물의 성장 호르몬을 흉내 내면서 보호용 충영gall을 생성하도록 자극한다. 충영은 보통 식물의 줄기나 잎에 혹처럼 부풀어 오르는 형태로 나타난다. 곤충의 중장은 우리의 소장과 같은 역할을 하며, 그곳에서 대부분 소화와 영양분 흡수가 일어난다. 중장부터 후장까지는 똥(곤충의 응가)이 근육성 직장에 저장되며 항문을 통해 배설된다.

혹시 곤충이 방귀를 뀌는지 궁금해할까 봐 말해 두자면, 이들도 방귀를 뀐다. 소화가 덜 돼서 가스가 가득 찬 물질은 어딘가로 내보내야 하는

데, 우리의 경우 배출구는 항문이다. 실망스럽게도 벌레가 방귀를 뀌면 소리가 들리는지까지는 알지 못한다. 하지만 파리가 항문에서 가스를 내보내 청각이나 화학 물질을 바탕으로 소통한다고 해도 전혀 놀라지 않을 거다. 청어herring는 항문에서 거품을 내보내면서 소통하고, 폭탄먼지벌레bombardier beetle도 엉덩이에서 산성 기체를 내뿜으며 포식자에게서 자신을 방어한다. 그러니 파리 뱃속에서 부글부글 끓는 소리가 들리면, 내게 알려주시라.

모든 회사에는 IT 부서가 필요하기 마련이다. 곤충의 신경계는 뉴런이 복부 신경삭ventral nerve cord에 고정된 네트워크다. 이런 복부 신경삭을 따라 신경절(ganglia, 단수형은 ganglion)이라는 신경 중추가 펼쳐져 있다. 머릿속에는 주요 신경절 2가지가 들어 있다. 먼저 뇌, 즉 감각 정보를 처리하며 행동이 시작되는 곳 그리고 식도하신경절subesophageal ganglion이라는 밀도 높은 신경 세포 덩어리로, 곤충의 감각 기관, 구기, 침샘, 목 근육을 담당하는 곳이다.

### 파리의 특성

이제 파리란 무엇인지 확실히 이야기해 보자. 파리는 파리목Diptera에 들어가며, 이에 속하는 파리는 날개가 딱 2개라는 특징이 있다(그리스어로 'di'는 둘, 'ptera'는 날개). 파리 조상의 뒷날개는 곤봉 모양 구조 쌍으로 변형되었는데, 이는 평균곤halteres으로 불리며, 주로 비행 안전장치 역할을 한다. 날아다니는 곤충은 모두 기능하는 날개 4개가 있는데, 딱정벌레는 예외다. 딱정벌레의 앞날개는 단단한 보호막으로 변형되었으며, 이는 겉날개(elyta, 단수형은 elytron)라고 불린다.

주요 파리 집단은 2가지다. 긴뿔파리아목Nematocera에는 보통 작고 연약한 파리가 들어간다. 예를 들면 모기, 각다귀, 깔따구 등이다. 더듬이가 길어서 그렇게 명명됐지만(코뿔소rhinoceros를 번역하면 '코-뿔'을 뜻하는 것처럼, **긴뿔파리아목**은 번역하면 '실-뿔'이다), 긴뿔파리아목 파리의 가느다랗고 가냘픈 모습을 알아볼 가능성이 더 크다. 짧은뿔파리아목Brachycera에는 더 작고 튼튼하며 더듬이가 짧은 파리가 더 많다. 익숙한 집파리와 검정파리의 구더기는 내 가슴 조직에 든 영양분을 찾아냈는데, 이들이 짧은뿔파리아목에 속한다.

다양성에 충실한 파리는 모양과 크기가 매우 폭넓고, 각자 특정 생활 방식에 절묘하게 적응했다. 파리매가 공중에서 포식하려면 재빠르면서 튼튼해야 한다. 가장 큰 파리매는 3인치(7센티미터) 가까이 자란다. 세상에서 가장 작은 몇몇 파리 성충은(4장에서 만나 볼 파리) 크기가 핀의 머리 부분만 할 텐데, 짐작해 보자면 이들은 수만 마리가 모여야 파리매와 크기가 똑같아질 듯하다.

우리가 파리에게 품는 반감은 이들이 가진 아름다운 신체와 퍽 안 어울린다. 아름다움과 관련해서는 구더기가 불리한 처지라고 인정할 사람은 내가 처음이겠지만, 우리가 파리를 오물, 부패, 물려서 생긴 가려움증, 역병 등 부정적인 것과 연관 짓는 바람에 그런 인식이 스며든 셈이다. 문화에 기반을 둔 공포심을 벗겨 내면, 일부 파리는 자연에서 아름답다고 손꼽히는 예술 작품으로 자리매김하게 된다. 똥파리blowfly는 섬세하게 대칭을 이루

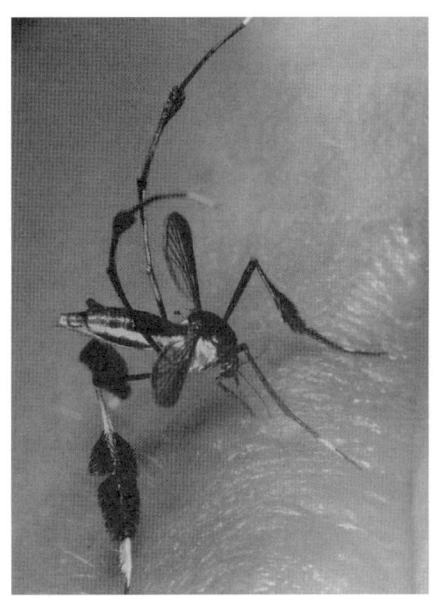

**사진 6**
에콰도르에 서식하는 암컷 모기가 다리에 털 같은 장식을 단 채 사람의 입술에 주둥이를 찔러 피를 빨고 있다.
ⓒ 스티븐 마셜Stephen Marshall

고, 금속색이 영롱하게 빛나며, 하늘빛처럼 파랗거나 초록빛 또는 황금빛이 나는 갑옷이 흉곽에 배열돼 있다. 복부는 끝으로 갈수록 가늘어지고, 아주 고운 날개는 반짝반짝 빛나며, 강모(bristle, 짧고 빳빳하게 난 털-옮긴이)와 날개맥도 모두 의상 디자이너가 애정 어린 손길로 배치하고 그린 듯하다. 액면 그대로 보면, 우리를 물어뜯는 여러 파리도 예술품이라는 사실이 드러난다. 일부 모기의 다리는 우아하고 검은 털 장식으로**사진6** 꾸며져 있으며, 말파리와 사슴파리의 커다란 눈에는 빛과 색깔이 현란한 무늬를 이루는 홑눈facet이 배열돼 있다. 나비 및 딱정벌레(각각 인시목Lepidoptera과 딱정벌레목Coleoptera에 들어간다)와 눈에 띄게 경쟁하는 물결넓적꽃등에hoverfly, 즉 **메타시르푸스**

**아메리카누스**Metasyrphus americanus는 유서 깊고 다방면을 아우르는《그르지멕 동물 백과사전Grzimek's Animal Life Encyclopedia》3권(곤충) 2판의 표지를 우아하게 장식하는 주인공이 됐다. 더 자세히 말하면, 꽃가루에 뒤덮인 말벌이 꽃 위에 내려앉은 모습을 흉내 내고 있는 사진이다.

파리 탐구 작업 과정에서, 나는 플로리다주 중남부에 있는 아치볼드 생물학 연구소Archbold Biological Station, ABS의 마크 데이럽이라는 곤충학자를 만났다. 아치볼드 생물학 연구소는 약 21제곱킬로미터에 달하는 보호구이며, 주로 플로리다주 특유의 건조한 관목 서식지로 이루어져 있다. 미국 동물학자이자 자선가인 리처드 아치볼드Richard Archbold가 1941년에 설립한 아치볼드 생물학 연구소는 현재 60명이 넘는 직원과 여러 자원봉사자를 지원한다.

북아메리카에서 가장 희귀한 종을 포함하는 이 천연 보석의 동식물군은 그야말로 지구에서 가장 철저하게 연구되고 기록됐을 것이다.

70세인 데이럽은 아치볼드 생물학 연구소에서 35년간 근무했다. 60세라고 해도 믿을 만큼 힘이 넘치는 데이럽은 스티븐 마셜처럼 대체로 사회에 알려지지 않은 분야에 재능과 노력을 쏟아부어 가면서 업적을 쌓는다. 내가 데이럽의 이름을 처음 접한 건 보인턴비치Boynton Beach 근처 지역 도서관을 둘러보던 중《플로리다의 멋진 곤충들》사본을 발견했을 때다. 곤충의 삶을 화려한 쇼처럼 생생히 보여 주는 책으로, 흡입력 있는 산문에 사진도 아낌없이 곁들여져 있었다.

데이럽은 자기가 일하는 널찍한 실험실에 있는 책상에다 크고 무거운 책 두 권을 쓱 밀어서 나에게 넘겨줬다.《신북구 파리목 매뉴얼Manual of

Nearctic Diptera》이라는 책 1권과 2권이었다. 아무 페이지나 쓱 펼치자 파리를 부분별로 따로따로 정교하게 그린 그림이 나왔다. 강모마다 이름이 적혀 있었다(다행히도 더 가느다란 털에는 없었다). 데이럽은 파리의 흉부에 난 강모 두 올을 가리켰다.

"이건 아래에 있는 배반 강모scutellar setae예요. 이렇게 나란한 방향을 가리키든(나는 바다코끼리의 엄니를 떠올렸다), 이렇게 십자형이든 간에(단검 한 쌍을 교차한 것 같았다) 종을 확인하는 데 매우 중요하죠."

곤충 해부학이나 분류학 교과서에 기묘한 구조, 강모의 유형, 생식기가 선화로 자세하게 묘사된 데는 이유가 있다. 파리는 엄청나게 다양하며, 일부 자매 종끼리는 거의 똑같이 생겼기 때문이다. 파리가 종이나 그쯤에 이르는지 확인할 때는 자세한 지침을 따르는데, 이를 '색인표key'라고 한다. 가장 굵직한 단계(예: 곤충이 맞는가?)에서 시작하면 이명명법(라틴어로 속명을 먼저 적은 뒤 종명을 적어 생물의 학명을 표기하는 방법-옮긴이)으로 이루어진 단계를 계속 밟게 되는데, 바로 앞에 나온 속명보다 뒤에 나온 종명이 더 구체적이다. 단계를 모두 잘 밟고 나면, 과, 속, 또는 종의 독특한 특징을 알게 되면서 확인 과정은 막을 내린다. 예를 들어 색인표를 정확하게 찾았고, 파리 중경골 다리 부분에 가시가 있다면, 이는 노랑등에과Rhagionidae에 속하는 노랑등에snipe fly다. 스티븐 마셜이 파리를 주제로 쓴 책에는 파리목을 채집하고 보존하는 내용을 고스란히 다루는 부분이 있다. 서로 다른 색인표 10개도 같이 실려 어떤 과에 속하는지를 확인할 수 있다.

강모가 배열된 방식을 활용해 확인하는 방법은 따로 이름이 있을 정도로 중요하다. 바로 **극모상**chaetotaxy('카-토-택-시라고 읽는다)이다. 파리 날개에 새겨진 줄무늬 역시 서로 다른 종을 구별할 수 있을 만큼 분명하고, 각각 이름과 특징적인 위치도 있으며, 분류학적 가치가 높다. 구더기 종을 확인하려고 하는데 강모가 거의 없거나 아예 없다면, 그 대신 기문의 배열 방식과 특징에 초점을 맞춰야 한다.

앞서 자세히 설명한 내용만 보고 파리 해부학을 통달했다고 생각해서는 안 된다. 우리가 파리를 인지하는 방식과 파리끼리 서로를 인지하는 방식은 전혀 다르다.

데이럽이 나에게 말했다.

"곤충에게서 보이는 건 거의 다 왜 있는 건지 감을 잡을 수가 없어요. 파리는 다른 차원에서 움직이거든요. 그저 놀라울 따름이에요. 계면 화학surface chemistry이 얼마나 일어나는지, 곤충 내부 구조에서 무슨 일들이 벌어지는지, 그게 무엇을 의미하는지 거의 알지 못하니까요."

## 자주 날아다니는 존재

파리가 아무 이유 없이 그런 이름(파리는 영어로 'fly'인데, 여기에는 '날다'라는 뜻도 있다-옮긴이)을 얻은 게 아니다. 파리는 공중 곡예의 대가라서 맴돌고, 뒤로 날며, 거꾸로 착륙할 수 있다. 지구에서 하늘을 떠다니는 동물 대부분은 확실히 파리일 것이다. 딱정벌레, 그러니까 (최근에) 다양성 면에서 파리를 수로 압도하는 무리마저도 땅에 붙어 다니는 편이다. 딱정벌레를 다루면서 시간을 보내 봤다면, 이들이 지나치게 날아다니는 파리와는 달리 날기를 꺼린다는 사실을 알아차리게 될 것이다.

곤충 크기가 작으면 비행할 때 2가지 강점이 생긴다. 그게 바로 곤충이 다른 생물체보다 1억 5,000만 년 먼저 날아다닌 이유인지도 모른다. 첫째, 물리 법칙에 따르면 날개가 더 작을수록 더 빨리 파닥인다. 둘째, 몸이 더 가벼우면 조종하기가 더욱 수월하다. 우리는 1초에 팔을 세 번쯤 파닥일 수 있지만, 가장 작은 새는 1초에 100번 이상 파닥일 수 있다. 집파리는 1초당 345번 파닥이고, 모기는 700번까지 파닥인다. 자그마한 등에모기과 biting midge는 놀랍게도 1,046번 파닥인다. 역설적으로, 더 빨리 파닥이는 건 그렇게 날개가 작은 곤충에게 그저 가능하기만 한 일이 아니다. 꼭 해야 하는 일이다. 소형화된 곤충은 날개를 더 자주 파닥이면서 공기력을 충분히 만들어 하늘 높이 계속 떠 있어야 한다. 크기를 조절하는 데는 파리의 비상근flight muscles이 지구상에서 가장 강력할지도 모른다. 더구나 파리의 기동성은 전설로 남을 만하다. 큰머리파리(big-headed fly, 장구등에과 Pipunculidae에 속함)는 이상할 정도로 눈이 커졌음에도 티백만 하게 접힌 포충망에 꽉 갇힌 채 계속 날 수 있다.

포충망이 없다면, 짝짓기를 원하는 수컷 똥파리가 날아다니면서 지나가는 암컷을 살피는 모습에서 파리의 비행 솜씨를 쉽게 알아볼 수 있다. 4월 어느 아침, 플로리다주 남부에 있는 자연 관목지를 탐험하다가 그런 수컷을 맞닥뜨렸다. 금파리greenbottle fly가 오솔길 위 눈높이에서 빙빙 맴돌고 있었다. 길이가 1센티미터 정도인 금파리는 보이지 않는 실에 묶이기라도 한 것처럼 거의 안 움직이는 것 같았다. 금파리는 나 따위는 아랑곳하지 않는 듯했다. 내가 느릿느릿 움직이다가 파리 앞에서 한 발짝쯤 얼굴을 들이밀자, 파리가 딱 최소 거리만 유지한 채 멀어졌다. 느릿느릿 손을 뻗어 파리

앞에서 딱 10센티미터 정도 거리에 손가락을 뻗자 파리가 반응했다. 별안간 손을 올리면 파리가 얼른 쌩 갔다가 2초나 3초 뒤에 다시 나타날 터였다. 파리는 매번 같은 방향으로 향했다. 이 경우에는 서쪽이었다. 파리는 날개를 1초당 수백 번씩 파닥이면서 희미하고 낮은 소리로 윙윙댔다. 내가 꼼짝도 안 하고 있으면 별안간 몇 번씩 쏜살같이 가 버리기도 했다. 파리가 이렇게 쏜살같이 움직일 때는 보통 또 다른 곤충이 날아가는 소리가 함께 들린다는 사실을 알게 됐다. 다른 수컷 몇 마리가 근처에서 날아다니고 있었는데, 수컷 파리가 경쟁자를 쫓아내거나, 지나가는 암컷을 가로채려 한 건 아닌가 싶다.

  탁 트인 곳에서 빙빙 맴돌려면 작은 돌풍과 기류에 밀리지 않기 위해 끊임없이 노력해야 한다. BBC 텔레비전 시리즈 〈덤불 속의 삶Life in the Undergrowth〉에서는 슬로 모션 카메라가 영국 초원에서 한껏 빛나는 수컷 물결넓적꽃등에를 향한다. 희미한 날개가 따로따로 기울어지면서 파리가 계속 제자리에 있는 모습이 실제로 보인다. 진행자 데이비드 애튼보로David Attenborough가 콩알 총을 사용해 물결넓적꽃등에의 기민함과 민첩성을 보여 준다. 콩이 쌩 지나가면, 파리는 바로 빙그르르 돌면서 출발하려 한다. 시력과 민첩성이 인상 깊게 결합돼 있지만, 이런 경우 일시적으로 정체를 잘못 파악하기도 한다.

  파리의 비행은 활발하게 연구되는 분야로, 물리학, 에너지학, 로봇공학에도 응용된다. 파리는 최신식 비행 능력을 갖추려고 최첨단 장비를 사용한다. 1초당 100번 이상 파닥이면 신경 조직 발화 빈도가 생리적 한계를 넘어선다. 따라서 파리 비행의 상한치는 신경 조절로만 이루어지지 않으며,

기계식 연결까지 추가된다.

파리의 날개맥은 지렛대, 지렛목, 자그마한 마디처럼 복잡한 체계가 발달하고, 신축성 활성화 기제와 자동차 변속기 속에 있는 수동 클러치 비슷한 체계를 가지는데, 이것으로 각각의 날개를 따로 조절할 수 있다. 방패 같은 판, 즉 **배반**scutellum은 두 날개를 연결하지만, 다른 판, 즉 **아래 후측 판 등**(subepimeral ridge, 파리 흉곽 아래쪽에 있는 혹)은 각 날개를 평균곤에 따로 따로 연결한다. 클러치 구조는 배반을 각 날개에 연결하는데, 양쪽에 맞물리며(아니면 맞물리지 않거나) 날개를 분리해 각각 따로 움직이게 하면서 조종성을 높일 수 있다. 각 날개 맨 아랫부분에는 변속기가 있는데, 자동차 변속 기어처럼 3가지 구조로 이루어져 있어서 움직이는 동시에 파닥거리는 높이를 낮은 위치에서 높은 위치로 조절한다.

위로 올라가는 데 필요한 조직을 다 갖추더라도 균형 및 조종 장치가 없다면 파리는 멀리 갈 수가 없다. 우리의 균형 체계는 귓속에 있다. 하지만 파리는 그렇지 않다. 파리는 평균곤으로 균형을 잡고 움직이는데, 이는 앞서 만나 본 두 번째 날개 쌍의 나머지 부분이다. 날아다니는 동안 평균곤은 드럼 스틱을 두드리는 모습과 비슷하다. 같은 비율로 파닥이지만, 보통은 날개와 정확히 역위상에 있다. 평균곤은 자이로스코프처럼 날개가 아래로 파닥일 때는 위로 흔들리고, 위로 파닥일 때는 아래로 흔들린다. 파리가 나는 동안에 날개가 한쪽으로 흔들리거나, 물결치듯 흔들리거나, 아래로 떨어지면 평균곤 맨 아랫부분이 꼬이지만, 원래 움직이던 수준은 유지된다. 특수 신경 세포가 꼬임을 감지해 파리는 방향을 바로잡을 수 있다.

이름에 '날다'라는 뜻이 있는데도 날개를 갖지 못한 파리도 있다. 이들의 조상에게는 날개가 있었다. 하지만 포식자 없는 섬에 사는 날개 없는 새처럼, 생활사의 발자취에 따라 호사스러운 부속물은 의미가 없어져서 결국 세대를 수없이 거치는 과정에서 날개를 잃고 말았다. 좋은 예가 있다. 박쥐파리bat fly다. 박쥐의 몸 위에서 게처럼 옆으로 허둥지둥 움직이면서 살면, 다른 곳으로 옮겨 가려고 할 때 굳이 하늘을 날 필요가 없다. 박쥐가 대신 날아 주니까. 숙주가 박쥐처럼 오랫동안 옹기종기 모여 산다면, 한 숙주에게서 내려와 또 다른 숙주 위에 올라타기도 쉽다. 그렇게 놀랍게도 2개 과에 총 511종이 있다고 밝혀진 박쥐파리는 시간이 천년 넘게 흐르면서 차츰 날개를 잃었다. 대학원생 시절, 박쥐를 연구하는 동안에 박쥐파리 몇 마리를 봤다. 누가 알려 주지 않았다면, 난 그게 박쥐파리라고 생각지도 못했을 거다.

창문과 천장을 기어다니면서 중력에 도전하는 파리의 능력이 혹시 궁금할까 봐 얘기하자면, 그건 각 발에 2개나 3개씩 있는 흡착반, 즉 **욕반** pulvilli 덕분이다. 각 흡착반에 관이 수천 개씩 생겨나는데, 각각 아주 매끄러우면서 평평하다. 한때는 흡입 방식으로 작용한다고 봤지만, 욕반은 접착 방식으로 작용한다. 설탕과 기름으로 이루어진 풀 같은 물질이 관을 타고 스멀스멀 흘러나와 자그마한 방울로 똑똑 떨어지면서 분자인력을 활용해 가장 매끄러운 표면에 달라붙는다. 파리는 발에 있는 흡착반의 각도를 바꿔 가며 기어다니면서 붙들고 있던 부분을 푼다. 하우스게코House gecko도 똑같은 수법으로 벽과 천장을 날쌔게 건너다니면서 곤충 먹잇감을 사냥한다.

파리는 민첩하고 자신만만하며, 휘이휘이 쫓으려고 기를 써도 제자리에 있거나 재빨리 돌아오는데, 이는 우리가 마크 데이럽을 만나러 갔을 때 접한 강모와 털 때문일 확률이 높다. 각 모낭의 맨 아랫부분에 신경이 분포돼 있어서, 파리는 기류가 변하는 순간에 민감하다. 이런 조기 경보 체계는 파리가 자신에게 다가오는 공격을 감지할 때 도움이 되며, 파리를 찰싹 때려잡기가 왜 그리도 어려운지를 설명하는 데도 도움이 된다.

과학자는 모기의 비행을 자세히 살펴보고 새로운 사실을 발견했다. 슬로 모션 카메라 8대를 고정해 비행 시의 움직임을 다양한 각도에서 찍자, 앵앵대는 모기의 날개 움직임을 3차원 모형으로 만들 수 있었다. 움직이는 각도는 고작 40도가 넘는데, 벌의 절반밖에 안 된다. 첨단 기술인 와류(하강하는 기류가 갇혀서, 위로 올라가는 데 도움이 된다)만으로 이렇게 얕게 움직여서는 날 수 없다. 그런데 곧 날개 뒷부분에 있는 두 번째 와류가 카메라에 잡혔다. 날개 뒷부분 가장자리가 앞쪽 가장자리가 향하는 길을 따라가면서 앞서 파닥일 때 소용돌이치던 후류를 잡으면, 부족한 힘을 되찾을 수 있다. 모기는 이렇게 더 높이 날아오르면서 사람에게 피해를 준다. 두 번째 와류는 각 날개가 따라가야 하는 경로의 규모를 줄이면서 힘을 아낀다. 1초당 700번 파닥이면 상당히 절약하는 것이다.

효율적으로 비행하면서 인상 깊게 이주하도록 진화한 파리도 있다. 예를 들어 호리꽃등에marmalade hoverfly 수백만 마리는 1년에 두 번씩 북유럽에서 서유럽을 왕복으로 오가면서 스위스 알프스(Swiss Alps, 알프스산맥에서 스위스 쪽에 있는 부분-옮긴이)를 쌩 지나간다. 엑서터대학교University of Exeter 소속 영국 유전학자 칼 워튼Karl Wotton은 대규모로 이주하는 곤충을 공중에서 감시한 연구를 바탕으로, 종이 다양한 물결넓적꽃등에 수십억 마리가 매년 유럽을 건너 이주한다고 추정했다. 이들은 자그마한 몸으로 끊임없이 줄줄이 떼 지어 가면서 산색에 번뜩인다. 물결넓적꽃등에는 뒤에서 바람이 불면 하늘 높이 훨훨 날고, 역풍이 불면 낮은 곳으로 홱 내려간다. 워튼은 이렇게 말한다.

"물결넓적꽃등에는 빨리 난다…. 멈추지도 않는다. 나비는 회전식 빨래 건조기가 돌 듯 뒤집히지만, 물결넓적꽃등에는 그냥 곧장 휙 날아간다."

### 동작 감지기

음파를 탐지하는 박쥐를 빼면, 날아다니는 생물체의 시야는 빠르게 변하므로 시력이 좋아야 한다. 곤충의 눈은 우리 눈과는 기본적으로 다르다. 척추동물의 눈은 구성단위가 하나뿐이지만, 곤충의 겹눈에는 서로 다른 구성단위나 홑눈이 아주 많으며, 벌집의 6각형 방처럼 함께 몰려 있다. 각 홑눈, 또는 **낱눈**ommatidium은 시각 기관으로 완전하게 기능하며, 뇌에 따로따로 시각 신호를 보낸다. 곤충의 홑눈은 보통 폭이 약 10마이크로미터라서 약 2만 개가 있어야 핀의 머리 부분만 한 크기가 된다.

눈이 이렇게 배열돼 있다는 건 곤충이 작은 이미지 여러 개가 한 곳에 엮인 모자이크 형태로 대상을 본다는 의미다. 사실 그게 바로 내가 학부 곤충학 교과서에서 읽은 내용인데, 도표를 활용해 설명하고 있었다. 흐릿한 점묘법으로 표현되어서, 그렇게 시력이 안 좋은 채로 쌩쌩 날며 살아야 한다면 헬멧을 써야겠다고 곰곰이 생각했다. 하지만 파리를 포함한 곤충의 행동을 살펴보면, 생각보다 시력이 더 좋다는 사실이 드러난다. 이제는 곤충의 뇌가 각 낱눈에서 따로 받아들인 신호를 매끄럽게 하나로 통일한다는 점을 대체로 받아들이기도 한다. 우리 뇌가 두 눈에서 받아들인 이미지를 하나로 섞듯이 말이다. 곤충의 겹눈은 군대에서 동작 감지 카메라를 감시용으로 쓰도록 연구하며 발전시키는 데 자극제가 되었다.

파리의 뉴런은 한 조로 동시에 작용하면서 세포 단계에 있는 시각과 관련된 문제에 대처한다. 동작에 민감하게 특화된 뉴런은 파리의 시야를 따라 움직이면서 대상의 광학 흐름을 따라가는데, 이는 비행경로를 유지하는 데 도움이 된다. 다른 뉴런 조는 광학 흐름을 활용해 자기 움직임을 관찰한다. 세 번째 뉴런 조는 시각적 장면 자체의 내용을 분석하는 듯하다. 예를 들면, 상대적 흐름을 감지해 배경에서 형태를 분리하는 것이다. 이러한 과정을 **운동 시차**motion parallax라고 한다. **홑눈**ocelli 세 개는 빛에 민감한 기관으로 머리 꼭대기에 위치하고, 눈에서 완전히 분리돼 있으며, 빛 강도의 변화를 감지해서 다가오는 대상에 신속히 반응하는 데에 도움이 된다.

여러 파리는 빠른 속도로 비행하면서 생긴 시각 흐름에 더 평범한 방식으로 대처한다. 빠르게, 반복해서 옆을 힐끗 보는 방식이다. 날아다니는 똥파리를 예로 들면, 몸과 머리를 빠르게 따로따로 돌리면서 시선을 이동하며(신속 안구 운동, saccades) 기본적으로 시선을 각 신속 안구 운동 사이에 고정한다(우리 시각 체계도 창밖을 지나가는 자동차나 기차를 바라볼 때 비슷하게 신속 안구 운동을 한다. 우리 눈은 잠시 가까이 있는 대상을 추적한 다음, 다른 대상으로 건너뛰면서 눈을 좌우로 빨리 움직인다). 이렇게 빨리 움직이면 신속 안구 운동 사이에 거의 균일한 병진 운동식 광학 흐름이 나타나서 파리가 환경에 배치된 공간 정보를 추출할 수 있다. 파리가 별안간 한쪽을 바라본다는 걸 처음 알게 됐을 때 살짝 불안해진 기억이 난다. 무슨 의도를 품고 그러는 것 같아서, 정말이지 파리가 택시라도 부르는 줄 알았다.

초파리 연구에서는 홑눈이 보통 600개 정도 있는 초파리가 시각을 우선 처리하는 체계를 활용한다는 사실이 드러났다. 정지 상태인 사물은 계속 흐릿하지만, 무엇이든 간에 움직이고 있는 데다 파리가 움직여서 생긴 시각 변화와는 관계가 없다면, 초점은 뚜렷해진다. 페터 볼레벤Peter Wohlleben이 저서 《동물의 사생활과 그 이웃들》에서 말하듯이, "자그마한 말썽꾸러기가 꼭 필요한 부분만 추려 낸다고 할 수 있는데, 이렇게 작은 파리에게 그런 능력이 있으리라고는 예상치 못했을 것이다". 우리도 다르지 않다. 이 책을 읽는 동안 주변시peripheral vision로 이 페이지와 그 너머에 있는 많은 것을 감지하지만, 거기에 초점을 두지는 않는다. 지금 읽고 있는 내용에서 불과 몇 센티미터 떨어진 단어마저도 흐릿해 보인다. 이처럼 우리 시야는 의식적 마음 같이 행동해서, 어떤 순간에든 단 한 가지 일만 생각한다.

캘리포니아공과대학교California Institute of Technology 생체 공학 교수 마이클 디킨슨Michael Dickinson과 대학원생 귀네스 카드Gwyneth Card는 무시무시한 파리채와 마주한 초파리를 고해상도 고속 디지털 이미지화해 이들이 자그마한 뇌로 곧 다가올 위험의 위치를 추정해 탈출 계획을 짜낸 다음, 다리를 최적 위치에 뒀다가 뛰쳐나온다는 사실을 밝혀냈다. 이런 일은 모두 파리가 파리채를 처음 알아본 뒤, 10분의 1초 안에 일어난다. 세심하게 조절한 슬로 모션 카메라로 촬영하고 14센티미터(6인치)짜리 검은색 원반("파리채")을 활용한 실험에서 호기심 넘치는 과학자는 파리가 다리에서 시각 정보 약 360개를 기계 감각 정보와 통합하고, 가운뎃다리 쌍을 위험한 대상 쪽으로 밀어내면서 곧 다가올 위험과 거리를 둔다는 사실을 알아냈다.

파리가 이런 사건에서 의식을 경험한다면(3장 참고), 우리는 탈출 개념이 공포감과 함께 찾아온다고 덧붙이게 될지도 모른다.

기지를 발휘해 가면서 파리와 접전을 벌여 봤다면, 파리를 잡기가 어려운 만큼 시력이 좋은 게 이들에게 얼마나 도움이 되는지 잘 알 것이다. 십 대 시절, 여름 캠프장 주방에서 일하다가 제법 효과가 톡톡한 기술을 개발해 맨손으로 집파리를 잡기도 했다. 테이블 윗면이나 세로로 된 나무 기둥 같은 평평한 표면 위에서 쉬고 있는 파리의 엉덩이 쪽으로 손을 느릿느릿 움직인다(헐벗은 나무 표면에 있는 가시 조심!), 표적과 10~12센티미터쯤 거리를 두었을 때 잠시 멈추고 신경을 곤두세우면서 매복 공격을 준비한다, 그다음에는 파리 쪽으로 최대한 빨리 손을 휘둘렀다가 반사적인 속도로 덮어 버린다. 그러나 표적은 내 손바닥이 채 닿기도 전에 하늘에 떠 있었고, 움직이는 파리에게 반응할 틈도 없었다. 속도가 알맞고 위치도 적당했다면, 결국 내 손에 잡혔을 텐데. 맨손으로 파리를 잡은 비율은 60퍼센트에 달하는데 드물게는 손을 한 번 휘둘러서 두 마리를 잡기도 했다. 평생을 파리의 팬으로 지냈으니, 밖으로 내보내 천장을 장식하는 끈끈한 파리잡이에 목숨을 내주기보다는 더 나은 운명을 맞게 해 주었다. 보통은 내 포로가 살로 뒤덮인 무덤 속에서 나를 비웃는 듯한 느낌이 들었는데, 매번 그런 건 아니었다. 파리를 놓쳤다는 생각에 주먹을 펼쳤다가 간사한 파리를 다시 주방에 풀어 준 때도 많았다. 아니면 조심조심 주먹을 펼쳤는데 말 그대로 아무것도 없을 때도 있었다.

암수의 신체 특징이 다른 이유는 보통 번식과 관련이 있다. 번식의 원리에 충실한 수컷 파리는 중선mid-line에서 만나는 더 큰 눈을 가진 경우가 많다. 이런 **겹눈**은 시야가 사실상 360도다. 이게 다 암컷을 더 잘 찾기 위해서다. 극단적인 예로, 큰머리파리는 눈이 머리 전체를 거의 다 덮는데, 꼭 부푼 것처럼 보인다. 암컷 파리는 일부만 빼고는 **양안**이며, 서로 만나지 않는다. 시각이 더 뛰어난 수컷이 암컷보다 포식자의 공격에서 더 많이 살아남는지, 아니면 시각적 우위가 열등한 조종성으로 상쇄되는지 궁금하다.

겹눈의 결점은 쌍안으로 절충할 수 있다. 파리매의 눈은 잘 나뉘어 있으며, 쌍안으로 거리를 능숙하게 지각한다. 날아다니는 먹잇감을 향한 공격을 조정하고, 아마도 다가오는 포식자를 감지하며 피하는 데도 중요한 역할을 할 것이다. 나는 느릿느릿 기어다녀야만 내려앉은 파리매에게 가까이 다가갈 수 있다는 사실을 깨달았다(4장에서 다룰 것이다).

겹눈이든 아니든, 시력이 아무리 좋아도 집파리가 창유리에 갇히는 데는 도움이 안 된다. 유리 장벽 때문에 시각을 지향하는 곤충이 완전히 어리둥절해지는 게 분명하다. 자연에서는 유리를 접한 적이 없으니까. 파리는 유리 너머에 있는 풍경만 볼 뿐이며, 다가가고 싶은 충동을 무시하지 못한다. 내가 알기로는 파리가 창문이나 인공 현상에 적응하는지 알아내려고 한 사람은 아무도 없다.

### 맛보기

파리는 A 지점에서 날아 B 지점의 식량원을 향한다. 파리를 자제력 없이 먹어대는 존재로 여길지도 모르지만, 맛보기에 몰두하는 장치는 그렇지만은 않다. 냄새처럼, 맛에는 '화학적 감응chemoreception'(동물이 후각이나 미각을 바탕으로 화학 물질에서 오는 자극을 느끼는 작용-옮긴이)이 포함된다. 하지만 물질과 신체 접촉을 해야 하므로 냄새와는 다르다. 파리의 미각은 우리 미각과는 달리 구기에 한정되지 않는다. 먹이를 빨아들이는 주둥이뿐 아니라 미각 수용체 역시 온몸에 흩어진 강모 위에 있다. 다리와 날개, 알을 낳는 산란관 위에도 있다. 가장 눈에 띄는 부분은 파리의 부드러운 흡착반에 미각 기관이 있다는 사실이다. 내가 볼 때 많은 사람이 발로 맛보는 능력이라는 특성에는 눈독을 들이지 않을 것 같다. 와인 제조업계에 취직해 전통 방식으로 포도를 분쇄하는 사람은 뺀다 치더라도 말이다. 하지만 파리는 이런 능력 덕에 푹 익은 바나나, 팔목, 아니면 테이블 위에 내려앉자마자 숨은 영양분을 바로 맛볼 수 있다.

익스트림 클로즈업으로 촬영한 사진을 보면 스펀지 같은 집파리 주둥이에서 조직이 드러나는데, 물건을 잡을 수 있는 코끼리의 코끝이 어렴풋이 연상된다.

파리에 내장된 고무 자루걸레에는 관이 코듀로이 식으로 배열돼 있으며, 그 관을 통해 액체로 된 먹이를 빨아들인 뒤에 목으로 쏟아 낸다. 그런데 자루걸레에는 후진 기어도 있어서, 침이 같은 관을 타고 기질substrate을 조금씩 적시면서 단단한 먹이를 빨아들일 수 있는 형태가 되도록 녹인다.

이렇게 스펀지 같은 아랫입술 덕에 파리는 우선 먹이를 용해한 다음, 달콤하고 끌리는 먹이를 마실 수 있다. 식물 흡상 곤충이 잎 표면에 뿌려 놓은 말라붙은 단물 같은 것 말이다. 파리의 대가인 스티븐 마셜은 파리가 꽃이 진화해 꿀을 만들어 내기 훨씬 전부터 이렇게 어디에나 있는 꿀을 포식한 건 아닌지 의심한다. 오늘날 파리는 우리보다 단맛에 100배 더 민감하다.

**사진 7** 집파리의 주둥이는 구조와 기능이 놀라울 만큼 정교하다.
ⓒ 수수무 니시나가Susumu Nishinaga, 과학 자료

파리는 실제로 어떻게 맛을 볼까? 초파리를 세심히 연구한 결과, 이들은 맛에 민감한 발에 난 자그마하고 털처럼 가는 실로 맛을 보는데, 결국 그런 실은 각각 구멍이 된다고 밝혀졌다. 각 구멍에는 여러 화학 물질에 민감한 뉴런이 하나씩 들어 있다. 이런 뉴런과 근처에 있는 뉴런은 파리의 뇌로 신호를 보낸다.

먹이가 될 가능성이 있는 대상은 맛보기 검사를 두 번 통과하고 나서야 파리에게 먹힌다. 파리가 접한 물질, 그러니까 예를 들면 마멀레이드 자국이나 물웅덩이가 발로 하는 맛보기 테스트를 통과하고 나면, 파리의 뇌는 주둥이를 뻗으라고 명령한다. 하지만 파리는 주둥이 끝에 있는 감각모

에서 실시하는 두 번째 테스트를 통과하기 전까지는 물질을 받아들이지 않는다. 감각모는 각각 속이 비고, 끝부분에 구멍이 있으며, 안에는 세포 5개가 들어 있다. 세포 두 가지는 짠 용액에 민감하며, 한 가지는 물과 당분에 민감하다. 다섯 번째 세포는 맛보는 데 도움이 되지 않는다. 대신에 파리가 발을 아래로 뒀을 때 휜 정도를 통해 표면 저항력과 탄력성을 감지한다. 감각모 수를 꼼꼼히 세 보면, 똥파리(검정금파리, phormia regina)의 앞다리에는 308개, 가운뎃다리에는 208개, 뒷다리에는 107개, 주둥이에는 250개가 있다. 동시에 화학 물질에 민감한 돌기(작고 손가락 같은 돌출부)도 132개가 있으니, 파리 1마리당 미각 기관은 총 1,600개쯤 된다.

파리는 진화 과정에서 수억 년간 분리됐지만, 미각만큼은 우리와 비슷한 듯하다. 크리스틴 스콧Kristin Scott은 캘리포니아대학교 버클리 캠퍼스University of California at Berkeley에서 행동학 및 유전학 연구를 이끌면서 초파리에게 꼭 사람처럼 단맛과 쓴맛에 집중하는 수용체가 있다고 밝혀냈다. 우리처럼, 파리도 맛을 가려내는 능력이 악취를 감지하는 능력보다 더 단순하며, 악취를 더 미세하게 가려낼 수 있다. 파리부터 사람까지 통하는 맛보기 행동의 또 다른 특징은 바로 내부 상태에 절묘하게 맞춰 맛을 본다는 것이다. 스콧이 직접 한 말이 있다.

"동물은 먹이를 먹을 개연성을 동적으로 조절해 열량 소모와 에너지 소비의 균형을 확실히 맞춘다."

간단히 말하면, 배부른 파리는 먹이에 관심이 없다.

## 후각과 청각

다양한 신체 부위를 활용해 맛을 보는 생물체라는 점에서 예상할 수 있듯이, 파리는 냄새를 잘 맡는다. 파리는 더듬이로 냄새를 맡는데 이렇게 용도가 다양한 막대기는 화학 수용체로 덮여 있어서 다양한 화학 신호에 무척 민감하다. 파리는 훨씬 덜 농축된 냄새에도 우리보다 더 잘 반응한다. 검정파리carrion fly는 적어도 16.09킬로미터 떨어진 곳에서 썩어 가는 시체를 감지하기도 한다.

파리의 후각을 주제로 한 연구는 주로 파리와 사람 사이의 두 가지 관계에 초점을 맞춰 왔다. 바로 질병을 퍼뜨리는 흡혈 동물과 작물 해충이다. 흡혈파리는 식량원에서 방출된 화학 물질에 관심을 두는데, 식물을 먹는 파리도 마찬가지다. 더듬이에 있는 후각 수용체Olfactory receptor는 무엇이나 누구를 먹든 간에 화학 물질의 특성을 감지하는 데 특화돼 있다. 똥부터 튤립까지, 무엇을 먹는지는 파리의 종류에 따라 다르다.

선택할 화학 물질은 많다. 어떤 사람을 표본으로 삼느냐에 따라 다르지만(그리고 아마 언제인지도), 사람의 냄새는 300~500가지 화학 성분으로 구성돼 있다. 존스홉킨스대학교Johns Hopkins University 연구팀은 사람을 무는 **이집트숲모기**Aedes aegypti의 뇌에 있는 후각 중추에서 활발하게 감지된 사람 냄새의 특정 성분을 확인하는 연구를 하고 있다. 이집트숲모기는 지카 바이러스의 주요 매개체다. 이 파리에게는 후각 조직 3개와 수용체 3개 군이 있어서 사람의 악취에 예민하게 반응한다. 계획은 사람 냄새를 모방한 화학 향을 의도적으로 만들어 모기를 트랩으로 유인해 매개체를 더 잘 통제하고 감시하면서 지카 바이러스와 미래에 다가올 위험에 맞서 싸우는 것이다. 이미 '모기 자석Mosquito Magnet'이라는 장비도 있는데, 이산화탄소를 활용해 모기를 유인하고 가두어 죽인다.

용도가 다양한 더듬이는 감각 면에서 또 다른 쓸모가 있다. 바로 청력이다. 파리도 사람처럼 여러 주파수를 구별한다. 파리의 청각 구조에는 훌륭한 연쇄 반응이 포함되는데, 더듬이에서 먼 부분을 활용해 공기 진동(소리)을 감지하는 데서 시작해 결국 신경 신호를 뇌로 전달한다. 연쇄 반응은 더듬이가 아주아주 살짝 굴절하면서 시작된다. 털 폭의 몇만 분의 1만큼이다. 그러면 아래에 있는 감각 세포가 쭉 늘어나면서 이온 통로가 열려 분자가 들어오고, 전기적 충동electrical impulse이 촉발된다. 이 시점에서 기계식 증폭기가 모터 같은 역할을 하면서 굴절 효과를 확대한다. 파리가 특정 주파수에 자극받으면, 진동할 때마다 해당 주파수 민감도가 올라간다. 놀이터 그네가 밀릴 때와 마찬가지다. 소리가 더 낮으면 민감도는 더욱 증폭된다.

파리는 보통 청력을 비축해 뒀다가 구애에 활용하며, 구애할 때 소리를 활용하지 않는 파리는 대부분 청각에 이상이 있는 경우다. 초파리는 열렬히 구애한다. 수컷은 날개를 재빨리 흔들면서 나는 노랫소리로 가능성 있는 짝에 구애한다. 아이오와대학교University of Iowa에서 실행한 연구 결과, 초파리의 청력은 록 콘서트장과 비슷한 정도로 시끄러운 소리에 시달리면 악화한다. 그렇게 시달리면 청력에 관여하는 신경 세포 구조가 손상되기 때문이다. 사람에게서 관찰됐듯이, 파리의 청력도 1주일 뒤면 회복된다. 우리는 높은 데시벨에 장기간 노출되면 영원토록 청력을 잃지만, 파리는 성충기 수명이 훨씬 더 짧은 덕에 아마도 청력이 덜 취약해서, 홀리듯 메탈리카Metallica 콘서트에 가 있을지 모른다.

### 적응의 대가

다양하게 적응하면서 세상을 느끼고 누비는 파리야말로 최고의 진화 기회주의자일지도 모른다. 곧 다루게 될 장에서 보게 되듯이, 파리는 힘든 세상을 살아가면서 겪는 다양한 문제를 기발하게 해결할 방법을 수없이 발전시켰다. 위대한 소설가이자 유머가 풍부한 마크 트웨인Mark Twain은 파리에 한껏 감탄한 나머지 캘리포니아주 모노호Mono Lake 물속에서 많은 시간을 보냈다. 자그마한 알칼리파리alkali fly는 몸이 왁스 성분으로 덮여 있고, 털이 북슬북슬하며, 갑옷처럼 몸에 공기를 가둬서 아래로 잠수해 조류를 배불리 먹을 수 있다. 트웨인은 파리가 익사하지 못하게 한 뒤, 기쁨에 넘쳐서 《서부 유랑기》라는 여행 회고록을 썼다.

"알칼리파리를 원하는 만큼 물속에 붙들고 있어도 된다. 신경일랑 쓰지도 않으니까. 뿌듯해하기만 하면 된다. 풀어 주면, 수면 위로 특허청 보고서만큼이나 건조하게 톡 튀어 오른다."

알칼리파리는 보통 수면에서 힘차게 잠수해 거품 옷을 만들고는 호수 바닥으로 곤두박질쳐서 바닥에 움푹 들어간 곳을 만든다. 그곳이 더 깊어지면 주위 수압이 한계점에 달하면서 파리가 순식간에 은빛 공기주머니 안에 완전히 둘러싸인다. 발톱이 달린 발과 구기가 기포에 영향을 받지 않는 데 제격인 만큼 알칼리파리는 아래로 서둘러 내려갈 수 있다. 브라인슈림프brine shrimp만 빼면, 이렇게 고알칼리성 호수에 사는 생물체는 이들뿐이다.

"대단한 일이에요. 호수에 물고기가 없으니까요."

마이클 디킨슨이 한 말이다. 디킨슨은 최근에 파리의 놀라운 생명 작용을 설명했다. 트웨인이 파리를 극찬한 지 100년도 더 뒤에 말이다.

    1940년대 이후로, 전에는 호수로 흐르던 담수 일부가 로스앤젤레스 쪽으로 방향을 바꾸면서 호수 염도가 높아졌는데도 알칼리파리는 끈질기게 살아남았다. 알칼리파리 떼는 규모가 무척 커서, 부리를 떡 벌린 갈매기 무리를 사로잡을 정도다. 수가 넘쳐나다 보니 지역 생태계를 뒷받침하는 데에도 도움이 된다. 지역 생태계에서 300종이 넘는, 약 200만 마리의 새를 사로잡기 때문이다. 매년 봄에 모노호로 이주해 먹이를 먹으면서 번식하려는 새들이다. 현재는 물이 새로운 방향으로 흐르면서 호수가 줄어들고, 탄산나트륨 농도는 알칼리파리에게도 위험할 정도로 높아졌다. 또 다른 위험은 가끔 호수에서 수영하는 사람들이 바르는 자외선 차단제 때문에 왁스 성분으로 된 파리의 막이 벗겨져서 익사할 확률이 높아진다는 점이다.

    파리가 떠나는 모습을 보면 슬프겠지만, 이들이 우리보다 얼마나 더 빨리 진화하는지에 주목해야 한다. 인간 1세대에 파리 500세대를 밀어 넣을 수 있다고 생각하면, 이들이 자연계의 선물로 지구에서 번성한다는 게 전혀 놀랍지 않다. 바로 이 부분에서 인공적인 변화에 적응하는 우리 능력에 일침을 가하는 교훈을 얻을 수 있다. 이 내용은 마지막 장에서 다시 살펴보겠다.

# 3

# 깨어 있는가?
# (곤충이 생각한다는 증거)

생명의 천재성은 큰 걸작보다 작은 걸작을 만들 때 더 빛난다.

─산티아고 라몬 이 카할Santiago Ramón y Cajal, 신경 과학자이자 노벨상 수상자

우스갯소리로 던지는 질문이 하나 있다.

"파리가 창유리에 부딪힐 때 가장 신경쓰지 않을 만한 부위는?"

정답은 "엉덩이"다. 무례하다는 점을 빼면, 나는 이 우스갯소리가 마음에 든다. 적어도 파리가 생각한다는 뜻이니까.

파리에게 의식이 있을까? 어떤 감정이든 느낄까? 파리는 사물일까, 생명체일까? 비슷한 질문을 곤충 대부분에 적용해 봐도 무방하리라고 생각한다. 어떤 곤충이든 의식이 있다면, 다른 곤충에게도 의식이 **있으리라고** 봐도 괜찮을 듯하다. 그런데 그렇게나 작은 생명체가 정말로 감정을 느낄까? 언뜻 보기엔 안 그럴 것 같지만, 잠시 바짝 가까이에서 곤충의 조화로운 움직임과 복잡하고 유연한 모습을 지켜보면, 이들을 작고 까만 석판처럼

의식이 조금도 없고 정신이 텅 빈 상태로 쏘다니는 존재라고 보기란 어렵다. 파리가 다리를 비비거나 날개를 뒷다리로 힘껏 휘두르면서 씻을 때, 말벌이나 딱정벌레가 더듬이를 주둥이에 넣었다 뺐다 하면서 가다듬는 모습을 볼 때 이들이 의도를 품은 생물체임을 알게 된다. 게다가 사마귀praying mantis가 관절로 연결된 목을 돌려서 우리와 두 눈을 똑바로 마주치는 경험을 한 적이 있다면, 누구나 으스스한 느낌이 들었을 것이다. 우리가 그 자리에 있다는 걸 아는 생물체가 우리를 바라보고 있으니까 말이다.

파리나 모든 곤충에게 의식이 있다고 드러내 놓고 주장하려는 게 아니다. 사실 그럴 수 있는 사람은 아무도 없다. 영향력 있는 호주 철학자 데이비드 차머스David Chalmers는 생명 과학에서 다른 존재의 의식을 알아내려 하는 건 "어려운 문제"라고 평했다. 하지만 우리가 영원히 모를 운명은 아니다. 과학에는 문제를 분석할 수단이 있다. 해부학, 물리학, 진화 생물학, 신경 과학, 행동학, 유전학이 여기에 포함된다. 우리의 감정은 강렬하고, 공감 능력도 있어서, 다른 존재의 관점에서 바라볼 때 도움이 된다. 다른 생물체가 표현하는 고통, 공포감, 기쁨, 익살스러움, 화 등의 감정을 관찰하고 이들이 느끼는 감정을 우리와 비슷한 상황에 연관 지을 수 있다.

물론 개가 공을 뒤쫓는 모습을 보면서 동물이 즐거움을 느낀다고 생각하는 것과 짝짓기하는 파리 쌍이 똑같은 감정을 느낀다고 보는 건 전혀 다르다. 진화라는 관목에서 더 멀리 나아가면, 감정을 이입하는 우리의 능력은 더 떨어진다.

의식과 감응력이 없어 보인다고 여길 때 조심해야 하는 이유 한 가지는 겉보기에 지능적인 행동이 무의식중에 나타날 수 있기 때문이다. 진화는 뛰어난 문제 해결사다. 영겁의 세월이라는 호사를 누리면서 엄청나게 다양한 천연자원을 실험한 덕에, 생물체는 깜짝 놀랄 만큼 적응하며 진화했다. 그중에는 믿기 어려운 지능을 드러내는 생물체도 있다.

파리목 중에 그렇게 '똑똑하게' 적응한 사례가 있다. 예지력을 발휘해 겨울나기 전략을 짜는 미역취벌레혹파리goldenrod gallfly가 그렇다. 늦여름이면 성충 미역취벌레혹파리는 미역취 줄기에 알을 주입한다. 알에서(아니면 어미 파리에게서) 화학 물질이 나오면, 주변 식물 조직에 성장하는 곤충을 둘러싸고 보호용 종기가 생기는데, 이를 **벌레혹**gall이라고 한다. 이 전략 때문에 숙주 식물은 맞춤형 집을 짓게 된다. 식량이 차곡차곡 쌓인 식품 저장실도 갖춘 집이다.

늦여름 무렵이면 부화한 유충은 부풀어 오른 벌레혹 과육을 먹고 최대 크기로 자란다. 이렇게 커진 시기에는 식물과 벌레혹과 유충이 성장을 멈춘다. 첫서리가 내리기 전, 파리 유충은 눈에 띄게 예지력을 발휘한다. 유충은 벌레혹의 가장 바깥층을 구기로 씹으면서 굴을 판 다음, 중심부로 되돌아가 겨울을 보내고 나서 바로 벌레혹 표면을 뚫는다. 봄이 오면 변태한 성충 파리는 미리 만들어 둔 굴을 기어가며 얇은 외막에 자기 몸을 밀어 넣은 다음, 날아가면서 모험에 나선다. 유충이 벌레혹 중심부에서 표면으로 관을 뚫는 이유는 유충과는 달리 성충 파리에게는 씹을 수 있는 구기가 없기 때문이다. 구더기는 몇 달 전에 미리 탈출 경로를 만들어 둠으로써 성충 파리가 되어 월동용 집에서 무기력하게 파묻혀 지내는 일을 피한다.

이렇게 눈먼 흡혈파리 유충의 행동은 지능보다는 본능의 결과로 해석하는 게 더 그럴듯해 보인다. 적어도 내 직관에 따르면 그렇다.

하지만 혹파리 구더기의 기민한 본능을 보면 곤충에게 의식이 있을 가능성을 부정할 수는 없다. 과학계에서는 곤충에 감응력이 있을 가능성에 관심이 크다. 2016년, 유명한 〈미국 국립 과학원 회보〉에 발표한 논문에서 호주 생물학자 앤드루 배런Andrew Barron과 철학자 콜린 클라인Colin Klein은 곤충이 척추동물의 뇌와 구조상 또는 기능상 유사한 특징을 바탕으로 감정을 느낄 수도 있다고 주장한다. 예를 들면, **버섯체**mushroom bodies는 학습과 기억을 유지하고, **중심 복합체**central complex는 공간 정보를 처리하고 움직임을 조직하며, 해부학상 정교한 **전대뇌**protocerebrum는 다른 뇌 영역과 연결돼 들어오는 감각 정보를 수집한다. 논문 저자는 곤충이 오래전 캄브리아기, 그러니까 5억 년 정도 전에 의식을 활용해 왕성한 수렵 채집 및 사냥 생활 양식을 유지했을지도 모른다고 결론 짓는다.

이 장에서는 곤충, 특히 파리에게 의식이 있다는 증거를 더 강력히 드러낼 것이다. 여러분만의 결론을 내려 보길 바란다.

### 썩어 가는 복숭아 그릇

과학으로 들어가기 전에, 내가 겪은 일을 이야기해 봐야겠다. 결론을 내리기 전에 잠시 곰곰이 생각해 볼 수 있는 얘기다. 내가 볼 땐 많은 사람이 곤충은 의식적 경험을 하지 못한다고 생각하지 않을까 싶다.

온타리오주 남부에 있는 친구네 시골집에 갔을 때였다. 부엌 조리대 위에 작고 하얀 도자기 그릇이 하나 있었는데 색다를 건 하나도 없다고 생각하다가 안을 들여다보았다. 그 순간 무척 기이한 광경을 목격했다. 그릇 안에 복숭아 덩어리 여러 개가 담겨 있었는데, 사람이 먹을 수 있는 한계점을 훨씬 지난 듯했다. 초파리도 50마리쯤 있었다. 그릇 테두리 주변에는 비닐 랩이 팽팽히 덮여 있었는데 파리는 대부분 그 주위에서 서성이고 있었다. 꼭 칵테일파티에서 와인을 홀짝이는 손님 같았다. 발효되는 과일 위를 태연하게 이리저리 떠도는 파리도 있었는데, 복숭아는 가장자리에 하얀 곰팡이가 피어 얼룩덜룩했다. 몇 마리는 파리답게 중력에 도전하면서 '유리' 천장을 서성이거나 기어다녔다.

나는 집안에서 일어나는 이상한 장면을 경이롭게 바라보았다. 부엌에 있는 초파리가 색달라 보일 이유란 하나도 없다. 그런데 초파리는 대체 어떻게 비닐 랩 안으로 들어갔을까? 내 친구 실리아Celia가 손에 비닐 랩을 들고 그릇에 살금살금 다가가 덮쳤을까? 파리는 신중하면서도 빠르니까, 분명히 몇 마리를 뺀 나머지는 베일이 덮이기 전에 날아서 도망쳤겠지. 비닐 랩이 덮이기 전에 파리가 이미 복숭아에서 배양되고 있었을까? 그럴 리는 없다. 그릇 안에 번데기 겉껍질이 없었으니까.

실리아가 일을 보고 돌아왔을 때, 복숭아 그릇 얘기를 물어봤고 수수께끼는 풀렸다. 복숭아 그릇은 파리풀flytrap이었다. 만드는 법은 무척 간단하다. 그릇에 푹 익은 복숭아 조각을 넣고 비닐 랩으로 밀봉한 뒤 뾰족한 칼끝으로 자그마한 구멍을 12개쯤 뚫은 다음, 몇 시간 기다리면 된다. 짜잔. 파리가 갇혔다.

정말?

여러분이 나와 같다면, 초파리가 비닐층에 자그맣게 뚫린 구멍을 비집고 들어가는 모습을 그려 보고 있으리라. 우선 초파리는 어떻게 구멍을

**사진 8** 이 초파리는 과일 그릇에 쫙 펼쳐진 비닐 랩에 자그맣게 뚫린 구멍으로 들어갈 길을 찾았고, 이제 나갈 길을 찾으려 하고 있다. (저자가 찍은 사진)

찾을까? 대부분은 고약한 복숭아의 매혹 넘치는 향이 안쪽 면에 갈라진 틈 사이로 배어 나왔을 거라고 말할 것이다. 과학자라면 화학적 구배chemical gradient라 할 법한 상황이다. 예리한 파리는 거부할 수 없는 향 자취의 근원지를 따라간다. 그런데 어떻게 안으로 들어갈까? 작은 파리는 구멍을 어떻게 비집고 들어갈까? 그 이야기는 좀 이따가 하겠다. 사실 파리는 안에 들어가면 복숭아를 마음대로 다룬다. 즙 많고 독한 술을 한껏 맛보고, 시간이 넉넉하면 짝짓기를 한 뒤 알을 낳는다.

"바닷가재 트랩 같은 원리야. 안에 들어가긴 하지만, 나갈 방법을 찾는 데는 애를 먹는 거지."

실리아가 나에게 말했다.

다음 날 아침, 똑같은 장소에서 트랩을 본 나는 깜짝 놀랐다. 복숭아에는 똑같이 곰팡이 얼룩이 있었는데, 파리가 한바탕 야단법석을 떨고 간 듯했다. 하지만 그릇 안에 파리가 더 많아지지는 않았다. 분명 더 적었다. 쌍안경을 움켜잡고(조류 관찰자다 보니 쌍안경을 두고 다니는 법이 없다. 쌍안경을 뒤집으면 확대경 역할을 톡톡히 한다) 바짝 가까이 다가가 들여다보고는 화들짝 놀라고 말았다. 파리가 비닐 천장을 총총 가로질러 가더니 뚫린 구멍 하나를 찾아 빠져나가려 하고 있었다. 자그마한 파리는 앞다리 두 개를 지렛대 삼아 비닐을 들어 올리고, 길게 갈라진 틈 사이로 머리를 내밀더니 남은 다리 네 개를 이용해 복숭아로 가득 차 포동포동해진 몸통을 비집고 장벽에서 빠져나오려고 기를 썼다. 꽤 균형을 잡고 애써야 하는 작전이었으며, 1분 이상이 지나자 모든 것이 끝났다. 빠져나온 파리는 순간 멈칫했다가 그대로 날아가 버렸다.

"실리아, 이제 파리 트랩을 바깥에 두는 게 좋겠어. 트랩이 거꾸로 작동해서 파리 몇 마리가 다시 부엌으로 탈출했거든."

내가 파리풀 사건에 그토록 사로잡힌 이유는 썩어 가는 과일로 향하는 길을 찾는 파리의 능력보다는 명백한 의도와 결단력을 바탕으로 트랩에서 탈출한 파리의 의식 때문이었다. 초파리가 복숭아 트랩에 이끌리는 이유는 쉽게 짐작할 수 있지만, 호사스러운 식량원이자 번식지를 떠나려는 이유는 종잡을 수가 없다. 본능에 '이끌려' 들어갔는데, 나가도록 '이끈' 것도 본능이라 할 수 있을까? 그래서 나는 내 눈으로 본 것과 흔히들 '파리란 로봇식 자동 기계 장치로 감정을 느끼지도 않고 의식도 없는 존재에 불과'하다고 추정하던 내용을 양립하는 데 애를 먹었다.

사람이 바글바글한 커피숍에 앉아 실리아의 파리풀과 관련된 추억을 더듬어 보다가, 푸들 믹스견 한 마리가 카페 주변에서 코를 쿵쿵거리면서 푹신한 의자 아래에 떨어진 부스러기에 관심을 쏟는 모습을 보게 되었다. 그리고 다른 존재의 후각이 나보다 얼마나 예리한지도 다시금 떠올렸다.

실리아가 간단히 만든 파리풀을 다르게 변형한 형태도 있다. 코넬대학교Cornell University 곤충학 교수 브라이언 라자로Brian Lazzaro가 만든 짧은 온라인 영상을 보면(미주 참고) 와인 병이나 푹 익은 과일 위에 깔때기를 꽂아서 초파리를 끌어들이는데, 이들이 탈출을 시도할 때는 어리둥절한 상태라고 설명한다. 그 방법 역시 시간이 흐르면서 효과가 떨어지지 않을까 싶다.

말라 소코로브스키Marla Sokolowski는 토론토대학교University of Toronto 유전학 및 신경학 교수이자 나의 스승이다. 교수님은 파리가 그득한 식료품점에 갔다가 라자로가 만든 트랩 같은 걸 써서 파리를 잡는 방법을 관리자에게 알려 줬다고 이야기해 주셨다. 반쯤 빈 맥주병(아니면 이스트와 물)에 깔때기를 꽂는 방식이다. 교수님의 딸은 당시에 사춘기가 오기 직전이었는데, 눈알을 굴리면서 엄마가 낯선 사람에게 파리 이야기를 한다며 부끄러워했다. 2주 뒤에 교수님과 딸이 식료품점에 다시 가 보니, 파리가 눈에 띄게 줄어서 관리자가 고마워했단다. 이런 트랩에서 초파리의 풍부한 지략을 이용하는 인간의 재간이 드러난다.

## 흐릿한 선

우리는 정신 능력과 관련해서는 척추동물을 척추가 없는 동물보다 더 높이 평가하는 경향이 있다. 무척추동물은 어떤 형태로든 정신생활을 하지 않으리라고 보기도 한다. 하지만 과학에서는 그런 믿음의 약점이 드러났으며, 한때 척추동물과 무척추동물 사이에 굵게 그려져 있던 선도 흐릿해졌다.

예를 들면, 문어와 연체동물 친척에게 의식이 있다는 증거는 제법 신뢰할 만하다. 믿을 수가 없다면, 사이 몽고메리Sy Montgomery의《문어의 영혼》이나 피터 고프리스미스Peter Godfrey-Smith의《아더 마인즈: 문어, 바다, 그리고 의식의 기원》을 읽어 보길 바란다. 문어와 가까운 친척인 오징어, 갑오징어, 앵무조개속(한데 묶으면 두족류다)은 무척추동물 중에서 신경 체계가 가장 복잡하다. 문어는 문제 해결 능력, 감정, 놀이 행동, 독특한 개성을 드러낸다. 매듭을 풀고, 병을 따며, 유아가 열지 못하는 용기를 열 수 있다. 다른 존재를 보면서 배울 수 있으며, 탈출 예술가로 명성이 자자하다. 일부 전문가는 문어를 지구상에서 의식이 진화한 첫 생물체로 여기기도 한다. 문어가 척추동물과 진화상으로 거리가 있다는 사실은 지구상에서 의식이 최소 두 번은 진화했다는 점을 나타내기도 한다.

생명 나무(tree of life, 에덴동산에 있었던 나무 - 옮긴이)에 있는 곤충에게 가까이 다가가 보면 드러나는 증거에서는 의식이 최소 세 번 진화했을 가능성이 있다. 예를 들면, 거미는 지능적인 행동을 보여 준다. 눈에 띄는 사례는 먹잇감 주위를 빙 둘러 가며 사냥하는 깡충거미jumping spider다. 1990년대에 발견된 사실인데, **포르티아**Portia속에 들어가는 깡충거미는 먹잇감에서 물러나 더 전략적인 방법을 찾으면서 먹잇감의 눈에 띌 가능성이 낮은 곳으로 이동한다. 깡충거미는 먹잇감이 보이지 않게 시야를 가리는 대상의 주변으로 이동하는데, 이는 거미의 '대상 영속성object permanence'을 나타낸다. 같은 연구팀은 더 최근에 한 연구에서 깡충거미 16종이(포르티아속과 다른 종 16가지를 포함한다) 비슷한 사냥 문제를 해결했다고 밝혔는데, 이들은 식량의 위치를 기억하고, 비식량원으로 연결되는 길은 무시해야 했다.

거미와 가까운 절지동물 친척, 즉 곤충의 인식력은 어떨까? 특히 사회성 곤충(social insect, 같은 종끼리 서로 도우며 생활하는 곤충 - 옮긴이)에서 설득력 있는 결과가 나타나는데, 이들만 그런 건 아니다.

과학자가 쌍살벌paper wasp종을 클로즈업해 사진을 찍은 결과, 이렇게 군집을 형성하는 곤충은 얼굴이 다른 존재를 서로 알아본다는 사실을 알아냈다. 낯선 얼굴(일부분을 디지털로 재배열하거나 제거했는데, 더듬이가 그 예다)을 고르면 벌을 받고, 익숙한 얼굴을 고르면 벌을 받지 않는 실험을 하자 이들은 익숙한 얼굴을 골랐다.

말벌이 익숙한 동료의 얼굴을 알아본다는 개념이 마음에 든다. 아마 더듬이로 인사도 나눌 것이다. 하지만 내가 제일 좋아하는 곤충 인지력 연구는 개미와 관련이 있다. 2015년, 브뤼셀 자유대학교Université Libre de Bruxelles 소속 마리-클레르 카마르츠Marie-Claire Cammaerts와 로제 카마르츠Roger Cammaerts는 무척추동물을 대상으로는 처음 '거울에 비친 자기 인지mirror self-recognition, MSR'를 입증해 발표했다. 거울에 비친 자기 인지 실험은 1970년에 처음 발표됐다. 침팬지를 마취한 뒤에 이마 부분에 표시를 했는데, 그 표시를 보려면 거울을 봐야 했다. 거울을 보여 주자 침팬지는 거울에 비친 표시를 살펴보더니 이를 만지거나 지우려 했다. 이런 행동에서 거울에 비친 모습이 다른 침팬지가 아니라 자기라는 걸 침팬지가 알아본다는 사실이 드러난다. 이 실험은 자기 인식 정도를 알아보는 기준 시험이 되기도 했다. 45년 뒤에 개미를 연구하게 되기까지 위대한 유인원, 코끼리, 돌고래, 까치만 거울에 비친 자기 인지 실험을 통과했다(2018년에는 청줄청소놀래기 cleaner wrasse라는 물고기가 명단에 올랐다).

카마르츠는 **뿔개미속**Myrmica 개미 3개 종을 연구해 이들이 거울에 비친 자기 모습을 볼 때와 유리를 사이에 두고 함께 사는 개미 무리를 볼 때 다르게 행동한다는 사실을 알아냈다. 뿔개미는 거울을 볼 때 묘하게 행동해서, 마치 자기 모습을 점검한 뒤 저녁에 시내로 외출하는 사교계 인사 같았다. 머리와 더듬이를 오른쪽과 왼쪽으로 빨리 움직이고, 거울을 만지더니, 거울에서 떨어져서 멈췄다. 다리와 더듬이를 손질한 사례도 있었다. 머리 앞에 있는 파란색 점을 씻어 내려고도 했다. 자기 모습을 못 봤거나, 파란색 점이 머리 뒤에 달려서 거울로 볼 수가 없었다면 아랑곳하지 않았으리라. 갈색 점은 개미의 몸 색과 어우러져서 잘 드러나지 않은 만큼 마찬가지로 아랑곳하지 않았다. 카마르츠는 이 연구로 과학계 인사의 심기가 불편해질 가능성이 있음을 깨닫고는 이 결과가 반드시 개미가 자기 인식을 한다는 의미는 아니라고 서둘러 덧붙였다.

재미있지 않은가? 포유류의 자기 인식은 쉽게 인정하면서도 한쪽으로 치우친 기대를 거스른다는 이유로 곤충을 다르게 설명하는 일은 얼마나 꽉 붙들고 있는가? 전작《물고기는 알고 있다》에서 나는 과학 연구를 많이 인용했다. 그런 연구에서는 흔한 편견이 가짜라는 사실이 드러난다. 물고기가 다른 척추동물, 특히 포유류와 조류보다 떨어진다고 보는 견해 말이다. 곤충에게는 훨씬 가치 없는 문제다. 이 책에서 평등을 주장하려는 건 아니지만, 본보기는 되풀이될 것이다. 바짝 가까이에서 들여다보면, 동물이 우리에게 새로운 놀라움을 안겨 줄 테니까. 유명한 말이 떠오른다. 천재 동물학자 제인 구달Jane Goodall이 침팬지가 도구를 사용하는 걸 발견했다는 소식을 접한 루이스 리키Louis Leakey가 한 말이다.

"이제 우리는 도구를 다시 정의하거나, 인류를 다시 정의하거나, 침팬지를 사람으로 인정해야 합니다."

이제 특정 곤충이 할 수 있다고 밝혀진 일을 보면, 현재 곤충을 두고 우리가 흔히 품는 문화적 편견에 진지한 의문을 던지게 된다.

개미와 곤충도 도구를 사용한다. 장다리개미funnel ant는 나뭇잎이나 나무 조각 또는 진흙을 스펀지처럼 이용한다. 스펀지를 주둥이로 잡고, 바라던 대로 영양이 풍부한 액체 식량원(예: 과육이나 먹잇감의 체액)에 달랑거린 다음, 푹 젖은 스펀지를 둥지로 가져간다. 이 기술 덕에 10배 더 많은 액체 식량원을 손쉽게 운반할 수 있다.

건조한 사막 지역에 사는 신대륙개미A New World ant는 경쟁 관계에 있는 개미 서식지를 둘러싼 다음, 작은 조약돌과 쓰레기를 입구 구멍 아래로 떨어뜨린다. 그렇게 이 습격자는 방해받지 않고 먹이를 찾을 시간을 번다. 잎꾼개미leaf-cutter ant는 잎을 사용해 곰팡이를 기르는데, 이 잎은 도구로 쓸 때뿐 아니라 농사를 지을 때도 적합하다. 나나니벌digger wasp은 납작한 조약돌을 도구로 삼아 흙을 다져서 굴 입구를 숨기는데, 그곳에 마비된 먹잇감을 매장해 뒀다가 알이 부화하면 먹이로 준다. 포식성 곤충으로 침노린재(assassin bug, '자객 벌레'라는 뜻-옮긴이)는 부리 같은 구기로 먹잇감을 빨아들이며, 이들 중에는 빨아들여서 말라 버린 흰개미 겉껍질을 미끼로 삼아 다른 흰개미를 유혹해 잡는 종도 있다. 침노린재는 흰개미 사체를 흰개미의 둥지 입구 바깥에서 흔든 다음 새로운 흰개미를 붙잡는데, 자신들의 동지를 다시 데려가려고 나온 흰개미가 목표가 된다. 침노린재는 성공리에 새 희생자를 붙잡으면 바로 기존 희생자를 떨어뜨리면서 같은 과정을 반복한다. 어떤 침노린재는 이런 식으로 흰개미 31마리를 잡은 뒤 벌컥벌컥 마셔서 배가 빵빵해진 채로 어기적어기적 기어다니기도 했다.

과학계에서는 이것이 본능에 따라 생각 없이 기계처럼 하는 행동이며, 곤충에게는 의식적 경험이 전무하다는 의견이 만연했다. 하지만 그런 결론을 내는 데 조심해야 하는 이유가 있다. 장다리개미의 도구 사용을 더 철저히 분석한 2017년 연구에서는 이들이 액체를 다시 둥지로 나를 때 도구를 융통성 있게 고른다는 사실이 발견됐다. 장다리개미는 목적 달성에 더 도움이 되는 인공 도구(스펀지)를 선호하고, 가끔은 스펀지를 잘게 조각내면서 도구를 변형해 유용성을 높이기도 한다.

곤충이 생각하지 못한다는 관념에 가장 강력하게 도전할 수 있는 것은 꿀벌인데, 이 주제는 노벨상을 받은 오스트리아 생물학자 카를 폰 프리슈Karl von Frisch가 20세기 중반, 이제는 유명해진 '8자 춤' 언어를 발견한 뒤부터 활발하게 연구됐다. 벌은 다양한 감각을 활용해 상징적으로 소통하면서 멀리 있는 식량원의 위치를 공유하는 놀라운 특징만 가진 게 아니라, 정신 기술로도 인상 깊은 이력을 쌓아 왔다. 벌은 사람 얼굴을 알아본다. '같음'과 '다름'의 개념을 이해하고, 이런 개념을 다른 시각 형태로 옮길 수 있으며(모양을 색깔로), 다른 감각 형태를 넘나들기도 한다(모양에서 향으로). 벌은

'0' 개념도 이해하는 듯하다. (달콤한 보상을 주면서) 점이나 기호가 더 적은 그림으로 날아가도록 훈련하자(점 3개를 고르면 보상을 주고, 5개를 고르면 주지 않는 식으로), 점 1개가 있는 그림보다는 텅 빈 그림(0)을 선호하는 경향을 보였다.

꿀벌은 메타 인지metacognition 능력도 가진 듯하다. 메타 인지란 자신이 아는 것을 아는 능력이다. 벌을 훈련해 표적의 크기, 모양, 색깔에 따라 보상이 달라지는 표적으로 날아가도록 했는데, 틀렸을 때 더 쓴맛을 보상으로 주자 가려내기 어려운 과제에서 손을 뗄 가능성이 더 커졌다.

매쿼리대학교Macquarie University 소속 생물학자이자 논문의 공동 저자인 앤드루 배런 박사는 "이는 벌이 제대로 해낼 자신이 있을 때만 실험에 참여한다는 사실을 나타낸다"라고 말했다.

### 파리의 정신?

파리의 정신생활을 다루는 연구는 대부분 초파리에 초점을 맞춘다. 초파리가 파리 사이에서는 아인슈타인으로 통해서 그런 게 아니라, 지구에서 가장 많이 연구된 동물이기 때문이다. 초파리는 사육하기 쉽고 저렴하며, 계속 잡아둘 수 있다. 9장에서 보게 되겠지만 세대를 꾸리는 기간도 2주여서, 유전학 연구에도 도움이 많이 된다. 다시 한번, 우리가 파리 한 종의 정신적 업적이 다른 파리에도 적용된다고 가정할 때는 조심해야 하지만, 그래도 이는 초파리가 할 수 있는 일이 다른 파리에게도 가능할지 모른다는 사실을 시사한다.

사람의 뉴런은 1,000억 개라서, 13만 5천 개인 초파리와 비교하면

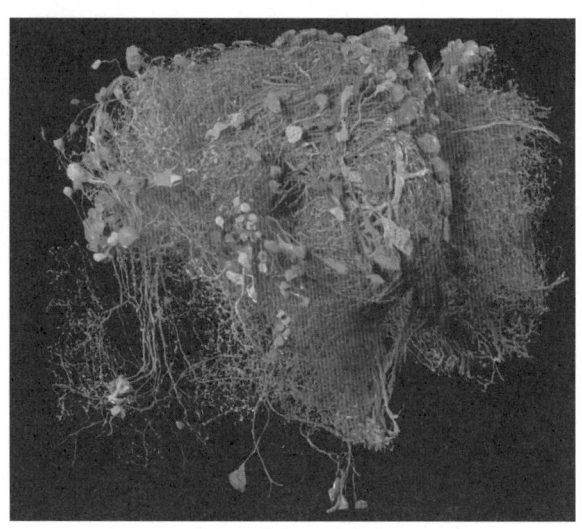

**사진 9** 약 2만 5천 개의 뉴런과 2천만 개의 연결망이 존재하는 초파리 뇌의 일부를 정밀하게 촬영한 지도.© 자넬리아 리서치 캠퍼스 / FlyEM 프로젝트 Janelia Research Campus / FlyEM

**사진9** 뇌 크기가 극적으로 다르지만, 조직상으로는 비슷한 부분이 있다. 예를 들면, 파리의 뇌는 우리 뇌처럼 중선으로 크게 나뉘며, 분자와 뇌를 작동하는 과정도 비슷하다. 파리와 사람 모두 도파민과 세로토닌이 각성을 조절한다. 우리처럼 파리의 뇌도 공간 표상spatial representation을 처리하는데, 이는 날아다니는 동물에게 매우 중요한 능력이다. 초파리의 공간 표상 능력은 중심 복합체라는 뇌 영역에서 처리되며, 이는 포유류의 뇌에 있는 위둔덕superior colliculus과 똑같이 기능한다.

이미 살펴봤듯이, 초파리는 지략이 풍부한 작은 생물체로 다양한 문제를 해결할 수 있는데, 특히 자그마한 플라스틱 입구를 비집고 들어갈 때 더 그렇다. 초파리는 뇌로 또 무엇을 할까?

우리는 초파리에게 전기 충격과 결합한 악취 훈련을 할 수 있다. 나중에 악취와 다른 냄새를 짝지어 충격을 주지 않고 실험했을 때, 초파리는 이런 경험을 단기, 중기, 장기로 기억했다. 이런 기억은 파리가 전신 마취에서 깨어난 뒤에도, 새로운 신경 세포가 기존 신경 세포를 대체했을 때도 계속 남아 있다. 초파리에게는 주의 지속 시간attention span이라는 것도 있어서, 반복되는 시각 자극을 예상했으며(회전하는 드럼통 안쪽에 검은색 기호를 그려 두고, 붙잡힌 파리가 그 안쪽에서 날아다니는 식으로), 자극이 단조롭게 반복되면 흥미가 떨어졌다가 자극이 바뀌면 다시 주의를 기울였다(검은색 기호를 다른 기호로 바꾼다든가 하면). 이러한 주의 집중의 또 다른 특징은 경쟁 자극을 무시한다는 것이다. 파리는 드럼통 안에 새로 생긴 기호에 집착하는 동안 다른 파리의 접근을 알아채지 못한다.

파리는 잠도 잔다. 어느 날 아침, 세인트루이스 워싱턴대학교 의과대학Washington University School of Medicine in St. Louis 연구진이 잡아 둔 초파리 집단을 들여다봤을 때, 다 죽은 것처럼 보였던 파리가 유리 용기를 톡톡 두드리자 깨어나기 시작했다. 낮잠 시간이었던 것이다. 퀸즐랜드대학교 University of Queensland 소속 진화 생물학자 브루노 반 스윈데렌Bruno van Swinderen은 초파리의 뇌 활성도와 기계 자극 반응성을 기록한 연구 결과 이들도 우리처럼 얕고 깊은 수면 단계에 들어간다는 사실을 발견했다. 파리의 수면 욕구는 수면이 박탈되면 더 높아진다. 파리가 낮 동안에 학습 활동으로 뇌에 부담을 느끼면, 그날 밤에는 더 푹 자야 한다.

깨어 있는 동안, 초파리는 이성적인 결정을 한다. 브리티시컬럼비아대학교University of British Columbia 연구진은 초파리 2,700마리가 짝짓기하는 모습을 관찰해 수컷이 새끼를 가장 많이 낳을 것 같은 암컷을 능숙하게 골라낸다는 사실을 알아냈다. 고를 만한 다른 암컷이 10마리씩이나 있었는데도 말이다. 방대한 자료를 메타분석해보면, 이들이 추이적 추론을 활용한다는 결론을 찾을 수 있다. 다시 말해, A가 B보다 훨씬 낫고, B가 C보다 훨씬 나으면, A가 C보다 훨씬 낫다는 걸 안다는 의미다.

    뇌에 의식이 있으면 동물이 어느 정도 바쁠 때 신경 활동이 고조된다. 파리가 왕성하게 정신 활동을 하면, 그런 뇌 활동을 눈으로 볼 수 있을까? 그 가능성을 탐구하려고 캘리포니아주립대학교 샌디에이고 캠퍼스 University of California at San Diego 연구진이 일부 수컷 초파리의 뇌를 수술했다. 연구진은 마취한 파리 머리 꼭대기에 있는 외골격에서 자그마한 조각을 제거해 속이 비치는 작은 판에 붙였다. 그러고는 하루 동안 회복하게 두었다가 파리를 가느다란 실에 묶고, 레이저와 카메라 3대를 설치해 수컷이 구애하는 동안 몸을 움직이면 같이 회전하게 함으로써 뇌의 전기 활성을 추적했다. 묶인 파리는 암컷에게 구애하지 않았지만(못한 건가?), 묶이지 않은 파리는 구애했다. 구애하지 않는 파리의 뇌는 거의 완전히 깜깜한 채로 남아 있었지만, 구애하는 파리의 뇌에서는 빨간색, 노란색, 파란색, 하얀색 빛이 환하게 빛났다. 연구 결과, 파리가 느끼는 감정을 우리가 느낄 수는 없지만, 왕성하게 활동하는 파리의 뇌가 통합된 방식으로 작용한다는 사실은 알 수 있다. 그건 내가 볼 땐 의식과 좀 비슷한 것 같다.

    수컷 초파리만 구애와 짝 고르기를 한다는 뜻은 아니다. 짝 선택을 다룬 또 다른 연구에서는 암컷의 관찰 학습을 입증했다. 암컷 파리에게 인공적으로 착색된 수컷이 다른 암컷과 짝짓기를 시도하는 모습을 보여 주면, 암컷 파리는 수컷의 성공이나 실패 여부에 따라 짝짓기할 수컷을 골랐다. 예를 들어, 초록색 수컷은 짝짓기에 성공하고, 분홍색 수컷은 실패했다면(실험자는 이를 두고 수용력이 없다고 표현한다), 관찰자 암컷은 초록색 수컷을 짝으로 고른다는 것이다. 수컷의 색깔을 서로 바꾸자, 암컷은 분홍색 수컷을 더 선호했다. 물들인 수컷의 짝짓기 결과를 직접 보지 못한 암컷은 수컷을 차별하지 않았다. 다른 실험에서는 암컷이 다른 암컷에게 휘둘렸는데, 이들은 표본 암컷이 더 건강한 수컷 대신 덜 건강한 이들과 어울리는 모습을 본 뒤에 그들을 따라 신체 조건이 빈약한 수컷을 골랐다. 이는 초파리가 자기 판단보다 사회적 요인에 더 크게 영향받을 수 있음을 드러낸다. 이런 '짝 선택 따라 하기'는 동물의 왕국에서 짝의 매력을 인지하는 데 남의 의견에 영향받는 일이 만연하다는 사실을 보여 준다. 인간 여성을 포함해서 말이다.

"쟤가 가진 걸 나도 가져야겠어!"

과학자는 보통 좋은 뜻에서, 일반 동물에게 사람과 같은 속성이 있다고 의인화하지 않으려는 경향이 있다. 그럼에도 미국인 생태학자 도널드 그리핀Donald Griffin은 동물의 정신생활을 획기적으로 다룬 책에서, 동물과 곤충을 인간 **중심적**으로 비교할 때 적잖이 조심해야 한다고 주장했다. 그리핀은 1981년에 발표한 책 《동물의 의식 문제The Question of Animal Awareness》에서, "의식적으로 사고하는 데 필요한 (뇌) 임계 크기critical size를 어떻게 확신하겠는가?"라고 질문을 던졌다. 파리의 뉴런 할당량은 우리 뉴런 할당량보다 적을 수 있지만, 연구 대상은 10만 개 이상으로 여전히 많다. 사실 뉴런 10만 개가 서로 연결될 가능성은 지구에 있는 모래알보다도 엄청나게 더 크다. 이미 살펴봤듯이, 곤충은 교묘하게 행동한다. 게다가 곤충과 척추동물에게 의식이 있는 공동 조상이 없다고 해도, 의식처럼 유용한 속성은 몇 번이고 진화할 것이다. 문어가 할 수 있다면, 곤충인들 왜 못 하겠는가?

### 파리의 통증?

파리에게 의식이 있다면, 통증을 느낄까?

통증이라는 주제는 특히 중요한데, 통증의 불쾌함과 긴박함 때문이다. 통증을 느끼는 동물은 통증에서 벗어나고 싶어 한다. 이런 통증의 특성 때문에 정신의 영향력이 정말 커진다. 생물체가 통증을 느낀다면 괴로울 테니까. 하지만 통증을 느낀 경험과 **통각**nociception을 구별할 때는 조심해야 한다. 통각이란 **해로운**noxious 자극에 부정적인 감각을 느끼지 않으면서 순전히 기계적으로 반응하는 현상을 나타낸다(두 단어 모두 라틴어 노케레nocere에서 왔으며, 해롭게 한다는 뜻이다). 의식이 없으면 신경학상 가장 복잡한 신체마저도 어떤 감정, 통증, 괴로움을 느끼지 못한다. 그러니 전신 마취를 발견했다는 사실에 감사해야 한다.

곤충이 통증을 느끼는지를 두고 의견이 분분하다. 1984년, 호주 과학자들은 통용되는 근거로는 곤충이 통증을 느끼는지를 뒷받침할 수 없다고 봤다. 그렇긴 하지만, 통증을 느낄 가능성을 막기 위해 곤충을 마취하는 게 바람직하며, 생물체 즉, "생리가 다르고 아마 더 단순하지만, 아직 완벽하게 이해하지 못한" 존재를 존중하는 태도를 지켜야 한다고 권했다. 유명한 곤충 생리학자 빈센트 위걸즈워스Vincent Wigglesworth는 곤충이 내장통

visceral pain뿐 아니라 열과 전기 충격으로 생기는 통증도 느끼지만, 외골격은 손상되더라도 통증을 느끼지 않는 게 분명하다고 주장했다. 곤충은 다리를 조금 다쳐도 절뚝거리지 않고(다리가 크게 잘려 나가서 어쩔 수 없이 절뚝 거릴 때를 빼면), 또 문어처럼 다친 다리를 따로 감싸 보호하는 행동도 하지 않기 때문이다. 1980년, 생리학 및 행동학 방법론을 세심하고 비판적으로 검토한 또 다른 영국 생물학자 메리앤 도킨스Marian Dawkins는 곤충에게도 통증을 느끼는 능력이 있다고 결론 지었다. 진화론에 따르면, 통증을 인식하는 일은 적응성이 엄청나게 높은 기제인데, 단순히 척추동물 특유의 기제라고만 보는 건 불합리하다. 도킨스는 이렇게 표현한다.

"통증은 생존에 도움이 된다. 위험을 피하는 도피 기제escape mechanism로 작동하고, 과거의 경험을 학습하는 토대가 된다. 따라서 통증을 느껴서 생존 가능성을 높이는 데 유리한 생물체는 통증을 느낄 거라 예상할 수 있다."

곤충은 도피할 수 있다. 게다가 학습 능력도 있다.

과학자는 곤충의 통증을 어떻게 연구할까? 현대 실험실은 고통스러운 자극을 활용해 초파리의 조건화conditioning를 연구한다. 보통은 파리에게 따뜻한 왁스나 물을 살짝 바른 채 흉곽을 원형 무대 같은 곳 한가운데에 매단다. 이는 앞서 파리의 정신생활을 연구할 때 활용한 것과 비슷하다. 벽에는 다양한 시각적 자극이 나타난다. 특정 자극, 예를 들어 세로로 된 줄무늬 2개를 파리가 몹시 싫어하는 결과(이 사례에서는 불쾌한 열기다)와 짝지으면, 파리는 금세 줄무늬에서 멀리 날아가면서 피하는 법을 익힌다. 장비는 단지 줄무늬에서 돌아서기만 해도 열원이 꺼지도록 설계돼 있다. 파리는 이런 방식으로 환경을 조절한다. 다른 실험 기록에서는 열 상자가 등장하는데, 초파리는 작고 캄캄한 방 절반에서 벗어나는 법을 익혀야 한다. 방은 파리가 들어갈 때마다 뜨거워진다. 벌을 받게 되는 절반 부분에서 벗어나면, 방 온도는 정상으로 돌아온다. 파리는 안전한 절반 쪽에 머무는 법을 금세 깨닫는다. 파리를 방에서 빼냈다가 2시간 뒤에 다시 넣더라도 그 방법을 계속 기억할 것이다.

곤충은 진통제에 어떻게 반응할까? 사마귀, 귀뚜라미, 꿀벌에게 아편 유사 진통제인 모르핀morphin을 주사하면 불쾌한 일에 방어 기제defensive response를 덜 드러내고, 반응 강도는 모르핀 복용량에 비례한다. 진통제 효과는 날록손naloxone으로 막을 수 있는데, 이는 척추동물에서 모르핀 효과에 반작용하는 약이다. 이 연구에서는 곤충의 아편 유사 진통제 일반 민감도가 척추동물과 비슷하다고 나타난다.

쥐는 관절염에 시달리고, 다리를 절뚝거리는 닭은 통증을 억제하는 진통제를 첨가한 물을 마시길 택하지만, 다치지 않은 닭은 순수한 물을 선호한다. 이는 수십 년간 알려져 온 사실이다. 그러나 병든 곤충이 진통제를 스스로 관리할 수 있는지에 대한 연구는 2017년이 되어서야 진행됐다. 퀸즐랜드대학교 소속 과학자 3명은 실험 중 다친 벌에게 모르핀이 든 물과 수크로오스sucrose 물 중 하나를 고르도록 선택권을 줬다. 벌은 고정된 클립에 한쪽 다리가 계속 끼어 있거나, 다리 말단을 절단할 상황에 시달리고 있었다. 결과는 시시했다. 어떤 집단도 모르핀을 선호하지 않았지만 말단이 절단된 벌은 두 가지 용액 모두를 다치지 않은 대조 집단의 2배만큼 마셨다. 연구진은 모르핀에 벌이 느낄 통증을 완화하는 효과가 있다는 증거가 명확하게 나타나지는 않았지만, 벌은 상처를 치유하는 데 힘을 더 많이 들여야 하는 상황에서 영양분 섭취량을 늘리는 방식으로 반응할 수 있다고 결론 지었다.

초파리는 그 밖에 통증의 원인도 피한다. 화학성 악취를 노출한 뒤 이에 뒤따르는 약한 전기 충격을 예상하도록 훈련하자, 초파리는 금세 악취를 피할 줄 알게 되었다. 순서를 바꿔 악취보다 전기 충격을 먼저 가하면 악취에 다가갔다. 전기 충격을 받은 뒤에 통증이 줄어들면서 생기는 안도감과 악취를 연관 짓는 게 분명하다. 초파리는 **2차 조건 형성**second-order conditioning도 드러낸다. 전기 충격과 짝지은 악취를 피하도록 초파리를 훈련하면 첫 번째 악취만 맡아도 두 번째 악취를 피하는 법을 익힌다.

파리 유충은 통증을 느끼는 사건에도 민감하다. 말라 소코로브스키는 초파리 유충이 기생말벌의 공격에 통증을 느낄 때와 비슷한 도피 반응을 보인다는 사실을 알아냈다. 기생말벌은 뾰족한 산란관을 통해 초파리에게 알을 주입하려 한다. 그러면 초파리는 몸을 동그랗게 말거나 데굴데굴 구르면서 움직인다. 가열한 탐침에도 비슷하게 반응하는 걸 보면, 초파리가 서로 다른 통증 유형 최소 2가지, 즉 기계(말벌이 산란관 바늘로 뚫는 것)와 열에 일관되게 행동한다는 사실이 드러난다.

곤충이 통증을 느끼는지와 관련한 문제에는 아직 해결할 부분이 많다. 지금까지 나온 증거를 보면, 곤충에게 지각이 있다는 조짐은 보이지만 통증을 느끼는 부위와 이를 표현하는 방식은 우리와 다를 수 있다. 통증을 느끼느냐, 느끼지 않느냐는 신체와 관련한 사건뿐 아니라 상황에 따라서도 결정된다. 나는 익사한다고 생각하면 끔찍한 느낌이 들지만, 잘나가는 하루살이들에게 물은 삶의 일부이다. 알과 유충 시절을 호수나 연못에서 보내기 때문이다. 그래서 나는 인간이 느끼는 익사의 고통을 하루살이에게 대입하는 게 망설여진다. 어쩌면 번식이라는 생의 마지막 순간에서 물에 잠기는 경험은 하루살이에게 오히려 좋거나, 적어도 끔찍한 일은 아니지 않을까?

### 그 밖의 감정

동물이 고통을 느낀다면, 아마 쾌락도 알 거다. 다시 한번 말하지만, 곤충과 척추동물의 쾌락이 생겨나는 방식에는 흥미로운 유사점이 있다. 곤충의 뇌에서 여러 영역은 상호 작용하는 회로에 연결돼 있으며, 옥토파민 octopamine과 도파민 dopamine에 민감하다. 옥토파민과 도파민은 척추동물이 쾌감(어떤 경우에는 불쾌감도)을 느끼도록 연결된 복합체다.

그다음으로는 행동이 있다. 보상에 대한 곤충의 반응과 관련해 최근 우리가 알고 있는 내용은 거의 꿀벌과 초파리 연구에 국한된다. 벌의 경우, 보통 당분과 관련된 보상을 주는 자극에 혀를 내미는지를 보는 방법을 쓴다. 파리에게는 'T'자 모양으로 된 미로 장치를 쓰는데, 각 끝부분에서는 서로 다른 냄새가 나며, 그중 하나는 설탕 보상으로만 연결된다. 벌의 실험에서 활용한 감각 체계는 미각이며, 파리는 후각이다. 다시 한번 곤충과 척추동물의 뇌에서 감질나는 유사점을 찾게 되는 셈이다.

곤충의 감정 연구는 포유류의 감정 연구보다 더 까다로운데, 곤충의 단단한 머리 부분에서는 어떠한 표정 변화도 읽을 수 없기 때문이다. 그렇다고 해서 알아낼 방법이 없는 건 아니다. 곤충이 반응하는 정도는 무언가를 느낀다는 단서가 된다. 예를 들면, 굶주린 초파리는 먹이로 보상을 주는 학습 과제에서 더 좋은 성과를 낸다. 아마도 보상을 더 많이 받고 싶기 때문이리라. 이는 또한 동기 부여를 암시한다.

굶주림의 동기 부여 효과 역시 파리의 공포 반응에 영향을 끼친다. 포만감과 굶주림 정도가 다양한 초파리를 먹이에 다가갈 수 있게 해 주는 한편, 머리 위를 지나가는 그림자 형태(광원과 초파리 사이에서 주걱이 회전하며 만든 그림자)로 눈에 보이는 '위험'에 처하게 하자 파리는 도망가기, 뛰어오르기, 꼼짝 않기 등 다양한 방어 행동을 보였다. 초파리가 행동하는 속도와 빈도, 흩어졌다가 먹이로 돌아오는 데 걸리는 시간에서는 모두 비례성scalability이라는 중요한 특성이 나타났다. 초파리의 반응은 그림자 수와 빈도에 따라 증가했다. 그림자에 겁을 많이 먹는 바람에 조심하게 된 것 같다. 먹이에 보인 감정 반응과 마찬가지로, 굶주린 파리(하루 동안 굶주림)에게 겁을 주는 건 더 어려웠다. 마지막으로, 스트레스를 받지만 피할 수 없는 상황을 맞닥뜨렸을 때, 초파리는 설치류 연구로 유명한 '학습된 무기력learned-helplessness' 반응을 보였다. 바로 포기하는 것이다. 이 연구 논문의 저자, 즉 캘리포니아공과대학교에서 윌리엄 T. 깁슨William T. Gibson이 이끄는 미국 연구진은 초파리가 감정을 느낀다는 데까지는 나아가지 않으며, 그 대신 공포와 비슷한 "감정 원소emotion primitives"라는 표현을 선호한다.

일부 파리가 뻔뻔하게 포식하면서 기생하는 점을 생각하면, 이들이 공포를 느끼는 데 매번 적응할지, 하지 못할지를 고민해 봐야 한다. 어쩌면 파리의 종류와 상황에 달렸을지도 모른다. 암컷 모기는 커다랗고, 의식이 있으며, 기민한 데다 찰싹 치는 꼬리나 탁 때리는 손까지 있는 포유류에게 다가가 작살을 찔러 넣어 피를 뽑는 임무를 맡았다. 사실상 가장 위험한 직무를 맡은 셈이다. 모기가 짓이겨질지 모른다는 공포심을 너무 많이 품는다면, 굶주리는 모기는 더 많아질 것이다. 하지만 공포감과 조심성은 표적을 덮치려는 순간에 큰 도움을 줄 수도 있다. 쫓아다니면서 괴롭히는 모기와 말파리의 겁 많은 습성은 여기에 딱 맞아떨어진다.

### 개성

동물이 구애하고, 학습하며, 공포감을 느낀다면, 각자의 개성도 뚜렷하리라 기대할 수 있다. 개체 변이는 진화의 기본이다. 포도가 와인이 되는 것처럼 말이다. 어쨌든 선택할 게 아무것도 없는 상황이라면, 자연 선택은 어떻게 일어날까? 그러니까 우리는 상대적으로 단순한 동물이나 식물에 복잡한 개성이 있다는 기대를 안 할지도 모른다. 개성 넘치는 아메바나 촌충강이라는 발상은 설득력이 없어 보이지만, 파리는 그보다 신체적, 행동적으로 더 정교하다.

하버드대학교 Harvard University 롤런드 연구소 Rowland Institute 연구진은 초파리의 개성을 실험하려고 플라이백 FlyVac이라는 자동화 장비를 개발했다. 플라이백은 여러 파리의 주광성 phototaxis을 각각 동시에 측정한다. 주광성이란 빛에서 멀어지거나 빛으로 향하는 반응이다. 한 실험에서 특정 파리가 어떤 선택(빛 또는 어둠)을 했다고 해서 잇따른 실험에서 하게 될 선택을 예측할 수는 없었지만, 꼬리에 꼬리를 무는 실험을 40번씩 하는 과정에서 각 파리 특유의 빛 또는 어둠 선호 형태가 나타났다. 놀랍게도 유전자 유형 범위 안에서 각 파리의 개성은 다양했는데, 사실상 종이 똑같은 파리를(근친 교배로 만들었다) 똑같은 조건에서 기르더라도 마찬가지였다. 초파리의 주광성은 유전을 바탕으로 하지 않는 것으로 나타났으며, 이는 파리의 성충기 수명에 걸쳐 계속됐다(4주 정도). 한술 더 뜨자면, 근친 교배한 파리의 행동적 변이성이 유전적으로 다양한 파리 종보다 더 높았다.

파리 17,600마리를 활용했다는 사실 덕분에 이 실험에서 파리를 자동화 장비 속에 넣어 분석 시험을 추진할 수 있었다. 사실 플라이백 안에서 시간을 보내는 파리가 부럽다고는 못 하겠다. 플라이백은 매 실험이 끝난 뒤에 "진동을 이용해 파리를 T 모양 미로(새로운 실험을 시작하는 것)가 시작되는 관으로 다시 휙 데려가는데, 그곳에서 부상을 완화하는 '진공 트랩'으로 공기층에 있는 파리를 잡는다". (여러분은 어떨지 모르지만, 나라면 "부상을 완화하는 진공 트랩"이라는 특징이 있는 기계라면 뭐든지 들어가기가 미심쩍을 듯하다.) 파리가 과연 기계를 향해 계속 기어갈지 의문이었다. 실제로 파리는 실험이 진행될수록 들어가길 꺼렸다.

파리가 빛에 끌리거나 아주 싫어하는 등의 개성을 보인다면, 냄새나 지역의 명소에도 반응을 보일까? 그 부분은 아직 실험하지 않았지만, 플라이백 연구에서는 적어도 동물 전반에 개성이 존재한다고 결론 내릴 수 있다. 연구 논문의 저자는 이렇게 말한다.

"이 현상을 목이 다른 곤충에서도 관찰했다. 야생에서 잡은 흰 클로버잎바구미clover weevil의 특이한 행동(개성?)들이 이를 증명한다."

파리마다 서로 다르게 빛에 이끌리는 게 개성을 증명한다고 해석하면 좀 과장됐다고 보는 사람이 있을지도 모른다. 나도 마찬가지다. 내가 볼 땐 개성에는 비슷한 상황에서의 개인차라는 복합 요인이 필요하다. 하지만 여러 동물의 개성을 설명하는 데 관심이 커지다 보면, 분명 곤충 때문에 깜짝 놀라는 일이 생기게 될 것이다. 처음 일어나는 일은 아니리라.

※

곤충에게 지각이 있다면, 어떤 결과가 나타날까? 동물 이해의 역사는 과소평가로 얼룩지고 훼손됐다. 아리스토텔레스Aristotle가 기원전 4세기에 선포한 뒤부터 십중팔구 이미 널리 퍼진 가설은 이러하다. 인간이 다른 생물체보다 우월하다는 것이다. 우리는 나머지 천지 만물보다 자신을 한껏 존중해 왔다(신과 천사보다는 열등하지만). 이런 자만심은 17세기 영향력 있는 프랑스 철학자 르네 데카르트René Descartes가 일반 동물에게는 생각, 감정, 영혼이 없다고 여기면서, 이들은 복잡한 기계에 불과하며 도덕적으로 염려할 자격이 없는 존재라고 했을 때 더욱 증폭됐다.

두 세기가 지나고 나서야 역사는 한층 중대한 전환점을 맞이했다. 찰스 다윈Charles Darwin은 우리가 진화를 이해하는 데 이바지했다. 다윈은 동물이 우리와 생물학적 친족을 공유한다고 입증하고, 데카르트식 경계가 틀렸다고 밝혀내면서 더 박식하고 계몽된 시대의 발판을 마련했다. 하지만 완전히 다른 세기가 되어서야 동물의 정신생활 연구가 과학에서 폭넓게 받아들여졌다. 오늘날 우리는 전례 없이 열린 태도로 동물의 생각과 감정을 연구하며, 이제는 곤충의 정신생활도 여기에 포함된다.

동물의 정신생활과 관련한 우리 의견이 미래에 어떻게 발전할지는 지켜봐야 한다. 동물, 특히 문어나 곤충처럼 나와 거리가 먼 종이 삶을 경험하는 방식을 생각하면 할수록, 사람을 이들의 표본으로 삼는 일을 경계해야겠다고 다짐하게 된다. 지구상에 존재하는 풍부하고 다양한 생물 형태를 생각하면, 진화가 밟을 만한 경로가 아주 여러 가지라는 점이 드러난다. 어떤 생물체에는 고통스러운 것이 다른 생물체에는 그렇지 않거나, 또 그 반대일 수도 있지만, 의심이 합리적일 땐 생물체의 말을 믿어 줘야 한다. 철학자는 이를 사전주의 원칙precautionary principle이라고 한다.

    어쩌면 상식이야말로 최고의 심판관일지도 모른다. 내가 플로리다주 남부 근처에 있는 커피숍 야외 좌석에서 책을 읽는 사이, 자그마한 곤충이 페이지 끄트머리를 따라 기었다. 너무도 작아서 벌레 종이 뭐였는지 말할 순 없지만, 몸보다 큰 짐을 나르고 있었으니 개미라고 추정했다. 잎 위로 올라가도록 구슬리지는 못했지만, 곤충은 내 손가락 위로 쉽사리 올라탔다. 내가 손가락에서 곤충을 떼어내 접시 위로 옮기자, 짐 덩어리 조각 하나가 툭 떨어졌다. 이렇게 자그마한 생물체가 본능에만 이끌렸다면, '짐이 있으면 일단 목적지로 옮기는' 알고리즘을 따라서 가던 길을 계속 갔으리라고 본다. 그 대신 자그마한 동물은 떨어진 조각 쪽으로 기어가더니, 그걸 등에 짊어지고는 가던 길을 계속 갔다. 여러분은 어떨지 모르지만, 난 의식이 티끌만큼도 없는 생물체가 그렇게 유연하게 행동한다고 생각하기가 퍽 어렵다.

# 파리는 어떻게 사는가

2부

# 4
# 기생충과 포식자

커다란 파리의 등에서 작은 파리가 이들을 물어뜯는다네
작은 파리에게는 더 작은 파리가 그렇게 한다네, 무한히 반복된다네
커다란 파리는 더 커다란 파리를 물어뜯고
더 커다란 파리는 더더욱 커다란 파리를, 더더욱 커다란 파리는, 무한히
반복된다네

―오거스터스 드 모르간 Augustus De Morgan[1]

이제 파리란 무엇인지, 어떻게 생기는지, 파리가 어떻게 의식 있는 삶을 이끌 수 있는지 알았으니, 다음 5개 장에서는 파리가 어떻게 먹고사는지를 탐구하려 한다. 생활 방식이 이상하고, 믿기 어려운 데다 야단스러우니까 단단히들 각오하시라.

파리는 완성된 기생충으로, 생존 전략을 실천한다. 숙주 생물체의 조직을 주식으로 먹고살면서 최소한 생활사 중 일부를 보내는 일이 여기에

---

[1] 수학자 드 모르간의 운율은 조너선 스위프트(Jonathan Swift, 《걸리버 여행기》의 저자)가 1733년에 발표한 〈시에 관하여: 랩소디 On Poetry: A Rhapsody〉에 영감을 받았다. 원래 이 시의 주인공은 벼룩이지만 여러분만 괜찮다면, 파리면 충분하다.

포함되는데, 보통은 숙주를 죽이지 않는다. 또한 파리는 주로 더 사악한 **포식 기생자**parasitoid로서 삶의 전략을 실천한다. 포식 기생자는 끝내주는 기생충 같다. 가해자는 기생충이 하듯이 몸에 침입하지만, 숙주를 계속 살려 두는 대신 숙주의 자원을 먼저 약탈한 후 결국 죽이고 만다. 기생파리과 Tachinidae로 명명된 파리 1만 종 정도는 모두 포식 기생자로, 살인자 파리라는 비공식 별명이 붙었으며, 모두 다른 곤충의 몸속에서 자란다. 숙주가 되는 곤충은 보통 식물을 먹어서, 포식 기생자가 '해충'을 관리하는 데 엄청나게 도움이 된다.

기생충과 포식 기생자에게는 기괴한 능력이 있다. 이들은 숙주의 조직 중에서 꼭 필요하지 않은 부분만 먼저 먹는다. 분명 쓸모 있는 전략이다. 먹이 공급원을 너무 빨리 죽이면 살인자가 금세 굶주리게 되니까 말이다.

좋은 예가 있다. 들파리과는 흔히들 늪파리marsh fly로 알고 있는데, 포식성인 들파리과 유충은 달팽이 알 덩어리 속으로 굴을 파고 들어가 알을 빨아들인다. 늪파리 성충은 달팽이의 발을 물어 공격해서, 달팽이 살 부분이 땅을 따라 미끄러진다. 달팽이는 발을 빼내면서 반응하는데, 그러면 파리 유충이 달팽이 껍질로 손쉽게 들어가게 된다. 일부 유충 종에게는 달팽이 한 마리면 족하지만, 다른 종은 여러 마리를 연속해서 죽인다. 유충은 숙주 달팽이 안에서 전략을 발휘해 가며 먹이를 먹으면서 신선한 식품 저장실을 유지한다. 실컷 배불리 먹을 수 있도록 숙주 달팽이를 며칠 동안 반드시 살려 둔다. 일부 늪파리 유충은 계속 이렇게 '자제'하면서 똑같은 숙주 안에서 적당히 먹음으로써 동족끼리 잡아먹는 일을 삼간다. 하지만 달팽이 한 마리에서 늪파리만 한 마리 부화하는 경우가 있는데, 이는 아마도 숙주에

맨 처음 들어간 유충이 그다음에 새로 들어온 유충을 모두 잡아먹어서 그런 듯하다.

독특한 기생 형태인 절취 기생 kleptoparasitism은 숙주에게서 먹이를 빼앗는 습성을 의미한다. 예를 들면, 적어도 혹파리 성충 한 종은 거미가 잡은 먹잇감의 체액을 빨아들인다. 일부 절취 기생 생물은 식량원에 매우 까다로운데, 특정 신열대구 흡혈파리는 아마존 점박이꼬마거미comb-footed spider 한 종류가 잡은 흰개미에게만 이끌리며, 먹잇감을 명주실로 동그랗게 매단다. 침입하는 깔따구는 이렇게 조금씩 달랑달랑 매달아 둔 먹잇감을 뷔페 음식처럼 잡아먹어서 딱 알맞게도 불청객파리freeloader fly라고 명명됐다. **사진 10**

흰개미를 절취 기생하는 파리는 흉내를 내어 숙주를 진정시키는 듯하다. 흰개미 둥지에 들어가면, 암컷 파리 성충은 이상하게 변화한다. 날개를 떨어뜨린 뒤, 복부를 부풀려 창백한 흰개미가 파리 등에 쭉 뻗은 모양이 되도록 하는 것이다. 속아 넘어간 흰개미는 사기꾼을 받아들이고, 사기꾼 파리는 흰개미가 주는 식량을 마음껏 먹는다.

다른 파리 기생충 일부는 겉모습보다는 행동으로 속인다. **말라이아 속**Malaya 파리는 당분을 먹고 있는 개미를 상대로 눈에 띄는 절취 기생 속임수를 쓴다. 파리는 흔들흔들 춤추면서 개미 앞을 빙빙 맴돌다가 앞다리를 쭉 뻗고는 넋 나간 개미의 머리를 쓰다듬는다. 파리가 어루만지면서 춤을 추고 앵앵거리기까지 하면 개미는 주둥이를 벌리고, 파리는 빨대 같은 주둥이로 달콤한 현탁액을 빨아들인다. 역겹게 들린다면, 아마도 꿀이 어디에서 나오는지 생각을 안 해 봤다는 얘기일 거다.

**사진 10** 쿠바에 서식하는 초록스라소니거미에게 잡힌 꿀벌의 액화된 조직을 십여 마리의 불청객파리가 탐욕스럽게 빨아먹고 있다. © 스티븐 마셜Stephen Marshall

파리처럼 식량 저장소가 그토록 풍부하고 다양해도 기생충의 숙주가 될 수 있다. 그중에서 가장 속임수에 능한 건 **동충하초**Cordyceps 균류인데, 포자가 집파리에게 스며들어 덩굴손을 싹틔우고, 영양분을 빨아들여 파리의 복부를 부풀린다. 균류가 충분히 숙성되면 파리는 균류의 심부름을 하는 로봇이 된다. 파리는 거부할 수 없는 충동을 느끼면서 관목이나 건물 차양 같은 높은 곳으로 가려 한다. 높은 곳에 다다르면, 파리는 먹이를 먹는 주둥이를 쑥 내밀어 걸쇠처럼 활용해 높은 곳에 딱 달라붙는다. 그곳에 붙은 채 날개를 몇 분간 윙윙댄 다음 똑바로 고정하는데, 그동안 복부는 하늘을 향한다. 파리가 이 자세로 죽는 동안 동충하초 끝부분은 파리의 몸 밖으로 밀고 나간다. 파리의 사체는 완벽한 로켓 발사 장치가 되어 포자를 동충하초 끝부분에서 위쪽으로 내던지면서 하늘에 안개를 띄운다. 포자는 수상함을 못 느낀 다른 파리에게 내려앉을 것이고, 그렇게 다시 동충하초의 생애주기가 시작된다. 놀랍게도 포자가 분출되는 타이밍마저 균류의 통제하에 있다. 포자 방출은 일몰 때까지 미뤄졌다가 공기가 시원해지고 이슬이 내리면 시작된다. 포자는 파리 숙주에서 서둘러 자랄 최고의 기회를 포착하는 셈이다.

### 사람 피부밑으로 들어가기

죽음이 있는 곳에 **구더기증**myiasis도 있다. 드문 경우를 제외하고, 구더기증은 개인적인 경험을 통해 알고 싶어 할 만한 단어는 아니다. 구더기증이란 파리가 피부밑에 굴을 파고 들어가는 상태다. 성충 파리는 그렇게 뻔뻔한 짓을 하지 않지만, 오히려 성충이 따뜻하고 맛있어 보이는 몸 위나 주변에 깐 알에서 부화한 구더기가 피부를 파고 들어간다. 이 책의 시작에 등장하는 이야기가 바로 구더기증의 예인데, 내 조직에 침입한 생물체는 작고 연약한 쉬파리flesh fly였다. 이 주제가 더 굉장하게 변화된 형태를 자연에서 찾아볼 수 있다.

      성충 말파리는 인상 깊을 정도로 크지만, 수명이 짧고 은밀해서 우리 눈에 자주 띄지 않는다. 60년간 호기심 넘치는 동물학자로서 지구를 밟아 온 나도 성충 말파리는 딱 한 번 마주쳤다. 어린 시절에 온타리오주 남부 여름 캠프에 갔을 때였다. 크고 어설프게 나는 파리가 있었다. 멋진 검은색과 흰색으로 치장한 파리였다. 주둥이 같은 건 눈에 띄지 않았고, 식당 근처 풀을 베 놓은 둥근 언덕 위로 모습을 드러냈다. 난 그 파리가 번데기에서 막 나왔으리라 생각했다. 파리를 자세히 관찰하려고 손으로 잡았는데, 너무 쉽게 잡혔기 때문이다. 그렇게 30분쯤 관찰한 뒤 풀어 줬다. 몇 년이 지난 뒤 책에서 그와 비슷한 파리 사진을 보고 나서야 그게 뭐였는지 알게 됐다.

그 말파리는 사람피부파리Dermatobia hominis였다. 멕시코 남동쪽에서 중앙아메리카와 남아메리카 대부분에 걸쳐 발견되는 사람피부파리는 숙주와의 접촉을 피하는 수단을 고안해 냈는데, 믿을 수 없을 만큼 기발하다. 사람피부파리는 모기나 다른 흡혈파리를 효율적으로 이용해 위험한 일을 꾸민다. 알을 잔뜩 품은 어미 말파리는 암컷 모기를 잡고는 자기보다 훨씬 더 작은 파리목 친척의 몸에 알을 떡 붙인다. 그다음에는 모기를 풀어 준다. 모기가 성공리에 흡혈원을 찾으면, 말파리에게도 희소식이다. 모기 사냥감의 피부에서 나오는 축축한 열기가 말파리 알이 부화하도록 자극한다. 막 태어난 자그마한 유충은 이상한 낌새를 눈치채지 못한 숙주에게로 뚝 떨어지거나 기어 내려간다. 말파리 유충은 모기가 남기는 구멍 덕에 숙주 내부로 편하게 비집고 들어가게 된다. 숙주는 대략 6주 동안 자라나는 구더기에게 피와 살로 가득한 공간을 제공하게 된다. 작은 올리브 크기로 자라난 구더기는 숙주의 피부에 뚫어 둔 기공을 비집고 나가서는 땅으로 뚝 떨어져 번데기가 된다. 가엾은 숙주 생물체는(당신일 수도 있다) 단번에 헌혈자이자 미래의 살 공급자가 되고야 말았다. 만약 그 모기가 감염성 질병, 예를 들면 말라리아나 뎅기열을 품고 있다면, 가엾은 포유류 숙주는 해트 트릭(hat-trick, 선수 한 명이 한 경기에서 3점을 득점하는 일 - 옮긴이)의 희생양이 될 수도 있다.

40종이 넘는 모기, 파리와 진드기 한 종이 사람피부파리 알의 운반원으로 활용된다. 이들은 이름과는 다르게 사람만 목표로 삼지 않는다. 내가 토마스 파페Thomas Pape라는 덴마크 국립 자연사 박물관National History Museum of Denmark 소속 큐레이터이자 말파리 전문가에게 연락했을 때, 파페는 무덥고 습한 신대륙 숲에만 있는 이 사람피부파리에게 가장 중요한 숙주는 아마도 소일 것이며, 개 역시 종종 숙주가 될 거라고 설명했다.

"재미있는 얘기가 있어요. 아직 완전한 답을 찾지도 못했죠. 사람피부파리의 숙주는 원래 거대 동물 종 1가지 이상이었을 가능성이 제법 커요. 사람이 1만 천 년 정도 전에 나타나면서 멸종한 것들이죠. 토종 숙주가 사라지면서 사람피부파리가 사람과 개 속에서 살아남은 거예요. 소랑 가축은 훨씬 나중에 왔고요. 원래 숙주는 분명히 코끼리였을 거예요. 코끼리 여러 종이 선사시대 때 아메리카대륙을 돌아다녔거든요. 하지만 입증하긴 무척 어려워요. 신대륙에는 미라화된 코끼리가 없으니까요. 그랬다면 말파리가 그렇게 체내에 침입했다는 흔적이 남았겠죠."

하지만 우리에게는 구대륙(아시아, 아프리카, 유럽을 뜻함-옮긴이)이 있다. 매머드말파리mammoth botfly 유충 한 마리가 10만 년을 산 털매머드woolly mammoth 뱃속에서 발견됐다고 하는데, 이는 1973년 시베리아 영구 동토에서 발굴되었다.

일부 말파리는 더 뻔뻔스럽게도 숙주에게 직접 다가간다. 양코파리snot bots가 이런 이름을 얻은 건 날아다니면서 발굽 달린 숙주의 콧구멍에 유충을 똑바로 찍 내뿜는 사악한 기술을 발휘하기 때문이다. 숙주는 대개 양이나 염소다. 유충은 다 자라자마자 숙주의 부비강sinus에 들어갈 길을

2부 · 파리는 어떻게 사는가

찾는데, 그곳에 있다가 숙주가 재채기하거나 콧김을 내뿜으면 땅으로 떨어져 번데기가 된다. 이쯤 되면 파리가 눈앞의 이익을 위해서라면 품위쯤 기꺼이 희생한다는 사실을 알아챘으리라 생각한다.

양코파리의 이상하고 악랄한 습성은 그들의 생활 방식에는 아주 잘 맞는다. 양코파리는 사슴, 순록, 말코손바닥사슴moose, 캐나다 순록caribou의 목이나 부비강 속에서 자라기도 한다. 양코파리, 말코파리horse-nose bot, 낙타코파리camal-nose bot도 있다. 코끼리, 가젤gazelle, 영양antelope, 흑멧돼지warthog는 아프리카 지역에서 표적이 된다. 숙주가 특정되면 다른 파리와 경쟁할 일이 줄어들겠지만, 현대 인류세Anthropocene에는 단점이 있다. 숙주 개체군이 위태위태하게 줄어드는 만큼, 코뿔소구더기파리rhinoceros-stomach botfly는 아프리카에서 희귀한 곤충으로 손꼽힌다. 아프리카에서 덩치 큰 파리로 손꼽히기도 하며, 거의 5.08센티미터에 달한다. 검은코뿔소와 흰코뿔소가 싹 다 사라지면 말파리 기생충이 멸종할 가능성이 있는데, 전례 없는 일은 아닐 것이다.

### 롭의 구더기

여러분이 나와 같다면, 소름 끼치게도 뇌 한구석에서 말파리가 살을 먹고 살면 어떤 느낌일지 호기심을 품으리라. 동료가 롭 보스Rob Voss라는 미국 자연사 박물관American Museum of Natural History, AMNH 소속 포유류 큐레이터를 귀띔해 줬다. 롭은 말파리와 함께 프랑스령 기아나French Guiana를 횡단한 사람이다. 그래서 롭에게 연락해 봤다. 롭은 말파리와 마주쳤다고 인정하면서 이야기를 들려줬다. 만남은 9.65킬로미터를 하이킹하는 동안, 레 오 클레르Les Eaux Claires에 있는 열대 우림 현장에서 시작되었다. 롭과 그의 아내이자 동료인 낸시 시먼스Nancy Simmons는 일주일 동안 프랑스령 기아나 중부 사울Saül 마을에서 그물로 박쥐를 잡고 있었다.

"따뜻한 날이었어요. 남자의 특권을 누린답시고 셔츠를 벗은 채 걸었죠. 아마 그래서 알을 낳는 모기가 제 등에 내려앉았나 봐요. 널쩍한 표적이잖아요. 두피나, 다리나 팔처럼 모기가 흔히 들끓는 곳보다는요. 역시나 그래서 저한테 기생했나 봐요. 저랑 함께 있던 사람들은 셔츠를 입어서 무사했을 테고요."

(롭과 낸시는 대학원생 현장 보조와 함께 있었다.)

롭은 자그마한 기생충의 존재를 전혀 모른 채 지내다가, 며칠이 지난 뒤 뉴저지주New Jersey 교외에서 "이상하게 조금씩 따끔거리는 느낌"이 든 뒤에야 알아차렸다. 낸시가 살펴보니 자그마하고 해롭지 않아 보이는 빨간색 자국이 세 개 있었는데, 짜증 나는 모기에게 물린 자국 같았다. 며칠 내로 따끔거리는 느낌이 약간 더 불편해지더니, 이제 빨간색 자국은 작은 병변처럼 보였다. 여전히 오리무중이었다. 낸시는 온엄법hot compress을 썼다. 아직 눈에 보이지 않는 유충이 죽을지도 모르는 방법이었다. 하지만 다른 상처 두 개는 계속 커졌고, 일정 간격으로 따끔거리더니 통증도 약간 느껴졌다. 그래서 롭은 시내에 있는 피부과 전문의를 찾기로 했다.

이쯤 되면 궁금해질지도 모른다. 대체 롭은 왜 생물학자인 데다 열대와 관련된 지식이 있으면서도 말파리에게 물렸다고 의심하지 못했을까?

롭은 두 가지 이유 때문이라고 생각한다.

2부 · 파리는 어떻게 사는가

"첫째, 제가 전에 말파리한테 물린 적이 없기 때문이에요. 물렸다는 사람을 본 적도 없었고요(지역 주민은 체내 침입 초기 단계라는 걸 알아보고 짜내어 유충이 깊숙이 파고들지 못한다). 둘째, 제 눈에는 상처가 안 보였으니까요. 아내가 상처가 벌어져 있다고 해서, 피부 리슈만편모충증일지도 모른다고 생각했어요. 그건 원충병protozan disease인데, 서서히 진행되고, 오히려 쉽게 사라져요. 그러니 위급하다는 생각은 안 했죠."

피부과 전문의가 살펴보니, 상처는 더할 나위 없이 동글동글하면서 테두리가 깔끔했다. 의사는 그런 상처는 한 번도 본 적이 없다고 하면서, 곧바로 '열대 전문가'를 추천했다. 앞으로 X 의사라고 부를 인물이다. 롭은 계속 밀린 일을 하고 있었는데, 현장에 나가 있는 동안 일이 쌓인 바람에 며칠 미룬 뒤에야 의사와 예약을 잡게 되었다. 롭이 말했다.

"X 의사는 저를 엄청 만나고 싶어 하는 것 같았어요. 아마 피부과 의사한테 들었겠죠. 간단히 진찰받고 나니 살짝 날카로운 통증이 느껴졌어요. 지금 생각하면 리도카인lidocaine을 주사한 것 같아요. 의사가 간호사를 부르더군요. 의사는 '구더기증에 걸리신 것 같습니다. 확실히 확인해 볼게요' 라고 했어요."

말 그대로 등 뒤에서 일어난 일이라서, 롭은 볼 수도 느낄 수도 없었다.

"'아, 그래, 여기 있네요!'라고 하더니, 겸자로 커다랗고 원뿔 모양인 피투성이 살덩어리를 보여 주더라고요. 작은 파리 유충이 꼭대기에서 꿈틀대고 있었어요. 이젠 전혀 안 메스꺼워요. 꼭 해야 하는 외과 수술을 꺼리진 않지만, 이 수술은 사전 동의와는 거리가 멀었어요. 등에서 조직을 크게 조각내도 괜찮냐고 물어본 적은 한 번도 없었거든요. 어떤 치료법을 선택할지 상의도 안 했고요. 제 생각에는 의사가 표본을 수집할 생각만 한 것 같아요. 의사가 '이제 다른 것도 꺼냅시다'라고 말한 순간, 전 '싫은데요'라고 답했어요."

의사를 찾아가기 전, 롭은 말파리가 침입했을지도 모른다는 의심이 들어서 글을 좀 읽어 보았다. 말파리 병변 감염 사례는 없으며, 보통은 말끔히 낫는다는 사실을 알게 되었다. 게다가 두 명 이상의 생물학자가 말파리 구더기를 길러 번데기로 키웠다는 사실도 알게 됐다. 과학자로서 호기심이 생긴 데다 묻지도 않고 기생충을 빼낸 의사에게 발끈한 롭은 의사에게 마지막 유충은 그대로 두라고 말했다. "정말 고맙네요, 참"이라는 말과 함께.

"의사는 분해서 꽥꽥거렸어요. 빼내자고 설득하려 했죠. 하지만 전 마음을 정했어요. 과학이 두려움을 이길 테니까요."

의사는 언짢아하면서 절개 부위를 봉합했다.

"제가 유충을 돌려달라고 하니까, 수술비를 안 받는 대신에 유충은 자기가 갖겠다고 하더군요. 그 제안을 받아들인 게 아직도 후회돼요."

집으로 돌아온 롭은 낸시에게 속마음을 털어놓았다. 낸시는 뛰어난 포유류 동물학자로서 남편과 같은 학부에서 일하는 만큼 바로 힘이 되어 주었다. 그렇게 둘은 "말파리 감시"라고 별명을 붙인 일에 들어갔다. 롭과 낸시가 (무엇보다도) 몰랐던 건, 이런 유충이 다 자라는 데 보통 8주 정도 걸린다는 사실과 두 사람이 프랑스령 기아나에서 돌아온 지 2주밖에 안 지났다는 점이었다. 그러니 숙주 노릇을 6주나 더 해야 했는데, 그동안 유충은 훨씬 더, 훨씬 더 크게 자랄 터였다. 롭이 말했다.

"저랑 기생충 사이에 일과가 자리 잡았어요. 유충은 주로 잠자코 있어서, 전 기생충이 있다는 사실을 거의 알아채지도 못했어요. 근데 몇 시간마다 자리를 바꿔야 하나 보더라고요. 이를테면 살로 된 침대에서 이리저리 뒤척이는 느낌이랄, 잠깐잠깐 불편했어요. 자그마한 갈고리 때문에 그런 느낌이 들었나 봐요. 말파리는 갈고리로 굴에 몸을 고정하거든요. 아마 굴속에서 그렇게 오르락내리락하겠죠. 훨씬 유쾌하지 않았던 건 갈색을 띠는 암모니아 분비액을 꼬박꼬박 배설한 부분이에요. 신진대사로 생긴 배설물 같았어요. 미친 듯이 따끔따끔했죠. 보통 이른 오후에 한 번, 밤중에 한 번 그랬어요. 보통은 자정이 지난 직후였고요."

유충이 커지면서 호흡관도 커졌다. 굴을 판 구멍을 그대로 둘 때는 대부분 거즈 붕대를 헐렁하게 덮어 배설된 분비액에 셔츠와 시트가 얼룩지지 않게 하거나 아니면 그냥 내버려 두었다. 롭과 낸시는 어떤 열대성 소독제도 쓰지 않았다.

롭은 뜻밖의 감정을 느꼈다.

"파리랑 제 사이에 유대감 같은 게 생겨나고 있었어요. 적어도 저랑 다른 생물 형태를 기르는 느낌이었죠. 둘 사이에 무언의 계약을 한 셈이었어요. 전 기생충을 없애려 하지 않았고, 기생충도 조심조심 제 할 일을 하면서 상처가 계속 감염되지 않게 했어요. 낸시한테 이 얘기를 들려주고 나니, 이건 제가 할 수 있는 임신 경험에 가깝더라고요. '기생충이 제 안에 살던 시절' 마지막 며칠간, 유충이 엄청 조용해지더니 굴 입구 쪽으로 바짝 가까이 갔어요(낸시 눈에 또렷이 보이는 곳으로). 움직이거나 배설하려는 기미도 뚝 끊겼고요. 그러던 어느 날, 땀을 뻘뻘 흘리며 뛰고 나서 셔츠를 벗은 순간, 등

사진 11 롭 보스의 등에서 나온 성충 수컷 말파리가 번데기 껍질 위에 걸터앉은 모습.
ⓒ 데이비드 그리말디 David Grimaldi

에서 뭔가 잡히는 느낌이 들었어요. 낸시를 불렀죠. 유충이 느릿느릿 나오면서 고리를 걸고, 또 걸더군요. 전…… 아무 느낌이 안 들었어요. 아마 유충이 주변 조직을 마비시켰나 봐요. 달리 설명할 길이 없네요. 완전히 아무 느낌이 없었으니까요."

낸시는 뚝 떨어지는 유충을 잡았다. 낸시와 롭이 유충을 촉촉한 키친타월에 올리고는 병 안에 담아 어두운 곳에 두자 5주 뒤 번데기 껍질에서 성충 파리가 나왔다. 파리와 번데기 껍질은 현재 미국 자연사 박물관 곤충 컬렉션에 보관돼 있다. 롭에 따르면 유충이 빠져나오면서 생긴 상처는 금세 나아서 이제 보이지 않는다. 그러나 의사가 절개한 부분은 상처도 오래가고, 흉터도 뚜렷이 남았다고 한다.

나는 롭이 대담하게 실행해 본 말파리 농사를 보충 설명하려고 데이비드 그리말디 박사에게 연락했다. 그리말디 박사는 미국 자연사 박물관 소속 무척추 동물학자인데, 나는 박사에게 표본을 검토해 암수를 확인해 달라고 부탁했다. 박사는 흔쾌히 수락했다. 말파리는 수컷이었으며, 박사에 따르면 원기가 왕성한 표본이었다.**사진11**

"잘 먹은 게 틀림없어요."

박사가 결론 지었다.

### 참수형

《위대한 파리》를 논평하는 인터뷰에서, 저자이자 파리목 전문가인 에리카 맥엘리스터는 실망감을 드러냈다. 아직 말파리의 숙주가 된 적이 없었기 때문이다. 그는 파리 숙주가 된다는 버킷리스트가 생겼다. 하지만 맥엘리스터 박사가 개미라면, 숙주가 될 기회를 집벼룩파리에게 넘겨주게 될 듯하다.

지구에서 가장 기회를 잘 잡는 생물체인 파리는 지구에서 풍부하기로 손꼽히는 생물체를 이용할 기회를 놓치지 않았다. 바로 개미다. 그중에서 가장 뛰어난 생물체는 집벼룩파리인데, 200종 이상이 먼 친척인 개미에게 침투해 먹고산다. 이 파리과에서 가장 카리스마가 넘치는 종 일부는 **프세우닥테온속**Pseudacteon에 속한다. 앞으로 보게 되겠지만 이들은 개미 목을 자르는 습성이 있으며, 침입하는 불개미fire ant를 제어할 수 있다.

1985년, 남아공 크루거 국립 공원에 한 달간 체류하면서 박쥐를 연구하던 시절에 집벼룩파리를 처음 만났다. 이름이 집벼룩파리인 이유는 빨리 뛰면서 갑자기 멈추는 행동을 자주 하기 때문이다(어떤 종은 인공위성파리 satellite flies라고 불리는데, 먹잇감에서 일정한 거리를 두고 빙빙 맴도는 습성 때문에 생긴 이름이다).

아프리카의 천국 크루거 국립 공원에서 제일 좋아하는 취미를 마음껏 즐길 기회를 많이 얻었다. 바로 크고 작은 동물을 지켜보는 일이다. 낮에는 불그레한 루부부 강물에서 하마와 골리앗헤론goliath heron을, 가끔은 악어를 살펴볼 수 있었다. 밤에는 커다랗고 검은 전갈과 전갈부치류whip scorpions가 차도를 돌아다녔는데, 그때 멀리서 잊지 못할 하이에나와 사자 소리가 들려오더니 캠프장을 떠돌았다.

거의 매일, 새로운 마타벨레개미Matabele ants 몇백 마리 군단이 루부부강 가까이 있는 캠프장을 소리 없이 1열 종대로 지나갔다. 30분 뒤, 거의 시계방향에서 커다랗고 눈먼 사회성 곤충이 되돌아왔는데, 여정을 떠나면서 남겨 둔 화학 흔적을 따라서 온 것이었다. 하지만 이번에는 턱에 하얀색 흰개미 사체가 잔뜩 들어 있었다. 풍부한 흰개미 둥지를 습격했기 때문이다. 질서정연한 개미 호위대를 보니 탄탄하게 훈련받은 군인이 떠올랐다. 하지만 개미는 흩어지면서 화난 듯이 쉭쉭거렸다. 내가 후 불어서 방해라도 한 듯했다. 개미는 몇 초 내로 다시 모여서 소리 없는 행군을 시작하곤 했다.

어느 날, 장례식처럼 엄숙한 행진을 바라보다가 자그마한 회색 곤충이 개미 기둥에서 2.5센티미터 정도 거리에 자리를 잡은 모습을 보게 되었다. 바짝 다가가 살펴보니 구경꾼은 다름 아닌 파리였으며, 개미를 예의주시하는 듯했다. 그때는 몰랐는데, 아마 집벼룩파리였던 것 같다. 몇 년이 지난 뒤에야 집벼룩파리가 뻔뻔하게도 개미에 의존하는 방식으로 새끼를 기른다는 사실을 알게 됐다.

집벼룩파리는 전 세계에 약 4,000종이 있으며, 다른 곤충의 포식 기생자인 경우가 많다. 최고 포식 기생자는 말벌이지만, 생존 전략의 이점이 파리에게 통하지는 않는다. 남아메리카 잎꾼개미 최소 28종만으로도 집벼룩파리 최소 70종의 표적이 된다고 한다. 1995년에 한 연구에서는 개미에 기생하는 집벼룩파리가 코스타리카Costa Rica 현장 연구소에 있는 속 한 가지에서만 127종이나 발견되었다. 대부분 개미 한 마리를 숙주 종으로 특정했다.

파리는 보통 개미가 다니는 길을 따라 먹잇감을 쫓아다닌다. 파리는 사냥감을 힐끗 쳐다보고는 알 한 개를 낳는데, 보통은 개미 흉곽에 낳는다. 일부 파리는 엉덩이에 뾰족하게 달린 산란관으로 개미에 알을 주입하기도 한다. 파리 구더기는 부화하면서, 필요한 경우 개미 머리와 흉곽 사이에 길쭉하게 갈라진 틈을 뚫고 들어간다. 구더기는 그곳에서 머리 쪽으로 굴을 파는데, 머리에는 커다랗고 영양분이 풍부한 근육이 있어서 개미가 구기로 씹을 때 힘이 실리게 된다. 작은 침입자는 그곳에서 먹이를 먹으면서 신경 조직을 조심조심 피한다. 신경 조직이 파괴되면 개미가 정상적인 생활을 하지 못해서 구더기의 식량원이 위태로워지기 때문이다. 몇 주가 지나면 완전히 다 자란 구더기는 효소를 배출해 개미 머리와 몸이 연결되는 막을 녹인다. 그러면 개미 머리가 뚝 떨어지게 된다. 머리가 없는 몸이 비틀거리는 사이, 버려진 머리는 보호막이 된다. 구더기는 그곳에서 번데기가 된 다음, 2주 정도 뒤에 성충 파리가 되어 나타난다.

개미 머리는 원래 크기의 몇 배로 자라는 구더기를 담을 정도로 커야 하는 만큼, 과학자는 작은 크기가 장점이 될 수 있다고 추측했다. 크기가 너무 작으면 파리의 표적으로 적당하지 않기 때문이다. 하지만 자연 선택으로 더 작고 연약한 개미가 생기기더라도 파리는 계속해 나갈 것이다. '세상에서 가장 작은 파리'라는 새로운 타이틀은 2012년에 태국에서 발견된 집벼룩파리에게 돌아갔다. 성충 **에우리플라테아나나크니할리**Euryplatea nanaknihali는 길이가 0.4밀리미터에 불과하다.

로스앤젤레스 카운티에 있는 자연사 박물관 소속 브라이언 브라운Brian Brown은 "하도 작아서 육안으로는 거의 안 보여요. 후추알보다도 더 작죠"라고 말한다. 브라운은 태국 카엥 크라찬 국립 공원Kaeng Krachan National Park에서 강도 높은 곤충 수집 프로젝트를 진행하다가 말레이즈 트랩(malaise trap, 날아다니는 곤충을 고운 그물망을 사용해 방부제가 든 병 안으로 옮기는 방법이다)에서 이를 발견했다. 이 파리가 개미를 포식하는 모습을 볼 수는 없었지만, 이를 나타내는 단서가 있었다. 바로 끝이 뾰족한 산란관이 그 일을 하기에 적절하다는 점과 가장 가까운 친척이 적도기니Equatorial Guinea에서 목을 자르는 개미라는 점이었다.

집벼룩파리가 새끼를 안전하게 보호할 피난처를 확보할 생각만으로 개미 머리 안에 들어가려는 건 아니다. 브라운 박사가 이끄는 연구팀은 2015년에 발표한 연구 논문에서 소름 끼치면서도 짜릿한 실험을 설명한다. 연구팀은 브라질 야생에서 겸자로 개미를 짓이긴 다음, 지켜보면서 기다렸다. 개미가 입은 상처는 다른 개미와 접전을 벌였을 때와 비슷했다. 몇 분 내로 자그마한 파리가 현장에 여러 마리 나타났는데, 상처 입은 개미가 내뿜은 악취에 이끌린 게 분명했다. 상처 입은 사냥감이 있는 곳을 찾은 파리는 재빨리 개미 주위를 빙빙 돌았으며, 가끔 쏜살같이 움직이면서 다리나 더듬이를 잡아당기기도 했다. 호기심 넘치는 고양이가 살아 있을지도 모르는 낯선 대상을 머뭇거리면서 쿡쿡 찔러 보듯이, 파리도 공격당한 개미의 접근성을 재는 듯하다. 이때 잘못 판단하면 파리에게 치명적이다. 개미가 턱으로 파리를 수월하게 짓이기고는 먹어 치울 테니까. 파리는 개미가 효율적으로 자기방어를 할 능력이 충분치 않다고 판단하면, 대담하게 피해자 쪽으로 잠깐 왔다 갔다 하기 시작한다. 그러고는 잡힐 위험이 없으면, 기다랗고 끝에 벨 수 있는 날이 달린 주둥이로 개미의 목을 따라 톱질하듯 자른다. 일이 거의 끝날 무렵에는 내려와서 앞다리로 개미의 턱을 꽉 움켜쥐는데, 보통 몇 번 빠르게 힘껏 잡아당기면 머리를 떼어낼 수 있다. 떼어낸 머리는 더 한적한 곳으로 질질 끌고 간다. 이렇게 행동하는 영상을 보면 아주 작은 파리에게도 의식이 있다고 생각할 수밖에 없다.

이렇게 용감무쌍한 파리가 개미 전리품으로 무엇을 할까. 암컷만 이렇게 소름 끼치는 포식 형태에 몸담는다는 사실이 단서가 된다. 참수자 16마리로 구성된 표본에는 뱃속에 다 자란 알을 품은 파리가 하나도 없었다. 이미 산란을 끝냈을 가능성도 없었기에, 연구팀은 파리가 알을 성숙시키기 위해 개미 두피에 든 내용물을 먹었으리라고 추정했다.

집벼룩파리는 개미의 몸에 얼마나 자주 침입할까? 종, 장소, 시기에 따라 매우 다르지만, 보통 개미 3마리 중 1마리를 넘어서는데, 내 생각엔 더 높은 비율이지 않을까 싶다. 파리는 건강한 개미 개체군에 의존해 침입하기 때문이다. 2017년 한 연구에서, 과학자는 브라질 중북부 야생에서 개미 2종, 총 8만 9천 마리를 채집한 다음, 개미가 파리 기생충을 품는 모습을 세심히 관찰했다. 다음 2주 동안 개미 숙주에서 파리 몇 천 마리가 나타나기 시작했다. 기생률은 첫 번째 종 개미가 1,042마리(1.6퍼센트), 다른 종이 1,258마리(5.4퍼센트)였다. 아주 드문 경우에만, 그러니까 개미 9만 마리 중 5마리만 똑같은 개미에게서 서로 다른 파리 두 종의 유충이 나왔다. 파리는 가장 편리한 길로 나오기를 선호했는데, 바로 개미의 주둥이였다. 눈먼 유충이 어떻게 어두운 숙주 내부에서 이동해 빠져나오는지는 밝혀지지 않았다. 아마도 화학 신호를 사용할 듯하다. 다른 출구는 개미의 배와 다리다. 그 무렵 개미는 죽었지만, 오래전에 일어난 일은 아니었다. 감염된 일부 일꾼개미가 만족스럽게(우리가 아는 선에서) 식물 조각을 나른 바로 다음 날, 이들에게 작은 외계인이 나타났으니까.

### 조수석에 타기

개미가 이런 파리에게 꼼짝달싹 못 하는 사냥감처럼 보이지 않도록, 그런 존재가 아니라고 확실히 알려 주겠다. 엄청난 수의 잎꾼개미를 포함해 조직과 규율로 유명한 일부 개미 사회에서는 파리라는 적을 상대로 질서정연한 방어법을 발전시켜 왔다.

개미에게 기생하는 인공위성파리는 심각할 정도로 알을 많이 낳으며 군비 경쟁을 한다. 엄청난 생물체인 개미는 파리의 침입을 가만히 받아들이지 않는다. 자그마한 기생파리가 머리 위에서 빙빙 맴도는 모습은 마치 소형 전투 헬기 같아서, 개미는 겁에 질리게 된다. 파리가 기회를 노리면서 쏜살같이 움직이다가 개미 목에 알 하나를 낳으면, 개미는 머리를 들어 올려 큰턱을 험악하게 악문다. 어떤 종은 머리를 자기 등 위로 휙휙 움직이면서 파리를 잡고서 불청객을 턱으로 짓이기기도 한다.

2008년 멕시코에 가 있는 동안, 잎꾼개미가 식물 전리품을 챙겨 둥지로 돌아가는 모습을 지켜보다가 크기가 더 큰 일꾼개미가 잎 조각 몇 개 위에 작은 일꾼개미를 태운 채 옮긴다는 걸 알아차렸다. 나중에서야 나는 이렇게 별나면서 분명 효율성도 떨어지는 행동을 보고는 과학자들도 혼란에 빠졌었다는 사실을 알게 되었다. 1990년에 이미 파나마Panama에 있는 스미스소니언 열대 연구소Smithsonian Tropical Research Institute 소속 도널드 피너Donald Feener와 캐런 모스Karen Moss가 **미님**(minim, 얻어타고 가는 자그마한 일꾼개미를 가리키는 용어)이 보초 역할을 하고 있다는 사실을 알아냈다.

이 전략은 파리가 흔히 쓰는 접근법에 훼방을 놓는다. 파리는 잎 조각에 내려앉은 다음, 잎을 옮기는 개미에게 다가가서는 머리에 알을 낳는데, 어떤 경우에는 넋이 나간 개미 주둥이에 바로 알을 낳기도 한다. 미님은 자기가 배치된 곳에 대담하게 발을 디디는 조심성 없는 파리를 죽인다. 잎 조각 하나당 미님 네 마리가 조수석에 타고, 각자 위협하듯 턱을 떡 벌려서, 기생파리에게 위협이 되는 모습을 보여 준다. 냉소적인 사람이라면 미님이 그저 게으르게 굴 뿐이라고 생각할지도 모르지만, 전설로 통하는 개미의 이타성과 웅장한 힘을 보면 그런 생각을 접게 된다.

피너와 모스는 1년에 걸친 연구에서, 미님 개미가 지키는 잎 조각에는 파리가 내려앉을 가능성이 훨씬 적다는 사실을 알게 되었다. 내려앉는다고 해도 오래 머무르기 어려운 만큼, 알을 낳을 가능성도 무척 낮았다.

이렇게 개미가 잎을 지키는 행동을 한다는 사실을 알게 된 뒤, 잎꾼개미의 방어가 유전자를 바탕으로 하는지, 아니면 기생파리라는 존재에게 더 융통성 있게 반응하는 건지가 궁금해졌다. 아마 지리구에 따라 달라지겠지만, 잎꾼개미가 나타나는 곳 어디에서든 파리가 기쁜 마음으로 이들을 이용하려 들지 않을까 싶다. 개미가 파리에게만 융통성 있게 반응하는 것이라면, 파리가 없는 상황에서는 방어를 보류하리라고 예상할 수도 있다.

이 의문에 실낱같은 희망을 비출 기회가 찾아왔다. 2018년 7월, 몬트리올 곤충 박물관Montreal Insectarium을 찾은 때였다. 살아 있는 곤충 전시물 틈에는 인상 깊게도 잎꾼개미 1만 5천 마리로 이루어진 군집이 있었다. 개방형 전시라서 쉽게 손을 뻗어 이렇게 부지런한 곤충을 만질 수 있는데, 이들은 호기심 넘치는 사람이 가까이에서 지켜보거나 숨을 쉬어도 알아채지 못하거나, 아니면 이에 익숙한 듯 보였다. 개미에게 바짝 다가가 몸을 숙이자 전시된 부분 한쪽 끝에서 반대쪽으로 개미가 잎 조각을 나르는 모습을 살펴볼 수 있었다. 잎 위에 다른 미님이 올라탄 모습은 보이지 않았다.

자그마한 파리가 개미 틈에 숨어 있는 모습도 보이지 않았다. 분명 못 본 채 지나치기 쉽지만, 본토에서 수천 킬로미터 떨어진 곳에 있는 개미 군집에서 자연 기생충을 보리라고 기대하지는 못할 것이다. 나는 가브리엘Gabrielle에게 물어보기로 했다. 가브리엘은 젊은 안내원인데, 20명 정도 모인 방문객 앞에서 잎꾼개미에 대한 해설을 막 끝낸 참이었다.

"작은 미님이 잎 위에 타고, 더 커다란 동지가 잎을 나르는 모습을 본 적이 있나요?"

"오염 물질을 방어할 때 그런다는 얘기는 들었는데, 이 군집에서 그런 모습을 본 기억은 없어요."

가브리엘이 답했다.

표본 하나를 두고 철저한 실험이라 할 수는 없지만, 잎꾼개미가 기생 파리에게 방어 행동을 할 때 위협에 융통성 있게 반응한다는 가설을 일화로 뒷받침하는 차원에서 알리려 한다. 다시 말하면, 개미는 필요할 때만 잎 조각에 보초를 태워 옮긴다. 다시 살펴본 피너와 모스의 연구에서 두 사람이 개미 군집 열 군데에 파리 기생충을 들여왔다는 사실을 발견했다. 잎꾼개미가 가끔은 보초 수준을 딱 20분 내로 조절하면서 파리에게 대응한다는 것도 알게 되었다.

기생파리가 약탈하는 바람에 자그마한 미님 개미 계급이 진화한 걸까? 케임브리지대학교 Cambridge University 헨리 디즈니 Henry Disney 교수에게 이 질문을 던지자, 기생파리와 잎꾼개미의 유대 관계에 정통한 디즈니 교수는 이를 고찰하는 논문이 발표됐는지는 알지 못한다고 답했다.

집벼룩파리가 기생하는 잎꾼개미를 연구하는 이유는 과학적 호기심에 그치지 않는다. 각각 크기는 작지만, 이처럼 풍부한 잎꾼개미는 신열대구 초식동물 전체에서 가장 품행이 나쁘며, 농해충으로 폭넓게 규정된다.[2] **아타속Atta**에 들어가는 일부 종 때문에 감귤나무 한 그루가 24시간 이내에 통째로 시든다. 개미는 파리에 대항하는 동시에 지하 균류 정원에 가져가 식량으로 기를 잎까지 수확할 수는 없다. 따라서 개미가 파리에게 공격받으면 자

---

2 명심해야 할 점은 잎꾼개미는 동력 사슬톱과 불도저를 발명한 인간이 열대 우림을 개척하기 수백만 년 전부터 새로운 길을 열었으며, 인간과 달리 열대 우림 생태계 보전에 큰 보탬이 된다는 점이다. 토양을 비옥하게 개선하는 일, 토양 통기, 햇빛 채광이 그 예다.

기 영역에 있는 숲에 끼치는 영향력이 크게 줄어든다. 집벼룩파리를 활용해 삼림 재생을 촉진할 방법도 계속 연구되고 있다.

집벼룩파리는 침입하는 불개미라는 존재에 맞서 싸우는 데도 활용된다. 불개미는 북아메리카 서부를 행군해 왔다. 그곳에는 토착 파리 적이 없었다. 1997년, 한 곤충학자는 브라질에서 개미의 목을 베는 파리를 들여왔는데, 파리 5개 종은 미국 동남부에서 불개미의 주요 천적으로 단단히 자리매김했다. 하지만 비토착종을 들여오는 계획은 위험하다. 개미를 표적으로 삼는 파리를 수입할 때 걱정되는 부분 한 가지는 생태계에 피해를 주지 않는 토착 개미를 표적으로 삼을 수 있다는 점이다. 들여온 비토착종 파리가 유순한 토착 불개미에게 기생하는 사례들이 발견되고 있다.

일부 집벼룩파리는 야외에서 개미를 공격하는 정도를 넘어 군대개미army ant 둥지에 있는 서식지까지 간다. 서식지는 군대개미가 썩은 고기를 먹거나 숙주를 잡아먹는 곳이다. 하도 성공리에 침입하는 통에 서식지 한 곳에서 집벼룩파리 수천 마리가 나타난다. 이런 파리는 개미와 비슷한 화학 분비물의 도움을 얻어 솜씨를 발휘했을 가능성이 크다. 이런 계략에서는 숙주와 닮는 게 중요한 만큼, 아마 형태가 뚜렷한 성충보다는 비교적 형태가 불확실한 개미 유충을 닮았을 것이다. 다리도, 날개도 없는 **베스티기포다** Vestigipoda 파리 성충 암컷은 우리 인간과 아마도 이들에게 먹이를 주며 돌봐 주는 군대개미가 보기에 놀라울 만큼 개미 유충을 쏙 빼닮았을 것이다.

이처럼 개미와의 연관성으로 잘 알려져 있지만, 사실 집벼룩파리는 다양한 먹잇감을 목표로 삼는다. 이들은 무척 잘나가는 개미 친척, 그러니까 흰개미가 내준 풍부한 기회를 놓치지 않는다. 예를 들면 암컷 파리는 흰개미 일꾼을 속여 군집을 떠나게 한다. 파리는 망가진 둥지에서 나온 흰개미 일꾼 가까이에 내려앉은 다음, 흰개미를 쿡 찌른다. 그러면 흰개미에게 신비로운 주문이 걸리고, 이제 흰개미는 파리를 따라 오래도록 기어가게 된다. 안전한 군집에서 저 멀리 떨어진 흰개미는 어떻게든 움직이지 못하게 되고, 파리는 흰개미 뱃속에 알을 낳은 뒤 흙으로 덮어 혼수상태로 마비된 피해자를 지킨다. 이처럼 흰개미만 전문적으로 노리는 집벼룩파리 암컷은 날개가 없으며, 흰개미 군집에 들어가기 전 교미하는 동안 날개 달린 수컷이 암컷을 운반한다.

### 파리가 벌새를 잡다

작은 파리가 무모하게도 개미를 공격하는 점은 놀랍지만, 파리계에 롤스로이스Rolls-Roys와 같은 명품 사냥꾼이 있다. 바로 파리매과Asilidae다. 크고, 건장하며, 눈이 커다란 데다 보통 털이 북슬북슬한 공중 포식자는 주로 조류인 딱새류flycatchers의 먹이가 된다. 커다란 파리매들이 작은 벌새를 제압하는 경우는 흔치 않다.

어미 말파리가 적당한 모기 운반원을 노리듯이, 파리매도 매복 사냥 전략을 활용해 땅이나 낮은 초목에 내려앉은 다음, 유도 장치가 있는 미사일처럼 쌩 나아가다가 적당해 보이는 먹잇감이 우연히 지나갈 때 붙잡는다. 파리매는 뒤에서 공격하지 않지만, 그 대신 위치를 예측해 먹잇감을 가로챈다. 쿼터백이 리시버에게 하듯이 말이다. 하지만 불운한 표적에게 터치다운 세리머니를 할 기회는 없다. 표적이 아마도 몇 초 안에 죽을 테니까. 사진 12

파리매가 물어서 낸 구멍에 독을 주입하면, 피해자는 금세 꼼짝 못하게 된다. 그러면 파리는 턱을 빨대로 삼아 액체로 변한 내장을 빨아들인다. 곤충의 피는 우리처럼 혈관을 타고 흐르지 않아서, 파리는 어디에 입구를 뚫든 간에 배불리 먹을 수 있다. 파리매는 대부분 눈 바로 밑에 뻣뻣한 털로 된 수염이 있는데 이는 침에서 마비 효과가 나타나기 전, 잡은 먹잇감이 몇 초간 잠시 버둥대는 사이에 눈이 손상되지 않도록 보호하는 데 도움이 되는 듯하다.

파리매는 흔하진 않지만, 나는 자연에서 파리매를 많이 마주쳤다. 계절에 따라 다르지만, 작고 아늑하고 건조한 관목 서식지에 제법 풍부하다. 플로리다주 남부에 사는 동안 그런 곳에 자주 가곤 했는데(보인턴비치에 있는 시크레스트 자연 관목지Seacrest Scrub Natural Area), 어느 날이든 오솔길을 걸으면 파리매를 12마리 이상 볼 수 있었다. 대부분 모래로 뒤덮인 길에 내려앉아 있었다. 파리매는 조심성이 많아서 날기 전에는 발견하기가 어렵지만 보통 몇 미터 앞에 다시 내려앉는 만큼, 참을성 있는 관찰자로서 카멜레온처럼 접근한다면 바짝 가까이 가서 사진을 찍을 수 있다.

한번은 파리매가 땅에서 60센티미터쯤 떨어진 나뭇잎 위에 내려앉은 모습을 보게 됐다. 쌍안경으로 보니 파리가 달아나는 구역 밖에 있었다. 7분 동안이나 기다렸지만 파리는 꼼짝도 안 했다. 파리는 참는 재주가 있는데, 나도 사람들 대부분이 그렇듯 할 일이 있었다. 그런데도 이때는 평소보다 더 오래 참고 기다렸다. 파리매가 먹잇감을 먹는 모습은 본 적 있지만, 산 먹잇감을 뒤쫓아가 잡는 건 본 적이 없었으니까.

물론 파리매에게도 적이 있는데, 이를 보면 일부 종이 하는 이상한

2부 · 파리는 어떻게 사는가

**사진 12** 파리매는 자신보다 큰 먹잇감도 사냥할 수 있지만,
이 개체는 자신보다 작은 사촌 격 곤충을 먹고 있다. ⓒ VIN PSK Photography

행동이 설명된다. 이를테면 한쪽 발로 초목에 매달린 채로 벌이나 잠자리 같은 먹이를 먹는 행동이다. 이렇게 하는 이유가 알려지지는 않았지만, 개미를 방어할 목적으로 그러는 게 아닐까 싶다. 끊임없이 어슬렁거리는 개미에게는 다리 여러 개보다는 한 개가 덜 거슬릴 테니 말이다.

마다가스카르Madagascar에 있는 거대한 파리매(미크로스틸룸 마그눔, Microstylum magnum)는 길이가 5.7센티미터(2와 4분의 1인치)나 된다. 또 다른 큰 경쟁자는 **사타누스기가스**(Satanus gigas, "위대한 사탄")라는 이름을 얻었다. 생김새는 무시무시하지만, 파리매는 우리에게 공격성을 드러내지 않는다. 자기보다 큰 먹잇감에 덤벼들기로 유명하긴 한데, 우리는 파리매의 메뉴가 되기엔 너무도 크다. 스포츠 바에서 곤충 전문 학자 몇 명과 이야기를 나눈

적이 있는데, 파리매를 연구해 온 이들이 물린 적은 없는지 물어보았다. 애리조나대학교University of Arizona 곤충학부에서 파리매를 연구하는 트리스탄 맥나이트Tristan McKnight는 곤충학자다운 시각에서 맞장구쳤다.

"파리매에게 물릴 유일한 방법은 손가락 사이에 잡아둔 채 피부에 꽉 밀어붙이는 건데, 그 방법도 매번 통하진 않아요."

(파리매가 고귀해서 그렇다고 치자.)

맥나이트는 맥주잔을 쭉 끌어당기더니 덧붙였다.

"그렇게 아프진 않아요. 말벌에 쏘일 때랑은 확 다르죠. 아마 방어 차원에서 무는 게 아니라서 그런가 봐요. 그냥 물어서 먹잇감을 진압한 다음, 쏘기보다는 침을 주입해 소화하죠."

과학자 중에 맥나이트만 곤충이 물거나 쏠 때의 독성에 호기심을 품은 건 아니었다. 나중에 이메일을 보내서 좀 더 물어보니, 맥나이트는 다양한 파리매가 자기를 물도록 강제로 손을 써 봤다고 했다. "곤충 침의 왕"으로 통하는 저스틴 O. 슈미트Justin O. Schmidt, 그러니까 애리조나주를 기반으로 활동하는 또 다른 호기심 넘치는 곤충학자가 힘들게 만든 말벌과 벌 침의 4단계 통증 지수 일부를 파리에게 확장한 것이다.

맥나이트가 알려 준 인스타그램 게시물에는 미시간주에서 크다고 손꼽히는 파리매, 즉 길이가 3.3센티미터(1과 4분의1 인치)인 **프록타칸투스Proctacanthus**에게 물린 경험이 묘사돼 있었다.

맥나이트가 말했다.

"프록타칸투스는 확실히 약하지 않아요. 제 점수는 정확히 2점이에요(슈미트가 꿀벌 침에 준 점수와 똑같다). 물리면 바늘에 찔린 듯 아프고, 그 뒤엔 금세 부어오르면서 4밀리미터 크기 자국이 생기는데, 10밀리미터 크기로 붉어지면서 간질간질한 화상도 입어요. 지끈지끈 쑤시는 통증과 올라온 자국은 거의 35분 안에 가라앉지만…… 팔은 계속 화끈거리고, 붉어지며, 밤새 부풀어 오르더니, 다음 날 아침까지 계속됐어요."

내 생각엔 트리스탄 맥나이트 같은 사람 덕분에 실제로 '세계 파리매의 날'이 있는 듯하다. 세계 파리매의 날은 4월 마지막 날이다.

### 반격하기

파리매의 피해자는 다른 파리일 때가 많다. 표적 대부분처럼, 공격받은 파리도 방어법을 발전시킨다. 파리매에 맞서는 방어와 관련된 연구는 아직 밝혀지지 않았지만, 초파리가 말벌에 맞서는 방어는 얘기가 또 다르다. 기생 말벌은 바늘 같은 산란관으로 겉보기에는 무력해 보이는 초파리 유충에 알을 주입한다. 하지만 구더기는 공격자를 의식한다. 밴쿠버Vancouver에서 열린 곤충 학회에서, 아주 작고 반짝반짝 빛나는 큰검은말벌black wasp이 무른 과일에 있는 얇은 층을 사이에 두고 크림 같은 구더기에게 흡입기를 쿡쿡 찌르는 클로즈업 영상을 봤다. 구더기는 회피 행동 두 가지로 반응했다. 몸을 둥글게 말거나 데굴데굴 구르는 것이다. 몸을 둥글게 말면, 구더기는 금세 C 모양으로 구부러진다. 데굴데굴 구르면, 기다란 축선을 따라 몸을 비틀대면서 오른쪽이나 왼쪽에 숨는다. 이렇게 표적이 멈추지 않고 움직이면 말벌은 포기하고 이동해 더 잡기 쉬운 먹잇감을 노릴 때가 많다.

말벌이 성공리에 사냥감을 찔러 죽인다 해도, 파리 입장에서는 참패한 건 아니다. 감염된 파리는 **세포 캡슐화**cellular encapsulation 면역 반응을 시작한다. 파리의 면역 세포가 여러 층으로 된 캡슐을 형성해 주입된 말벌의 알을 딱딱하면서 침투할 수 없는 껍질 안에 파묻는 방법이다. 알은 파리의 나머지 신체 기능으로부터 완전히 차단되어 휴면 상태의 까만 타원형 덩어리가 된다. 게다가 파리 유충이 성충으로 변태하는 과정에서 내장이 극적인 세포 재배열을 거치더라도, 알은 성충 파리 뱃속 껍질 안에 그대로 남겨진다. 결국 이 무덤 같은 고치 속에서 자라는 말벌 유충은 보통 독성이나 질식 또는 신체 포착증으로 죽게 된다.

이건 또 하나의 신통찮은 군비 경쟁이자 위태롭게 살아가는 방식이다. 포식 기생자도 파리의 방어를 멍하니 보고만 있지 않기 때문이다. 곤충 같은 작은 유기체는 빨리 진화하는데, 세대 주기가 짧은 만큼 밀어내고 밀치는 역학 과정에서 적응 형질이 더 빨리 확산된다. 그렇게 환경에 적응한 일부 말벌은 화학 독성 요소를 발달시켜 파리의 세포 캡슐화를 억제한다.

초파리는 또 다른 방법으로 기생말벌에 대항한다. 아마도 발효하는 과일을 먹고 사는 습성 때문에 초파리에게 알코올 저항력이 발달한 듯한데, 이는 적에게 맞설 때 쓸모 있는 수단이 된다. 알코올을 마신 파리 유충은 말벌에게 공격당할 가능성이 줄어든다. 알코올을 섭취하면 이미 감염된 파리 유충 속에서 자라고 있는 말벌도 해치울 수 있다. 아주 작은 파리도 그 사실을 아는 듯하다.

에모리대학교Emory University에서 이 현상을 연구해 온 토드 슐렝케Todd Schlenke는 이렇게 말한다.

"감염된 파리 유충은 에탄올이 든 음식을 적극적으로 찾아내 알코올을 벌에 맞서는 약으로 활용합니다. 이렇게 작은 초파리는 과일 그릇에 든 갈색 바나나 주변을 빙빙 맴도는데, 몸속에 기생충이 있느냐 없느냐에 따라 알코올 섭취량을 정합니다."

성충 초파리도 마찬가지다. 기생충에 감염된 암컷 여러 종은 알코올이 든 음식에 알을 낳는다. 감염되지 않은 암컷은 이런 '예방적 약물'을 쓰지 않는다. 암컷 파리는 시각으로(후각이 아니다) 말벌 기생충을 알아차리며, 유순한 수컷 말벌이 아니라 암컷 말벌에게 노출될 때만(최대 4일 전) 알코올에 이끌린다.

이 현상은 자가 치료를 위한 과학 기준 4가지를 충족한다.

1. 불확실한 물질에 의도적으로 접촉해야 한다. 이 경우에는 알코올이다.
2. 물질은 기생충 한 가지 이상에 해로워야 한다.
3. 기생충에게 해로운 결과가 숙주의 건강 증진으로 이어져야 한다.
4. 물질은 기생충이 없는 숙주에게 해로운 효과를 미쳐야 한다.

마지막 기준은 파리가 알코올을 선호하는 게 한낱 식성 때문이 아니라는 사실을 확인하며 설득력을 더한다. 이 외에 현재 자가 치료가 가능하다고 알려진 곤충은 꿀벌과 몇 안 되는 나비, 그리고 나방뿐이다. 이 현상은 척추동물에서 더 폭넓게 나타나서, **동물약학**zoopharmacognosy이라는 이름까지 따로 생겼을 정도다. 그리스어 **준**zoon은 '동물'을, **파르마콘**pharmakon은 '약'을, **그노시스**gnosis는 '지식'을 뜻한다. 그런데도 여전히, 파리가 자신이 무엇을 하고 있는지, 또 왜 그렇게 하는지 알고 있느냐고 의문을 제기하는 사람들이 있다.

포식 기생자의 방어법을 바탕으로 초파리에게서 흥미로운 점 최소한 가지 이상을 발견했다. 다트머스대학교Dartmouth College 가이젤 의과대학Geisel School of Medicine 연구진은 성충 파리가 말벌에게 위협을 받으면 날개를 재빨리 움직이면서 다른 파리에게 경고 메시지를 보낸다는 사실을 알아냈다. 초파리는 말벌을 아주 많이 두려워해서, 말벌을 발견하면 알을 덜 낳음으로써 미래의 손실을 줄인다. 전에 말벌을 한 번도 마주친 적 없는 파리도 동지가 낑낑대면서 보내는 경고 소리를 듣고 나면 알을 덜 낳는다. 밀접하게 관련된 **초파리속**Drosophila에 속하는 종은 살짝 다른 경고음을 내지만, 새가 먹이를 찾는 다른 종이 내는 경고음을 알듯이, 초파리도 이웃 종이 내는 사투리 경고음을 알아채는 법을 익힌다. 연구 논문을 쓴 발린트 캑소Balint Kacsoh는 "사투리 장벽은 종 사이의 사회화를 바탕으로 완화되므로, 사회화하지 않는다면 정보가 온전히 번역되지 않는다"라고 말한다.

주위에 있는 포식성 말벌을 피할 수 없다면, 말벌처럼 보이게 하면 어떨까? 파리 수천 종은 말벌과 벌의 도플갱어로 진화했다. 이렇게 흉내를 내면 침을 쏘는 적이 못 보고 넘어갈 가능성뿐 아니라, 찌르레기blackbird나 딱새류처럼 더 크고, 쏘이기 싫은 포식자를 물리칠 수 있다. 대부분 그런 건 아니지만, 이렇게 벌이나 말벌을 흉내 내는 데 만족하지 못하는 파리도 있다. 땅벌yellowjacket, 북아메리카말벌bald-faced hornet, 호리병벌potter wasp, 이크누만말벌ichneumon wasp을 따라 하는 파리들이다 **사진 13**. 적절히 행동하면, 더 크게 착각하게 된다. 에콰도르에서 파리 사진을 찍는 동안, 스티븐 마

**사진 13** 병사파리는 같은 지역에 사는 말벌을 흉내냄으로써 포식자를 피하는 이점을 얻는다.
ⓒ 스티븐 마셜Stephen Marshall

셜은 명명되지 않은 물결넓적꽃등에 종이 거의 똑같이 생기고 독침이 없는 벌 무리와 함께 꿀물이 튄 잎을 살펴보는 모습을 마주했다. 마셜은 파리가 마치 벌처럼, 파리가 아닌 듯 행동하면서 과장되게 연기하는 걸 알아차렸다. 파리는 날면서 뒷다리를 달랑거리고 있었다.

*

이 장에 여태껏 기생파리 종이 눈에 띄게 언급되지 않는다는 걸 눈치챘는가. 특정 식량을 목표로 삼는 파리 얘기다. 이때 식량이란 바로 피다. 피를 노리는 파리가 사람과 또 다른 생물체에 끼치는 영향력은 아주 중요해서, 따로 한 장을 차지할 자격이 충분하다.

# 5

# 피 수색자

> 파리는 사람과 어찌나 안타깝게 지내는지
> 사람의 영혼에는 인내심이 없어
> 손에 잡히지 않는 파리를 탁 칠 때면
> 자신도 힘껏 퍽 후려친다네.
>
> —익명 씨

파리는 곤충군을 통틀어 신경을 거스르기로 손꼽히는데, 우리와 집을 함께 쓰면서 몸에 침입하는 취미 탓이다(지독한 질병을 옮기는 일이야 말할 것도 없는데, 10장에서 살펴보겠다). 파리가 이룩한 짜증 나는 업적을 통틀어도 우리 피를 훔쳐 가는 습성을 능가하는 건 없다. 압운이뿐 아니라, 피를 향한 파리의 욕망은 이들을 물리치고, 쫓아내며, 끝장내겠다는 우리의 욕망을 부채질했다.

사람의 피를 노리는 생활 방식을 실천하는 파리는 소수 생태 범주에 들어간다. 우리에게서 이득을 얻는 파리가 여기에 속한다. 지구상에 있는 현대인이 다른 생물종 대부분에 해롭다는 사실은 많이들 알고 있다. 도시 잠식, 기후 변화, 생물 다양성 손실, '6번째 대멸종' 등은 인류세 시대의 짐이다. 그러나 총 피부 표면적이 약 12,000제곱킬로미터(약 4,600제곱마일)¹인 우리 인간은 흡혈 생물체에 먹이를 제공하는 세계 최대의 단일 종 서식지 중 하나다. 오직 소와 염소만 우리의 맞수다.

나는 사람이 하루에 몇 번이나 사람피부파리속에 짜증을 내거나, 손을 휘휘 젓거나, 찰싹 때리거나, 탁 치거나, 후 불거나, 철퍼덕 때릴지가 궁금했다. 모기와 흡혈파리는 사람이 지구에 나타난 이상 사람에게 분명히 전염병을 옮겼다. 지금은 멸종한 친척인 **호모에렉투스**Homo erectus, **호모하빌리스**Homo habilis, **오스트랄로피테신**australopithecines도 여기에 포함된다. 1799년부터 1804년까지 남아메리카를 탐험하는 동안, 알렉산더 폰 훔볼트Alexander von Humboldt와 프랑스인 동료 탐험가 에이메 봉플랑Aimé Bonpland은 피부가 계속 물리고, 부풀어 오르며, 가려운 상황을 견뎌 냈다. 콜록콜록 기침하면서 재채기도 했는데, 그냥 숨을 쉬기만 해도 곤충을 입과 코로 끌어당겨지기 때문이다. 봉플랑은 식물 수집을 맡아 현지인이 쓰는 **호니토**hornito, 그러니까 작고 창문이 없으며 오븐처럼 활용하던 방을 모면 수단으로 활용하기 시작했는데, 바깥에서 마름병blight에 시달리는 것보다 고온과 연기가 훨씬 나았다.

탐험가가 되지 않아도 흡혈파리가 성가시게 구는 방식을 알 수 있

---

1  사람 피부의 평균 표면적은 약 1.75제곱미터다. 70억을 곱하면 = 122억 5천만 제곱미터다. 1제곱킬로미터는 100만 제곱킬로미터다. 그러니 122억 5천만 ÷ 100만 = 지구에 있는 사람 피부 표면적은 12,000제곱킬로미터가 넘는다.
1제곱마일은 2.59제곱킬로미터다. 그러니 12,000제곱킬로미터를 제곱마일로 환산하면 약 4,600제곱마일이다.

다. 사람은 대부분 교활한 모기를 맞닥뜨렸으며, 먹파리, 등에모기과, 사슴파리, 말파리 역시 많이들 알고 있다. 이들은 어쩜 그렇게 대단하고 위태로운 방식으로 살아가는 일을 해낼까? 함께 알아보자.

### 날개 달린 승리의 여신

파리에게 붙은 '날개 달린 승리의 여신상'이라는 이름은 D. H. 로렌스D. H. Lawrence가 1923년에 간단하게 〈모기〉라고 제목을 붙인 시에 등장한다. 딱 어울리는 꼬리표다. 기재된 모기는 약 3,568종이다. 모기는 남극 대륙을 제외하고 온 대륙에서 나타나며, 지구에 있는 모기 개체 수는 총 110조 정도다. 사람 한 명당 모기 1만 5천 마리가 있는 셈이다. 몬트리올 곤충 박물관을 찾아갔을 때, 퀘벡주Quebec에만 모기 57종이 있다는 사실을 알게 됐다! 다행히도 대다수는 사람 피를 노리지 않는데, 피를 노리는 모기라고 해도 암컷만 그렇다. 모기가 어디에나 있다는 점을 생각하면 조금이나마 위로가 된다.

**모기**mosquito라는 단어는 스페인어에서 왔으며, '작은 파리'를 뜻한다. 시에서 모기를 표현할 때, 로렌스는 이들이 기다란 다리 덕에 더 사뿐히 내려앉는다고 짐작했다.

"공기보다 가벼운 그대 내 위에 올라앉지만 / 올라서도 아무 느낌 없다네……"

더 작은 파리도 많지만, 모기 체구가 날씬하고 가느다란 건 힘을 최소로 들여서 먹잇감에 내려앉기 위한 적응 방식일 수도 있다. 무게가 가벼우면

탱크에 연료를 채운 뒤에는 중량물이 준다는 추가 이점도 있다.

모기는 매우 성공적으로 목표를 달성한다. 제보Zebo를 홍보하는 글에 따르면, 모기는 매년 미국인 혈액 약 6,056,658리터를 빨아들인다. 제보는 프록터 앤드 갬블Proctor & Gamble 사에서 나온 실내용 플러그형 곤충 트랩인데, 광고주가 과장하기로 악명이 자자하니 주의해야 한다.[2] 언젠가 알래스카Alaska 내륙에서 용감하거나 어리석은 누군가가, 사람 팔뚝에서 약 361제곱센티미터에 해당하는 면적이 모기에게 1시간당 280번 물릴 수 있다고 확인했다. 이게 추산치라는 사실을 알면 한결 마음이 놓일 수도 있는데, 그래서 표본을 좀 더 짧은 기간에 걸쳐 추출했어야 한다. 마음이 한결 더 놓일 수도 있었을 테니 말이다. 모기에게 2십만~2백만 번쯤은 물려야 혈액 손실로 죽을 테니까. 이는 피부를 매 제곱센티미터당 몇 백 번 물려야 하는 수치다.

모기는 어떤 방법을 쓰는 걸까? 암컷 흡혈 모기의 주둥이 끝부분에는 진화 공학이라는 기적이 숨어 있다. 주둥이 안에 한 조로 자리 잡은 날, 바늘, 관이 모두 동시에 움직이면서 피부를 뚫고, 작은 혈관을 찢으며 혈액을 묽게 하는 물질이 든 침을 주입해 피를 빨아들인 다음, 일을 마치면 이런 장비를 모두 빼낸 뒤에 떠난다. **학질모기속**Anopheles에 들어가는 모기는 왕복 운동하는 톱날 한 쌍으로 피부를 뚫는데, 대형 전기 나이프 한 쌍처럼

---

[2] 이런 해충 박멸 장치가 모기를 잡는 데 효과가 있다고 결론 짓기에 앞서, 연구 논문에서는 그런 장치가 효과가 없을 뿐 아니라 역효과도 있으리라는 점을 반복해서 찾아냈다는 사실을 알아야 한다.

서로 미끄러지는 방식이다.

그렇게 미움받는 존재가 아무리 심하게 짜증 나는 솜씨를 발휘해도, 우리는 크고 지각이 있으며 기민한 포유류에게 다가가 쏘고 달아나는 일을 하는 동물에 감탄하는 마음을 남겨 둘지 모른다. 비행 속도가 1시간당 4.82킬로미터밖에 안 되는 건 그들에게는 조금 안타까운 일이다. 골칫거리는 더 있는데, 우리 귀에 (우리는 다른 숙주종인 척할 수밖에 없다) 퍽 짜증 나게 앵앵대는 소리를 내는 것이다(8장에서 파리의 짝짓기 습성을 다룰 때 이 부분을 더 자세히 살펴보려 한다). 모기가 소음기를 발명하면, 이들에게도 좋은 날이 올 거다.

위험 요소가 있는데도 피를 빨아들이면서 생활하는 방식은 분명 결과가 좋기 때문이다. 지구상에 모기가 그렇게나 풍부한 걸 보면 말이다. 결과가 좋은 이유는 성충의 잔존율 때문이라기보다는 새끼를 엄청 많이 낳기 때문일 것이다. 한 연구에 따르면, 한국의 논에는 1제곱피트(1제곱피트는 약 0.092903제곱미터)당 1,390마리의 **집모기속**Culex 모기 유충이 있다. 나는 이것이 놀라운 가능성과 연결된다는 걸 알아차렸다. 이론상 흡혈 곤충은 쌀알보다 특정 논에서 더 많이 생긴다. 우리는 모기고기mosquitofish, 베타 betta fish, 모기를 잡아먹는 동물이 논과 모기 소굴에서 모기를 약탈한다는 사실에 고마워해야 한다.

모기가 풍부한 이유는 알을 임시로 수중 서식지에 낳는 습성 덕이기도 하다. 예전에는 금방 사라지는 물웅덩이와 비교적 흔치 않은 나무 구멍에서만 살던 모기 수생 유충은 이제 타이어, 빗물 통, 화분, 맥주캔, 물이 든 용기, 심지어 성수대 안에서 사는 데도 쉽게 적응했다. 비닐 쓰레기봉투도 모기가 크게 선호하는 번식지가 되었다.

이렇게 딱 맞는 곳에는 포식자가 전혀 없는 셈이다. 가끔 불쑥 드나드는 포식성 딱정벌레만 빼면 말이다. 모기 알은 가뭄에도 저항력을 가져서 흙에 알 낳기를 선호하는데, 이런 흙에는 전 세대 유충의 냄새가 몇 년 동안 계속 남아 있다. 독자 생존이 가능한 알은 건조한 해에는 쌓여 있다가 습한 해가 찾아오면 불쑥 부화한다.

이보다 더 큰 골칫거리는 바로 이들이 우리에게 곧장 다가오는 능력이다. 모기는 다양한 신호를 써 가면서 그렇게 한다. 우리의 움직임, 체열, 악취, 땀에서 나오는 수증기, 숨을 쉴 때 나오는 이산화탄소에 민감하다(숲속에서 하이킹하는 동안 숨을 꾹 참으면서 실험해 봤는데, 여태까지 그럴듯한 결과가 나오지 않았을뿐더러 효과도 기껏해야 잠깐이었다). 모기는 죽은 지 얼마 안 돼 온기가 남은 동물의 피도 먹는다. 특수 감각 구조를 가진 모기는 적외선 빛 스펙트럼에서 숙주의 배출물을 감지할 수 있는데, 이는 적외선 곤충 트랩이 작용하는 방식과 같다. 방출된 적외선이 물에 반사되면, 모기는 번식할 가능성이 큰 지역을 인식할 수 있다.

모기가 우리를 찾아낼 때, 우리 중 몇몇은 다른 이들보다 찾아내기가 더 수월한 듯 보인다. 주변 사람이 자부심과 짜증 섞인 목소리로 자기가 유난히 흡혈파리를 잘 사로잡는다고 말하는 걸 들어 봤으리라. 여러분 본인이 이런 모기 자석에 해당한다고 생각할지도 모르겠다. 1966년 한 연구에 따르면, 모기는 남자에게 더 끌리는 듯하다. 어두운색 옷, 움직임, 땀, 맥주를 마시는 사람을 좋아한다는 증거도 있다. 그러니 다음번에 모기가 있는 지역에 가면 당신은 흰옷을 입고, 친구들에게는 운동을 좀 한 뒤에 맥주를 들라고 권해 보시라.

왠지 모르겠지만, 알코올에 취한 사람의 피를 먹으면 모기도 취한다는 이야기가 퍼졌다. 이를 뒷받침하는 증거는 거의 없는데, 아마도 실제로 모기가 섭취하게 되는 알코올의 양이 너무 조금이라 그런 듯하다. 작은 흡혈 모기는 불순물을 따로 떨어진 소화 주머니로 보내기도 하는데, 그곳에서 효소가 분해된다.

남성이든 여성이든, 술을 마시는 사람이든 금주가이든 간에, 모기 자석에 해당한다면 마음을 단단히 먹고 찰싹 때리는 게 현명하다. 최근에 **이집트숲모기**, 그러니까 인간 전문가를 연구한 논문에서는 모기가 지독하게 탁 맞을 뻔했을 때의 요동과 그때의 냄새를 기억했다가, 더 안전한 사냥감에게로 옮겨 간다는 사실을 알아냈다. 연구진은 자그마한 모의 비행 실험 장치, 소형 풍동(wind tunnel, 인공 터널 안에 기류를 일으키는 장치로, '바람굴'이라고도 한다-옮긴이), 사람 냄새, 쥐 냄새, 닭 냄새 등을 이용해 곤충을 실험했다.

모기가 더 선호하는 먹잇감에 매력을 느끼든 그렇지 않든 간에, 이들에게 다가갈 수 없게 된다면 어떨까? 연구진은 사람을 전문으로 무는 모기가 위기를 맞이하면 개나 소 같은 동물에게 눈을 돌리지만, 기회가 생기면 다시 사람에게 이끌린다고 증명했다. 모기가 숙주를 까다롭게 고르는 데는 그만한 이유가 있다. 어떤 숙주를 먹느냐가 중요하기 때문이다. 적어도 일부 기생파리에게는 그렇다. 새를 선호하는 **열대집모기**Culex quinquefasciatus는 새나 포유류의 피를 먹으면서 필요한 영양분을 채우지만, 갇힌 채로 새의 피만 먹은 모기는 포유류에게 눈을 돌린 모기보다 산란수(낳은 알의 수)와 생식력(생식 성공)이 더 높다.

모기 유충은 지구에서 가장 큰 동물인 수염고래baleen whale와 똑같은 방식으로 먹이를 먹는다. 모기와 수염고래는 모두 여과 섭식자로, 먹이에 든 물질을 거른 뒤에 여과한 물을 역류시킨다. 시각이 예리한 장구벌레 wriggler도 고래와 약간 비슷하게 수면에서 머리에 달린 스노클로 숨을 쉬며, 성충처럼 위험에 기민하다. 호기심 넘치는 동식물 연구가라면 많이들 봤을 텐데, 장구벌레는 머리 위에서 움직이는 광경이나 움직이는 그림자를 보면 잽싸게 아래로 이동한다.

암컷 모기에게만 피를 빨아들이는 구기가 있다. 이들은 피를 자신의 영양분보다는 알을 위한 단백질 공급원으로 활용한다. 수컷은 꿀과 식물의 당분을 찾아 나서는데, 암컷 역시 이를 먹이로 보충하기도 한다. 수컷 모기 몇 종은 사람이나 온혈동물에 다가가지만, 먹이로 삼으려 하지는 않는다. 굶주린 암컷이 와서 짝짓기하길 기다리는 것이다. 그렇지 않으면 수컷 모기 종은 대부분 떼를 지어 다닌다.

과학계에서는 모기가 가져가는 빨간색 물질보다는 이들이 우리 몸에 주입하는 분비액에 관심이 더 많다. 모기의 침에는 항응고제가 함유돼 있으며, 사이펀 작용을 촉진한다. 피를 묽게 하는 물질이 없으면 피를 빨아들이지 못하는데, 그런 물질이 있어야 응고한 피에 주둥이가 막히지 않기 때문이다. 눈치채지 못했을 확률이 높은데, 우리는 대부분 모기가 물어뜯는 계절이 끝나갈수록 모기의 침에 덜 반응한다. 그게 바로 면역 반응이다. 더 노출될수록 덜 반응하는 것이다.

파리의 내장에는 널찍한 게실diverticulae이 많은데, 주머니가 갈라져 있어서 한꺼번에 많은 양을 삼키고 저장한다. 불청객은 먹이를 먹는 동안

불그스름한 오줌을 한 방울 이상 밀어내기도 하는데, 오줌은 주성분이 물이라서 농축된 흡혈원을 더 많이 얻을 수 있다. 모기가 자기 체중의 2~3배만큼 풍부한 피를 빨아들이더라도 1밀리리터의 5,000분의 1밖에 안 된다(찻숟가락의 1,000분의 1). 모기에게 피를 제공하고 나면 자랑스러워하시라. 도마뱀이나 거미의 다음 끼니를 풍성하게 해 준 셈이니까.[3]

모기에게 물린 뒤에 생기는 가려움증은 범죄 현장에 남은 침 단백질 탓이다. 모기가 우리에게 침만 남긴다면, 그리 크게 문제 될 일은 없다. 모기의 구기는 너무도 작고 깨끗해서, 단순 오염으로 감기 바이러스나 후천성면역결핍증AIDS/인체면역결핍바이러스HIV 같은 질환이나 질병을 옮기는 데 쓰이는 경우는 너무도 드물다. 심각한 모기 매개 질병은 특수한 방식으로 발달하면서 모기의 소화관을 피해 침샘에 군락을 형성해서, 모기가 물면 침샘을 통해 병이 전달된다. 물리는 것만으로는 그리 크게 문제 되지 않지만, 모기가 옮기는 질병은 치명적인 만큼 모기 연구는 매우 면밀히 진행되었다. 학술지 한 권 전체가 모기 연구만 다루기도 한다. 코넬대학교 캠퍼스에 있는 만 도서관에서 〈모기 분류학Mosquito Systematics〉, 〈모기 소식Mosquito News〉, 〈미국 모기 관리 협회 학술지Journal of the American Mosquito Control Association〉와 1896년부터 1956년에 걸친 증판을 엮은 모음집도 찾았다.

모기의 전면을 생각해 보면, 감당할 수 없는 역경에도 모기가 우리

---

3 모기는 적이 많은데, 소금쟁이water strider, 물속에 사는 딱정벌레, 잠자리, 개미, 새, 박쥐, 도마뱀, 개구리가 여기에 포함된다. 이들에게는 기생충도 있다. 굶주린 유충이 꿀꺽 삼킨 선충이 그 예다. 이렇게 자그마한 기생충은 금세 숙주의 4배 길이로 자라며, 숙주의 몸속에서 영양분을 섭취한다. 이들은 텅 빈 겉껍질을 남겨 둔 채 밖으로 나온다.

보다 한 수 앞선다는 부분이 제일 불가사의하다. 아니면 그냥 우리보다 오래 견디는 거겠지. 한밤중에 방에서 외로운 모기에게 시달리다가, 가끔 항복하는 쪽을 택한 적이 있다. 가해자를 잡을 수도 없고, 살인적인 추격을 위해 불을 켜고 잠에서 확 깨어날 의지도 없어서, 모기가 피부에 내려앉길 기다렸다가 배를 잔뜩 채우게 내버려 뒀다. 모기가 날 물은 뒤 흥미를 잃고 나면, 난 평화롭게 잘 수 있다. 그런 셈이다.

### 크기가 작고 무는 존재

모기의 대성공 못지않게, 피 수색자 왕국에서 파리목은 경이로운 결과를 낸다. 몇몇은 크기도 훨씬 작다. 가장 다양한 종은 등에모기과인데, 북아메리카에서는 모래파리, 무는 벌레, 등에모기punkie 등 다양한 별명으로 친숙하다. 세상에 존재하는 등에모기과는 6,200종이 넘는다. 과명인 등에모기과Ceratopogonidae는 그리스어 케라토스keratos에서 나왔으며, '뿔'을 뜻한다. 포곤pogon은 '수염'을 뜻하는데, 수컷에 달린 꼿꼿이 서서 촉각을 느끼는 깃털을 의미한다. 수컷이 암컷에게 구애하지 않을 때는 더듬이에 딱 붙어 있어서, 북슬북슬한 깃털은 마치 뿔처럼 보인다.

하지만 우리가 주목할 대상은 암컷에게 구애하는 수컷이 아닌 우리 피를 갈망하는 암컷이다. 신열대구에 사는 무는 벌레 연구에서는 **등에모기속**Culicoides 266종 중 70종이 사람 피를 먹고 사는 것으로 나타났다. 다행히도 이 중에 소수만, 그러니까 이름이 **쿨리코이데스 플레보토무스**C. phlebotomus, **쿨리코이데스 인신바투스**C. insinuatus, **쿨리코이데스 프세우**

**사진 14** 등에모기과 파리가 풀잠자리 날개 혈관에 주둥이를 꽂아 곤충의 체액(해모림프)을 빨아먹고 있다. © 스티븐 마셜Stephen Marshall

도디아볼리쿠스C. pseudodiabolicus인 것만 중요한 해충이다.

  등에모기과는 흡혈 곤충을 통틀어 먹이를 섭취하는 습성이 가장 다양하다. 척추동물을 쫓아다니는 종의 메뉴는 폭넓다. 포유류, 조류, 파충류, 양서류 여러 종과 어류 최소 1종, 예를 들면 공기를 들이마시는 말레이시아Malaysia 말뚝망둥어mudskipper 등이 메뉴에 들어간다. 다른 종은 더 작은 먹이를 노리는데, 잠자리, 실잠자리damselfly, 풀잠자리lacewing**사진 14**, 나방, 나비의 날개맥이나 여치과katydid, 대벌레stick insect, 각다귀, 거미, 노린재stinkbug나 애벌레의 다른 부위에 주둥이를 꽂는다. 진드기처럼 너무 게걸스럽게 먹어서 복부가 평소 크기, 즉 다리, 머리, 흉곽보다 몇 배 더 부풀어

오르기도 하며, 흉곽은 털이 북슬북슬한 멜론에 돌기가 쩍 달라붙은 모습과 비슷하다.

곤충학자 아트 보켄트와 스카이프 인터뷰를 하는 동안 보켄트가 잠자리 사진을 들어 올렸는데, 날개가 등에모기과 약 170마리 때문에 얼룩덜룩했다. 보켄트는 이렇게 자그마한 식객이 커다란 곤충 숙주로 배를 채우는 데만 그치지 않을 거라고 말했다.

"잠자리가 등에모기과에 쓸모 있는 확산 물질 역할을 한다고 봐요. 일부 잠자리는 태어난 연못에서 100킬로미터(60마일)까지 이동해요. 작은 파리한테는 저렴한 항공료인 셈이죠. 이들 역시 수중 서식지에서 태어나고요."

이들의 표적은 최소 하루는 더 살 수 있다. 다른 등에모기과는 자기만 한 곤충을 먹이 삼는데, 더 치명적인 방법을 쓴다. 암컷은 등에모기과가 아닌 수컷 무리에게 날아가 한 마리를 와락 붙잡고 분해 효소를 주입한 다음, 안에 든 것을 빨아먹는다. 다른 종은 더 노골적으로 동족을 잡아먹는데, 교미하는 동안 짝을 섭취하는 것이다. 팜 파탈 femme fatale 같은 암컷은 교미하는 동안 보통 머리로 수컷을 찔러 효소를 주입해 내용물을 용해하고는 바싹 마르도록 빨아들인다. 암컷이 바싹 마른 전 애인의 겉껍질을 뚝 떨어뜨리면, 암컷에게 꽉 붙어 있던 수컷 생식기가 떨어져 나가면서 미래 구애자를 상대로 효과가 톡톡한 장벽이 생긴다. 한 몸 바치는 모습이란!

등에모기과는 보통 2~5분을 들여 흡혈원을 끌어당기고 나서 도망친다. 더 느리게는 5분에서 12분까지 걸리기도 한다. 이런 속도라면 들키거나 죽음이 다가올 위험성이 더 커 보이기 마련이지만, 크기가 아주 작은 덕에 들키지 않는 종이 많다. 괜히 '안 보이는 벌레(no-see-ums, 보통은 이를 '무는 벌레'로 해석하지만, 안 보인다는 뜻도 있다-옮긴이)'라고 하는 게 아니다. 머리카락과 털 사이를 지나다니는 종도 많은데, 닿았을 때 느낌이 별로 안 나서 무감각하다는 점도 도움이 된다. 캐나다 소설가 마거릿 애트우드Margaret Atwood가 확인해 준 것처럼 말이다. 애트우드는 어린 시절 중요한 시기를 퀘벡주 북부와 온타리오주 북부 야생에서 보냈다. 곤충학자였던 애트우트의 아버지는 이렇게 말했다.

"숲속에서는 남자아이처럼 보이려고 바지를 입는 게 아니란다. 바지를 안 입고 양말만 신었다가는 먹파리가 다리 위로 기어오르기 때문이야. 먹파리는 몸에 작은 구멍을 내고는 그 안에 항응고제를 주사한단다. 먹파리가 그렇게 하고 있을 땐 안 느껴지지만, 그다음에 옷을 벗으면 몸에 피가 흥건하지."

안타깝게도 마비 효과는 잠시뿐이다. 얼마 뒤면 먹파리와 등에모기과가 문 자국은 균형이 안 맞을 정도로 크고 간질간질하게 부풀어 오른다. 북부에 사는 사람에게 위안이 되는 사실은, 등에모기과는 도를 넘지 않아서 열대에 사는 사촌과는 달리 병을 옮기지 않는다는 점이다. 먹파리는 피에 굶주린 습성에 얽매이지도 않는다. 암수 모두 꿀, 꽃가루, 진딧물과 곤충이 배설한 단물도 먹는다. 하지만 캐나다의 먹파리 시즌에는 그 사실을 알 수가 없을 것이다.

모기와 마찬가지로 먹파리도 물속에서 살다가 날개 달린 성충이 되어 나온다. 줄줄 흐르는 물줄기에 사는 유충은 갈고리를 이용해 명주실 부착반에 매달리고는 바위에 딱 달라붙는다. 포식자가 숨어 있을지 모르니 일부 먹파리 유충은 훌륭한 탈출 방법을 선택한다. 유충이 고정된 명주실에 자신을 묶으면, 잠시 하류로 가서 떠다니며 포식자에게서 벗어날 수 있다. 들킬 위험이 없으면, 유충은 다시 명주실 밧줄을 기어오른다.

번데기 단계에서는 물에 잠긴 바위에 딱 붙어 지내는 만큼 그런 도피 기제가 없으며, 포식성 춤파리과dance-fly 유충의 먹이가 될 때가 많다. 일부 춤파리과 유충은 이제는 텅 빈 먹파리 번데기 껍질을 번데기 방으로 삼기까지 할 것이다. 들키지 않고 성충 먹파리가 되어 나타나는 이들은 기포 속에서 황홀감에 젖어 수면 위를 떠다니다가 기포가 수면 위에서 탁 터지는 순간, 폭발하듯 날개 달린 성충이 된다.

### 개구리를 무는 존재

특정 파리 무리는 호기심 넘치는 표적을 택했다. 바로 개구리다.사진 15 개구리를 파리와 관련 지어 보면, 보통은 파리가 개구리의 먹이가 되지만, 코레트렐리과(Corethrellidae, 개구리를 흡혈하는 파리)는 치명적인 수준은 아니지만 주객을 전도한다.

코레트렐리과를 알고 싶다면, 아트 보켄트가 딱이다. 밴쿠버에서 열린 캐나다 곤충 학회Entomological Society of Canada 연석회의와 미국 곤충학회Entomological Society of America에서 보켄트를 만났는데, 파리를 향한 보켄트의 열정은 뿌리가 깊었다. 13살 무렵부터 모기하목 곤충을 잡아서 길렀는데, 보켄트는 이런 관심사 때문에 여자친구가 될 뻔한 이들과 첫 단추를 잘못 끼웠다고 했다.

보켄트는 왕립 브리티시컬럼비아 박물관Royal British Columbia

**사진 15** 파나마에 서식하는 수컷 툰가라개구리가 구애 소리를 내자, 개구리흡혈깔다구 두 마리가 이를 감지하고 다가왔다. ⓒ 시메나 베르날 Ximena E. Bernal

Museum과 미국 자연사 박물관 소속이지만, 사실상 돈을 받지 않고 자유롭게 일하며, 자신이 선택한 분야에 전염성이 매우 강한 열정을 가지고 있다. 파리 이야기를 할 때면 활기와 생동감이 물씬 넘친다. 용감무쌍한 탐험가인 보켄트와 그의 아내인 아네트는 야외 연구 여행을 대부분 함께 다녔다(아네트는 재정도 지원한다). 1993년에는 아이 셋을 구식 볼보 스테이션 왜건 Volvo Station Wagon에 태우고, 뒤에 작은 이동식 주택을 연결한 후 브리티시컬럼비아에서 코스타리카로 차를 몰고 갔다. 아이들이 현지 학교에 다니는 동안, 보켄트는 현장에서 9개월간 모기하목, 특히 코레트렐리과를 연구했다. 아네트는 보켄트가 쓴 논문 대부분에 기술과 관련한 도움을 줬다. 그중 하나는 2001년에 웨스턴오스트레일리아주Western Australia에서 7주간 탐험한 내용을 기록한 논문인데, 자그마한 파리 여러 마리가 아네트의 눈꺼풀과 뺨을 먹이로 삼으려고 내려앉은 모습을 클로즈업해 찍은 사진이 수록돼 있다.

코레트렐리과는 113종이 기재돼 있으며(이 책을 쓰려고 연구하기 시작할 땐 97종을 웃돌았다), 표본 추출 결과와 새로운 종이 발견되는 비율을 고려하면, 아직 밝혀지지 않은 종이 최소 500종 더 있다고 추정된다. 이들은 주로 전 세계 열대에서 찾아볼 수 있다. 딱 한 종만 캐나다 최북단에 퍼져 있으며 남방 한계선은 부에노스아이레스Buenos Aires와 뉴질랜드다.

코레트렐리과는 수십 개에 불과한 표본이 전 세계 컬렉션에 흩어져 있는 바람에 1970년대 중반까지는 거의 알려지지 않았지만, 당시 미국인 곤충학자 스터지스 맥키버Sturgis Mckeever가 조지아Georgia주에서 현장을 연구하다가 아이디어를 얻게 되었다.

이름 한번 딱 어울리는 개구리잡이박쥐frog-eating bat가 개구리 울음소리를 엿들어 먹잇감을 찾아낸다는 사실은 오래전부터 알려져 있었다. 코레트렐리과도 똑같이 행동하리라고 예상한 맥키버는 미리 녹음한 개구리 울음소리를 현장에 틀었다.

"맥키버는 그 곤충을 잔뜩 채집했어요."

보켄트가 말했다. 덫 위에 개구리 울음소리를 튼 채 그물 속에 선풍기 바람을 불어넣자, 하룻밤 사이에 표본 여러 개를 채집할 수 있었다. 처음 시도했을 때, 맥키버와 동료는 30분만에 코레트렐리과 566마리를 잡았다. 두 생물학자는 100년 동안이나 시들시들 잊힌 카세트테이프로 순식간에 파리 무리를 채집하고 기록할 수 있게 된 것이다. 보아하니 눈에 띄지 않던 수컷은 피를 사냥하지 않다 보니 개구리 울음소리를 듣지 못하거나 아예 관심이 없어서, 개구리 울음소리 덫에는 암컷만 걸려들었다.

발신자 확인 장치에 적당한 개구리가 감지되면, 코레트렐리과는 사냥감에게 살금살금 다가간다. 암컷은 울음소리가 들릴 때마다 짧게 한바탕 날다가 개구리가 잠잠해지면 내려앉고, 그다음에는 공중으로 뛰어올라 다음번 울음소리가 들리는 동안 다시 하늘을 난다. 암컷은 중앙 넓적다리뼈가 비교적 두꺼운 덕에 잘 뛴다. 개구리에게 한 걸음 거리쯤 다가가면, 코레트렐리과는 감지하던 개구리 울음소리 대신 개구리가 숨을 쉴 때 뿜어내는 이산화탄소를 감지한다. 개구리가 육지에 있으면, 코레트렐리과는 개구리를 향해 기어간다. 개구리가 물에 둥둥 떠 있으면, 코레트렐리과는 까딱거리면서 나는 척을 하고, 수면을 무턱대고 첨벙첨벙 치고 있으면 힘없이 있다가 숙주에게 내려앉는다. 배불리 먹고 나면, 한껏 부풀어 오른 코레트렐리과는 어기적어기적 가는데, 날기엔 몸이 너무 무거워졌기 때문이다. 우선 뱃속에 든 피에서 거른 물방울을 충분히 빼내야 가벼워져서 날아갈 수 있다.

코레트렐리과가 어떤 구조로 개구리 울음소리를 듣는지는 확실치 않지만, 존스턴 기관Johnston's organ을 활용해 울음소리를 감지할 가능성이 유력하다. 존스턴 기관이란 신경 다발로, 깃털 모양 털이 달린 더듬이 맨 밑에 있으며, 각 털이 굴절할 때 반응하는 곳이다. 이런 조직이 미묘하면서 소리에 기반을 둔 공기 진동을 감지한다. 더듬이는 엄청나게 민감해서, 채 1,000분의 1도가 안 되는 굴절에 반응하는데, 1센티미터당 약 6만 번 굴절하는 셈이다.

파리가 개구리를 물더라도 보통은 개구리가 위험에 빠지지는 않는다. 파리 때문에 물에 풍덩 잠기지만 않는다면 말이다. 한 추산치에서 작은 개구리는 1시간이 지나면 총혈액량의 3분의 1이 될 만큼 많은 양을 이런 파리 여럿에게 잃는 것으로 나타났다. 일부 또는 코레트렐리과 전부는 개구리에게 트리파노소마trypanosoma를 옮긴다. 이는 단세포 기생 원생동물로 역시 코레트렐리과처럼 우리와 오랫동안 깊은 관계가 있다. 우리는 트리파노소마에 밀접 접촉하면 아프리카에서는 수면병sleep sickness에, 남아메리카에서는 샤가스병Chagas disease에 걸린다. 허나 개구리에게 이런 기생충은 치명적이지 않다.

그런데도 개구리는 학대에 고분고분하게 복종하지 않았다. 일단 공격받으면 몸에서 파리를 휙 털거나, 문지르거나, 탁 후려쳤다. 개구리는 피부에서 폭넓은 화학 물질을 만들어 내기도 하는데, 일부는 흡혈파리를 막을 목적으로 진화한 게 확실하며 여기에는 깔따구도 포함된다. 보켄트는 개구리가 무리를 지어 화음을 내면 파리를 혼란스럽게 할 수 있다고 생각한다. 일부 수컷 개구리는 동시에 울음소리를 내지 않으려고 자제하며, 소리를 내는 개구리 가까이에 가 있다가 암컷이 다가오면 가로채려 한다. 어떤 개구리 울음소리는 4,000헤르츠가 넘어서 코레트렐리과의 청력 민감도 범위를 훌쩍 넘어선다. 또 다른 코레트렐리과 방지 전략은 깔따구 번식지에서 먼, 고도가 높은 곳으로 이동하는 것이다. 일부가 물에 잠긴 채 그저 울음소리만 내도 개구리가 취약한 표면적이 줄어든다.

더 최근에 적응한 사례는 도시로 옮겨 가는 것이다. 수컷 개구리는 도시에서 더 복잡한 울음소리를 내서 암컷 개구리에게 매력을 발산하지만, 그런 울음소리를 내는 일은 개구리에게는 딜레마다. 파리도 이 울음소리에 큰 매력을 느끼니 말이다. 하지만 도시 환경에서는 흡혈 곤충과 포식성 박쥐가 훨씬 드물다. 과학자가 도시 물 먹은 개구리를 시골 지역으로 옮기자, 개구리는 울음소리를 단순화하면서 적에 대한 취약성을 낮췄지만, 시골 개구리는 도시로 옮기더라도 더 매력 넘치게 울지 않았다.

개구리만 구애 노래를 부르는 건 아니다. 코레트렐리과도 날개를 재빨리 파닥이면서 짝을 사로잡는 '노래'를 만든다. 그렇다면 파리는 구애 노래를 먼저 발달시킨 다음, 음향 유창성을 개구리 감지에 확장했을까? 아니면 양서류 소리를 엿듣다가 이를 뛰어넘어 짝을 유혹하게 됐을까? 기관을 자유자재로 부차 기능에 쓰는 현상은 자연에서 폭넓게 일어난다. 우리 혀는 우선 맛을 보도록 진화한 뒤에 말이라는 더 큰 기능을 하게 된 게 확실하다. 여러 포유류에게 꼬리는 신호를 보내는 장치인 동시에 파리채 역할도 한다. 다양한 물고기가 부레를 소리 내는 기관으로 쓰는데, 이는 부력에 도움이 되도록 발달한 것이다. 파리가 짝짓기에 활용하는 소리는 개구리를 엿듣는 데 활용하기보다는 여러 모기과와 등에모기과에 훨씬 더 널리 퍼져 있다. 예상하기로는 이 파리들이 짝의 소리를 들은 후에 개구리 소리를 들었고, 음향으로 짝을 찾아내는 기술은 더 나중에 개구리를 찾는 데 써먹은 듯하다.

### 파리가 공룡을 물어뜯다

피를 훔치는 건 파리에게 새로운 일이 아니다. 코레트렐리과가 울음소리를 내는 개구리를 적어도 백악기 시대Cretaceous Era부터 흡혈하고 살아왔다는 다양한 증거가 존재한다. 가장 오래된 개구리 화석 기록은 쥐라기Jurassic Period 초기, 그러니까 약 2억 년 전이며, 최초의 코레트렐리과 화석 기록은 1억 2천 7백만 전으로 거슬러 올라가는 레바논 호박 겉껍질이다. 코레트렐리과, 털모기과, 모기과의 풍부한 화석 기록과 파리와 개구리의 해부학 구조에서 나온 증거를 보면, 이들과 숙주가 적어도 1억 9천만 년 동안 상호 작용했다는 사실을 알 수 있다.

이렇게 무는 곤충이 그 당시에 더 큰 먹잇감을 쫓아다녔을까? 공룡은 어떨까? 보켄트가 호박 화석에 보존된 등에모기를 추적한 이야기를 들려줬다. 이는 〈쥐라기 공원〉을 비튼 거 같았다.

1970년대로 거슬러 올라가보자. 앤터니 다운즈Antony Downes라는 캐나다 농업 협회Agriculture Canada 소속 곤충학자는 등에모기과에서 발견된 일정한 형태에 주목했다. 더 큰 동물의 피를 노리던 깔따구 종은 더 작은 사냥감을 목표로 삼는 종에 비해 턱에 더 미세한 이빨(자르는 역할을 하는 주둥이 부속물)이 달려 있고, 탐침(더듬이처럼 감각을 느끼는 부속물 한 쌍으로, 주둥이와 관련 있다)에 감각모가 더 적었다. 이런 형태의 털은 이산화탄소 감지기 역할을 한다.

보켄트가 나에게 말했다.

"털을 많이 길러야만 덩치 큰 짐승의 악취를 맡는 건 아니에요. 하지만 작은 쥐나 새의 냄새를 맡기는 어렵겠죠. 피를 게걸스럽게 먹어 치운 깔따구가 7,800만 년 된 캐나다 호박 화석에 보존된 사례는 드물지 않아요."

보켄트는 말을 이었다.

"제가 조사한 화석 중에 이런 털을 보이는 종은 거의 없어요. 거대

동물을 뒤쫓았다는 강력한 지표죠. 공룡이 쥐락펴락하는 상황에서는 커다란 포유류가 터벅터벅 지나다니지도 않았을 테니까요. 이런 깔따구는 오리주둥이공룡duck-billed dinosaur과 티라노사우루스tyrannosaurs를 저격했을 가능성이 커요."

보존된 피를 되살릴 수 있을까? 여기서 핵심이 되는 질문은 DNA의 보존 여부다. 이는 〈쥐라기 공원〉이 영화로 나왔을 때 한창 뜨거웠던 주제다. 〈쥐라기 공원〉은 마이클 크라이튼Michael Chrichton이 1990년에 발표한 동명의 책을 원작으로 삼는데, 호박 화석에 보존된 흡혈파리의 뱃속에 든 내용물에 DNA가 오래도록 생존하리라는 전제를 바탕으로 했다. 실망스럽게도, 완벽한 조건 아래에서도 DNA는 100만 년에서 200만 년 뒤면 완전히 분해된다고 드러났다.

또 다른 방법으로 공룡의 육체를 부활시킬 수도 있겠지만, 흡혈파리가 도움이 되지는 않을 듯하다.

### 대의명분을 위해 물리다

모기, 먹파리, 등에모기과가 흡혈파리 중에 가장 악명 높을지 모르지만, 이들이 다는 아니다. 더 작은 흡혈 곤충이 존재하듯이, 더 크고 빠른 흡혈 곤충도 존재하기 마련이다. 게다가 흡혈파리는 기생 생활 방식에 푹 빠져 있어서, 더는 파리와 비슷해 보이지 않는다.

이 책에 필요한 연구를 하는 데 있어, 나는 작게나마 희생하는 차원에서 말파리에게 물리기로 마음먹었다. 처음에는 말파리 한 마리에게 여러 번 물렸는데, 일단 식사를 한번 시작하면 끝낼 생각을 전혀 하지 않는다는 걸 알게 됐다. 이렇게 잠시 마주쳤을 때 파리에게 물려서 받는 고통은 말파리 크기에 비례한다는 사실을 깨달았다. 따라서 말파리가 성공리에 사람에게서 먹이를 얻는 일은 꽤 드물 거라고 결론 내렸다. 우리는 피부가 민감하고, 손으로 탁 치거나 찰싹 때리면서 피부 어디에든 손을 뻗을 수 있으니까. 그러니 겁이 많은 말파리가 내려앉자마자 바로 날아가 버리는 것도 무리는 아니다. 보통은 분노의 손길이 다가오는 순간, 냉큼 자리를 떠 버리곤 했다.

무더운 7월, 온타리오주 오릴리아Orillia에서 드디어 기회를 잡았다. 날개 달린 공격자는 여느 말파리보다는 약간 작았지만, 그래도 내 머리 위를 빙빙 맴돌던 사슴파리 크기의 2배쯤 됐다. 말파리가 오른쪽 종아리에서 일을 벌이는 게 느껴졌다. 피부에 구기로 1밀리미터쯤 구멍을 뚫으니 통증이 느껴졌는데, 예상만큼은 아니었다. 2분쯤 배를 채운 뒤, 말파리는 구기를 빼내더니 자리를 1센티미터 옮겨 다시 구멍을 뚫기 시작했다. 처음에 생긴 상처에서 핏방울이 작게 올라왔다. 말파리가 두 번째 자리에서 피를 빠는 걸 지켜보면서 기다렸는데, 어느새 세 번째 구멍을 뚫기 시작하는 게 아닌가. 복부는 재빨리 출렁출렁 요동치고, 눈은 무지갯빛 초록색이 어우러지면서 직사광에 반짝반짝 빛났다. 말파리는 엉덩이에서 자그마하고 동그란 분비액을 뿜어냈다. 모기가 피를 농축하려는 것처럼 말이다. 두 번째로 물어서 생긴 상처에서 나온 핏방울이 다리를 타고 뚝뚝 흐르기 시작하자 뻔뻔스럽게도 네 번째 입구를 뚫으려 하기에, 그만두기로 하고 손으로 휘이휘이 내쫓았다.

대체로 달갑잖은 경험이었다. 고통에 1부터 10까지 등급이 있다면,

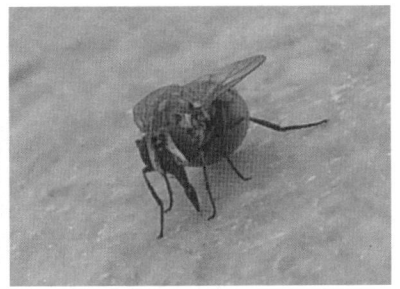

**사진 16** 침파리가 저자의 피를 빨기 전과 후의 모습을 비교한 장면. (저자가 찍은 사진)

난 이 경험에 4점을 매기겠다. 물린 자국이 간질간질하지는 않으니까, 전체적인 불쾌함 측면에서 모기보다는 낮은 점수를 주겠다.

일주일 뒤, 온타리오호Lake Ontario 호숫가에서 스노클링을 하다가 쉬던 중 또 다른 흔하고 날개 달린 흡혈파리에게 물릴 기회를 잡았다. 침파리였다. **사진 16** 침파리의 반사신경을 길들이고 싶은 사람이 있다면, 이렇게 교활하고 작은 흡혈파리와 함께 시간을 보내야 한다. 장소로는 헛간을 추천한다. 이름 때문이다(침파리의 영문명은 'stable fly'인데, 'stable'은 마구간을 뜻한다 - 옮긴이). 아니면 한여름에 바닷가에 가도 마주칠 가능성이 크다. 침파리는 겉보기엔 가까운 친척인 집파리를 닮았는데, 수컷과 암컷 모두 피를 먹고 살며, 끝부분에 뾰족한 이빨이 달려 있고 뻣뻣한 총검 같은 주둥이를 활용한다. 속도가 무지막지하게 빨라서 집파리가 느긋해 보일 정도다. 속도가 빠르면 찰싹 때리기가 어려운 이유는 (어느 정도는) 이들은 모기가 하듯이 구기를 먹잇감 깊숙이 찔러넣으면서 무는 게 아니라 톱 같은 총검을 사용해 즉시

달아날 수 있기 때문이다. 침파리를 마주치면 아마도 이런 사실을 알아차릴 기회가 많을 거다. 침파리가 물면 찢어질 듯한 통증을 일으키지 않는 경우가 거의 없고, 아주 세게 찰싹 때리더라도 다음번에 공격을 못 하게 되는 일도 별로 없으니까 말이다.

이렇게 운 좋게도 방해받지 않고 먹이를 먹은 파리에게 물렸을 때의 통증은 말파리에 물린 것처럼 끝이 실망스러웠다. 아마도 심리학적 요인이 작용하는가 보다. 마음을 단단히 먹으면 통증이 덜하지만, 파리가 구기를 살에 찔러넣는 모습을 보는 순간, '아야' 소리가 더 커지기 마련이다. 하지만 사람의 온각을 연구한 결과, 통각은 우리가 예상할 때 더 크게 나타난다. 철두철미한 파리목 전문가가 언젠가 내 반대 가설을 실험해 주면 좋겠다.

엄청나게 빠른 침파리에게 적수가 있다면, 2018년에 와이오밍Wyoming 브리저 국립 황무지Bridger National Wilderness에 있는 그린리버호Green River Lakes 근처에서 하이킹하다가 마주친 종을 후보로 올리겠다. 회색과 검은색 파리 여러 마리가 동행자와 나를 찾아와 피를 맛보려 했다. 나중에 확인해 보니 로키산맥흡혈파리Rocky Mountain bite fly로, 노랑등에과 Rhagionidae에 속하는 노랑등에snipe-fly였다. 이렇게 피에 굶주린 파리 동지에게서 가장 깊은 인상을 받은 부분은, 내 방어가 완전히 무시당한 점이다. 나는 생명을 경외하기에 곤충을 죽이지 않는다. 끈질기게 공격받지 않는 한은 말이다. 하지만 노랑등에는 한결같이 끈질겨서, 얼마 뒤에 나는 몇 마리를 처리하기 시작했다. 처리하기가 너무도 수월해서 화들짝 놀랐다. 엄지손가락과 집게손가락 사이에서 노랑등에를 무심코 짓눌렀는데, 속임수를 쓰거나 재빠를 필요도 없었다. 호기심이 생겨서 조심조심 집어 올리니 다리를 꿈틀댔다. 손가락 끝으로 살살 집고는 피부나 셔츠를 획획 지나다니며 먹이를 먹기에 좋은 장소를 물색하는 이들을 꼼짝 못 하게 할 수도 있었다. 한 마리가 몇 초 동안 살에 턱을 들이밀도록 놔뒀는데, 이를 손가락에 대고 밀어낼 땐 빼 달라고 구슬릴 수가 없어서 강제로 내쫓아야 했다. 생사를 향한 자유 방임주의식 접근법이 종 전체의 특성인지, 아니면 특정한 지역과 시기에 따라 얼빠진 파리가 있는 건지 궁금해서, 나에게 늘 도움을 주는 흡혈파리 전문가 아트 보켄트에게 물어봤다.

"노랑등에과는 멍청해요. 찰싹 안 때려도 돼요. 그냥 손가락을 댄 뒤에 천천히 짓이기면 죽거든요. 저는 이게 토착 숙주(사슴)가 이들을 찰싹 때리는 일이 없었기 때문에 그런 게 아닌가 싶어요. 물론 아닐 수도 있어요."

몇 달 뒤, 보켄트가 이메일을 보내서는 뉴질랜드에서 막 돌아왔다고 하면서 겪은 일을 들려주었다.

"남섬 서부 해안가에 끔찍한 먹파리(거기서는 '모래파리'라고 한다)가 있었어요. 나무판자처럼 너무도 잠자코 있었는데, 아마 이들을 후려칠 포유류가 없는 채 진화해서 그런 듯해요(뉴질랜드에는 커다란 포유류가 없었는데, 마침내 1200년대 후반에 사람이 발을 들였다). 모아(moa, 뉴질랜드에 서식하던 새로 날지 못하며, 지금은 멸종됐다 - 옮긴이)한테서는 마오리족이 이들을 죽이기 전부터 틀림없이 악취가 났을 거예요."

박쥐파리나 양파리louse fly는 찰싹 때리기가 어렵지 않다. 하지만 그러려면 우선 마주쳐야 하는데, 생활 방식이 눈에 띄지 않는 편이라 그럴 가능성은 매우 적다. 박쥐파리를 한 번인가 두 번 마주친 적이 있는데, 야생에서 박쥐를 연구하던 때였다.

박쥐파리는 대부분 날지 못하며, 아예 날개가 없는 것도 있다. 어쨌든 날개 달린 숙주가 대신 날아 줄 수 있는데, 뭐 하러 힘들여 날겠는가. 이렇게 기묘한 곤충이 파리인지 확인하려면 자세히 조사해야만 한다. 스티븐 마셜은 이렇게 설명한다.

"수컷과 새로 나타난 암컷은 평범해 보이고, 날개가 완전하게 달린 박쥐 기생충 같지만, (일부) 암컷은 숙주를 찾자마자 기이하게 탈바꿈해요. 암컷이 적당한 숙주에게 다다르면, 박쥐 가죽 거의 바로 아래에 굴을 파고, 날개와 다리를 잃어요. 복부가 엄청나게 부풀어서 머리와 흉곽을 감싸게 되고요. 일단 박쥐 가죽 아래에서 포낭에 싸이고 나면, 암컷 파리는 흡혈 봉지나 마찬가지예요. 자라나는 유충을 담죠. 곤충이라고 알아보기가 무척 어려워요. 파리인지는 말할 것도 없고요."

암컷 몸에서 뒤쪽 끝부분만 박쥐 가죽에서 불룩 튀어나와서, '파리'는 커다란 유충 하나를 밀어낼 수 있다. 파리의 자궁에서 다 자란 뚱뚱한 유충은 뚝 떨어지면서 땅에 닿자마자 바로 번데기가 되고, 몇 주 뒤에 부화해 생활 주기를 완성한다. 진화가 희한하게 뒤틀렸다는 증거다. 어미가 애지중지 기른 어린 파리가 숙주의 살에 거꾸로 묻힌 채, 정말이지 따분해 보이는 성충기를 보내야 하니까 말이다.

이와 밀접한 관련이 있는 양파리는 대부분 새의 깃털 틈에서 산다. 하지만 길이가 4~6밀리미터(5분의 1인치)로 아주 작은 양진드기sheep ked는 날개가 없으며, 아늑한 양털 속에서 따뜻하게 자리 잡은 채 발굽 달린 숙주의 피를 홀짝홀짝 마시면서 온 생활 주기를 보낸다. 날개가 없는 박쥐파리처럼, 어미 진드기는 유충 하나에 한껏 투자하고, 유충은 암컷의 자궁 속에

든 '젖'샘에서 먹이를 먹는다. 양파리는 사실상 양 사육이 국제화되면서 전 세계에서 나타나기 시작했다. 양파리가 최근 미국과 캐나다 대부분 지역에서 제법 많이 사라진 원인은 살충제와 격리 조치 때문으로 보인다.

### 숨겨진 이점

흡혈파리에 반감을 품는 건 당연하다. 그러나 이런 공중 채혈사가 오래도록 우리 곁에 머무르리라 생각하면, 우리는 힘을 내야 한다. 성충과 유충 모두 수많은 이점을 가질 뿐 아니라, 헤아릴 수 없이 많은 동물 종에게 풍부한 먹이가 되어 주니까 말이다.

흡혈파리의 생활 방식에서 미묘하다고 손꼽히는 이점은 정보 저장소인 피를 범죄 해결에 활용할 수 있다는 사실이다. 피를 뽑아내는 파리와 죽은 짐승 고기를 홀짝이는 파리는 자기가 먹고 사는 동물의 조직에 있는 DNA 흔적을 삼킨다. 배를 잔뜩 채운 모기로부터 채취한 피에서 사람의 DNA를 감식하는 건 흡혈원 섭취 후 3일에서 3일 반까지 가능하다. 공룡 DNA 흔적은 배를 실컷 채운 모기나 등에모기과의 내장에서 오래전에 흩어져 호박 화석에 보존됐지만, 모기에서 복원한 현대인의 DNA는 살인 사건 용의자의 혈액 표본과 일치할 가능성이 있다. 이처럼 범죄 현장에서 찾아낸 모기는 죽었든 살았든 간에 법의학적 가치가 높은 증거를 품고 있다. 11장에서 활기 넘치는 법 곤충학forensic entomology 분야를 깊게 파고들 것이다.

파리가 빨아들인 피는 야생을 위협하는 병원균의 존재를 감지해야생 생물학자에게도 도움이 된다. 코트디부아르Côte d'Ivoire에 있는 타이 국립 공원Taï National Park에서 파리 표본 498마리를 채집할 당시, 모기 트랩과 고기를 미끼로 쓴 트랩을 활용했는데 이때 파리 156마리(31퍼센트)에 포유류 DNA가 포함돼 있었다. 파리의 딱 8퍼센트에만 확대 및 배열하기에 적당한 DNA 표본이 들어 있었고, 연구진은 여기에서 영장류와 설치류 10종을 알아내고 확인했다. 표본 대부분에 아데노바이러스(adenovirus, 흔한 바이러스로 다양한 질병을 일으키며, 감기 같은 증상이 가장 눈에 띈다)가 보였는데, 이는 이런 병원균이 그 지역에 제법 널리 퍼져 있다는 의미다. 한 표본에는 새로운 설치류 아데노바이러스일 가능성이 큰 것이 들어 있었다. 이런 접근법은 오염되지 않은 지역에서 야생동물의 사망률을 크게 높이는 병원균을 초기에 감지하는 데 활용된다. 현재 이곳에서 쓰는 접근법은 비용 대비 효과가 좋지는 않지만, 그런 부분은 DNA 기술이 발전하면 달라질 것이다.

덜 유명하기로 손꼽히는 흡혈파리의 이점이 떠오른다.

파리는 생태적으로 민감한 지역에 사람이 들어가지 못하게 막음으로써 서식지를 보호하고, 생물 다양성 손실을 방지한다. 체체파리가 눈에 띄는 사례다.[4] 아프리카는 식민 시대와 그 이후에 축산업이 오르락내리락하면서 체체파리와 얽히게 되었다. 체체파리는 사람에게 수면병을 옮기는데, 소를 괴롭히는 나가나병nagana도 마찬가지다(토착종은 덜 걸리는데, 저항력이 발달했기 때문이다). 보수주의자는 가끔 체체파리를 "아프리카 최고의 금렵구 관리자"라고 부른다. 남아공 보수주의자는 체체파리가 남아프리카 생물 다양성

---

4  실제로 밝혀진 체체파리는 모두 23종이다.

을 보존하는 데 꼭 필요하다고 생각한 나머지 체체파리를 뿌리 뽑는(뽑으려 하는) 게 위험이라며 문제를 제기했다.

해로운 질병이라는 공포의 씨앗은 확실히 그 자체만으로는 도무지 기뻐할 구석이 없다. 비교적 온순한 흡혈파리 역시 보수주의자에게는 효과가 톡톡할 수도 있다. 인구 밀도가 낮고, 도로 수가 현저히 적은 스코틀랜드Scotland에서는 등에모기과가 어마어마하게 많이 자란다. 또 다른 등에모기과는 신대륙 열대에 있는 맹그로브 늪에 개발자가 발을 들이지 못하게 했다. 맹그로브 늪은 이들의 번식지다.

보잘것없는 흡혈파리가 생태계 운명에 그런 영향력을 행사한다니 이상하게 만족스럽다. 보통은 곤충이 먹이사슬 꼭대기에 있다고 여기지 않지만, 흡혈파리가 늑대나 호랑이에게 내려앉아 만찬을 즐길지도 모른다고 생각해 보자. 토머스 마렌트Thomas Marent가 2006년에 발표한 아름다운 사진책 《열대 우림Rainforest》을 꼼꼼히 살펴보다가, 검은색 카이만caiman이 어슬렁거리는 모습을 클로즈업한 사진에 눈길을 돌렸다. 눈과 콧구멍만 물에서 툭 튀어나온 채였다. 바짝 가까이에서 보니 이를 씩 드러낸 채 웃고 있는 파충류 포식자도 먹잇감 역할을 하고 있었다. 모기 다섯 마리가 배가 빵빵하고 빨갛게 빛나는 채로 카이맨의 눈꺼풀에, 그러니까 막 배불리 먹은 자리에 앉아 있었다.

*

피는 어디에나 있고, 영양이 풍부하다는 걸 고려하면, 곤충, 특히 파리가 이런 자원을 약탈할 길을 찾아냈다는 게 조금 놀랍다. 하지만 다리가 여섯 개 달린 기회주의자 식객에게는 붉디붉은 식량이란 피뿐이 아니다. 동물 역시 배설하고, 죽는다. 그 과정에서 이들은 '먹을 만하고' 맛있는 성찬을 공짜로 남겨 준다.

# 6

# 음식물 쓰레기 처리자이자 재생 처리자

파리가 또 다른 파리에게 뭐라고 했을까?
"죄송한데, 이 변기 비었나요?"

성가시면서도 가끔은 위험하게 물어뜯는 파리의 습성과 맞먹는 또 다른 측면은, 바로 불결함과 부패와의 연관성이다. 배설물이나 썩어 가는 물고기처럼 우리에게는 무척 역겨운 것이 어째서 어떤 생물체에는 거부할 수 없는 대상이 되느냐고 질문을 던지는 것도 당연하다. 우리의 역겨움은 아마도 병원균 저장소일 가능성이 있는 대상과의 접촉을 최소화하려는 기제로 진화했을 것이다. 하지만 피할 수 없는 생활 쓰레기 역시 안전하면서도 안락한 피난처로서 유용한 영양분과 열량을 알맞게 함유하는 만큼, 이를 활용하도록 진화한 동물(과 식물)이 그렇게 많다는 데 놀랄 필요는 없다.

아이러니하다. 우리는 생물체가 똥과 부패와 관련 있다는 이유로 낮게 평가할 때가 너무도 많으니까. 역겨운 거야 그렇다 쳐도, 왜 무시할까? 파리가 세상을 깨끗이 유지하는 데 도움을 주고, 꼭 필요한 역할을 한다는 생각을 잠시라도 해 본 사람은 몇이나 될까? 미국인 한 사람이 평생 똥을 약 11,400킬로그램(25,000파운드) 배설한다고 가정해 보자. 이는 다 자란 하마 3마리 무게쯤 된다. 전 세계 인구 추정치로 몇 십억을 곱하면, 매년 배설되는 사람의 똥은 약 1조 3,000억 킬로그램(15억 톤)이다.[5] 사람이 아닌 존재의 똥 퇴적물은 계산에 넣지도 않았다. 여러분은 어떨지 모르지만, 난 처음에 이렇게 생각했다.

'다행히도 유기농 쓰레기니까 분해되겠지.'

분해는 누가 할까? 작은 생물체 여러 마리가 한다. 파리가 없다면(딱정벌레도), 세상에는 금세 유기농 쓰레기가 넘쳐나고, 우리는 악취가 풀풀 나며 역병이 들끓는 곳에서 살게 된다. 배설물을 먹고 사는 일은 진화 측면에서 퍽 좋은 전략에 불과한 게 아니라, 위생을 중요시하는 사람 누구에게든 선물이다.

시체도 마찬가지다. 개나 독수리처럼 죽은 동물을 먹는 척추동물이 드문 곳에서는 보통 파리가 시체 겉과 속을 대부분 차지하는 무척추동물이 되며, 시체의 절반 이상을 섭취한다. 캐나다 파리의 대가 스티븐 마셜의 표현은 주목할 만하다.

"생물이라면 모두, 즉 나도, 당신도 결국에는 죽어서 부패한다. 원시 시대부터 있었던 진흙을 복원하면, 미생물을 먹어 치우는 구더기 덕에 속도

---

5  평생 25,000파운드 × 사람 70억 명 = 175조 파운드 ÷ 1톤당 2,000파운드 = 현재 모든 사람 평생 875억 톤 = 매년 약 15억 톤(전 세계 평균 수명을 60년으로 잡을 경우)

가 빨라질 가능성이 크다."

## 똥에서 일하겠네

지인이 내가 파리와 관련된 책을 쓰고 있다는 걸 알게 됐을 때, 나에게 단추를 하나 건네줬다. 파리 만화가 그려져 있었고, "**똥에서 일하겠네**"라고 적혀 있었다. 최저 임금을 에둘러 언급하는 점은 제쳐 놓고(단추에 적힌 문구에는 '아무 소득 없이 일한다'라는 의미도 있다 - 옮긴이), 코프로파고우스 coprophagous (똥을 먹는) 곤충은 감탄스러운 열정을 품은 채 계속 솜씨를 발휘한다.

좋든 싫든 간에 언제든 바깥에서 시간을 보내다 보면, 파리의 배설물을 마주할 수밖에 없다. 어쩔 수 없는 일이다. 아무리 깨끗한 지역 사회에 산다고 한들 늘 악당을 하나둘 마주치기 마련이니까. 자기 개를 따라다니면서 치우지 않는 이들 말이다. 치운다고 해도 파리는 늘 말똥말똥 기회를 노린다. 몇 년 전, 내가 플로리다주 남부의 한 아파트에 살았을 때, 이웃집에서 키우는 커다란 개 패디Paddy가 잔디밭 뒤쪽에 변을 봤다. 브리지트Bridget는 개를 성실히 돌보는 사람이라 배변 봉지를 준비해 뒀지만, 예의 바르게도 기다렸다가 우리가 대화를 마친 후에 배변을 처리하러 갔다. 우리가 잔디밭으로 나설 무렵에는 4분이 지난 뒤였는데, 패디가 따끈따끈하게 지역 생태계의 영양가를 높인 광경을 볼 수 있었다. 눈에 쉽게 띄긴 했지만, 예상대로 갈색 더미처럼 보이진 않았다. 짙은 남색 빛이 반짝반짝 빛나고, 몸이 금속 같은 100마리 이상의 청파리bluebottle fly로 온통 뒤덮여 있었다. 브리지트가 봉지를 들고 몸을 숙이자, 파리 무리가 일시에 윙윙 소리를 멈췄다. 이 곤충이 경품이 있는 곳을 찾아낸 속도에 깜짝 놀라 숨이 턱 막힐 지경이었다.

고체 폐기물이 널리 퍼져 있는 정도는 이를 만들어 내는 생물체가 널리 퍼져 있는 정도에 비례한다. 그래서 자원은 부족해 보이지 않는다. 하지만 인류세에서는 두 가지 요소 때문에 똥을 노리는 존재에게 딱 맞는 자리가 줄어든다. 우선 사람은 노력을 쏟아부으면서 배설물 쓰레기를 치우고 처리해 생물체가 그곳에 가 닿지 않게 하는데, 사람이 그렇게 하지 않으면 생물체가 이를 섭취한다. 다음으로, 전 세계에서 우리의 생태 발자국이 커지면서 생물 다양성이 줄어들게 되는데, 이는 똥을 노리는 존재가 찾는 먹이가 덜 생긴다는 뜻이다.

파리가 얼마나 효율적으로 똥을 처리하는지 감을 잡으려면, 숫자를 살펴보는 게 도움이 된다. 중국 과학원 청도 생물 연구소Chengdu Institute of Biology와 난징대학교Nanjing University 소속 생물학자 두 명은 중국 서부에 있는 고산 초원에서 작은 인공 야크yak 똥 덩어리(지름 17.6센티미터 × 높이 4센티미터 = 7인치 × 1.6인치)를 갓 만들었다. 각 똥 덩어리의 무게는 약 1킬로그램(2.2파운드)이었으며, 건조 시 무게는 4분의 1킬로그램이었다. 고운 그물망 덮개를 사용해 파리가 똥 덩어리 45개에 접근하지 못하게 한 다음, 무게가 어떻게 변하는지를 32일이 넘게 추적했다. 정교한 그물망 작업뿐 아니라 쇠똥구리(파리는 제외)가 다른 똥 덩어리 45개에 끼치는 영향도 측정했으며, 파리와 쇠똥구리 모두가 함께 끼치는 영향을 또 다른 45개 덩어리로 측정했다. 네 번째 덩어리 묶음에는 파리와 쇠똥구리 모두가 접근하지 못하도록 제외했다. 쇠똥구리의 점수가 파리보다 높았으며, 이들을 제외한 덩어리는 한 달

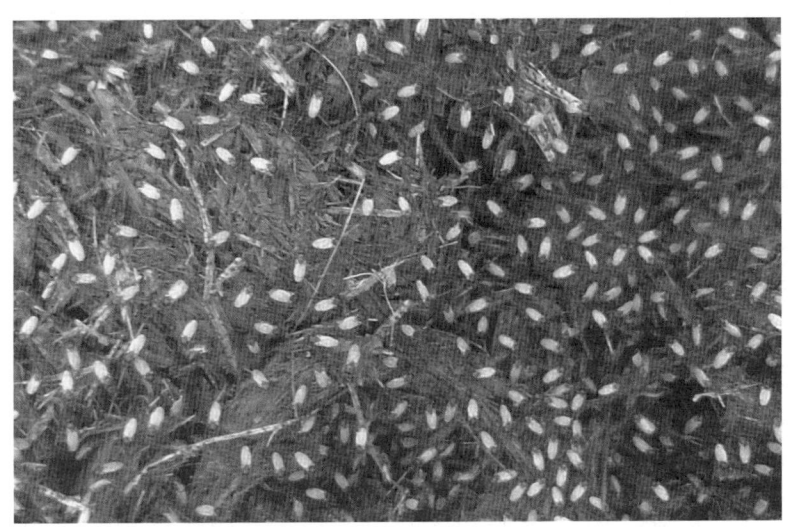

**사진 17** 메릴랜드주Maryland에 갓 뿌린 마분 비료 더미에서 작은 쇠똥구리 수백 마리가 포식하고 있다. (저자가 찍은 사진)

간 연구하는 사이에 3분의 2로 줄어서, 절반으로 줄어든 파리와 비교됐다. 파리와 딱정벌레를 모두 제외한 덩어리 45개의 건조 시 무게는 10분의 1만큼만 줄었다.

    아프리카와 아시아에서 쇠똥구리가 움직이는 모습을 봤는데, 갓 눈 똥에 인상 깊은 속도로 내려앉는 모습을 직접 목격했다. 한번은 남아공 크루거 국립 공원 강기슭에 있는 숲에서 박쥐를 잡으려고 설치해 둔 미세한 그물망을 관찰하다 말고 급히 '화장실'에 다녀와야 했다. 놀랍게도 커다란 쇠똥구리 몇 마리가 찾아오더니, 내가 묻어 버리기도 전에 똥을 어떻게 나눌지 협상을 시작했다. 또 다른 곳에서는 몇 안 되는 포장도로 중 한 군데에 쌓여 있던 커다란 코끼리 똥 더미가 3시간 뒤에 깔개처럼 줄어들어 흩어진 광경을 보았다. 이렇게 서둘러 나타나서 똥을 치우는 양상을 보면, 청도에서 진행한 연구에서 쇠똥구리가 처음 2일 만에 야크 똥 덩어리를 거의 3분의 2 크기로 줄어들게 만든 이유를 설명할 수 있다. 그에 비해 파리가 머문 야크 똥 덩어리는 11일에 걸쳐 꾸준히 줄어들었다.

집파리는 똥을 능숙하게 분해하는데, 이들의 번식량도 도움이 된다. 집파리는 보통 50~100개로 이루어진 작고 길쭉한 알(낳은 알 25개를 한 줄로 이으면 2.54센티미터다)을 2~7개 무리씩 낳는다. 하지만 총수는 달라질 수 있다. 파리가 평생 배출하는 알의 최고량은 총 2,387개로 이루어진 무리 21개다. 알은 6~30시간 뒤에 부화한다. 마분 비료 더미 2분의 1톤을 산란 활동 중인 암컷 파리에게 4일간 노출한 다음 무작위 추출법으로 추산하자, 더미에서는 파리 유충 약 40만 마리가 발견됐다. 유충이 허물 세 겹을 벗자 길이가 최대 1.27센티미터가 되었으며, 그 후에는 더 건조한 곳으로 가서 번데기가 되었다. 조건이 다르면 단계별 기간도 달라진다. 유충 단계는 3~14일이고, 번데기 단계는 3~10일이다. 성충의 평균 수명은 30일이며, 최대 70일이다.

똥을 먹는 존재가 넘쳐나는 건 아니다. 드물고 눈에 잘 띄지 않는 파리도 많다. 웅가를 노리는 파리도 여기에 어느 정도 포함된다. 까다로운 전문가인 이들은 특정 숙주의 똥만 고른다. 호주를 예로 들면, 일부 파리는 웜뱃 똥에만 나타나고, 날개 없는 박쥐 파리는 뉴질랜드 고유의 짧은꼬리박쥐 short-tailed bat 똥에만 취미가 있다. 박쥐 똥을 먹는 파리 중에는 케냐Kenya에 있는 동굴 한 곳에서만 발견된 것도 있다.

얘기하다 보니 파리 연구자와 관련된 실화 하나가 떠오른다. 특정 숙주, 그러니까 자기 동료의 똥만 골랐다가 주먹다짐할 뻔한 연구자의 얘기다. 열정적인 파리목 전문가는 열대에서 똥을 충분히 찾아내려고 애쓰며 연구를 진행했다. 열대에서는 배설물이 무척 빠른 속도로 사라지기 때문이다. 똥 수집 원정에 나서면서 동료 파리목 전문가에게 대의를 위해 보탬이 돼 달라고 부탁하는 대신, 이 연구자는 덤불 속으로 슬쩍 뒤따라가곤 했다. 덤불은 볼일을 보는 곳이었다. 연구자는 들킬 위험이 없을 때면 배설물을 모아 뒀다가 파리 트랩에 써먹곤 했다. 이런 계략은 며칠 동안은 통했지만, 결국 같이 연구하던 선배 하나가 알아채고는 엄청난 모욕감을 느꼈다. 선배는 소리를 꽥꽥 질러대기 시작하더니 허튼짓은 그만하라고 일장 연설을 했다. 그리고 이렇게 덧붙였다.

"내 똥이 필요하면, 부탁하면 되잖아."

나에게 이 이야기를 털어놓은 곤충학자는 누군가를 기분 나쁘게 할 만한 부분은 완전히 새롭게 각색했다고 귀띔했다.

### 살아 있는 듯한 참새

배설물을 치워 주는 일 말고도 우리가 파리에게 고마워해야 하는 게 더 있다. 똥처럼, 사체 역시 만찬을 즐길 기회인데, 주요 수혜자는 역시 파리다. 죽은 생물체의 잔해가 숙성된 모습을 살펴본 적이 있다면, 아마도 수많은 구더기가 부지런히 꿈틀대면서 잔해를 파리의 생물 자원biomass으로 탈바꿈하는 모습도 봤을 것이다.

언젠가 우리 타운하우스 뒤에 있는 나무 덱에서 죽은 새를 봤다. 이

윗집에서 새에게 먹이를 주다 보니 수많은 집참새house sparrow를 사로잡았는데, 그 암컷 새는 아마도 그 무리에 속했던 듯하다. 아무튼 그 새는 우리 집 덱에서 최후를 맞이하고 말았다. 내가 그 집에서 살던 몇 년 동안, 가끔 거실 뒤 창문에 새가 와서 퍽퍽 부딪치곤 했다. 판유리에 매 그림자를 테이프로 붙여 놨는데도 말이다.

썩어 가는 살에서 익숙한 악취가 풍기는 걸 보면 새가 죽은 지 최소 하루가 지났다는 뜻이었지만, 놀랍게도 생물체는 아직도 숨을 쉬는 듯 움직이고 있었다. 새를 비닐봉지로 살살 들어 올릴 때에서야 새가 움직인 이유를 알게 되었다. 살갗과 깃털 아래로 먹이를 찾아 나선 구더기 때문이었다. 타임 랩스time-lapse 영화가 떠올랐다. 영화에는 죽은 쥐가 빠른 속도로 썩는 모습, 구더기가 생가죽 아래를 물결치듯 왔다 갔다 휩쓸고 다니자 동물이 다시 흙으로 돌아가는 모습이 담겨 있었다.

이런 과정에는 순서가 있다. 부패 단계는 '신선기, 붕괴기, 부패기, 부패 후기, 골격기' 순서로 이루어지는데, 성충 파리가 먼저 나오고, 그다음에는 여러 발달 단계에 있는 구더기가 연속해서 나타난다. 이를 바탕으로 특정 종이 여러 악화 단계에 있는 시체에 군집을 형성하는지 예측하는데, 파리는 사망 시점을 풀어내는 데 큰 보탬이 된다(11장 참고).

우리 집 덱에서 새의 사체를 움직인 구더기는 아마도 똥파리나 쉬파리였을 것이다. 똥파리blowfly는 약 1,100종이며, 대부분 죽은 짐승 고기와 관련이 있다. 동사 'blow'를 과거 쓰임대로 명명했는데, 바로 '알을 낳다'라는 뜻이다. 똥파리는 화려한 금속색이 눈에 띈다. 똥파리에는 유명한 청파리와 금파리가 포함되며, 역시 구릿빛과 자줏빛이 반짝반짝 빛난다. 성충 파리의 겉모습이 이렇게 멋지다 보니 소름 끼치는 환경에서 어린 시절을 보냈다는 사실이 믿기지 않는다.

쉬파리는 약 2,500종으로, 똥파리 사촌처럼 현란한 차림새는 아니지만 보통 더 어두운 회색이나 갈색 옷을 입으며, 멋지고 가느다란 세로줄 무늬가 근육질 흉곽에 장식돼 있다. 쉬파리와 똥파리의 또 다른 차이는 쉬파리가 알을 낳지 않는다는 사실이다. 쉬파리는 살아 있는 새끼를 낳아 바로 먹이를 먹인다. 이름이 쉬파리(쉬파리의 영문명은 'flesh fly'인데, 'flesh'는 '살'을 뜻한다-옮긴이)인데도, 쉬파리종 대부분은 보통 죽은 생물체, 그러니까 적어도 척추동물에는 군집을 형성하지 않는다.

### 네크로바이옴

시체와 관련한 습성을 가진 똥파리와 쉬파리는 **네크로바이옴**necrobiome에 속한다. 이는 상호 작용하는 생물 공동체로, 생계 수단이 동물 부패 과정과 연결된다. 시식성(시체를 먹는) 파리necrophagous fly는 부드러운 조직을 쉽게 액화해 죽은 짐승 고기에 풍부하게 든 영양소에 접근하는데, 죽은 짐승 고기에서는 경쟁이 극심한 만큼 유충 단계에서 번데기로 빠르게 성장하도록 설계돼 있다. 높은 대사율은 구더기 수천, 수백 마리가 열광적으로 활동하면서 생긴 열에 더 큰 탄력을 받는다. 구더기는 껍질이 쭉쭉 늘어나서, 허물을 벗을 일이 단 세 번으로 줄어든다. 뚱뚱한 구더기와 비교적 방어력이 없는 번데기는 금세 포식성 딱정벌레, 개미, 말벌, 왕벌, 기생말벌에게 매력 넘치는 표적이 된다. 나중에는 구더기와 딱정벌레 유충이 부패를 지휘하면서, 힘줄과 미라화된 가죽처럼 시체에서 더 바싹 마른 부분을 전문으로 다룬다.

무척추동물의 네크로바이옴을 연구하는 한 가지 방법은 최근에 죽은 동물을 반투성 벽 안에 넣어 한적한 장소에 두고 사체를 먹는 동물이 찾지 못하게 했다가, 시간이 흐르고 나면 군집을 형성하는 동물을 채집하는 것이다. 브라질리아 연구팀이 브라질 남동부에 있는 숲에서 활용한 방법이다. 사계절이 흐르는 동안, 연구팀은 갓 죽은 설치류 8마리(큰 쥐 4마리, 작은 쥐 4마리)를 철로 된 우리 안에 넣어 햇볕이 쏟아지는 곳과 그늘진 곳에 뒀는데, 총 32마리였다. 과학자는 꼬박꼬박 돌아와서 사체에 군집을 형성한 곤충을 채집하며 확인했다.

절지동물 총 6,514마리가 썩어 가는 몸에 군집을 형성했다(성충 820마리, 덜 자란 곤충 5,694마리). 이들은 주요 곤충군 4가지를 대표했다. 바로 파리, 막시목hymenoptera(주로 개미), 장님거미daddy longlegs, 딱정벌레다. 현장에서는 파리가 우세했으며, 전체의 95퍼센트 이상을 차지했다. 그중에 파리는 종이 가장 다양하게 나타났는데, 총 15개과 44종으로, 개미는 4종, 말벌은 2종, 벌은 1종, 딱정벌레는 1종, 장님거미는 1종인 것과 비교됐다. 이렇게 작은 짐승은 경쟁이 심한 부패 세계에서 빨리빨리 움직인다. 따뜻한 봄과 여름에는 사체가 그 정도로 부패하는 데 6일도 채 걸리지 않는 만큼, 절지동물이 더는 찾지 않았다.

베네수엘라에서 진행한 연구에서도 파리가 비슷하게 우세했다. 소 내장(간과 폐) 4킬로그램(10파운드)을 열린 플라스틱 용기에 넣고 도시 지역에 둔 지 4일 만에 카라보보대학교Universidad de Carabobo 연구원 두 명은 썩어 가는 내장에서 성충 1,046마리를 채집했다. 대부분(97퍼센트) 파리로, 11종이었다. 나머지 3퍼센트는 딱정벌레 3종이었다. 연구원은 성충 수만 셌는데, 이상하게도 사진에는 평소처럼 이들을 낳은 성충보다 유충 수가 더 많은 것으로 드러났다.

굶주린 구더기 수천, 수백 마리가 썩어 가는 사체를 먹기 위해 심하게 경쟁하지만, 때로 이들은 협력도 한다. 구더기 무리의 소화 효소가 결합하고, 단체로 주둥이 갈고리 효과를 발휘해 살을 갉아 먹으면 썩어 가는 고기가 더 빨리 분해된다. 구더기 덩어리는 놀라운 열도 발생시키는데, 주변 온도의 30도(화씨 54도)가 넘을 정도다. '냉혈' 동물로서는 눈에 띄는 솜씨다. 열은 모든 유충이 꿈틀대면서 생기는 마찰과 아마도 대사와 미생물 활동으로 발생할 것이다.

시너지 효과가 있대도, 사체는 청소년기를 보내기에 위험한 곳이긴 하다. 더 크고, 사체를 먹는 동물의 식단에 구더기가 들어갈 수 있으니, 최대한 빨리 드나드는 게 도움이 된다. 아마도 이를 바탕으로 알을 품은 파리가 다른 암컷이 알을 놓아두는 곳에 알을 모으는 이유와 일부 똥파리 알에서 다른 파리를 사로잡는 페로몬 향이 나는 이유를 설명할 수 있을 듯하다. 먹이를 먹는 무리의 온도가 더 높으면 성장률에 속도가 붙어서 포식자와 포식 기생자에 덜 노출되고, 주변 온도가 별안간 뚝 떨어지지 않게 보호할 수도 있다.

예상대로, 일부 유충 덩어리는 흩어질 준비가 채 되기도 전에 약탈당한다. 파리의 또 다른 생태학적 이점이다. 밥 암스트롱Bob Armstrong이 나에게 청소년기 새에 관한 이야기를 해 줬는데, 까다로운 식량원을 얻기 위해 이용하는 기술이 부족한 게 이들에게는 이점이 된다고 한다. 밥은 알래스카주

Alaska 주노Juneau에 기반을 두고 활동하는데, 알래스카 어업 수렵부Alaska Department of Fish and Game에서는 수산 생물학자이자 연구 관리자로, 알래스카대학교University of Alaska에서는 조교수로 근무하면서 수산학과 조류학을 강의했다. 산란을 마친 연어의 사체가 넘쳐나면 구더기가 부글부글 들끓는데, 밥은 이를 지켜보면서 영상을 찍었다. 지금까지 구더기를 게걸스럽게 먹는 새 12종을 확인했고, 참새, 개똥지빠귀, 굴뚝새, 오리가 여기에 포함된다. 갓 깃털이 난 어린 새 여러 마리였는데, 밥이 알기로 그런 새는 대부분 청소년이다.

밥이 나에게 말했다.

"청소년기에는 먹이를 구하는 솜씨가 퍽 서툰 것 같아요. 구더기는 잡기 쉬우면서도 영양분이 풍부한 식량원이 되고요."

밥은 청소년기와 성충기 북서부 까마귀northwestern crow가 진주처럼 흰 구더기를 먹는 영상을 보내 줬는데, 커다란 부리로 한 번에 여러 마리를 퍼담는 모습이었다. 새의 식사 예절은 깔끔함과는 거리가 멀었다. 구더기 여러 마리를 뚝뚝 떨어뜨리거나 남겨 둔 채 계속 다시 먹으면서 임무를 다하고 있었다.

사체를 무척 좋아하는 파리가 죽은 짐승에 효율적으로 군집을 형성하는 모습을 똑똑히 본 적이 있다. 전에 살던 플로리다주 남부 아파트 뒤 오솔길에서 죽은 도마뱀을 본 순간이었다. 도마뱀이 죽은 지 몇 시간 됐다는 걸 알 수 있었는데, 옆구리에 구멍이 떡하니 갈라진 걸 보아하니, 아마도 새가 그렇게 한 듯했다. 100마리에 가까운 청파리가 12.7센티미터가 넘는 새 위에서 들끓었다. 더 작은 파리 몇 마리도 신이 나서 쏜살같이 주위로 달려

들었다. 내가 네 발짝 안쪽으로 다가가자, 파리는 겁에 질린 독수리처럼 시끄럽게 윙윙대며 날았다. 내가 멈춰 서자마자, 10초 안에 12마리가 다시 내려앉았다.

나는 도마뱀을 오솔길 밖으로 60센티미터쯤 질질 끌어내 관목 아래에 뒀다. 관목에서는 네크로바이옴이 비교적 방해받지 않고 할 일을 할 수 있다. 그다음에는 기다리면서 파리가 얼마나 빨리 먹이로 돌아오는지 살폈다. 순진하게도 이들이 도마뱀을 새로 옮긴 장소로 완전히 눈길을 돌리리라고 예상했다. 정말로 1분 뒤, 위치를 옮긴 사체에 파리 무리가 더 많아졌다. 두 번째 파리 무리를 봤을 때는 그리 놀라지 않았다. 된 사체가 부패하면서 오솔길에 남긴 축축한 곳으로 파리 약 50마리 정도가 돌아오고 있었다. 내가 예상치 못한 건, 파리가 질서정연하게 줄을 짓고는 보이지 않는 선을 따라 사체가 질질 끌린 쪽에 내려앉았다는 점이다.

나는 이 광경을 보고 경외심을 느꼈다. 부패하는 살에서 나는 악취와 맛에 파리가 섬세하고 민감하게 반응하고 있다는 생각이 들었기 때문이다. 단순히 감지 체계의 정확도가 아니라, 파리의 신속함에 감동받았다. 이 일이 일어난 지 몇 달 뒤, 근처에 있던 청파리 모두가 패디의 똥에 사로잡혔는데, 그때 개똥에 모여든 파리가 도마뱀의 사체에 붙어 있던 파리들의 후손이 아니었을까. 동물과 자연에서 나타나는 온갖 징후를 관찰하는 사람으로서 여러 죽음과 정화 장면을 지켜본 나는, 길에서 죽으면서 비극적 운명을 맞이하는 동물이 그렇게나 많다는 사실에 움찔하게 된다. 길가 배수로에 가 보면, 그곳에서는 사체를 먹는 동물이 비교적 안전하게 제 일을 한다. 그리고 파리는 늘 거기에 있다. 파리는 곤충이 생태계에서 영양분을 순환하는

데 꼭 필요한 역할을 한다는 사실을 일깨워 주는 존재다.

### 퇴비를 만드는 존재

썩어 가는 사체나 갓 눈 똥과 비교하면, 퇴비 더미는 분명 덜 불쾌하다. 특히 소중한 파리는 분명 이를 거부하지 못한다. 마당에 퇴비를 보관해 봤다면, **아메리카동애등에**Hermetia illucens, 그러니까 퇴비 챔피언을 마주했을 가능성이 크다사진 18. 큰 잔사식생물detritovore 중에 가장 널리 퍼져 있는 아메리카동애등에 유충은 내가 메릴랜드주와 플로리다주에서 남쪽으로 수천 킬로미터 떨어진 곳에 보관한 퇴비에 군집을 형성했다. 내가 기억하기로 퇴비에서 크기가 비슷한 구더기는 길고 가느다란 꼬리가 달린 구더기뿐이었는데, 이는 물결넓적꽃등에가 될 운명이었다. 그렇게 명명된 이유는 꼬리 끝에 달린 기다란 스노클 길이를 놀랍게도 15센티미터(5.9인치)로 줄일 수 있어서, 축축한 배설물을 마구 휘젓고 다니는 동안에 숨을 쉴 수 있기 때문이다.

몇 달 내로 퇴비가 자리를 잡는 동안, 제법 커다랗고(거의 1.27센티미터) 약간 납작해진 아메리카동애등에 구더기가 썩어 가는 덩어리에 둘러싸인 채 꿈틀대는 모습을 지켜봤다. 구더기는 금세 가장자리에서 서서히 움직이더니 번데기가 되기에 적당한 곳을 찾아 나섰다. (플로리다주에서 배회하다가 수영장에 빠진 구더기를 많이 구출해 봤는데, 일부는 익사했지만 다른 구더기는 아마도 물속에서 몇 시간을 견뎠을 거다.) 한여름에는 길이가 1.6센티미터(8분의 5인치)인 가느다란 먹파리가 퇴비 가장자리에 내려앉은 모습이 보이기 시작했다.

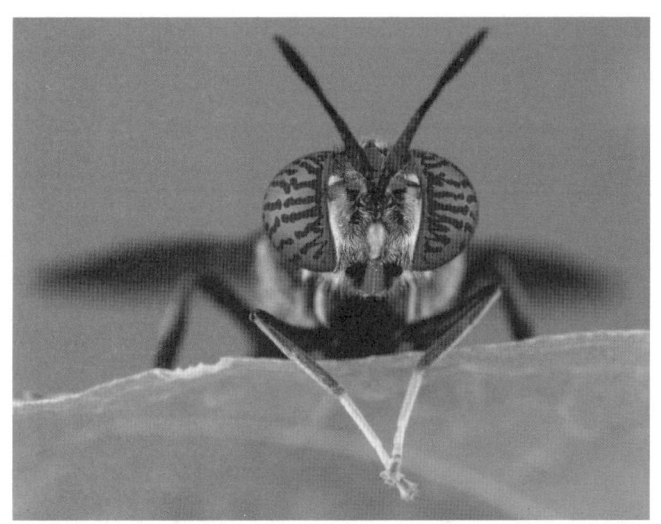

**사진 18** 아메리카동애등에는 유기물을 퇴비로 만드는 일에 탁월하다. 유충 또한 고단백 식품으로 활용되는 신흥 산업 자원이다.
© 조지프 무아상-드 세레스Joseph Moisan-De Serres,
Quebec Ministry of Agriculture, Fisheries and Food

아메리카동애등에가 속하는 병사파리과soldier fly는 전 세계에서 2,800종이 발견됐다. 유충은 대부분 썩어 가는 식물성 물질을 먹고 살다가 성충기에 쓸모 있는 꽃가루 매개자가 된다. 신대륙에서 유래한 이 멋진 파리는 꽤 길고 앞을 향하는 더듬이를 가지고 있는데, 온갖 대륙에 퍼져 있으니 사실상 전 세계를 제집처럼 드나드는 셈이다.

어미 아메리카동애등에는 새끼를 리터당 600마리쯤 낳는다. 각 유충은 하루에 퇴비 1그램, 그러니까 자기 무게의 몇 배를 먹는다. 이 곤충이 먹이 시장에서 1톤당 330달러를 벌어들인다는 데는 의심할 여지가 없다. 아메리카동애등에 유충을 활용해 유기성 폐기물을 값비싸고 단백질이 풍부한 동물성 사료의 재료이자 바이오 연료로 전환하고 관리하는 일은 세계적 사업으로 발전했다. 남아공 케이프타운에 있는 에그리프로틴AgriProtein이라는 세계적 기업의 지사에서는 1+1 전략을 시작했는데, 아메리카동애등에 유충을 활용해 도시 폐기물을 재생한 다음, 번데기가 되기 전에 단백질이 풍부한 사료로 활용했다. 미국 연방 규정에는 아직 아메리카동애등에를 가축 사료로 쓰지 못하게 돼 있지만, 북아메리카 기업가는 이런 사업 기회를 놓치지 않았다. 2007년에 설립된 엔테라 피드 코퍼레이션Enterrra Feed Corporation은 브리티시컬럼비아주에 기반을 두고 있는데, 앨버타주Alberta 남부에 면적이 16,722.54제곱미터인 시설을 짓고 있다. 거기에서 과일, 채소, 음식 찌꺼기를 먹인 아메리카동애등에 수십 억 마리를 길러 유충이 몸을 불리고 나면, 닭, 물고기, 가축이 먹는 사료에 첨가할 계획이라고 한다. 국경 남쪽에 있는 미국 회사 인바이로플라이트EnviroFlight는 2009년부터 이러한 사업을 시작해 현재 네 가지 제품 라인을 판매한다. 인바이로버그(EnviroBug, 전체 유충을 오븐에 말린 제품), 인바이로밀(EnviroMeal, 오븐에 말린 유충을 가루로 분쇄한 제품), 인바이로오일(EnviroOil, 말린 유충에 기계로 기름을 압착한 제품), 인바이로프레스(EnviroFrass, 남은 것으로 만든 제품으로, 유충 폐기물, 외골격, 남아 있는 사료 등이 들어간다)가 그것이다. 이 회사는 비료와 가금류, 양식업, 반려동물, 이국적 동물(예를 들면, 동물원에 있는 동물)과 어린 가축용(법제화를 기다리는 중) 사료 시장을 목표로 삼는다.

    동물로 사람 수십 억 명을 먹여 살리는 일은 본질적으로 지속 불가능하지만(동물의 관점에서 보면 잔혹하기도 하다), 병사파리가 낳은 알을 동물에게 먹이는 건 더 오래 계속할 수 있다. 엔테라 사업체 부회장 빅토리아 렁 Victoria Leung이 말하듯이 "경작지가 없어도 기를 수 있기" 때문이다. 게다가 "물도 더 필요하지 않은데, 곤충에게 필요한 물은 모두 이들이 먹는 재활용 과일과 채소에서 나오기 때문"이기도 하다. 통상 유축 농업이 전체 농지의 60~80퍼센트를 차지하고,[6] 사람이 쓰는 담수의 반이 훨씬 넘는 양을 소비한다고 생각하면, 상당한 이점이다.[7] 엔테라 사에서는 제품이 "효율성이 높으면서도 소고기, 돼지고기, 닭고기, 어분, 콩가루, 코코넛 오일, 팜핵유 등 자원 집약형 대체재보다 영양 공급원에 영향을 덜 미친다"라고 홍보한다.

산업 측면과 관련해 회사 웹사이트에 나오지 않는 범주를 더 자세히 알고 싶어서 엔테라와 인바이로플라이트에 연락해 봤다. 기본 생산량, 환산율과 제품 유통뿐 아니라, 유충이 성충 파리로 탈바꿈해 종축(좋은 가축을 생산하는 데 쓰려고 사육하는 가축 - 옮긴이)이 되는 비율은 어느 정도인지, 종축 파리를 사육하려면 어떤 환경이 필요한지 알고 싶었다. 살아 있는 구더기를 사체로 바꾸는 과정에 대한 호기심도 들었다. 그냥 대량으로 오븐에 던져 넣

---

[6] globalagriculture.org에 따르면, 가축 사료 생산에 쓰이는 목초지와 경작지는 전체 농지의 거의 80퍼센트를 차지한다. http://www.globalagriculture.org/report-topics/meat-and-animal-feed.html (2020년 5월 5일 기록). 유엔식량농업기구United Nations Food and Agriculture Organization에 따르면, 전체 땅의 4분의 1 이상을 가축 방목지가 차지하며, 전체 경작지의 3분의 1은 사료용 작물을 재배하는 데 쓰인다.

[7] 최근에 〈내셔널지오그래픽〉에서 전한 내용에 따르면, 동물성 제품 소비를 반으로 줄일 경우, 미국 수분 권장 섭취량이 37퍼센트로 줄어들 것이다. "Thirsty Food: Fueling Agriculture to Fuel Humans," https://www.nationalgeographic.com/environment/freshwater/food (2020년 5월 5일 기록).

고 산 채로 구울까? 냉장과 냉동을 먼저 거칠까? 다른 게 또 있을까? 난 이 책에서 곤충의 지각과 관련한 논쟁을 다루겠다고 밝혔다.

시도는 실패였다. 엔테라 대표는 나에게 전화해 이메일로 질문하라고 해 놓고는, 메일과 음성 메시지 어디에도 답하지 않았다. 인바이로플라이트 대표도 질문을 보내라고 하더니, 읽은 뒤에는 "과정과 관련해 어떤 정보도 공유할 수 없으며, 이는 지적 재산이다"라고 답장을 보내 왔다. 이렇게 침묵을 지키는 걸 보니 아마도 유충에게 불길한 징조가 아닐까. 구더기가 지각이 있다고 밝혀진다면(3장 참고), 이 업계는 앞으로 홍보할 때 마법이라도 부려야 할 테니까.

최후의 발악을 하는 차원에서, 산업 생산된 아메리카동애등에 유충의 운명과 관련한 정보를 얻으려고 제프리 톰벌린Jeffrey Tomberlin에게 이메일을 보냈다. 톰벌린은 텍사스A&M대학교Texas A&M University 곤충학자이자 EVO 변환 시스템, LLC EVO Conversion System, LLC의 최고경영자다. EVO 변환 시스템은 아메리카동애등에 업계의 전면을 다루는 협력단이다.

내가 물었다.

"유충을, 그러니까, 냉각이나 냉동을 먼저 하나요, 아니면 푹푹 찌는 오븐에 산 채로 던져 넣나요?"

톰벌린은 "회사에 따라 다릅니다. 그러니 '둘 다' 해당한다는 대답이 적절하겠군요"라고 답했다.

그렇다면 산 채로 오븐에 굽는 게 적어도 일부 유충에게는 정말이지 매우 가능성 있는 얘기란 소리다. EVO 사의 웹사이트에 링크된 영상에는 중국에 있는 시설에서 누가 봐도 살아 있는 유충을 끓는 기름에 쏟아붓는 장면이 나온다. 그런 상황에서, 그렇게나 작은 생물체는 분명히 불과 1초 만에 죽을 텐데, 마음이 너무 불편하다. 아마도 대량 생산한 병사파리에게는 조금 위로가 되겠다. 캘거리주Calgary 2018년 신문 기사에 따르면, 병사파리는 수백만 마리가 번식하는 성체로 자랄 테니까.

아메리카동애등에는 눈에 띄게 쓸모가 많다. 가축 먹이사슬에서 다른 쪽 맨 끝에 있는 이들은 가금 육종 사육 시설에서 거름을 생산하는 데 폭넓게 활용됐다. 부패하는 사체에 사로잡히는 덕에 범죄를 해결하는 데 유용한 부속물이 되기도 했다.

아메리카동애등에만 식용 동물에게 줄 사료로 활용되거나 고려되는 건 아니다. 흔한 집파리도 가축 사료로 철저하게 연구되고, 양식업계에서는 어분 대체재로 쓰기도 한다. 2017년에 발표된 한 논문의 저자는 집파리가 가축 사료의 원료가 될 가능성이 있으며, 두 가지 이점도 갖는다고 주장한다. 우선 유충을 가축 거름에서 기를 수 있어서 처리해야 하는 폐기물이 줄어들고,[8] 그렇게 생긴 곤충 바이오매스를 단백질이 풍부한 동물 사료로 활용할 수 있다는 것이다. 거대한 양식업 분야에서는 전체 물고기 소비량의 절반 이상을 사람이 차지하는데, 양식업으로 야생 물고기 개체 수에 실린 무거운 짐을 집파리 유충이 어느 정도 덜어 줄 수 있을 것이다. 2010년에는 생산된 어분의 73퍼센트, 어유의 71퍼센트를 양식업 업체에서 소비한 것으로 추산되기도 했다.

---

**8** 가축은 매년 거름을 3억 3,500만 톤(건조 중량으로) 넘게 생산하는데, 농작물에 비료로 쓰기에는 양이 너무도 많다(Hussein et al. 2017).

### 작은 식사 준비

퇴비와 잡다한 음식물에 사로잡힌 파리의 특이한 행동을 본 적 있을 것이다. 곤충에 최소한의 관심이라도 기울여 보면, 파리가 팔이나 테이블 윗면에 내려앉은 다음, 식사를 준비하는 자그마한 대식가처럼 앞다리를 서로 비벼대는 걸 봤을 것이다. 이런 행동은 무척 결의에 차 보여서, 사람이 저녁을 먹는 모습이 겹쳐 보일 정도다. 파리가 냅킨에 발을 뻗고는 요란스럽게 탁 펼친 뒤 한바탕 먹기라도 할 줄 알았다.

파리는 왜 그런 동작을 할까? 인류는 그 문제를 오래도록 곰곰이 생각해 왔다. 조앤 록 홉스Joanne Lauck Hobbs는 1998년에 발표한 책 《작은 것의 무한한 목소리The Voice of the Infinite in the Small》에서 우리와 곤충의 관계를 탐구한다. 홉스에 따르면, 캘리포니아 미션 인디언California Misson Indians은 파리가 "손"을 비비대며 애원하는 건, 거친 말을 해서 사람을 죽게 한 일을 용서해 달라고 비는 것이라 믿는다. 지금은 캘리포니아주 남부 지역에 사는 루이세뇨Luiseño 인디언은 고대 신화를 믿었다. 파리가 죽어 가는 지도자를 애도하는 의식을 하면서 막대기를 손 사이에 두고 비벼서 불을 일으켰다는 내용이다. 청파리는 나무 막대기를 하도 오랫동안 빙빙 돌려대다가 멈추지 못하게 된 바람에 오늘날까지 계속 그러는 거란다.

이제 현대 과학으로 재해석해 볼 텐데, 과학 기자 니콜라스 디마리노Nicholas DeMarino에게 도움을 받았다.

"파리는 다리를 비비대면서 씻어 냅니다. 곤충이 불결함과 분비물을 갈망한다는 점을 생각해 보면 이런 행동은 직관과는 어긋나 보일지도 모르지만, 사실 몸단장은 곤충이 주로 하는 활동이에요. 곤충은 신체 및 화학 쓰레기를 없애며 후각 수용체를 정리합니다. 모두 날아다니고, 먹이를 찾으며, 짝에 구애하는 데 중요한, 파리가 하는 모든 일과 관련된 행동이죠."

난 그게 파리가 입천장을 씻어 내는 방식이라고 생각한다.

우리에게는 안타까운 일인데, 파리는 물이나 비누로 손을 씻지 않고, 복숭아, 필라프, 똥 등 취향이 다양하다 보니, 달갑지 않은 미생물을 퍼뜨리는 매개체로 명성이 자자하다.

파리의 기동성도 도움이 되지 않는다. 표시해 둔 파리를 연구한 결과, 이들은 끊임없이 움직인다. 풀어 준 지 며칠 뒤에 21킬로미터(13마일) 떨어진 곳에서 발견된 파리도 있다. 바다 위를 시속 965.6킬로미터로 나는 항공기 안에서 길을 잃은 집파리와 초파리가 쌩 지나가는 모습을 본 적이 있는데, 이렇게 동에 번쩍 서에 번쩍하는 무임 승객은 분명 성공적으로 목적지에 내렸을 것이다. 파리가 머나먼 땅에 다다르면 어떤 경험을 하게 될까. 나이로비Nairobi에서 뉴욕으로 간다고 치자. 온갖 외국 냄새! 파리도 당황이라는 걸 할까?

두말하면 잔소리지만, 무임 승객 파리에게는 무임 승객 미생물이 있다. 연구에서는 파리가 바퀴벌레의 2배만큼 불결한 것으로 나타난다. 1940년대에는 하와이 농림 위원회Hawaii Board of Agriculture and Forestry 소속 미국 곤충학자 데이비드 T. 풀러웨이David T. Fullaway와 노엘 L. H. 크라우스Noel L. H. Krauss가 집파리에 든 박테리아 무게를 측정했다. 이들은 실험 대상이 영양분이 풍부한 젤라틴에 뒤덮인 접시 위를 기어가게 했다. 그다음에는 하얀색 자국, 즉 박테리아 가루가 며칠 뒤에 나타나면 이를 연구했다. 풀러웨이와 크라우스는 집파리 안에 든 박테리아가 평균 125만 마리라고 추산했다. 이 연구에서 눈에 띄게 비위생적이었던 집파리 안에 든 박테리아는 660만 마리였다.

존 월러스John Wallace는 밀러스빌대학교Millersville University 생물학 교수인데, 나에게 동료 존 딜John Diehl과 미국 농무부US Department of Agriculture가 비슷한 방법을 활용해 과테말라에 있는 음식 가판대에서 파리가 미치는 오염의 정도를 입증했다고 알려 줬다. 이런 임시 판매 시설은 여러 교통수단이 멈추는 지점에 설치되는데, 그런 곳에서는 차에 밀수품이 있는지도 확인한다('해충' 스프레이를 뿌릴 때도 많다). 굶주린 파리는 엄청나게 쭉 늘어선 타코, 엔칠라다, 케이크, 파이에 이끌린다. 젊은 과학자는 근처 화장실 주변에 하얀색 가루를 흩뿌린 뒤에 기다렸을 것이다. 그러면 짧은 시간 내에 자그마한 파리 발자국이 진열해 둔 음식 위에 나타날 것이다. 이 전략은 파리가 화장실과 타코 사이를 종횡무진 지나다닌 흔적을 눈에 보이게 만드는 효과가 있었고, 지역 주민은 음식을 덮거나 수동으로 통제하는 방법을 활용해 상황을 개선할 조치를 마련했다. 파리잡이 플라스틱 조각을 활용해 교차 오염을 막은 일이 그 예다.

지문 채취 파리가 뛰어난 오물 매개체라는 증거가 있는데도, 2014년에 오킨 해충 방제Orkin Pest Control에서 실시한 조사에서는 응답자의 61퍼센트가 음식에 바퀴벌레가 닿으면 식사를 그만두겠다고 답했다. 파리가 음식에 접촉하면 그만 먹겠다고 대답한 응답자는 3퍼센트에 불과한 것과 비교된다. (파리보다) 바퀴벌레가 더 큰 데다 이리저리 종종거리는 경향이 있어서 우리의 선입견이 더 강화되는 건 아닐까 생각한다.

애석하게도 파리가 식습관 때문에 병에 걸리는 일은 없는 것 같다.

우리가 위생과 관련해 얼마나 철저하게 교육받는지 생각해 보자. 코로나바이러스가 나타나기 전에도 화장실에 다녀온 뒤나 식사하기 전에는 반드시 손을 씻으라고 권했다. 음식 매개 질병은 매년 수백만 건 보고된다(보고되지 않기도 한다). 최근 변이된 시금치나 토마토 묶음에서 발생한 **대장균**E.coli이 헤드라인을 온통 장식했는데, 이는 동물성 거름에 오염된 것이다. 채소에는 결장이 없는데, **대장균**이라는 이름은 결장 때문에 붙은 거니까 말이다. 파리가 악취를 풀풀 풍기는 먹이를 택하고는 어찌나 잘 적응했는지 혀를 내두를 지경이다. 파리나 구더기는 복통도 안 생기는 걸까?

우리는 파리가 똥과 사체에 가득한 박테리아에 잘 적응한다는 사실을 익히 알고 있다. 예를 들면, 사체 내부나 위에 있는 박테리아는 그저 유충의 성장과 번데기화를 방해하지 못하는 게 아니라 촉진한다. 이런 일은 2가지 방식으로 일어난다. 유충이 박테리아를 직접 먹거나, 박테리아가 유충이 먹도록 영양분을 내주는 것이다. 구더기는 우적우적 먹어 치우는 동안 항균성 분자 스튜를 분비하거나 배설하기도 하는데, 그러면 특정 박테리아를 죽일 수 있다.

*

썩어 가는 사체를 홀짝홀짝 마시는 모습은 조금 역겹긴 하지만, 파리가 불쾌한 똥을 치우면서 우리에게 꼭 필요한 역할을 해 주는 만큼, 고마워하는 마음도 좀 남겨 둬야 한다. 하지만 그러기란 쉽지 않다. 난 어떤 사람이 파리가 먹을 수 있는 잔여물을 액화시키기 위해 음식물 위에 "토하는" 습성이 역겹다고 말하는 걸 몇 번이나 들었다. 편견인 듯하다. 우선 그건 토하는 게 아니다. 이전에 소화한 음식을 비우는 일은 전혀 메스껍지 않으며, 난 그런 습성이 우리가 음식을 입에 넣은 **다음에** 침으로 적시는 행동보다 조금이라도 더 역겹거나 본질상 덜 자연스럽다고 확신할 수조차 없다.

그래도 계속 비위가 상한다면, 역거운 생활 방식이 그 상태로 지속될 운명은 아닐지도 모른다고 생각해 보자. 물결넓적꽃등에는 덜 자란 상태에서 성충이 되기까지 사이에 미관상 정반대의 생활 주기 과도기가 있는지도 모른다. 구더기일 때 물결넓적꽃등에는 흔히 하수 처리용 인공 못에 있는 유기성 폐기물 속에서 산다. 그렇게 불쾌한 청소년기를 보낸 후 성충기에는 자연이 보상 차원에서 고운 날개로 우아하게 빙글빙글 맴돌면서 아름다운 꽃에서 꿀을 홀짝이게 해 준다. 물론 어떤 구원 개념이든 간에 전부 시시한 의인화다. 물결넓적꽃등에가 아름다움을 인식할 수도 있는 만큼, 사람의 오물통은 분명 우리로 치면 갓 만든 스리빈칠리가 담긴 그릇처럼 아주 맛있어 보일 것이다.

다행이지 않은가. 다른 생물체가 똥을 싸거나 죽을 때 어쩔 수 없이 남긴 덩어리를 치워 줄 파리가 없다면, 지구가 어떻게 보일지 어떤 냄새가 날지 생각만 해도 몸서리가 난다.

# 7
# 식물학자

> 곤충은…… 우리에게 최악의 적이기도 하지만, 이 사실을 세상에 퍼뜨리려면 동시에 곤충이 주는 이점을 훨씬 크게 외쳐야 한다. 꽃, 과일, 채소, 옷, 음식, 깨끗한 공기, 아름다움을 말이다.
>
> —찰스 하워드 커런Charles Howard Curran

파리를 오물과 부패에 연관 짓는 경향은 훨씬 더 대단한 연관성을 간과한다. 바로 파리와 꽃식물 사이의 연관성이다. 동물의 몸속(우리 포함)에 사는 이로운 박테리아를 빼면, 꽃식물과 꽃가루 매개자 사이의 약속은 지구상에서 가장 대단한 상리 공생이다. 상리 공생이란 둘 이상의 생물체가 서로 어울리면서 이로움을 얻는 현상으로, 자연이 기회주의에 주는 선물을 황홀하게 나타내는 사례다. 영겁의 세월이라는 호사를 생각하면, 식물과 꽃가루 매개자 사이에서 엄청나게 결과가 좋은 상리 공생은 파리와 수분 서비스를 이용하는 식물 사이에서 지나치게 특화되었다. 지금까지 과학자는 곤충 꽃가루 매개자가 상리 공생에서 꼭 필요한 역할을 할 가능성을 대체로 무시해 왔다. 하지만 앞서 내비쳤듯이, 곤충에게 인지 능력과 감응력이 있다는 증거가 나타나고 있으며, 이는 마이클 폴란Michael Pollan의 찰떡같은 표현을 빌리자면, "욕망의 식물학"이 자연의 먼 곳까지 다다른다는 점을 암시한다.

우리는 식물 조직을 먹고 사는 많은 파리 중 일부를 심각한 해충으로 분류한다. 그런데 파리가 꽃가루 매개자로서 대단히 중요한 역할을 한다는 사실을 잠시라도 곰곰이 생각해 보는 사람은 몇이나 될까? 기재된 파리목 150종 중 최소 71종이 성충 파리가 되어 꽃을 먹는다.

전 세계에 핀 화사하고 알록달록한 꽃은 우리 눈을 즐겁게 하지만, 화려한 색깔은 주로 곤충, 그러니까 꽃가루를 날라 준 대가로 달콤한 꿀을 홀짝이는 이들을 사로잡으려고 발달했다. 자그마한 화분립에 뒤덮인 곤충이 다른 꽃으로 날아가 다음번 꿀을 마시려고 애쓰다 보면, 어쩔 수 없이 화분립 일부는 남겨 두고 새로운 화분립을 가져가게 된다. 이게 바로 '파리 먹이와 식물 생식' 맞교환이다.

전 세계 꽃식물 25만 종 중 약 21만 8천 종에는 사람이 먹이 식물로 정의하는 80종이 포함되며, 이는 꽃가루 매개자에 의존한다. 이런 먹이 식물의 7퍼센트 미만은 오로지 바람이나 물로만 수분하며, 4퍼센트 미만은 새로, 2퍼센트 미만은 박쥐로, 90퍼센트에 가까운 나머지는 곤충으로 수분한다.[9] 수분은 무척 중요하다. 곤충의 이점이 수분뿐이라고 해도 동물 무리를

---

9  이런 백분율을 바탕으로 대략 다음과 같은 수치를 도출할 수 있다. 오늘날 지구상에 있는 꽃식물 중 약 13,500속(대부분 여러 종을 의미한다) 가운데에는 오로지 바람이나 물로만 수분하는 식물이 874종, 새로 수분하는 식물이 500종 있으며, 250종 정도는 박쥐로 수분하는 식물이다.

통틀어 가장 결정적이고 중요한 존재로 순위 안에 들어갈 정도다. 데이비드 맥닐은 2017년에 발표한 책 《버그드》에서 "벌레는 숨쉬기만큼이나 사람에게 꼭 필요하다"라고 깔끔하게 정리했다.

달러 가치로 환산하면, 곤충이 먹이 식물에 수분하는 일의 상업 가치는 전 세계적으로 1조의 4분의 1달러를 차지한다.[10] 스웨덴 곤충학자 안네 스베르드루프-튀게손Anne Sverdrup-Thygeson은 더 최신 추산치(2019)인 5,770억 달러를 제시한다. 하지만 달러 가치로 환산하는 건 확실히 인간 중심적이다. 곤충이 사람이 아닌 생물체 모두에게 수많은 이점을 안겨 주고 상호 의존적으로 활동하면서 생태계가 건강해진다고 인정하는 게 좋겠다.

### 무시당한 꽃가루 매개자

꽃가루 매개자로서, 파리는 사촌 벌에 가려져 빛을 못 봤다. 대부분 추산하듯이 (지금까지는) 막시목(벌과 말벌)이 꽃가루 매개자로서 파리(파리목), 딱정벌레(딱정벌레목), 나비와 나방(나비목)을 앞선다. 하지만 이런 곤충군은 모두 주요 기여자이며, 벌은 여러 장소에서 뒷전으로 밀려난다. 북극과 고산성 환경을 예로 들면, 벌은 기상 조건에 억눌려 활동하지 못해서, 파리가 주된 꽃가루 매개자가 되는 경우가 많다.

---

10 니콜라 갈라이Nicola Gallai는 몽펠리에대학교University of Montpellier 소속 경제학자인데, 2008년에 전 세계 곤충 수분의 경제학적 가치가 연평균 2,160억 달러라고 추산했다. MacNeal 2007을 보라.

아트 보켄트가 브리티시컬럼비아주 자택에서 스카이프 화상 통화로 나에게 말했다.

"대부분 벌만 알아보죠. 근데 좀 더 바짝 들여다보면, 두상화 틈에서 작은 곤충이 많이 보일 거예요. 그런 곤충이 이런 기후에서 대다수를 차지하죠."

좋은 예가 있다. 프랑스 메르칸투르 국립 공원Mercantour National Park 고산 초원에서 2012년 5월부터 7월까지 6주에 걸쳐 꽃식물 19종의 꽃가루 매개자를 연구했다. 꽃가루 매개자의 약 3분의 2가 파리였으며, 이 중 절반 이상이 춤파리과였다. 결론은 이렇다. "파리가 고지에서 주요 꽃 방문객으로서 벌을 대신하는 범위는 폭넓다."

고위도에서도 비슷한 형태가 나타난다. 북극은 여름이 짧은데, 여름은 곤충으로 떠들썩하며 꽃을 찾아가는 곤충은 대부분 파리다. 2010년 7월 캐나다 누나부트준주Nunavut 북극 지역에서 꽃식물 5종을 관찰하는 동안에는, 물결넓적꽃등에와 집파리가 수분 기회의 95퍼센트를 차지했다. 2016년 한 연구에서 유럽과 캐나다 과학자는 그린란드Greenland 북동부에 있는 꽃 틈에 끈끈한 종이 트랩을 숨겨 뒀는데, 집파리 친척 **스필로고나 상크티파울리**Spilogona sanctipauli[11]가 북극 꽃의 상위 꽃가루 매개자라는 사실을 알게 되면서 40년 전 캐나다 북극에서 한 연구 결과물에 반향을 일으켰다.

추운 날씨에서 사는 꽃은 활발하게 파리를 끌어모은다. 이런 꽃은

---

11 지금까지는 일반명이 없다. 난 '북극꽃파리'를 추천한다.

따뜻한 피난처가 되어 주면서 파리를 사로잡는데, 꽃 온도는 주위 기온보다 5도(화씨 9도) 넘게 높다. 그 덕에 파리의 비상근이 따뜻해지면서 대부분 벌이 날지 못하는 기온에서도 다닐 수 있게 된다.

다른 북극 꽃은 고약한 악취 계략으로 파리 협력자를 이끈다. 밥 암스트롱이 알래스카 주노 근처에서 정교하게 찍은 영상을 보내 줬는데, 소형 비디오카메라를 진홍색 흑백합rice root lily 꽃에서 몇 센티미터 떨어진 곳에 설치해 두었다. 흑백합은 지역 주민 사이에서는 원추리outhouse lily나 레이디온더팟lady-on-the-pot으로 더 잘 통한다. 여러 청파리가 꽃 위에 떼를 지어 날아다닌다. 청파리 여럿이 부푼 꽃밥 아래로 힘껏 밀고 들어가면, 눈부신 금속색이 도는 파란색 복부가 햇빛에 반짝반짝 빛나면서 털이 북슬북슬한 등이 금세 황금빛 꽃가루에 온통 뒤덮인다. 화려한 광경이다.

어디에 있느냐에 따라 다르지만, 세상 어딘가에서는 꽃을 찾아가는 파리의 다양성이 벌이나 말벌과 맞먹거나 이들을 넘어선다. 고도와는 상관없다. 오스트랄라시아(Australasia, 남태평양제도 전체를 가리키며, 오스트레일리아와 뉴질랜드, 뉴기니가 모두 포함된다 - 옮긴이)에는 꽃을 찾아가는 파리 종류가 벌과 말벌보다 거의 2배 많다. 신열대구에서는 정반대다.

파리가 첫 번째 꽃가루 매개자였을까?

아트 보켄트가 말했다.

"아주 오랜 상리 공생이에요. 등에모기과 화석 기록은 9,700만 년 된 뉴저지 호박 화석 조각으로 거슬러 올라가요. 정확히 꽃식물 다양성이 피어오르기 시작한 시기죠. 꽃과 파리가 폭발한 게 그저 상관관계에 불과할까요? 그럴지도요. 아니면 그 이상일 수도 있겠죠. 두 생물체 무리 사이에서 적응 방산(adaptive radiation, 생물 분류군이 환경에 맞게 형태나 기능이 분화하는 현상-옮긴이)이 대규모로 일어나면서 서로 이로움을 얻는달까요? 거의 확실해요!"

파리가 먼저 시작했든 아니든 간에, 곤충을 관찰하는 기술이 향상된 덕에 파리 수분 서비스의 다양성과 엄청난 규모가 빛을 보고 있다. 유럽에서 진행된 한 연구는 스위스 알파인Swiss Alpine 언덕에 있는 꽃에서 24시간 동안 곤충 1,762마리를 채집했다. 표본은 10개 목에 속하는 316종을 아울렀으며, 총 94개 식물 종에서 발견되었다. 곤충의 반 이상(974마리, 약 55퍼센트)이 파리였는데, 모두 130종으로 벌 및 말벌이 61종인 것과 비교됐다.

레이더를 사용해 호리꽃등에의 독특한 공중 흔적을 추적한 제이슨 채프먼Jason Chapman은 엑서터대학교 소속 생태학자다. 채프먼은 호리꽃등에 40억 마리가 매년 잉글랜드England 남부와 동유럽 사이로 수백 킬로미터를 이동한다고 추산한다. 호리꽃등에는 꽃 수십 억 가지를 찾아가 매년 잉글랜드 남부에서 이들에게 얻어타는 화분립 30~80억 개를 가져오며, 매년 가을에 화분립 190억 개를 가져간다. 그사이에 포식성 유충은 진딧물 6조 마리를 집어삼키는데, 무게가 6,350톤이다. 이들의 영향력은 먹이사슬에서 더 대단하게 느껴진다. 전체 영양분 규모가 3,500만 칼로리인 만큼, 무수한 새, 포유류, 파충류, 양서류와 어류를 먹여 살리는 데 보탬이 된다.

수분하는 파리 종에게서는 예상치 못한 형태가 나타난다. 최근까지만 해도 특정 파리과, 그러니까 꽃등에나 물결넓적꽃등에(꽃등에과)만 식물 생식에 알짜 도움을 준다고들 생각했다. 하지만 스위스 알프스 전 지역Swiss pre-Alps에서 꽃을 찾아가는 파리, 즉 한 연구에서 파리 표본의 3분의 2에 해당하는 643마리는 85개 종에 속했는데, 대부분 꽃등에가 아니었다.

이 연구 결과는 화제가 되지는 않았다. 벌이 유일한 꽃가루 매개자라는 신화는 대중문화에서 강력히 자리매김하고 있다. 2018년 영국에서 방영한 텔레비전 프로그램 〈루티드Rooted〉 시리즈에서는 꽃을 찾아가는 곤충 사진이 잠깐 나왔다. 카메라가 이동하면서 화려한 꽃을 찍을 때 파리가 다른 곤충보다 더 많았는데도, 벌과 딱정벌레 꽃가루 매개자만 언급될 뿐이었다.

몬트리올 곤충 박물관에서도 이와 비슷하게 파리를 무시하는 양상을 느낀 적이 있다. 몬트리올 곤충 박물관은 그보다 훨씬 큰 식물원과 붙어 있는데, 곤충 박물관은 작은 규모에도 이른바 북아메리카에서 제일 큰 곤충 박물관이라 불린다. 여러분이 파리라면, 이 사실을 알지 못하리라. 로비 백라이트 전시에는 41가지 곤충 사진이 걸렸는데, "스타 꽃가루 매개자" 부문에서도 유력 용의자인 벌, 말벌, 호박벌 틈에서 파리를 찾아볼 수가 없다. (내가 토론토 국제공항에서 이 내용을 타자 치는 순간에도 초파리가 맥주잔에 닿을 듯 말 듯 힘차게 날아다니고 있다. 나를 꼬드기기라도 하는 듯이 말이다.)

파리는 우리가 벌을 더 선호하는 탓에 무시당할 뿐 아니라, 벌이라고 오해받기도 한다. 여러 꽃등에는, 특히 검은색 및 노란색 줄무늬가 있는 복부가 침을 쏘는 사촌과 무척 비슷하게 진화했다. 따라서 이들을 겁주는 존재는 값비싼 독에 투자하지 않아도 되는 포식자일 것이다. 하도 감쪽같이 흉내를 내는 바람에**사진 19** 여러 곤충학도가 꽃등에를 실수로 막시목 채집물에 넣을 정도였다.

북아메리카 파리목 협회 소식지 〈파리 타임스Fly Times〉 57호(2016년

**사진 19** 호박벌을 닮은 꽃등에는 매우 중요한 꽃가루 매개자 역할을 한다. 온타리오에서 촬영.
© 스티븐 마셜Stephen Marshall

10월)에서는 간략한 메모와 사진으로 꿀단지를 묘사하는데, 상표 속 사진에는 '벌'이 분홍색 꽃 위에 매력 넘치는 모습으로 앉아 있다. 회사에서는 사진 속 곤충이 벌이 아니라 벌을 흉내 낸 꽃등에고, 내장에서 꿀이 전혀 흘러나오지 않으리라는 사실을 알아차리지 못했다. 〈파리 타임스〉 이전 호에는 주요 신문에서 발췌한 기사가 포함돼 있는데, 치명적인 벌 바이러스 때문에 벌의 개체 수가 감소했다며 한탄하는 내용이다. 함께 실린 사진에는 역시 꽃등에의 모습이 담겨 있다. 곤충학자 F. 크리스 톰슨F. Chris Thompson이 씁쓸하게 지적했듯이, 벌이 너무 부족해서 신문사에서 사진을 찾지 못한 게 분명하다. 하지만 판도가 바뀌고 있다. 톰슨은 꽃등에 바로 아래에 윌리엄

골딩William Golding을 대표하는 소설인 《파리대왕》 표지 사진을 제시했다. 커다란 곤충이 통통한 학생 위에 위협적으로 내려앉은 버전이다. 곤충에게는 날개 4개와 침도 있는데, 확실히 파리는 아니다. 아리스토텔레스는 약 2,400년 전 **파리목**이라는 이름을 새로 지었을 때, "날개가 두 개 달린 곤충은 뒤쪽에 침이 없다"라는 사실을 알아차렸다.

### 아주 맛있는 음식

꿀도 그렇지만, 여러분이 제일 좋아하는 음식도 파리의 활동 덕에 생겨날 가능성이 있다. 우리가 제일 좋아하는 과일 중에 적어도 일부는 꽃등에가 수분하는 경우가 많다. 사과, 배, 딸기, 망고, 체리, 자두, 살구, 라즈베리, 블랙베리가 여기에 포함된다. 이 책을 쓰기 위해 연구하는 동안, 내가 초가을에 메릴랜드주 포토맥강Potomac River에서 자전거를 탈 때 먹곤 하던 파파야를 파리가 수분한다는 사실을 알게 되었다. 이렇게 아주 맛있는 과일은 상업용으로 재배하기에는 너무 잘 썩고, 커스터드 같은 밀도에서 은은한 맛이 난다. 파리 역시 허브와 채소를 수분하는데, 회향, 고수, 캐러웨이, 양파, 파슬리, 당근이 여기에 포함된다. 파리는 중경 작물 총 100가지 이상을 꼬박꼬박 찾아가며, 주로 이들의 수분에 의존해 풍부한 과실과 씨앗이 생성된다.

초콜릿을 주식이라 하긴 어렵지만, 세상에서 널리 사랑받는 음식으로 손꼽히며 호평받는 걸 생각하면, 초콜릿은 인간 문화에서 확실히 찬사를 받는 위치에 있다. 초콜릿은 카카오나무 꼬투리에서 생겨나는데, 세상에서

**사진 20** 자그마한 깔따구만 복잡한 카카오나무 꽃을 수분하는 곤충이라고 한다. 카카오꽃에서는 초콜릿 열매가 열린다. ⓒ 비나야라즈VINAYARAJ VR

수분하기 어려운 식물 중 하나로 손꼽히는 만큼, 우리는 앨런 영Allen Young 이라는 미국 곤충학자에게 고마워해야 할지도 모른다. 영은 미국 곤충학자로, 코스타리카에서 카카오나무의 수분 체계를 수년간 연구해 수분 작용 원리가 한껏 빛을 보게 한 사람이다. 자가불화합성self-incompatible 나무인 카카오는 스스로 수정할 수 없으므로, 성공리에 수분하려면 곤충이 있어야 한다.

꽃등에 한 종만 빼면, 아주 작은 깔따구만 동전만 하고 희끄무레한 분홍색 꽃을 수분한다. 꽃은 카카오 식물 줄기와 밑가지에 바로 핀다. 영이 2007년에 발표한 책 《초콜릿 나무: 카카오의 자연사 The Chocolate Tree: A Natural History of Cacao》에서 설명하듯이, 각 꽃에서 꽃잎 5개가 안쪽을 향하며 자그마한 틈이 생기면, 이에 비례해 정말 작은 곤충만 안으로 비집고 들어갈 수 있다. 영은 애정을 담아 깔따구가 "무척 자그마해서 눈에 거의 안 보이는, 먼지가 그늘진 카카오 덤불을 휙 통과하는 것 같다"라고 묘사했다. 별명이 "닥터 벅스"인 마크 모펫 Mark Moffett이 사진 찍은 표본은 가냘픈 생물체다. 길고 부서질 듯한 다리와 우아하고 긴 더듬이 한 쌍이 보이는데, 진주 목걸이처럼 나누어졌으며, 넓고 고운 날개가 달린 몸을 둥글게 말고 있다.

사람의 코는 카카오꽃이 내뿜는 향을 감지하지 못하지만, 영과 위스콘신대학교 University of Wisconsin 동료가 꽃에서 추출한 꽃 오일을 면봉에 적셔서 깔따구에게 내밀자, 자그마한 파리가 떼를 지어 미끼로 모였다. 카카오나무는 꽃을 엄청나게 많이 피울 수 있지만, 깔따구의 도움을 받더라도 지극히 일부만 잘 익은 카카오 꼬투리로 자라난다. 썩어 가는 잎 아래에 촉촉하게 젖어 있는 하층은 유충에게 완벽한 서식지다. 이런 수분 체계를 좀 더 자세하게 알아보고 싶다면, 영의 책을 읽길 추천한다.

잭프루트 jackfruit 수분은 덜 유명하지만, 역시 눈여겨볼 만하다. 잭프루트가 서양에서 급속도로 인기를 얻은 데는 잭프루트 맛에 익숙한 아시아 출신 이민자 수요가 어느 정도 영향을 끼쳤다. 지금은 전 세계 열대와 아열대 지역에서 재배한다.

사우스플로리다 South Florida에 사는 동안 잭프루트와 연을 맺었는데, 내가 먹어 본 중에서도 흥미롭고 아주 맛있는 과일로 손꼽힌다. 한 번은 동네 시장에서, 또 한 번은 친구에게서 샀는데, 그 친구네 집 마당은 여러 열대 과일나무의 터전이다.

세상에서 가장 큰 과일이라고 불리는 잭프루트는 54.43킬로그램을 넘기기도 하며, 거의 모든 사람이 먹을 수 있다(섬유질이며 단단한 모체는 채식주의자에게 인기 만점인 고기 대체품이다). 내 표본은 중간 크기였는데, 각각 10.43킬로그램이었다. 뾰족뾰족하고 질긴 껍질이 무르자 달콤하면서 역겨운 악취가 밖으로 퍼졌고, 이제 먹을 때가 됐다고 느꼈다. 이 과일을 다루는 영상을 몇 편 봤는데, 이 작업에는 큰 칼이 필요하다. 코코넛 오일을 칼에 듬뿍 발라 매끄럽게 만들어야 라텍스 같은 수액의 초강력 풀 같은 속성으로 칼이 망가지지 않는다. 약 1시간에 걸쳐 섬유 조직에 자리 잡은 황금빛 알맹이 주머니를 뽑아내자 거기에는 각각 반짝반짝 빛나고, 올리브만 하며, 먹을 수 있는 씨앗이 담겨 있었다. 아주 맛있는 수확물을 며칠은 먹었으니 공들인 보람이 있었다.

열매와는 확연히 다르게, 잭프루트꽃은 아주 자그마하고 수수하다. 잭프루트꽃의 수분 구조는 최근까지만 해도 수수께끼였다. 암꽃과 수꽃 수천 가지는 혼성 열매 덩어리나 나무에 있는 **집합과**syncarps에서 각각 따로 자란다. 집합과가 부풀면 먹을 수 있는 열매가 된다. 꽃가루는 수꽃에서 암꽃으로 옮겨 가야 한다.

예전에 진행한 몇 가지 연구에서 잭프루트 수분을 자세히 설명하려 했는데, 결과가 뚜렷하지 않았다. 바람뿐 아니라 파리 여러 마리가 그럴싸한 후보 같았다. 6개 미국 기관에 소속된 연구진 7명이 꼼꼼하게 추적한 덕분에 이제는 3자 간의 상리 공생으로 수분이 이루어진다고 밝혀졌다. 상리 공생에는 꽃, 균류, 파리가 참여한다. 이때 파리는 아주 작고 새로운 종, 즉 혹파리다. 균류는 수꽃 집합과 위에 거미줄처럼 얇은 막을 형성하며, 파리 유충과 성충을 모두 사로잡는 식량원이다.

후속 연구를 바탕으로, 과학자는 새로 명명된 **클리니디플로시스 울트라크레피다타**Clinidiplosis ultracrepidata 깔따구가 잭프루트를 주로 수분하는 꽃가루 매개자라고 확인했다. 연구에는 잭푸르트꽃에서 채집한 곤충을 포함했으며, 크기가 다양한 그물망을 집합과 주위에 두는 방식으로 잠재적인 꽃가루 매개자를 배제했다. 따로 떨어져 있는 더듬이가 잭프루트꽃에서 주로 뿜어져 나오는 향 3가지에 민감한 정도를 측정했다. 'Y' 모양 관에 나뉜 두 줄기를 선호하는 정도 역시 실험했는데, 하나는 꽃 피는 잭프루트 집합과에, 다른 하나는 바깥 공기에 연결돼 있었다. **클리니디플로시스 속**Clinidiplosis이 익숙하지 않다면, 내가 기쁜 마음으로 알려 주겠다. (지금까지) 밝혀진 104개 종이 이 속에 포함된다. 영어로 **울트라크레피다타** ultracrepidata는 개인 영역을 넘어선다는 의미다. 이 새로운 종은 잭프루트의 장거리 무임 승객이다. 이 연구는 플로리다주에서 진행됐는데, 논문 저자는 열매, 균류, 파리의 3자 간 상리 공생에 감탄하며, 그 덕에 잭프루트가 원산지인 아시아 지역에서 그렇게나 머나먼 재배 환경으로 가까스로 온전히 이동하게 되었다고 밝힌다.

### 긴밀한 사이

자그마한 깔따구가 다가가기 어려운 잭프루트나 카카오 꽃을 수분하듯이, 곤충과 이들이 수분하는 꽃은 서로 섬세하게 조화를 이룰 때가 많다. 여기에는 그만한 이유가 있다.

마크 데이럽은 말했다.

"꽃은 자기 종과 똑같은 꽃에 방문객이 계속 찾아가길 바라요. 그게 바로 꽃 모양이 같은 종 내에서는 매우 비슷하지만, (정원사가 솜씨 좋게 만진 꽃은 제외) 종에 따라 차이가 나는 이유예요. 곤충이 한 번 먹이를 찾으러 나설 때 여러 꽃을 찾아갔다면, 제대로 된 꽃에 꽃가루를 많이 퍼뜨리진 않을 거예요. 잡식성 곤충은 꽃 덕에 하나를 적극적으로 파고들어야 한다는 점을 알게 되죠."

꽃가루 매개자가 더 득을 볼 수 있는 밀원nectar source이 있는데도 종이 똑같은 꽃을 찾아가는 현상을 **꽃 일관성**flower consistency이라고 한다. 꽃가루 매개자는 길을 벗어나도 불이익을 얻지 않지만, 꽃은 얘기가 다르다. 다른 종의 꽃가루는 이용할 수 없기 때문이다. 꽃가루 매개자의 충실도를 진화 관점에서 탐구해 보면, 식물은 전문화된 특성 쪽으로 쏠려서, 독특한 방식으로 도움을 주는 곤충을 선호한다. 더 자세히 말하면 꽃가루 매개자는 보통 꿀을 쫓기 때문에, 식물은 오로지 곤충 한 마리만 꿀로 가는 길을 찾게 함으로써 곤충 꽃가루 매개자와의 공진화coevolution를 유도한다. 앞으로 보게 되겠지만, 식물은 다양한 전략을 발전시켜 파리와 곤충이 일정한 꽃에 충성하도록 해 왔다.

기본 접근법은 냄새, 시각, 행동 및 감각 신호를 흉내 내는 것인데, 곤충이 먹이나 짝을 찾을 때 쓰는 방법이다. 그다음에는 전문화된 곤충 한 마리나 몇 마리만 빼고는 모두 꽃에 다가가기 어렵게 함으로써 꽃가루 매개자 충실도를 촉진한다.

**사진 21**
남아프리카에 서식하는 거대코파리가 공진화한 꽃에서 꿀을 빨기 위해 매우 긴 구기를 펼치고 있다.
© 안톤 파우Anton Pauw

  찰스 다윈은 폭이 5.08센티미터로 좁은 꽃관을 통해서만 다다를 수 있는 꽃의 꿀 저장소를 묘사하며, 분명 꽃관과 똑같이 긴 혀가 있는 곤충이 발견되지 않았으리라 예측했다. 다윈이 세상을 떠나고 수년이 흐른 뒤에야 그런 곤충이 발견되었다. 아프리카 남부에 사는 거대코파리meganosed fly다. 거대코파리(모이기스토르힝쿠스 롱기로스트리스, Moegistorhynchus longirostris)에게는 피노키오를 능가하는 코와 비슷한 주둥이가 있는데, 사실 밝혀진 파리**사진 21** 중에서 구기가 제일 길다. 구기는 혀와 비슷하고, 관을 사용해 마신다. 이렇게 기이한 부속물은 파리의 얼굴에서 10.16센티미터쯤 툭 튀어나와 있으며, 벌 정도 몸길이의 5배다. 하늘을 나는 동안 구기를 뒤쪽으로 접으면, 나머지 반쯤이 느릿느릿 따라간다.

그 밖의 코가 긴 파리처럼, 거대코파리도 서로 관련이 없는 식물 종 무리나 **길드**(guild, 생리적 습성이 생태학상 비슷한 식물군 - 옮긴이)에서 유일한 꽃가루 매개자다. 제라늄, 아이리스, 난초와 제비꽃이 여기에 포함된다. 밝혀진 꽃 120종 이상에서 기다란 관이 파리의 기다란 혀와 함께 공진화하기 때문에, 거대코파리는 꿀이 고여 있는 곳에 다가가는 특권을 누린다. 꽃은 그 대가로 독점에 가까운 꽃가루 이동 서비스를 받고, 꽃가루가 엉뚱한 주소로 배달될 위험은 최소화된다.

각 식물 종에 마련된 꽃밥은 수술stamen에 있는 생식 기관으로, 특정한 위치에 자리한다. 각 종에 있던 꽃가루는 종마다 다르지만 대개 식물이 갖춘 꽃밥에서 꽃가루 매개자의 몸에 달라붙는다. 파리는 매우 효율적인 꽃가루 운반원이다. 예를 들면 식물 종 3가지에서 동시에 머리, 다리, 흉곽에 꽃가루를 묻혀 옮긴다.

그런데 전문화에는 위험성이 따른다. 기다란 관이 있는 꽃이 사라져도 기다란 혀가 달린 파리는 관이 짧은 꽃에서 계속 꿀을 얻을 수 있다. 그러나 반대의 경우는 성립하지 않는다. 혀가 더 짧은 곤충은 기다란 혀가 달린 파리처럼 관이 긴 꽃에서 꿀을 얻기 어렵다. 아프리카 남부 일부 지역에서는 습지 번식지가 손실되면서 코가 긴 파리가 감소하고 있는데, 그러면 결국 코가 긴 파리가 매개하던 꽃은 씨앗을 생산하지 못하게 된다. 꽃가루 매개자가 그 지역에서 멸종하기 때문이다.

### 속고 조종당하다

꽃과 꽃가루 매개자의 상리 공생이 서로에게 늘 이로운 건 아니다. 위대한 혁신자인 자연은 언제나 세심하게 지름길을 살핀다. 파리가 꽃과 수분 체계에 매일같이 이로운 건 아니다. 꽃등에와 병사파리는 헬리코니아꽃heliconia에서 꿀을 훔치는데, 수분은 돕지 않는다. 수분하는 벌새는 꿀을 좀도둑질하는 파리 유충이 이런 꽃에 들끓을 때는 꽃을 덜 찾아간다.

보통 식물이 곤충을 조종할 때가 더 많다. 꽃은 무척 효율적인 방법으로 곤충 꽃가루 매개자가 헛수고하도록 속인다. 이런 특성은 주요 꽃식물군 대부분에서 나타나며, 전체 난초 3분의 1, 즉 1만 종이 여기에 포함된다.

아마 당신은 난초가 꽃을 암컷 벌의 복부처럼 통통해 보이게 만든다는 얘기를 들어봤을 수도 있다. 그러면 수컷 벌은 거부하지 못한다. 이런 식물 포르노에 이끌린 벌은 미친 듯이 애를 써 가며 꽃과 짝짓기하려 하다가, 가끔 정액 표본을 남긴다. 그 과정에서 수컷은 꽃가루 더미에 파묻히기도 한다. 자연 선택이 정액을 낭비하게 둔 이유가 의아할 수도 있지만, 정액은 비교적 손쉽게 만들어지므로 자연에서 낭비되는 일이 특별히 드물지는 않다.

일부 난초는 파리를 겨냥해 유혹 전략을 쓴다. 남아메리카 난초 하나는 암컷 뚱보기생파리tachinid fly를 눈에 띄게 쏙 빼닮은 꽃을 피운다. 시각 속임수 중에는 꽃의 암술머리가 있다. 암술머리는 '가짜 복부' 끝부분 쪽에 있으며, 암컷 파리의 생식기 구멍과 똑같은 방식으로 햇빛을 반사한다. 수컷 파리는 꽃과의 교미 시도에 실패하는 동안 꽃을 수분한다. 다른 꽃은 균등한 기회 쪽으로 좀 더 기운다. 남아프리카 관목 꽃잎에 있는 까만색 반점은 암수 재니등에를 모두 사로잡는다.

큰 난초 아족subtribe 중에는 5,100종이 넘는 게 있는데, 대부분 파리가 수분한다. **트리코살핑크스**Trichosalpinx속은 약 110종이며, 멕시코와 중앙아메리카부터 남아메리카 북부까지 걸쳐 있다. 이런 꽃에서 눈에 띄기로 손꼽히는 특징은 어두운 자줏빛에 고운 술이 달린 테두리가 있다는 점인데, 절묘하게도 날개 달린 꽃가루 매개자의 무게와 힘에 의해서만 움직이도록 조정된다. 이 구조에는 또 다른 유형의 운동성이 있는데, 얇고 유연한 띠가 테두리 바닥에 붙어 있어 공기 흐름에 따라 진동하게 된다.

코스타리카 연구팀은 특정 등에모기 암컷이 독점으로 **트리코살핑크스꽃**을 찾아가 수분한다는 사실을 알아냈다. 등에모기는 불규칙하게 지그재그로 날면서 꽃에 다가가서는 옆면 꽃받침에 내려앉았다. 그러고는 곧바로 테두리로 기어가더니 술이 달린 표면 끝에서 바닥까지 살피기 시작했다. 딱 맞는 자리를 찾은 뒤, 꽃 표면에서 살이 투실투실한 구기로 삼출액을 쭉쭉 빨아들였다. 애쓰던 암컷 등에모기가 등으로 기둥 꼭대기를 긁어내면, 꽃가루 덩이(꽃가루를 품는 주머니)가 제거된다. 파리가 이미 꽃가루를 날랐다면 암술머리에 놓아뒀을 수도 있다. 임무를 완수해 꽃 테두리가 원래 자리로 돌아가면, 등에모기는 다른 꽃으로 날아가거나 같은 꽃에 계속 남을 수 있다.

물론 등에모기는 위험을 감수해야 한다. 몇 가지 사례에서 보듯이, 등에모기는 꽃가루 덩이에서 빠져나가지 못했다. 그렇게 갇히면, 나중에는 꽃 속에서 죽고 말았다. 노련한 깔따구가 거친 대접에 겁을 먹는 바람에 이런 난초를 피하기 시작하지는 않았을지 궁금해질 만도 하다. 하지만 수분이 성공리에 이루어지려면 곤충은 다음번에도 똑같은 꽃 종류에 돌아와야 한다. 어쩌면 등에모기는 즐기고 있는지도 모른다. 파리에게는 집에서 롤러코스터를 타면서 음료를 마시는 격일지도 모르겠다.

거칠게 떠밀린 등에모기는 꽃에 완전히 흡수되지는 않는 듯하다. 꽃을 전자 현미경 검사법으로 살펴보며 꼼꼼히 검토하자, 등에모기가 알이나 유충을 낳은 조짐은 전혀 드러나지 않았다. 이는 아마도 두 생물체 모두에게 이익일 것이다.

등에모기가 피를 먹고 산다는 사실을 되새겨 보면, 난초는 달콤한 꿀로 이들을 유혹하는 게 아니다. 오히려 감각 신호를 흉내 내는데, 바로 파리가 척추동물 숙주에게 접근할 때 쓰는 신호다. 한 가지 단서는 등에모기가 꽃 테두리에서 마시는 분비물은 단백질로, 당분이 아니라는 점이다. 단백질은 암컷이 피를 노릴 때 쫓는 성분이다. 또 다른 단서는 꽃이 수컷이 아니라 암컷만 사로잡는다는 점이다. 수컷은 흡혈원을 노리지 않기 때문이다.

하지만 더 미묘한 흉내 내기 형태는 여기에 있다. 일부 등에모기는 **절취 기생**한다. 절취 기생이란 다른 포식자가 잡은 먹이를 훔치는 행동이다. 주제넘게 거미줄에 걸린 남의 먹잇감을 간식으로 훔쳐 먹는 것이다. 이런 행동을 부추기는 식물을 **클렙토미이오필레**kleptomyiophile라고 하는데, '절취 파리 애인'이라는 뜻이다. 난초는 신호를 보내 먹잇감을 흉내 내며 등에모기를 사로잡는다. 술이 달린 테두리가 진동이나 바람에 움직이면, 먹잇감이 거미줄에 걸려 움직이지 못하는 듯한 시각 효과가 생긴다. 이런 진동성 움직임은 매력 넘치는 꽃향기가 흩어지는 데 도움이 되기도 한다. 다른 난초 기록에서 나타나는 것처럼, 꽃은 처음에 무척추동물 숙주의 향을 흉내 내면서 머나먼 곳에 있는 등에모기를 사로잡는다. 일단 등에모기가 바짝 다가

오면 단거리 신호, 즉 촉각(테두리에서 털이 북슬북슬한 면), 시각(자주색), 기제(테두리 움직임)가 나타나기 시작하면서 체표면이 애벌레 또는 거미와 비슷하게 보인다. 이런 꽃에서 소량으로 생성되는 단백질에서는 "음식으로 속인다"라는 사실이 증명된다. 빈약한 단백질은 신호를 보내고 장난을 치는 역할을 하면서 암컷 등에모기과를 꽃으로 유혹해 수분점으로 이끈다.

공진화 약속은 두 종에만 국한되지 않는다. 예를 들면 머틀파리 Myrtle fly는 머틀과에 속하는 선충 및 숙주 식물과 매우 특수한 관계로 공진화했다. 이는 기생과 상리 공생의 특징을 모두 갖춘 유대 관계다. 일부 파리 30종은 각자 선충 한 마리를 맞이하는데, 이런 선충 종은 생활 주기 전체가 파리를 중심으로 돌아간다. 짝짓기한 선충은 머틀 속에서 먹이를 먹는 암컷 파리 유충에 침투해 자기 알을 파리 유충의 혈림프 속에 푼다. 일단 알이 무르익으면 부화해 청소년기 선충이 되며, 성충 파리가 머틀 꽃봉오리나 줄기에 알을 낳을 때 숙주 식물에 전달된다. 지금까지는 선충이 파리에 기생하는 느낌이다. 하지만 또 다른 전환점이 있다. 일단 머틀 식물 속으로 들어가면, 선충은 식물이 충영을 형성하도록 유도한다. 충영은 다음번에 부화할 파리 유충 무리에게 보호실이자 식량원 역할을 해 주며, 선충에게도 이로운 자원이다. 그러니 숙주의 삶에 위험하지 않아 보이면서 자그마한 성충을 품는 대가로, 파리는 호화로운 호텔 스위트룸에서 룸서비스를 받는 셈이다. 서둘러 체크아웃하지 않아도 된다. 성충은 고작 몇 시간만 살겠지만, 일부 혹파리 유충은 편안한 숙소에서 3년은 지낼 테니까.

### 고약한 파리 미끼

셰익스피어와 괴테 같은 시인은 꽃의 화사한 색깔과 달콤한 향기에 오래도록 영감을 받았다. 물론 꽃은 우리에게 이로움을 주기 위해 존재하는 게 아니다. 플로리스트라면 생각이 다르겠지만, 순전히 생물학적 맥락에서 보면 개화는 생식 세포가 개체 사이에서 이동하도록 촉진해 타화 수정cross-fertilization을 해내기 위해 진화했다. 알기 쉽게 말하면, 꽃이 제삼자를 이용하도록 진화했다는 말이다. 주로 곤충이 식물의 생식을 돕는다.

인간 중심적 꽃 이론을 더 비난해 보자면, 우리는 일부 꽃에서 혐오감을 느낀다. 꽃식물은 죽거나 부패한 동물이나 그 배설물에 의존해 먹고 사는 풍부하고 다양한 곤충, 특히 파리를 바탕으로 곤충을 조종할 길을 찾는다. 부패하는 살, 배설물, 부패하는 균류를 흉내 내는 식물이 주는 가짜 보상은 먹이나 알이나 구더기를 둘 만한 장소다. 파리에게는 치러야 할 대가가 큰 속임수다. 실제로는 파리가 번식하기 적당한 장소가 아니기 때문이다. 이런 식물은 흉내를 낼 때 탄화수소, 산소가 공급된 발효 화합물, 휘발성이 있는 질소나 황을 결합해 고약하면서도 독특한 악취를 조합해 낸다. 속임수는 그럴듯하면서도 매혹이 넘쳐서 곤충을 최소 두 번 속일 정도가 돼야 한다. 곤충이 꽃가루를 가져간 다음에 다른 꽃에 둬야 하기 때문이다. 이런 꽃은 주로 알을 품은 암컷을 목표로 삼지만, 수컷 역시 쓸모 있는 꽃가루 매개자다. 수컷이 부어오른 짝을 찾으러 어슬렁거리면서 이런 꽃을 찾아갈 테니 말이다. 수컷은 원하는 것을 얻을 수도 있지만, 암컷의 새끼는 꽃에서 영양실조로 죽게 된다. 암꽃이 이렇게 속임수를 쓰더라도 혼자서만 착취하는 건 아니다. 이런 꽃 중에는 영양분이 풍부한 보상을 하는 경우도 많기 때문이다.

　　　영겁의 시간이 흐르면서, 겉모습뿐 아니라 특히 악취를 풍기며 썩어 가는 물질의 향을 흉내 내는 능력은 식물 가내 공업으로 이어졌다. 평소 꽃-곤충 수분 체계에서는 꽃이 꽃가루를 품는 곤충에게 보상으로 꿀을 주지만, 가짜 생식 가능성을 내보이듯 썩어 가는 고기를 흉내 내는 식물은 이와는 다르게 감각을 유혹한 다음, 보통 아무런 보상도 주지 않는다. 하지만 모습, 냄새, 느낌은 너무도 거부할 수가 없고(혹투성이인 데다 솜털도 있어서 잘 어울릴 것이다), 어떤 경우에는 속임수를 쓰는 식물 때문에 온도가 상승하기도 해서, 파리 여러 마리가 알을 낳게 된다. 그러면 갓 부화한 유생은 살아남는 데 적절한 먹이를 찾아내지 못할 것이다. 한번 상상해 보자. 여러분이 굶주린 청파리이고, 무르익은 알을 잔뜩 품었다면, 썩은 고기의 매력 넘치는 악취를 풍기는 폭 91.44센티미터짜리 **라플레시아**Rafflesia 꽃을 어떻게 못 본 척하겠는가?

　　　식물은 '정보 화학 물질infochemicals'을 활용해 썩어 가는 살을 무척 정교하게 흉내 내서, 악취는 각종 썩어 가는 유기성 물질에 대한 곤충의 후각적 선호뿐 아니라 부패 과정의 다양한 단계까지 반영한다. 일부 **라플레시아**종은 우선 암컷을 유혹한다. 암컷에게는 알을 낳으려는 욕망이 있으니, 수컷보다 꽃가루 매개자가 될 가능성이 더 크다. 말레이시아와 남아프리카의 한 연구팀은 무게가 7킬로그램에 달하고(15파운드 이상), 줄기나 잎에 문제가 없는 흔치 않은 식물 5종을 연구하는데, 연구팀은 암컷 똥파리만 꽃을 찾아간다는 사실을 알게 되었다. 동일한 수의 수컷과 암컷 파리를 풍동에 두고, **라플레시아칸텔리이꽃**Rafflesia cantelyi에서 나는 악취에서 가장 중요하면서도 유리된 화합물에 사로잡히는 정도를 실험하자, 암컷의 긍정 반응이 4대 1 비율로 수컷을 앞질렀다.

　이렇게 고약한 냄새를 흉내 낼 때는 시각 속임수도 약간 활용해 속임수의 질을 높인다. 꽃이 썩어 가는 고기나 배설물을 흉내 낼 때는 보통 짙은 고동색, 진한 빨간색, 어두운 노란색을 띠며, 옅은 배경에 어두운색 반점 무늬를 대비시킨다. 진한 빨간색은 살처럼 보이고, 반점이나 선은 벌어진 상처와 비슷하다. 악취와 시각 신호는 함께 작용한다. 남아프리카에 있는 종의 꽃을 표본으로 활용한 실험에서는 진짜 꽃에서 나는 악취를 넣었는데, 비슷한 향이지만 노란색으로 조작한 꽃보다 향을 넣은 검은색 꽃이 파리를 더 많이 사로잡은 것으로 나타났다. 평소에 야행성 박각시hawk moths만 찾아가는 꽃에 고약한 악취를 합성하자, **사프로필로우스**(Saprophilous, '썩는 걸 좋아하는') 파리가 금세 이 꽃을 찾아갔으니, 적어도 일부 꽃은 파리를 사로잡으려면 매혹 넘치는 향이 나야 하는 셈이다. 사프로필로우스 파리 수분이 진화상 변화하기 시작한 건, 고약한 악취를 생성하는 데에 뒤이어 시각(색깔, 무늬, 형태)을 각색해 종이 같은 꽃 사이에 꽃가루를 전하고 배치하는 데 최대한 활용하면서부터였을 것이다.

　참고로 파리에 영감을 받아 썩은 짐승 고기를 흉내 내는 식물군에서는 꽃 거대증이 흔하게 나타난다. 타이탄 아룸titan arum 홑꽃, 즉 **아모르포팔루스 티타눔**(Amorphophallus titanum, '거대하고 형태가 없는 남근')은 수마트라섬Sumatra 열대 우림에서 304.8센티미터가 넘게 자란다. 철저하게 연구된 지중해 죽은말아룸dead-horse arum은 죽은 유제류의 항문 부위를 흉내 내며, 30.48센티미터 이상 자란다. 꽃이 거대해지는 현상을 설명하는 신빙성 있는 이론에 따르면, 그런 꽃 집단은 개체 수가 적고, 숲에서 멀리 흩어지는 경향이 있어서 먼 거리에 있는 꽃가루 매개자를 사로잡아야 한다. 따라서 장거리에서도 향에 민감한 똥파리의 능력이 여기에 딱 들어맞는다.

  파리의 연대와 관련이 있으면서도 엄밀히 따지면 식물에 기반을 두지 않는 것이 파리와 균류의 관계다. 다양하면서 잘나가는 균류 왕국은 파리의 주의를 피하지 않았다. 파리는 균류에서 먹이를 먹고, 피신하며, 번식했다. 딱 알맞게 버섯파리fungus gnat라고 명명된 이들은 커다란 집단으로 5,000종 넘게 기재됐으며, 앞으로 발견될 종은 더 많다. 파리와 꽃식물이 그러하듯이 버섯과 파리의 관계도 서로 이로울 때가 많다. 균류와 접촉하는 파리는 홀씨를 뿌리는 균류에 효과가 좋다. 일부 균류는 특정 열매와 꽃가루 매개자가 그러하듯이 상대 파리와 서로 지나치게 의존해서, 파리 구더기의 내장을 거친 뒤에야 비로소 홀씨가 싹튼다.

*

파리, 꽃, 균류 사이의 관계는 지구에 있는 생명체의 기본 측면을 완벽하게 나타내는 예시다. 바로 상호 의존성이다. 이런 유기체는 함께하는 공간에서 수백 년 동안 공진화해 왔다. 이들의 연대는 대개 자물쇠와 열쇠처럼 긴밀하게 연결되었다.

  생식하느라 바쁜 유기체도 마찬가지다. 흔치 않은 예외이긴 하지만, 생식하려면 종이 같은 두 개체가 짝을 이루어 하나가 돼 유전을 보완해야 한다. 파리는 창의력 넘치는 방식을 떠올려 몸집을 불려 왔다.

# 8

# 연애 상대

파리는 짝짓기하는 걸 퍽 좋아한다.

— 에리카 맥엘리스터Erica McAlister, 영국 파리 전문가

파리의 짝짓기는 '브라운의 50가지 그림자'로 나타난다. 먹이를 안 먹을 수 없다 보니 식물에 파리용 유혹물이 생겨난 것처럼, 생식도 안 할 수 없다 보니 파리가 지나치게 많아졌다. 이 책을 쓰면서 연구하는 동안, 파리의 삶에서 가장 흥미로운 측면은 번식 습성을 중심으로 돌아가는 경우가 많다는 걸 알게 됐다. 따라서 이 장에 뭘 넣고, 뭘 한 무더기로 빼야 할지 정하기가 까다로웠다.

성충기가 짧은 파리와 대부분 곤충은 번식에 거의 완전히 몸 바친다. 여러 성충은 먹는 건 신경도 안 쓴다. 그 대신 훨씬 더 긴 유충기 동안 엄청나게 많이 섭취한 먹이에 힘입어 난자나 정자 생성에 박차를 가한다. 파리가 먹이를 먹는 건 어미 모기가 피를 빨아들이는 것처럼, 자신이 아니라 자

라나는 알에 영양분을 공급하려는 경우가 많다. 나는 자라면서 하루살이 류가 하루살이목Ephemeroptera으로 명명된 이유는 성충기가 순식간에 지나가서 그렇다는 사실을 알게 됐다. 성충기는 딱 하루만 갈 때도 많아서, 하루살이류는 몸 바쳐 짝짓기한다. 훨씬 더 극단적인 예를 연약한 어리멧모기과mountain midges의 단축된 성충기에서 찾아볼 수 있다. 어리멧모기과가 물속에서 나타나 알을 낳고 죽기까지는 2시간도 채 안 걸린다. 그게 바로 대자연이 생식에 부여한 중요성을 나타내는 척도다. 다리, 감각, 신체 체계가 모두 끊임없이 윙윙대는 성충 파리에게 엄청난 진화적 복잡성이 투자될 수 있다는 것이다. 이들에게 유일한 목표란 짝과 교미하는 것뿐이다.

## 파리는 어떻게 구애하는가

셰익스피어 작품에서 좌절한 로미오가 "검정파리가 로미오보다 구애를 더 많이 하며 사네"라고 한탄한 순간, 난 이 '시인'이 분명 곤충학에 안목이 있다는 생각이 들었다. 사실 여러 파리는 구애 솜씨로 여러 남자와 팽팽하게 맞붙을 만하다. 다양성에 충실한 파리는 구애 형태도 무수하다. 수컷 파리매는 빙빙 맴돌면서, 내려앉아 있는 연애 상대 위에 장식을 휙 내보인다. 뒷다리에 기다랗게 달린 술이나 은빛 생식기가 그 예다. 일부 장다리파리과는 구애할 때 날개를 격렬하게 덜덜 떨고, 색깔이 뚜렷한 다리를 활용한다. 가끔은 뒤로 화려하게 공중제비를 돌거나 체조도 한다. 파리가 어떻게 암컷을 위해 마루 운동을 하게 됐는지 궁금하다면, 까다로운 암컷 탓이라 하겠다. 수컷이 이처럼 절절하게 구애하니 안목 있는 숙녀 암컷은 대대로 힘차고 구애 솜씨가 정교한 구혼자를 선호하게 되었다.

알락파리과signal flies와 띠날개파리과picture-winged flies의 다감각 구애에는 시각, 촉각, 미각에 아마도 후각과 청각 요소까지 결합돼 있을 것이다. 이들이 이렇게 명명된 이유는 무늬가 두드러지는 날개 때문인데, 각 날개를 따로 힘차게 구부리면서 움직인다. 파리목 전문가는 이를 '노 젓기'라고 한다. 이렇게 표현한 신호가 통하고 서로 궁합이 맞으면, 짝이 된 파리 쌍은 기나긴 입맞춤을 하는데, 주둥이를 맞물린 채 침을 나눈다. 수컷은 가끔 침 분비액을 암컷의 등으로 옮기고는 그 자리에서 마신다. 암컷의 항문에서 나온 분비액을 삼키는 수컷도 있다. 일부 수컷 죽마다리파리stilt-legged flies는 아마도 유혹할 때 향기를 섞을 텐데, 그때 복부 양쪽에 달린 뒤집을 수 있는 주머니를 부풀린다. 최대 8번까지 짝짓기할 수 있는 수컷 모기는 정액을 마트로네matrone라는 페로몬과 섞어 암컷이 더 이상 짝짓기하지 못하도록 억제한다.

하지만 수컷 파리가 확실히 주도권을 쥐는 건 아니다. 수컷 춤파리는 향기의 도움을 얻었을 수도 있지만, 구애 전략으로 선물 주기를 선택했다. 이유도 타당하다. 성충 암컷 춤파리는 식욕이 왕성한데, 알을 많이 생성하기 위해서다. 그래서 짝도 메뉴에 올린다. 수컷은 교미 전에 갓 잡은 곤충을 선물하며 공중 춤을 장식한다. 선물의 크기는 수컷 몸만 할 수도 있다. 암컷은 선물을 가져오지 않는 수컷과는 짝짓기하지 않을 것이다. 일부 종은 수컷이 먹잇감을 그야말로 있는 그대로 넘겨줘서, 짝이 날면서 교미하는 동안 먹잇감을 먹게 한다. 다른 종은 먹잇감을 명주실에 감는다. 명주실은 앞다리 밑부분 가까이에 움푹 들어가 있는 털에서 나온다. 이런 계획 덕에 수컷은 암컷이 선물 포장을 푸는 사이에 귀한 짝짓기 시간을 번다. 하지만 수컷이 사랑의 선물을 줄 때, 일부는 우선 먹잇감을 대부분 먹어 버린 다음, 명주실 풍선 속에 조각만 남겨 둔다. 더 과감한 몇몇 종은 속이 텅 빈 포장만 선물로 준다. 또 다른 종은 연애 상대에게 솜털이 북슬북슬한 씨앗이나 먹을 수 없는 물체를 먹이로 주면서 교묘하게 빠져나가려 한다. 암컷이 불만을 품을까? 암컷 여러 종은 직접 사냥하지 않는 대신 꿀이나 꽃가루를 먹기 때문에 결혼 선물은 새끼가 자라는 데에 꼭 필요한 단백질을 제공하는 셈이라고 본다.

그렇게 호화로운 선물을 주는 데다 수컷이 끼니에 도움이 될 가능성도 있는 만큼, 짝을 차지하려는 경쟁은 양쪽 모두에게 통한다. 암컷도 수컷을 얻으려고 겨룬다. 적당한 수컷을 유혹하려고 애를 쓰는 과정에서 일부 암컷 춤파리는 눈속임 기술을 써먹는다. 복부를 부풀려 다 자란 알 때문에 빵빵해진 것처럼 보이게 하는 것이다. 파리는 바쁘게 움직이면서 흥분한 수컷이 거부할 수 없는 광경을 보여 준다.

수컷의 매력에는 구애 기능만 있는 게 아니다. 여러 종은 거의 똑같아 보이는데, 한 종에만 국한된 구애 작전은 종을 확인하는 데도 도움이 된다. 엉뚱한 종과 짝짓기하면 두 종 모두 새끼를 낳지 못하는 만큼, 종의 신분을 확인할 도구를 강력히 선호하도록 진화한 것이다(깔따구 **Chironomus**에 647종이 있다는 걸 잊지 말자. 그다음에는 인간 즉, 호모속 **Homo**에도 여러 종이 있다고 상상해 보자).

초파리의 짝짓기 춤이 본보기다. 초파리는 우리에게 익숙하고, 크기가 작은데, 집에 찾아와서는 과일 그릇에 강렬하게 이끌린다. 각 종에게는 정교하면서도 여러 단계로 이루어진 춤 순서가 있다. 움직임에는 날개 기울이기, 한쪽 또는 양쪽 날개를 앞으로 씰룩이기, 날개를 양쪽 옆으로 쭉 뻗기, 엄청나게 빨리 파닥이면서 다양한 음으로 윙윙대기가 있다. 각 단계는 올바른 순서를 따라야 하며, 능숙도가 만족스러워야 한다. 안 그러면 춤 전체를 실패해 추파가 원점으로 돌아간다(그보다 못할 수도 있다). 이렇게 춤을 추는 구애 단계에서는 한쪽이나 양쪽 초파리 모두 다리나 날개나 더듬이를 손질하는 행동을 자주 멈춘다. 초기에는 이처럼 차분히 행동하는 게 괜찮은 전략이다. 이번이 평생에 걸쳐 유일하게 이성과 접촉할 기회라면, 위험 부담을 줄이는 게 현명할 테니까. 춤 동작이 통하면 행동은 더 격렬해지다가, 결국 신체 접촉으로 이어진다. 수컷은 암컷의 몸을 다리와 발로 톡톡 두드리면서 쓰다듬는다. 일이 다 잘 돌아가면 수컷은 소중한 짝에 입을 맞추기 시작하는데, 부드러운 구기를 암컷의 등과 배에 리듬감 있게 꾹꾹 누른다. 가끔 애무가 더 진해지면, 몸에 하는 입맞춤이 생식기를 핥는 데까지 확장된다. 교미는 2시간쯤 계속된다. 보통 사람 커플이 성관계를 가진 뒤에 숨을 돌리거나, 매무새를 가다듬거나, 가끔은 텔레비전을 보는 것과는 달리 말이다.

　　구애하는 초파리의 날개에서 나오는 소리는 한낱 시각 표현의 부산물에 불과한 게 아니다. 사실은 수컷이 날개를 움직이는 주된 목적일 수도 있다. 이런 '노래' 형태는 2가지로, 모기처럼 앵앵대는 소리와 가르랑거리는 고양이 소리에 좀 더 가까운 맥박 소리다. 이런 소리는 한쪽 날개를 쭉 뻗고 파닥일 때 생긴다. 그 결과로 들리는 소리는 매우 미약해서 백만 배 증폭해야 들릴 정도다. 2016년 프린스턴대학교 Princeton University 연구진은 수컷 초파리가 구애 노래의 강도를 암컷과의 거리에 따라 조절한다는 사실을 알아냈다. 연애 상대가 멀리 있으면 더 크게 노래하는 행동은 우리가 길 저편에 있는 사람을 부를 때 소리를 쳐서 부르는 것과 같다. 수컷 파리에게는 쓸모 있는 능력이라서, 암컷을 위해 노래하는 데 한껏 들어가는 힘을 최대한 아낄 수 있다. 까다로운 암컷은 수컷 파리가 제법 오랫동안 노래하길 바랄 때가 많다. 다른 곳 어딘가에서는 노랫소리를 조절해 듣는 이와의 거리를 좁히는 일은 사람과 명금만 한다고들 알고 있다.

나처럼 궁금해하는 사람이 많으리라 믿어 의심치 않는다. 대체 왜 모기는 앵앵대는 소리를 내는지 말이다. 찰싹 때리는 커다란 꼬리나 치명적인 두 손이 있는 데다 경계심까지 높은 생물체에 다가갈 때, 암컷 모기는 분명 침묵을 지켜야 한다. 아리스토텔레스는 파리 소리가 "의미 있는 연설의 반대 같다"라고 말하며 파리에게는 "목소리와 언어가 없다"라고 잘못 결론짓기도 했다.

더 꼼꼼하게 조사해 보면, 그런 광기에 의미를 부여하게 된다. 모기가 앵앵대는 소리는 날개를 1초당 600번까지 파닥이면서 나게 되는데, 이는 숙주를 성가시게 할 목적으로 내는 게 아니다. 실제 기능을 나타내는 단서 한 가지는 암컷만 소리를 내는 종이 많다는 사실이다. 또 다른 단서는 수컷이 털이 북슬북슬한 더듬이를 통해 소리를 듣는다는 점이다. 더듬이는 일제히 진동하면서 자기 종이 내는 음을 정확히 듣는다. 털 맨 아랫부분에 있는 감각 세포는 진동을 신경 충동nerve impulse으로 바꿔 뇌에 전달한다. 그러면 수컷 파리는 짝을 찾아 나서도록 자극받는다.

아리스토텔레스를 더 비판해 보자면, 모기도 초파리처럼 날개 파닥임을 조절하는 연습을 한다. 수컷 모기가 더 높은 소리로 앵앵대면서 빨리 파닥이는 경향이 있지만, 암수 모두 짝짓기하는 동안 음을 왕성하게 조절하면서 고음 화성을 맞춘다.

모기의 청각 충실도는 오류에 영향받지 않는다. 일부 종에서는 덜 자란 수컷의 날개 음이 다 자란 암컷의 소리와 비슷해서, 이상하게 짝을 이루기도 한다. 어떤 곤충학자는 모기가 소리굽쇠에 이끌린다고 알려 줬는데, 한 발전소에 있는 기계가 무수한 모기 때문에 끈적끈적해진 유명한 사건은 다 기계에서 나오는 특정 고음에 사로잡힌 수컷 모기 때문이었다.

새로 등장하는 수컷 모기는, 이를테면 사춘기 전 단계다. 생식기가 성숙해지려면 하루가 걸리는데, 그 과정에는 180도 회전하는 일도 포함된다. 딱 알맞게도 사춘기 전 수컷은 성 기능만 미성숙한 게 아니라 소리도 못 듣는다. 모기 소녀의 사랑 노래를 들으려면, 모기 소년은 더듬이에 난 털을 쭝긋 세워야 하는데, 생식 회전이 완전해져야 비로소 털이 서기 시작한다. 그렇게 예정돼 있다 보니 성적으로 무능한 수컷이 준비된 암컷과 한 몸이 되는, 짜증 나면서도 생산성이 떨어지는 시나리오를 피하게 된다.[12]

모기 사촌처럼, 코레트렐리과 역시 구애 노래를 활용한다. 역시 수컷에게 **우상**(깃털 모양) 더듬이가 있어서 소리를 듣는 데 도움이 된다. 스리랑

---

12 한편, 최소 한 가지 사례에서는 암컷이 터무니없이 어린 시기에 짝짓기하게 된다. 어린 암컷은 번데기에서 나오려는 순간, 성충 수컷에게 사실상 강간당한다. 뉴질랜드 모기 **오피펙스 푸스쿠스**Opifex fuscus 수컷은 수면에서 돌아다니다가 번데기가 수면으로 오르는 순간, 그곳으로 돌진한다. 수컷은 번데기를 꽉 붙든 다음, 비집어 연다. 수컷이면 풀어 주고, 암컷이면 교미한다. 운 나쁜 암컷은 처음으로 성충이 된 순간에 새끼를 밴다. 발언권 한번 얻지 못한 채.

카, 미국, 파나마 연구팀은 등에모기과가 재빨리 파닥이면서 내는 음과 화성이 암수에 따라 다르다는 사실을 알아냈다. 수컷과 암컷 쌍이 함께 어울릴 때면, 둘 다 날개 파닥임을 조절해 서로 음조를 맞춘다. 어쩌면 제멋대로인 구혼자를 쫓아내는 수단인 듯한데, 수컷은 자기 위에 또 다른 수컷이 올라타자 음높이를 조절해 구혼자의 음높이와 멀어지게 했다. 모기가 자기 방식대로 "귀찮게 굴지 마!"라고 하는 셈이다. 과학자는 소리를 내서 구애하는 기능과 청력 덕에 파리가 개구리 울음소리를 엿듣고 뒤쫓는 길이 트였다고 여기기도 한다.

　　구애 노래는 최근 미국 서부에서 발견된 장다리파리종에서 눈에 띄는 신체 특징의 근원일 수도 있다. 표본 28개를 모두 조사한 결과, 수컷 **에레보미이아 엑살롭테라**Erebomyia exalloptera는 모두 왼쪽 날개가 오른쪽보다 6퍼센트 더 컸고, 각 날개는 끝부분 근처 모양이 다 달랐다. 날개 비대칭이 날개가 달린 다른 동물에서도 나타나는지는 밝혀지지 않았다. 어쨌든 곧장 날아가는 일보다 우선하는 건 뭘까? 바로 짝짓기다. 가냘픈 에레보미이아 엑살롭테라는 길이가 약 4밀리미터(0.2인치)이며, 애리조나주 협곡 샛강을 따라 있는 바위투성이 돌출부 밑 캄캄한 구멍에서 구애하고 짝짓기한다. 구애에는 독특한 소리가 나는 '날개 부채질하기'가 들어가는데, 비대칭 날개 때문인 듯하다. 빙빙 맴도는 수컷은 바위 위로 다가가 어두운색 얼룩이라면 어디든 톡톡 칠 텐데, 암컷이라면 뒤쪽에 내려앉고는 2.54센티미터쯤 안쪽으로 다가간다. 그다음에는 양쪽 날개를 가로로 쭉 뻗은 뒤 짧게 폭발하듯이 계속 부채질한다. 암컷이 떠나가지 않는다면, 용기를 얻은 수컷은 계속 날개를 부채질하면서 암컷의 복부 위에 자리를 잡은 채 교미를 시도한다.

왜 비대칭 날개 같은 신체상 약점을 선호하도록 진화할까? 사람들은 구애에 강점이 있더라도 제대로 날지 못해서 얻는 불이익이 그보다 더 크다고 생각할 것이다. 하지만 뛰어난 이스라엘 생물학자 아모츠 자하비Amotz Zahavi는 1975년에 발표한 이론에서 이런 수수께끼를 해결할 가능성을 제안한다. 자하비의 "약점의 원리handicap principle"에 따르면, 암컷은 약점이 가장 큰 짝을 택한다. 역설적이지만, 짐을 지지 않은 수컷보다 유전적으로 우월하다는 뜻이기 때문이다. 다시 말해, 약점이 있는데도 역경을 딛고 살아남아 번식할 준비가 된 수컷은 분명 생존 경쟁에서 무척 뛰어나리라고 생각한다는 것이다. 그런 유전자는 보유할 만하다 하겠다.

### 경쟁 상대 다루기

짝짓기에 굶주린 수컷에게는 분별력 있는 암컷 파리만이 유일한 걸림돌은 아니다. 다른 수컷도 똑같은 우승 트로피를 두고 경쟁한다. 괜찮은 짝을 차지하려는 경쟁은 동물, 보통 수컷 간에 만연하며, 파리 사이에서는 치열하다.

**초파리속**Drosophila에 속하는 수컷 초파리는 5시간을 치고 덤빌 것이다. 과학자는 이렇게 작은 초파리를 하도 면밀하게 연구한 나머지 이른바 행동 단위를 경쟁 작전에 배치했다. 그런 행동 단위는 혼합 무술 설명서처럼 해석된다. 순서는 대체로 단계에 따라 올라가는데, 주요 단계는 이렇다. **다가가기**: 파리 한 마리가 몸을 기울인 뒤 다른 파리 쪽으로 움직인다. **날개로 위협하기**: 파리 한 마리가 날개를 상대 쪽으로 재빨리 들어 올린다. **달려**

들기:** 파리가 경쟁 상대에게 몸을 던진다. **권투 하기:** 상대가 뒷다리를 들어 올리면, 서로 앞다리로 때린다. **몸싸움하기:** 두 파리 모두 서로를 뒤집는다. 막거나 걷어차기, 쫓기와 붙들기도 있다. 벨기에 연구원 리스베스 즈왈츠Liesbeth Zwarts와 동료가 2012년에 기록했듯이 말이다. 이는 척추동물이 하는 신체 공격과 비슷하지만, 사람처럼 체계를 갖춘 채 한바탕 공격하진 않는다. 엄포를 놓거나 의례적으로 행동하면, 보통 다툼이 충분히 해결된다. 따라서 권투나 몸싸움처럼 더 폭력적으로 행동하면 다칠 위험이 있는 만큼, 그렇게 하는 일은 비교적 드물다.

상대가 순위제dominance hierarchy에서 자기 위치를 알 때는 폭력적인 공격 역시 피한다. 순위제에서는 이전에 겨룬 상대를 기억하는 능력이 필요하다. 하버드대학교 의과대학 병리학자 연구팀이 남긴 **초파리속** 기록에 이런 내용이 나온다. 연구팀은 수컷 파리 쌍을 서로 싸운 곳에 그대로 뒀다. 그다음에는 30분 동안 따로 있게 한 후, 익숙하거나 익숙하지 않은 상대와 다시 짝을 이루게 했다. 익숙한 상대와 짝을 이루자, 익숙하지 않은 상대와 짝을 이뤘을 때보다 덜 싸웠다. 아마도 각자 자기 위치를 알아서 그런 듯하다. 전에 패배한 파리는 익숙하지 않은 승자보다는 익숙한 승자에 맞설 때, 예전과는 다른 방식으로 싸웠다. 하지만 양쪽 모두를 절대 이기지 못했으며, 무경험 파리(싸운 경험이 없는 수컷)에 맞설 때도 마찬가지였다. 승자-승자, 패자-패자, 무경험-무경험 파리끼리 짝을 이루게 하자, 패자 파리는 나중에 한 싸움에서 강도가 떨어져서, 순위제에서 상위를 차지할 가능성이 적은 것으로 드러났다. 수컷 초파리는 싸움에서의 서열을 바탕으로 다른 수컷과의 사이에서 사회적 지위를 익히고, 기억하는 듯하다.

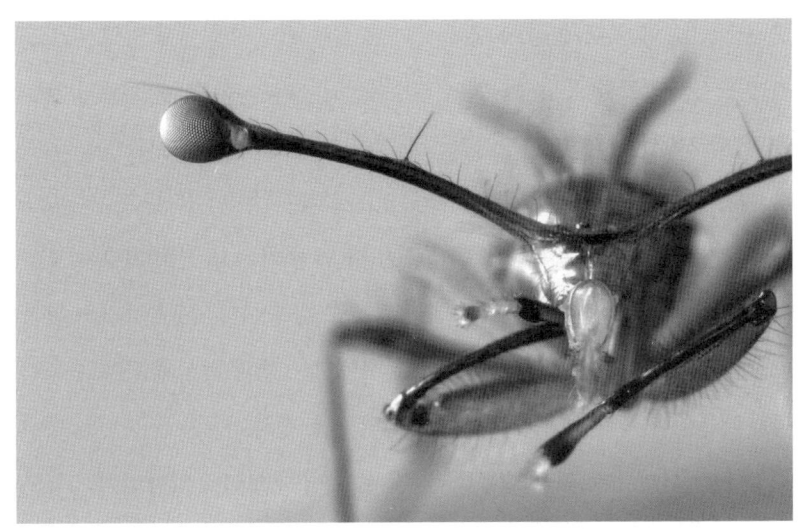

**사진 22** 에콰도르에 있는 이 수컷 띠날개파리는 눈자루가 색다르고 기다랗다. 수컷 틈에서 대대로 격렬하게 경쟁하면서 까다로운 암컷을 사로잡다가 생긴 결과다. 암컷에게는 무엇보다 크기가 중요하다. ⓒ롭 넬Rob Nell

 이 얘기도 해야겠다. 수컷이 공격하는 이유가 다 암컷 때문만은 아니다. 또 다른 이유는 바로 먹이다. 그런 공격이 수컷 사이에서만 일어나는 것도 아니다. 암컷도 먹이를 놓고 싸우는데, 특히 이스트가 함유돼 있으면 그렇다. 이스트는 자라나는 유충에게 매우 소중하고 유용하기 때문이다.

 수컷이 암컷을 두고 경쟁하는 건 그렇게나 작은 생물체에게는 눈에 띄게 복잡한 일이다. **프로킬리자 크산토스토마**Prochyliza xanthostoma를 생각해 보자. 북아메리카 뼈선장파리bone-skipper fly인데, 귀엽게도 복부에서는 무지갯빛이 나고, 완벽한 타원형 날개를 가졌다. 이들은 초봄에 눈이 녹는 동안 겨울에 죽은 동물이 새로 보이면, 사체 위나 주변에서 영역 싸움을 벌인다. 뒷다리로 위풍당당하게 선 상대는 앞다리를 쫙 편 채 서로의 앞발을 꽉 잡으면서 시작한다. 그러면 상대적인 체구를 가늠하는 데 도움이 된다. 체구는 흔히 시합 결과를 예측하는 요소니까 말이다. 이들은 2분 넘게 맞붙는다. 앞발과 더듬이로 권투를 하면서 엄청 가늘고 긴 머리로 서로를 들이받는다. 발정기 사슴처럼 번개 같은 속도로 말이다. 이런 파리는 왈츠파리waltzing flies라는 이름도 얻었는데, 구애하는 짝과 동시에 좌우로 움직이기 때문이다. 구애는 수컷이 성인 올림픽 체조 행사에 걸맞은 작전을 수행하면서 막을 내린다. 연을 맺은 한 쌍이 서로 마주 보면서 앞다리끼리 닿으면, 수컷은 즉시 암컷의 몸 위에서 공중제비하며 180도 회전한 다음, 암컷의 등 위에 내려앉으려 한다. 점수를 얻으면, 수컷은 바로 생식기를 고정하기 시작한다. 교미는 5분 정도 계속된다.

수컷 똥파리는 짝짓기 표적을 덜 차별한다. 다른 수컷뿐 아니라 다른 종의 등 위에도 뛰어오르는 모습이 목격되곤 하는데, 이들은 수련 잎 위에 썩은 회색 얼룩마저도 진탕 놀고먹는 데 써먹는다. 이성에게 뛰어오르는 데 성공하면, 정교한 구애 의식을 치르게 된다. 암수 파리는 15분 정도 왔다 갔다 하면서 마구 뒤흔드는데, 암컷의 반응이 안 좋으면 금세 멈춘다. 하지만 동성에게 뛰어오르면, 덤벼든 수컷은 실수를 알아차려도 재빨리 내려가지 않는다. 그 대신 대개는 마음 내키지 않아 하는 상대에게 올라타려고 기를 쓴다. 상대가 격렬하게 수컷을 쫓아내려고 애쓰는 모습은 껑충껑충 뛰는 야생마와 비슷하다. 켄 프레스턴-마프햄Ken Preston-Mafham은 영국 워릭셔Warwickshire에서 이 파리를 연구했는데, 위쪽에 있는 수컷이 가만히 있는 이유는 자기 아래에 있는 파리와 통했다고 착각해서가 아니라, 자기가 다음 암컷이 백합꽃 위에 내려앉을 때 더 잘 덮칠 만한 곳에 있다고 생각해서라고 한다. 수컷 위에 올라타는 행동은 암컷 위에 올라타는 솜씨를 갈고닦는 방법이기도 하다. 다른 수컷과 짝짓기하는 수컷 초파리는 암컷과 짝짓기할 가능성이 더 크다.

싸우고, 우위를 점해 올라타는 일은 수컷 파리가 다른 파리와의 경쟁을 줄이려 할 때 쓰는 여러 전략 중 2가지에 불과하다. 똥파리는 자기가 선택한 짝을 지키며 다른 구혼자를 쫓아낸다. 붉은배털파리love bug는 암컷이 올라타지 못하게 하며 오랫동안 교미하고, 초산파리vinegar fly는 화학 물질을 넘겨서 암컷이 다른 짝에 반응하지 못하게 한다.

가장 열정 넘치는 구혼자마저도 까다로운 암컷에게 거부당할 수 있다. 암컷 초파리는 전략을 활용해 여지를 좀 남겨 두는데, 그러면 구애하는 수컷은 자기가 퇴짜맞는 건 아닌지 의심하게 된다. 암컷은 뒷다리로 수컷의 머리를 걷어차거나 아니면 살짝 덜 노골적으로 산란관(질 기능도 겸한다)을 바깥쪽으로 짧게 해 안으로 들어오지 못하게 한다. 알을 낳을 때 하는 것처럼 말이다. 밀려 나온 기관에서는 여러 휘발성 탄화수소가 퍼지는데, 보통 암컷의 향기는 정력제 역할을 하지만, 이 경우에 향은 거부를 의미한다. 숙녀 파리가 자기 방식대로 페로몬을 활용해 짝짓기를 원하는 수컷에게 꺼지라고 말하는 셈이다.

퇴짜맞은 수컷은 욕구도 잃는다. 짝짓기 경험이 없고 자기를 거부하지도 않는 암컷과 함께 있어도 보통 흥미를 보이지 않았다. 이렇게 성욕이 감소한 상태는 몇 시간에서 며칠까지 가기도 한다. 이 현상은 수십 년 전 과학자들에 의해 주목받기 시작했다. 파리에게 낙담이나 좌절 같은 감정이 있을 리 없다고 보는 바람에, 파리 연구진은 "구애 조건화courtship conditioning"라는 용어를 택하게 되었다.

## 파리의 교미

구애와 경쟁은 모두 최종 보상을 위한 도입부다. 최종 보상은 바로 짝짓기다. 수컷 파리가 짝에 구애하려다 실패하거나 다른 경쟁자에게 패배하면, 유전자는 아무 데도 못 간다. 수컷의 생식은 막다른 골목에 이른다. 자연선택은 실용적이면서 효율적이다. 따라서 약점이 뭐든 간에 보통 수준보다 낮은 수컷의 유전자를 전달하면, 그런 유전자가 다음 세대에 나타날 확률은 줄어든다.

우선 주요 해부학 구조를 살펴보자. **삽입기**aedeagus는 송입 기관으로, 본질상 음경에 해당한다. **교미낭**bursa copulatrix은 곤충의 질이다. 질 평행이론은 말에 그치는 게 아니다. 2010년에 전문가 3명이 파리의 질을 묘사했는데, 등골이 오싹해질 만큼 포유류의 질을 빼닮았다고 한다.

"질은 길게 늘어난 근육 관이며, 안쪽에 얇은 각피가 줄지어 있다……. 질이 텅 비면, 벽에 주름이 자글자글하게 생긴다. 질에는 정포(젤리 같은 덩어리로, 정액이 들어 있음)가 들어 있거나, 태생종의 경우에는 알이나 유충이 자랄 때 질이 엄청나게 확장된다(교미 중과 후에)."

곤충의 생식기는 모양과 크기와 구조가 눈에 띄게 다양하다. 간질간질한 털, 꽉 쥐는 교미기, 부풀릴 수 있는 구조, 서로 맞물리는 장치가 있다.

일부 날도래caddisfly의 생식기에는 **자루 기관**titillator이 있는데, 고리 같은 돌기가 암컷이 짝짓기하도록 자극하는 역할을 한다. 띠날개파리 한 종은 성기가 고리 모양이며, 완전히 쫙 뻗으면 몸길이와 똑같다.

파리의 짝짓기만 다루는 책도 많다. 재니등에과Bombyliidae에 속하는 재니등에만 탐구하는 책도 있다. 학술 목적으로 도서관을 찾았을 때, 파리매광을 위한 178쪽짜리 논문을 대충 훑어본 적이 있다. 제목은 〈파리매과의 생식기에 관하여On the Genitalia of Asilidae〉였다.

이렇게 파리의 사적인 부분에 집착하는 일은 관음증 같다기보다는 체계가 잘 잡혀 있다고 하겠다. 독특하면서도 복잡한 특성은 가장 믿을 만한 특징이라서, 밀접하게 관련 있는 종과 구별된다. 파리와 이를 연구하는 과학자 모두에게 중요한 부분이다. 밀접하게 관련된 종이 굉장히 다양하다 보니, 겉보기에는 똑같이 생긴 쌍둥이와 비슷할 수도 있다. 삽입기aedeagus에 있는 특유의 혹이나 교미낭bursa copulatrix에서 보이는 독특한 주름은 종의 일원을 확인할 때 결정적인 단서가 된다. 파리에게는 사소한 문제가 아니라서, 짝짓기를 원하는 수컷은 자기가 구애하려는 파리가 같은 종에 속하는지를 안다. 시간과 자원이 실제로 번식할 가능성도 없는 마구잡이식 관계에 낭비되면 안 되기 때문이다.

아마도 이런 이유에서 파리에게 복잡한 생식기와 시각적 장식, 구조가 진화해 짝을 얻고 애정을 유지하게 됐을 것이다. 예를 들어 보면, 셉시나에Sepsinae에 속하는 기이한 375종은 개미 같은 꼭지파리과의 아과다. 수컷은 복부에 눈에 띄게 난 털과 변형한 앞다리를 뽐낼 때가 많은데, 그러다 보면 촉각이나 시각 자극이 전달되기도 한다. 날리니 푸니아무르티Nalini

Puniamoorthy와 싱가포르국립대학교National University of Singapore 동료가 꼭지파리과 27종을 실험실 환경에서 사육했다. 녹화 영상에서는 종을 구분하는 데 각 유형만의 짝짓기 방식이 도움이 되는 것으로 나타났다. 예를 들면, 수컷은 뒷다리나 가운뎃다리로 암컷의 다양한 부위를 문지르거나 톡톡 치고, 주둥이로 암컷의 머리 꼭대기에 '입맞춤'한다. 이렇게 신비로운 행동은 수컷이 부절(tarsi, 우리의 발가락과 똑같다)을 둥글게 말거나 암컷이 반복해서 앞다리를 머리 위로 들어 올릴 때처럼 신체를 접촉하지 않는 변종인 경우가 많다.

 구애 성공은 결합 성공으로 이어지는데, 바로 이때 파리의 생식기가 정말 돋보인다. 일부 파리는 생식기를 180도 회전하는 작전을 써서 상대를 자기 등에 억지로 눕히고는 생식기가 계속 붙어 있게 한다. 이를 바탕으로 내가 메릴랜드주에서 하이킹하다 본 것 같은 이상한 광경을 설명할 수 있다. 암컷 파리의 등은 추처럼 매달려 있었고, 다리는 바깥쪽을 향했다. 짝과는 생식기만 달라붙어 있었는데, 이 경우에 짝은 이정표에 내려앉은 상태였다. 집에서 시도해 보려고 하지는 마시라.

 파리 생식기의 크기와 힘과 정력의 장점이 여기에서 드러난다. 상대가 성기만 붙은 채로 매달릴 수 있을 정도니까. 파리 대부분이 선호하는 체위는 개와 형태가 비슷해 보인다. 수컷이 뒤에서 올라타 있는 동안에는 두 상대 모두 앞을 향하고, 끝과 끝이 붙으면 서로 반대 방향을 향한다.**사진 23** 서로 똑같이 위를 보거나, 180도 반대 방향을 보기도 한다.**사진 24** 파리판《카마수트라》가 있다면, 아마도 선교사 체위missionary position는 안 나올 거다. 날개 달린 생물체는 정상 체위로는 짝짓기를 할 수가 없으니까 말이다. 이들

**사진 23**
두 마리의 노랑등에가 파리 특유의 서로 반대 방향을 향하는 짝짓기 자세를 보여준다.
(저자가 찍은 사진)

은 언제든 위험에서 벗어날 준비가 되어 있다. 하지만 가끔 애매한 상황도 발생한다. 짝짓기를 꺼리는 암컷이 수컷을 따돌리려 애쓰다가, 둘 다 잠시 등을 대고 누운 채 발을 허공에 띄우는 상황이다.

파리는 얼마나 오래 교미할까? 붉은배털파리(일반명은 '신혼여행파리'라고 한다)는 미국 남부에서 유명한 깔따구다. 끊임없이 교미하는 파리로 기록을 보유해서 이런 이름을 얻었다. 무려 56시간이다(곤충의 연속 짝짓기 고정 기록은 대벌레가 보유한다. 대벌레가 짝과 하는 마라톤은 79일까지 이어지는데, 여러 곤충의 전체 성충기 수명보다 주기가 훨씬 길다. 게다가 내가 볼 땐 사람 대부분을 누적한 결과보다 더 길지 않을까 싶다).

사랑 나누기는 모두 성공하는 듯하다. 1940년대에 중앙아메리카에

**사진 24**
일부 파리는 생식기를 성공리에 맞물리려면 한쪽이 180도 회전해야 한다. 이 사진에서는 메릴랜드주에 있던 암컷 말파리가 회전했다. 그렇게 하면 이상한 체위가 나타난다.
(저자가 찍은 사진)

서 북쪽으로 이동한 뒤부터, 붉은배털파리는 동쪽으로 매년 약 32.18킬로미터씩 범위를 확장했다. 1949년 무렵에는 펜서콜라Pensacola에, 1957년 무렵에는 탤러해시Tallahassee에, 1966년 무렵에는 게인스빌Gainesville에, 1975년 무렵에는 사우스플로리다에 다다랐다. 파리가 자동차 창유리에 후두두 떨어지는 바람에 안전하게 운전하기란 어렵거나 불가능할 정도인데, 이렇게 짝짓기를 원하는 파리와 창유리의 관계는 우연이 아니다. 파리는 고속도로에서 뿜어져 나오는 자외선과 자동차 배기관에서 나오는 매연이라는 신비로운 성분에 사로잡힌다. 교미하는 쌍은 457.2미터 높이에서도 찾아볼 수 있었다.

보통 다른 구혼자 10마리 정도를 상대로 씨름해서 이긴 다음에, 수컷 붉은배털파리는 평소처럼 적극적인 암컷에 올라타 자신의 복잡한 생식기를 암컷의 복잡한 생식기와 결합한다. 근육질에 서로 맞물리는 교미기 세 부분과 판막이 효율적으로 작동하며 생식기가 단단히 달라붙는다. 일단 완전하게 결합하고 나면 수컷이 180도 회전하는데, 그러면 머리가 각 끝부분에 닿는다. 암컷과 수컷은 이 체위로 날아다닌다. 둘 다 날개를 파닥이다 보니 플로리다대학교University of Florida와 미국 농무부United States Department of Agriculture 소속 과학자는 이를 보고 수컷의 노력이 앞으로 날아가는 데 도움이 되는지, 아니면 방해가 되는지를 곰곰이 생각했다. 이들은 간단하면서도 현명하게 이 문제를 해결할 방법을 생각해 냈다. 혼자 있는 암컷의 평균 비행 속도를 결합한 쌍의 속도와 비교한 것이다. 속도는 1분당 각각 41미터와 51미터였다(1시간당 2.41~3.21킬로미터). 암컷 붉은배털파리가 짝짓기 덕에 더 강력해졌거나, 아니면 교미한 수컷이 뒤로 날 수 있거나 둘 중 하나다.

  다른 과학자는 수컷 붉은배털파리가 12시간 안에 정자를 짝에게 모두 옮겼다고 결론 지었다. 그러면 수컷은 왜 하루 이상 계속 붙어 있을까? 가장 유력한 해석은 정자 우위sperm precedence라는 현상이다. 마지막으로 짝짓기하는 수컷이 난자 대부분을 수정시키는 현상으로 교미를 오랫동안 계속하는 건 바람을 피우지 못하게 하려는 전략이다. 수컷은 짝 안에 머물면서 아주 노골적인 방법을 활용해 다른 수컷이 들어가는 걸 막는다.

### 바쁘게 움직이는 생식기

특히 점점 늘어나는 여성 파리목 전문가 핵심 집단에서는 파리 생식기 연구가 대부분 수컷 파리에 초점을 뒀다는 사실을 간과하지 않았다.

뮌헨Munich 바이에른주 동물학 연구소Bavarian State Collection of Zoology에서 암컷 파리의 생식기 연구를 이끄는 두 연구자 날리니 푸니아무르티와 마리온 코트르바Marion Kotrba는 "수컷의 구조와 비교하면, 암컷 생식관reproductive tract의 외부와 내부는 주로 '암상자'라서, 지금껏 알려지지 않았다"라고 말한다. 두둔해 보자면, 외부(수컷)가 내부(암컷)보다 연구하기는 더 쉽다. 하지만 꼼꼼하게 해부하면서 현미경도 활용하면 내부 구조를 효과적으로 연구할 수 있다. 푸니아무르티와 코트르바는 싱가포르국립대학교National University of Singapore 소속 루돌프 마이어Rudolph Meier와 함께한 2010년 연구에서, 꼭지파리과 암컷 41종의 생식기가 급격히 진화했다고 서술했다.

암컷은 순식간에 짝짓기 구조를 발달시켜야 한다. 수컷이 순식간에 짝짓기 구조를 발달시키기 때문이다. 한쪽 성이 한 방향으로 발달한다 한들 다른 쪽 성이 따라잡지 않는다면, 이로울 일이 뭐가 있겠는가? 교차 성cross-gender 변화는 함께 **일어나야 한다.** 수컷 생식기는 변형됐는데 암컷 생식기가 이를 수용할 수 없다면 자연 선택으로 그런 수컷이 제거될 테니 말이다. 손발이 척척 맞는다.

하지만 암컷은 생식을 선택할 수 있는데, 수컷은 그러지 못한다. 우선 난교 때문에 암컷 파리의 선택 범위가 넓어져서, 어떤 정자에 난자를 맡길지 고를 수 있다. 푸니아무르티와 연구팀이 언급하듯이 "연구에서는 암컷이 다양한 수컷의 정자를 서로 다른 정자 저장 주머니에 별도로 저장함으로써 부성에 영향을 끼칠 수 있는 것으로 나타난다. 어떤 주머니를 써서 난자를 수정할지 조절하기도 한다." 솜씨가 제법 인상 깊지만, 주머니를 고르는 방식과 차별을 두는 사정은 수수께끼로 남아 있다.

푸니아무르티와 동료는 암컷 생식관의 특징 2가지를 확인했는데, 빠른 속도로 진화하고 있었다. 첫 번째는 **등 경피**dorsal sclerite로, 질벽에서 단단하게 굳어 있는 부위다. 관 입구로 정자를 받아들이고 저장하면서 수컷의 남근과 상호 작용한다. 두 번째는 정자를 저장하는 기관으로 **복부 수용체**ventral receptacle라고 하는데, 아마 이곳에서 수정이 일어날 것이다.

"두 구조 모두 꼭지파리과가 교미 후에 성 선택sexual selection을 할 때 표적이 될 가능성이 있다." 그러니까 암컷은 아마도 어떤 수컷(들)이 난자를 수정하게 할지 정할 수 있다.

그사이, 수컷은 자극 전략을 써서 암컷의 선택에 영향력을 끼치려 한다. 예를 들면, 수컷이 송입 기관을 등 경피에 문지르는 행동은 구애 신호인데, 암컷이 교미 후에 선택하는 데 영향을 끼친다. 수컷이 쾌락을 이용해 암컷을 흔들어서 다른 수컷의 정자 대신 자기 것을 선택하게 할까? 그런 해석을 편하게 받아들이는 곤충학자는 만나 본 적이 없지만, 그럴 가능성을 배제해서는 안 된다. 그건 그렇고, 죽은 동물을 먹는 파리는 암수 모두 생식샘이 크고 향기를 내뿜는데, 꼭 레몬과 백리향을 섞어 놓은 듯한 향이 난다. 그래서 원래 이름 대신 향기로운 파리라고 부르자는 의견도 나왔다.

과학자는 짝짓기하는 파리 쌍의 내부에서 일어나는 일을 어떻게 볼 수 있을까? 체체파리 5종을 연구하는 연구팀은 3가지 기술을 활용했다. (1)

짝짓기하는 파리를 급속 냉동한 다음 해부했다. ⑵ 인공으로 수컷을 자극했다. ⑶ 새로운 엑스레이 기술로 교미하는 쌍을 관찰했다. ⑶은 암컷 내부에서 일어나는 일을 실시간 녹화하는 기술이다. 과학자는 그런 자료로는 "이토록 복잡하고 숨겨진 세계를 불완전하게 볼 뿐이다"라고 시인한다.

친구와 점심을 먹으면서 사적인 이야기를 나누다가, 섹스할 때 말을 하는지 물어봤다.

"혼자 할 때만 하는데"라는 대답이 돌아왔다. 파리는 그렇지 않다. **교미 대화**copulatory dialogue를 검색해 보시라. 최근에 한 체체파리의 '내적 구애' 연구에서는 교미하는 동안 암컷이 수컷에게 신호를 보낸다는 사실이 드러났다. 다니엘 브리세뇨Daniel Briceño와 윌리엄 에버하르트William Eberhard는 2017년에 발표한 논문에서 뚜렷한 암컷 신호 유형 2가지를 서술했다. 바로 날개 진동과 몸 흔들기다. 수컷이 힘이 넘치는 생식기로 리듬감 있게 복부를 비집고 들어오면, 암컷은 날개를 진동한다. 그러면 보통은 수컷이 더 짧게 비집고 들어가게 된다. 이렇게 조정된다는 건 날개를 진동하면 수컷을 강제로 내보내지 않고도 그만 비집고 들어오라는 신호가 된다는 의미다. 암컷이 몸을 떠는 행동은 보통 수컷이 몸을 특히 힘껏 비집고 들어갈 때 나타난다.

수컷은 교미 대화에서 대본 분량을 늘린다. 근육질 생식기를 활용해 암컷 생식관 깊은 곳과 외표면 안쪽에 있는 주름에서 "극적이고, 전형적이며(종 특유 방식), 리듬감 있게 움직이는" 방식이다. 그렇게 움직이면 수컷이 자신을 암컷에 더 꽉 고정하는 데 도움이 안 될 것 같은데, 왜 그렇게 하는 걸까? 자극하면 기분이 좋아지려나? 논문 저자는 적게 어림잡더라도 "일부 교미 단계를 거치는 동안 암컷(체체파리)은 수컷 생식기 때문에 몸에서 최고 여덟 군데까지 자극을 느낄 수 있다"라고 결론 짓는다.

### 즐거울까?

앞서 말했듯이, 파리는 짝짓기를 즐길까? 롭 커티스Rob Curtis의 온라인 영상을 보길 바란다(미주 참고). 영상에서는 나뭇잎 위에서 짝짓기하는 알락파리(신호용 깃발처럼 날개를 흔들면서 서로 소통해서 그렇게 명명됐다) 두 마리를 보여 준다. 암컷의 복부는 수정되지 않은 난자로 유혹하듯 부풀어 있다. 수컷은 암컷의 뒤에서 접근해 조심조심 올라탄다. 암컷은 바로 몸단장을 그만둔다. 생식기는 걷잡을 수 없이 부풀고, 짧아지며, 수축한다. 일단 생식기가 맞물리면, 수컷은 복부를 반복해서 쿡쿡 찌르면서 움직인다. 두 참가자는 뒷다리로 상대방의 복부를 쓰다듬는다. 중간 휴식 시간, 수컷이 암컷 앞으로 몸을 기울이면 암컷이 머리를 들어 올려 입을 맞추는데, 그사이에 분비액을 교환한다. 이들이 곤충이라는 사실을 잠깐 외면하면, 당황스러울 만큼 사람이 하는 행동처럼 느껴진다.

  파리는 짝짓기를 즐길까? 왜 안 그러겠는가? 어쨌든 새끼를 낳는 게 유일한 목표까지는 아니라고 해도, 몇 시간밖에 못 사는 성충 파리에게 짝짓기는 최우선 순위이자 주된 목표다. 순전히 유전 관점에서 보면, 파리 유전자가 사람 유전자 못지않게 자기 유전자를 복제한다는 사실은 중요하다. 따라서 우리는 자연이 확실히 파리의 짝짓기 의욕을 넘치게 만들리라고 기대할 수 있다. 쾌락보다 더 나은 자극제가 뭐가 있겠는가?

2012년에 발표한 연구에서는 짝짓기가 파리에게 보상이 되는 것으로 드러난다. 우리의 행동과 눈에 띄게 비슷한 측면을 가진 파리의 행동도 나타난다. 썩어 가거나 발효하는 과일에 사로잡힌다는 사실을 생각해 보면, 초파리는 자연에서 알코올을 많이 접하며 내성도 있다. 하지만 우리처럼 초파리도 '해피 아워'를 한 시간으로 제한하는 게 좋다. 초파리는 혈중 알코올 농도가 약 0.2퍼센트(우리는 보통 0.08퍼센트가 음주운전 법정 한계다)에 달하면 술에 취하는 경향이 있다.

	수컷 초파리가 암컷과 짝을 이루게 하면 암컷은 수컷을 받아들이기도 하고, 거부하기도 한다. 거부하는 건 이미 짝짓기를 했기 때문이다. 짝짓기를 하지 못한 수컷과 짝짓기한 수컷에게 알코올을 가미한 용액과 무알코올 용액 중 선택할 수 있게 하자, 짝짓기를 하지 못한 수컷이 짝짓기한 수컷보다 알코올 섭취량이 더 높았다. 실망하면 술에 눈을 돌리는 우리의 성향과 맥을 나란히 하는 행동이다.

	하지만 파리가 짝짓기를 즐기는가 하는 질문의 해답을 정말로 찾으려면, 쉽게 알아볼 수 있는 짝짓기의 측면으로 곧장 나아가는 게 도움이 될지도 모른다. 바로 확실한 보상이다(적어도 사람은 그렇다). 수컷의 사정은 어떨까?

	갈리트 쇼햇-오피르Galit Shohat-Ophir가 이끄는 이스라엘 바일란대학교Bar-Ilan University 연구팀은 짝짓기의 잠재적 쾌락 요소와 사정을 구분하려고 수컷 초파리의 복부 뉴런이 빨간색 불빛에 활성화되도록 유전자를 조작했다. 복부 뉴런은 화학 물질, 즉 코라조닌corazonin을 생성하는데, 이는 사정을 자극한다. 그 결과, 수컷은 빨간색 불빛이 빛나는 공간에 들어간지 약 30초 뒤에 파리식 절정을 느꼈다. 그리고 계속해서 1분당 약 7번씩, 최고 3분 동안 사정했다.[13]

연구팀이 일반 초파리 및 유전자 조작 초파리를 불을 켜지 않은 방에 두자, 초파리는 아무 데나 자리를 잡았다. 반은 캄캄하고 반은 빨간색 불빛이 빛나는 방에 뒀을 때는 유전자 변형 파리GMO fly가 빨간색 불빛이 있는 구역을 열렬히 선호했다.[14] 일반 파리(와 암컷 파리)는 선호하지 않았다. 이 결과는 빨간색 불빛이 빛나는 곳에서 절정을 느낀 유전자 변형 파리가 이를 선호하게 되었다는 걸 보여 준다. 한낱 빨간색 불빛에 사로잡히기만 한 건 아니라는 점도 언급할 만하다. 초파리는 빛은 볼 수 있을지 몰라도 빨간색 불빛은 볼 수 없기 때문이다.

결론을 보완하려고 실험을 더 진행해 보았다. 초파리를 훈련해서 서로 다른 악취 2가지 중 하나를 사정으로 이어지는 코라조닌 활성화와 연관 짓게 했다. 그다음에 두 가지 악취가 동시에 나는 장소에서 파리를 실험하자, 이들은 사정과 연관 지은 악취로 다가갔다. 코라조닌 활성화 없이 냄새에 노출된 대조 집단 파리는 두 가지 냄새 모두에 선호를 보이지 않았다.

연구팀은 사정한 파리는 알코올을 가미한 음식을 피한다는 사실도 알아냈다. 절정에 이르지 않은 대조 집단 파리와 비교되는 결과였다.

쇼햇-오피르는 "보상 체계가 포화하면, 더는 에탄올(알코올)을 보상으로 인식하지 않는다"라고 주장한다. 이 연구로 쇼햇-오피르는 앞서 공동 저

---

**13** 이런 데서 쾌락을 온전히 느끼는 건 아닐 수 있다는 점도 생각해 봐야 한다.
**14** 과학 작가 에드 영Ed Young의 말장난 덕분이다.

술한 연구 결과를 보완했다. 기존 연구에서는 짝짓기를 하지 못한 파리는 짝짓기에 성공한 수컷보다 더 쉽게 알코올에 눈을 돌린다는 점을 알아냈다.

과학 기자 앤디 코글란Andy Coglan은 이 연구를 솜씨 좋게 요약 정리한다.

"수컷 초파리는 남자만큼 사정을 즐기는 듯하다……. (게다가) '절정'도 만족스러워서, 알코올 같은 보상을 간절히 바라는 욕구도 줄어드는 것 같다."

냄새 같은 자극과의 긍정적인 연결 고리가 생기기도 한다. 쇼햇-오피르가 말하듯이 "이런 성적 보상 체계는 아주 오래된 구조이며, 단순한 생물체에서 우리에게까지 보존됐다".

초파리가 왕성한 성생활을 하면 이로운 점이 또 있다. 바로 장수다. 2015년 연구에서는 암컷의 페로몬에 노출됐으나 짝짓기할 기회를 놓친 파리는 스트레스를 받아 굶는 경향이 있어서, 저장 지방이 줄어든다는 사실을 알아냈다. 이렇게 짝짓기할 기회를 놓친 파리는 수명이 더 짧았다. 미시간대학교University of Michigan 연구원 스콧 플레처Scott Pletcher는 "성적 욕구 불만으로 건강 문제가 생긴다는 게 근거 없는 얘기는 아니다"라고 결론지었다.

이 연구 내용을 읽으면서, 나는 놀랄 수밖에 없었다. 생태학자 마크 베코프Marc Bekoff가 블로그 게시물에 쓴 것처럼 말이다. **암컷** 초파리의 성적 보상 연구는 분명히 부족했다. 생식은 수컷만큼이나 암컷에게도 중요하다. 가장 작은 난자마저도 가장 큰 수컷 정자보다 부피가 훨씬 큰 만큼, 암컷이 수컷만큼 새끼를 많이 만들 가능성은 없다. 그래도 짝짓기는 생식 성공

여부와 관련해 암컷 파리에게 꼭 필요하다. 그렇다면 암컷 초파리는 짝짓기를 즐길까? 절정을 느낄까? 수컷의 절정은 암컷의 절정보다 알아보기 쉽지만, 우리가 살펴보았듯이 암컷의 성은 우리 손이 닿지 않는 곳에 있는 게 아니다.

우리가 알고 있는 사실은 특별히 도움이 되지 않는다. 성적으로 교류하면, 암컷 초파리의 성욕에 무언의 효과가 나타난다는 증거가 있다. 2019년 연구에서 미국과 캐나다 연구진은 앞서 짝짓기할 때 나온 정자와 정액 분비물에 든 단백질 때문에 암컷의 수용도는 낮아지지만, 난자 생성과 출산은 자극된다는 사실을 알아냈다. 게다가 암컷은 교미로 감각을 느끼고 나면 다음번 수컷에 관심이 떨어지기도 한다. 이른바 **교미 효과**copulation effect다. 따라서 암컷과 수컷 파리 모두 이렇게 한 번만 짝짓기하는 성향에 영향을 끼치며, 이는 두 상대 모두의 생식 성공에 보탬이 될 확률이 높다. 암컷 역시 짝짓기를 즐길 가능성을 확실히 닫아 두는 건 아니지만, 반복되는 행동은 피하는 듯하다.

다 그만한 이유가 있다. 사람의 생식 노화 현상과 관련해 여성은 40대에 생식력이 급격히 감소한다. 암컷(물론 수컷도) 초파리에게도 생식 노화가 나타난다. 산란 수, 생식력, 새끼의 수명과 암컷의 수용성도 함께 감소한다. 파리의 성욕이 줄어든다고 생각하면 씩 웃음이 나겠지만, 너무 깔깔대고 웃지는 마시라. 도파민 체계는 우리를 포함한 척추동물의 쾌락과 관련 있는데, 암컷 초파리의 성적 수용도에도 영향을 끼치는 것으로 보이니 말이다.

※

파리가 어떻게 번식하는지, 파리가 짝짓기를 즐기는지에 관심이 있든 없든, 적어도 그런 부분을 최첨단 과학으로 밝힐 수 있다는 사실은 기뻐할 만하다. 이제 과학자는 파리가 짝짓기에 재미를 느끼는지를 연구하는 데 마음을 열었다. 곤충이 짝짓기에서 정말 쾌감을 느낀다면, 세상에는 우리가 생각한 것보다 더 많은 쾌락이 존재하는 셈이다.

애초에 파리가 짝짓기하는 이유를 잊지 말자. 다 생식 때문인데, 거기에도 놀랄 만한 부분이 있다. 다양성에 충실한 파리는 다양한 방식으로 출산한다. 중학교 때 도서관에서 뱀과 관련된 책을 빌린 기억이 난다. 뿌듯하게도 흥미로운 단어 3가지를 알게 됐다. 바로 **난생**oviparity, **난태생** ovoviviparity, **태생**viviparity이었다. 최근에 나온 책을 조사해 보다가 이런 용어를 파리에도 적용할 수 있다는 사실을 깨달았다. 난생은 그야말로 알 생성과 방란을 의미하며, 파리 대부분이 쓰는 방법이다. 난태생 파리는 난생 파리가 하는 일을 하지만, 중대한 차이가 있다. 유충이 아직 어미의 몸속에 있는 동안에 알에서 나온다는 사실이다. 보통은 방란하기 직전이다. 알은 뒤이어서 얼른 빼내야 한다. 가끔 작은 새끼가 고마운 줄도 모르고 몸속에서 어미를 먹기 시작하기 때문이다. 태생은 알 속에서 껍데기 같은 막 없이 자란 새끼를 낳는 것을 뜻한다. 임신 중에는 배아를 자궁과 비슷한 구조에 보관하며, 미생물이 풍부한 분비물로 영양분을 공급한다. 이는 젖샘에서 전달되는데 포유류 임신과 아주 비슷한 느낌이다. 태생 곤충은 난생 곤충보다 새끼를 덜 만드는데, 아마도 임신 기간에 각 새끼에게 투자를 더 많이 해서 생존 가능성이 커지는 듯하다. 체체파리 같은 일부 종은 이런 전략을 써서 한 번 임신할 때 유충을 하나만 생성한다. 유충을 분만할 무렵에는 어미 몸길이의 4분의 3에 달하는 길이가 된다.

드디어 미적 감각 차례다. 파리는 우리와 취향이 다르다. 우리는 축축한 소똥 덩어리나 물새의 배설물 얼룩 위에서 구애하고 짝짓기하는 일을 역겹게 생각한다. 하지만 공감대를 좀 넓혀 보자. 경외심은 말할 것도 없다. 크고 작은 생물체들이 다양한 방식으로 짝짓기를 준비하니 말이다. 다른 종의 성 규범을 판단할 필요는 없다. 사실 사람에게 있다고들 하는 기괴한 페티시를 생각해 보면, 우리도 성적 순수성을 지킨다고만은 할 수 없다. 파리의 썩은 밀회 장소를 생각하면서 얼굴을 찡그릴 사람이라 해도, 거대한 초콜릿 푸딩 그릇 안에서라면 주저하지 않고 열을 올릴지도 모른다.

파리와
사람

3부

# 9
# 유전율의 영웅

나는 너 같은
파리가 아닐까?
아니면 네가
나 같은 사람 아닐까?

— 윌리엄 블레이크William Blake, 1794

나머지 장에서는 사람피부파리속을 탐구하려고 한다. 파리는 어째서 사람에게 가장 치명적인 적이며, 우리는 이에 어떻게 대처하고 있을까? 파리는 어떻게 살인 사건 해결을 돕고, 외과의는 왜 가끔 환자를 치료할 때 구더기에 눈을 돌릴까? 파리는 진화와 삶의 구성 요소를 이해하는 데 어떻게 도움을 줄까? 마지막 부분부터 시작해 보자.

과학자에게 유전학을 이해하는 데 무엇보다도 보탬이 된 생물체 이름을 하나 대라고 해 보자. 대부분 파리를 고를 것이다. 초파리, 그러니까 **노랑초파리**Drosophila melanogaster는 유전학 연구에서 무척 사랑받는 파리목이다. 이름은 '이슬을 무척 좋아하고, 배가 검다'라는 뜻을 가지고 있으며, 수컷 초파리의 새까만 후부와 관련 있다.

초파리(엄밀히 따지면 초산파리다)는 아주 작은 곤충이다. 부엌이나 집 안의 다른 곳에서 초파리를 보면 느끼겠지만, 12마리가 모여도 엄지손톱에 수월하게 딱 들어맞을 정도다. 아프리카와 유럽 남부에서 노예선을 타고 1870년대 무렵 카리브해 지역Caribbean에 다다른 초파리는 뉴욕, 필라델피아, 보스턴 등 북아메리카 주요 도시로 나아갔다. 남북 전쟁Civil War 후에 럼, 설탕, 바나나와 열대 과일 무역이 급증하면서, 파리는 득을 보게 됐다. 먹을 게 넘쳐나는 데다 사람이 적당하게 만들어 둔 서식지도 많이 차지할 수 있어서, 작은 파리는 새로운 영역에 금세 터를 잡았다.

초파리가 동물 유전학 연구에서 챔피언이라는 이야기는 1900년 무렵부터 나왔다. 당시 하버드대학교 대학원생이던 찰스 W. 우드워스Charles W. Woodworth는 발생학 연구를 목적으로 파리를 사육했다. 몇 년 후, 토머스 헌트 모건Thomas Hunt Morgan이라는 동물학 교수가 컬럼비아대학교에서 사육하던 초파리의 눈 색깔이 저절로 변화했다는 사실을 알아차리면서 과학계에서 초파리 연구가 큰 인기를 얻게 되었다. 1910년부터 1937년 사이에는 미국과 유럽에 있는 초파리 실험실 수가 5곳에서 46곳으로 늘었다.

오늘날 초파리는 다른 곤충보다 프린터 잉크를 유난히 많이 소모했다. 꿀벌만 빼면 말이다. 학술지에 발표된 논문 수천, 수백 편뿐 아니라 **초파리속** 유전학과 관련된 책과 매뉴얼도 수백 편 발표됐다. 파리 연구에 몰두하는 학술지도 있다. 딱 알맞게 제목도 〈파리Fly〉인데, 오로지 **초파리속** 연구에만 집중한다. 발육 온도developmental temperature가 초파리의 창자 생물군계에 영향을 끼치는 방식이나 실험실에서 도료 교반기로 파리 유전체 DNA 생성 속도를 높이는 방식이 궁금하다면, 이 학술지가 안성맞춤이다.

**노랑초파리**가 실험실에서 인기가 많은데도 생물 다양성이 풍부한 **초파리속** 약 4,000종 중 하나에 불과하다는 건 특이성과 관련된 과학계 동향을 나타내는 척도다. 노랑초파리 무리에 속하는 종은 대부분 썩어 가는 식물과 균류를 소리 없이 먹는다. 다른 종은 더 끔찍한 역할을 맡는데, 기생이나 포식과 관련 있다. 이들의 다양한 생활 양식에는 먹파리와 깔따구 유충 먹이 삼기, 잠자리 알 집어삼키기, 점액 유출액 후루룩 마시기, 게와 함께 서식하기, 알 덩어리 속에 든 개구리 배아를 마음껏 먹기가 포함된다. 그렇게 함께 지내면서 늘 과실을 먹는 노랑초파리는 분명히 착실하다.

1가지 종에 초점을 맞추면 앞선 과학자들이 발견한 결과물을 동료 과학자들이 연구 기반으로 삼을 수 있다. 마틴 브룩스Martin Brookes는 2001년에 발표한 책《파리: 20세기 과학에서 알려지지 않은 영웅Fly: The Unsung Hero of 20th-Century Science》에서 "유전자 치료부터 복제, 인간 유전체 프로젝트Human Genome Project까지, 현대 유전학의 모든 것은 20세기 초에 이루어진 초파리 연구라는 토대에 기반을 둔다"라고 말한다.

초파리 전문가 켈리 다이어Kelly Dyer는 이렇게 말했다.

"방사선은 파리에게 해로워요. 파리는 엑스레이가 인간에게 안 좋다는 사실을 알아내는 데에 도움이 됐죠. 파리를 연구해서 유전과 관련된 내용을 알아낸 경우가 많은데, 이를 바탕으로 암과 관련된 연구를 많이 한다는 사실을 아는 사람은 별로 없어요." 철저하게 초파리의 도움을 받아 폭로한 내용 중에서도 20세기 러시아계 미국인 유전학자 테오도시우스 도브잔스키Theodosius Dobzhansky가 유명해진 배경이 된 건 야생종 개체 수에 유전자 변이 저장소가 포함돼 있다는 사실이다. 유전자는 진화상 변화의 흐름이며, (파리처럼 세대 주기가 짧은 동물의) 야생종 개체 수는 몇 달 만에 진화할 수 있다는 것이다.

1980년대 초반에는 강력하고 새로운 유전자 조작 수단이 나타났다. 예를 들면, 개인 유전자의 분리 및 복제와 DNA 문자의 유전 배열 순서 해독이 가능해졌다. 2014년에는 과학자가 크리스퍼 유전자 가위CRISPER-Cas9[1]를 완성했다. 이는 획기적인 유전자 편집 기술이다. 크리스퍼는 세포성 DNA 손상 조직을 끌어들여서, 유전학자는 유전자 배열 순서를 단일 염기쌍single base pair 수준까지 마음대로, 안팎으로 바꿀 수 있다. 크리스퍼 체계는 과학계에 어마어마한 흥분을 일으켰다. 기존 유전체 편집 방법보다 더 빠르고, 더 저렴하고, 더 정확하며, 더 효율적이기 때문이다. 유전자 가위에는 이런 힘이 있는 만큼, 이를 개발했으니 노벨상 도전자가 될 자격이 있다고 생각하는 사람도 많다.[2]

화석처럼 굉장히 오래도록 잘 보존되는 유전자가 많으니까, 크리스퍼 기술은 세상에서 유명한 존재 전체에 폭넓게 적용될 가능성이 있다. 예를 들면, CREB 유전자는 초파리의 장기 기억에 중요하다. 이는 갯민숭달팽이sea slug, 선충, 크고 작은 쥐, 사람에게서 나타나기도 한다. 작은 쥐의 CREB 유

---

[1] CRISPER-Cas9은 '일정 간격으로 나타나는 짧은 회문 구조의 반복 서열과 크리스퍼 관련 단백질 9clustered regularly interspaced short palindromic repeats and CRISPR-associated protein 9'의 줄임말이다.

[2] 이 책(원서)이 처음 출간됐을 때,, 2020년 노벨 화학상 수상자는 독일 막스플랑크 병원균 연구소Max Plank Unit for the Science of Pathogens 소속 에마뉘엘 샤르팡티에Emmanuelle Charpentier와 캘리포니아대학교 버클리 캠퍼스 소속 제니퍼 다우드나Jenifer Doudna였다. 크리스퍼 기술을 개발한 공로를 인정받았기 때문이다.

전자를 분리하자 단기 기억밖에 하지 못했으며, 기억이 유지되지도 않았다. 더 놀라운 사실은 초파리 유전체에 CREB 유전자를 추가로 결합하자 기억력과 학습 능력이 엄청나게 향상됐다는 점이다. 예를 들면, 평소처럼 10번쯤이 아니라, 실험 한 번 만에 특정 악취와 전기 충격을 연관 지었다.

지금까지 초파리 연구로 받은 노벨상은 총 7건이다. 오늘날 초파리는 무엇보다도 노화, 독성, 면역력, 뇌전증epilepsy, 파킨슨병Parkinson's disease과 헌팅턴 무도병Huntington's chorea 같은 신경 퇴행성 질환neurodegenerative disorders, 에볼라Ebola와 콜레라cholera 같은 세균성 질병 연구에서 활용된다. **노랑초파리** 수천, 수백 종류는 그야말로 상상할 수 있는 돌연변이를 모두 옮길 수 있다. 유전학자가 **노랑초파리**에 다양하게 일으키는 돌연변이에는 창의력이 넘치면서도 불경한 이름이 붙을 때가 많다. 므두셀라Methuselah 돌연변이는 스트레스에 강하고 더 오래 사는 경향이 있는 반면, 드롭 데드Drop Dead, 스펀지 케이크Sponge Cake, 스위스 치즈Swiss Cheese, 에그 롤Egg Roll 돌연변이는 유전병을 옮기는데, 사람 뇌의 변성 형태와 비슷하다. 켄Ken과 바비Barbie 돌연변이에는 외성기가 없고, 칩 데이트Cheap Date 돌연변이는 알코올에 특히 민감하며, 무척 수명이 짧은 틴 맨Tin Man 돌연변이에는 심장이 없다.

## 파리 실험실을 찾아가다

현대 초파리 실험실을 운영하는 모습을 간절히 보고 싶어서, 조지아대학교University of Georgia 데이비슨 생명 과학 연구소Davison Life Sciences Complex

의 깨끗하고 창문도 있는 연구실에서 켈리 다이어를 만나기로 했다. 다이어는 반갑게 맞으며 자기 책상 옆에 있는 의자로 나를 안내했다. 한쪽 벽 책장에는 주로 파리와 관련된 책이 꽂혀 있었다. 다른 책장은, 늘 시간에 쫓겨 편히 앉아 점심을 먹지 못한다는 걸 보여 줬다. 사과 세 알, 땅콩버터 한 병, 그래놀라 바 몇 개. 의심의 여지가 없었다. 다이어는 마술을 부리듯 수업하고, 연구하고, 논문을 집필하며, 위원회 회의에 참석한다. 조지아대학교 유전학부 대학원 과정도 운영한다. 유전학부에서는 교수진 30명 이상, 박사 과정생 50명 정도를 지원한다.

"**초파리속** 유전학 연구가 어떻게 되어 간다고 보세요?"

내가 물었다.

"두 가지가 발전하면서 유전학 연구가 더 강력해졌어요. 하나는 유전자 이식 생물체를 만들 수 있다는 점이에요. 그 덕에 전보다 훨씬 쉽게 게놈을 조작할 수 있죠. 두 번째는 유전체 순서를 빠르고 쉽게 배열할 수 있다는 거예요. 예를 들면, 전에는 과학자가 나가서 야생 파리 200마리를 잡아 온 뒤에 실험실에서 기르고, 유전체 200개의 순서를 배열했어요. 그 결과 포괄적인 자료를 얻었는데, 초파리 유전자원 패널Drosophila Genetic Resource Panel, DGRP이라고 해요. 유전의 기본 특성을 이해하는 데 무척 유용하죠. 다른 유전자형(생물체의 유전 청사진)을 보면서 표현형(관찰할 수 있는 유전자형이 발현된 것)과 상호 참조할 수 있거든요. 독소 내성처럼요. 그러면 이런 유전자를 '나가떨어지게' 해서 어떤 신체 징후가 나타나는지를 관찰할 수 있어요."

다이어가 가까이에 있는 실험실을 보여 줬다. 실험실은 약 12×12미터였으며, 아스팔트 작업대에는 실험 기구가 늘어서 있었다. 실험 도구를 담

**사진 25**
플라스틱 유리병 밑바닥에는 먹이 매개물이, 유리병 위에는 스펀지 마개가 덮여 있다. 이는 초파리 실험실용 표준 장비다.
ⓒ 마수르MASUR
(저작자 표시-동일 조건 변경 허락 4.0으로 배포)

는 서랍도 보였다. 쟁반에는 투명한 플라스틱 유리병도 있었는데, 높이는 각각 약 7.62센티미터, 폭은 2.54센티미터쯤 됐다. 맨 위에는 하얀색 솜으로 된 마개가, 각 유리병 밑바닥에는 파리 먹이 매개물이 깔려 있었다. 당밀, 양조효모, 시판 파리 유동식, 물을 섞은 것이다.**사진 25** 매개물과 솜 사이 공간에서는 발달 단계가 다양한 초파리가 보였다. 알이 든 병, 유충이나 번데기, 아니면 성충 파리가 든 병, 그리고 다 섞인 병.

다이어는 다른 장비도 몇 가지 설명해 줬다. 학생들과 함께 파리 유전학 연구를 할 때 쓰는 거였다. 고급스러워 보이는 마이크로피펫micro pipette이 바구니에 담겨 있었다. 마이크로피펫은 손에 쥐고 사용하며, 우선 액체를 빨아들인 다음 밀리미터 단위로 정확하게 나눌 때 쓰는 장비다. 각각 눈금표가 있어 원하는 양을 정할 수 있으며, 엄지손가락으로 맨 위에 있는 버튼을 누르면 분배된다. 가격표를 보니, 하나에 300달러다.

근처 긴 의자 위에 놓인 투명한 비닐 주머니 더미 안에는 각각 직사각형 종이가 들어 있었다. 종이에는 오목하게 들어간 96개의 관 모양이 찍혀 있어서 얼음 용기와 비슷해 보였다. 다이어가 하나를 열었다.

"저희는 액체 완충제 매개물의 양을 나눠 각 관에 담은 다음, 유전자 표본을 넣어요."

"유전자 표본은 어떻게 얻나요?"

내가 물었다. 다이어가 딱딱한 파란색 플라스틱 막대를 건넸다. 빨대랑 길이가 비슷했지만, 끝부분이 둥글고 원뿔 모양이라 관 96개 중 어디에 넣더라도 딱 들어맞았다.

"이산화탄소로 마취한 뒤 파리를 관으로 떨어뜨리고 막대기로 풀어 준 다음, 원심 분리기로 분리해 DNA 전량을 추출해요. 용액은 빨간색으로 변해요. 눈에 든 색소 때문이죠."

(곤충의 피는 빨간색이 아니다.)

"이건 고급 원심 분리기예요."

다이어가 장난스레 미소 지었다. 다이어는 흔한 채소 탈수기를 들고 있었는데, 맨 위에 누르는 펌프 매뉴얼이 있었다. 실험실 장비가 비싸다 보니, 과학자는 늘 저렴하게 연구할 방법을 찾는다.

"파리를 관찰할 땐 해부 현미경을 써요. 이산화탄소를 마취제로 쓰고요."

다이어가 벽에 붙은 작은 도표로 내 시선을 끌었다. **초파리속** 20종의 수컷-암컷 쌍이 묘사돼 있었다. 다이어가 도표에서 한 부분을 손가락으로 짚었다.

"저희가 버섯에서 찾은 종이에요. 겉보기엔 비슷해 보이지만 차이가 커요."

바짝 가까이에서 들여다보니 날개에 독특한 반점 형태가 찍힌 종이 있었다. 다른 종은 복부 색깔과 모양이 다양했는데, 섞여 있기도 하고, 나뉘어 있기도 했다.

다이어는 근처 작업대로 몸을 돌리더니 유리병을 들어 올려서 거꾸로 뒤집은 다음, 솜 마개를 잡아 뽑았다. 그리고 유리병을 12번쯤 힘껏 툭툭 친 뒤, 특별 제작한 직사각형 판 윗면에 올렸다. 판은 설거지 수세미 크기였는데, 단단하고 고운 다공성 물질로 만들어져 이산화탄소가 관을 타고 흘렀다. 관은 근처에 금속 가스통과 연결돼 있었다. 유리병 안에 든 파리 6마리가 판으로 곧장 떨어지더니 몇 초간 씰룩대다가 잠잠해졌다. 다이어는 파리를 살짝 건드려서 해부 현미경 재물대 위에 올렸다.

"파리를 이산화탄소 판에 쭉 두면 안 돼요. 죽고 말거든요."

"'쭉'이 얼마나 되는데요?"

"20분쯤요. 사실 바이러스가 들어 있어서, 일부 종은 이산화탄소를 주입하면 바로 죽어 버려요."

(학부 유전학 실험실에서 쓴 에테르와는 다르게) 이산화탄소는 악취가 나지 않는다는 글을 읽은 적이 있다. 그런데도 난 몸을 숙인 채 잠시 킁킁댈 수밖에 없었다. 몸이 경고 신호라도 보내는 것처럼 콧구멍이 얼얼했다.

"사실 전 그렇게 해 본 적이 없어요!"

다이어가 말했다. 예상대로 파리 몇 마리가 장치에서 빠져나갔다. 내가 찾아간 날, 신비로운 가스가 훅 불어오자 파리 몇 마리가 이산화탄소 판에서 휙휙 날아가 버렸다. 다이어는 실망감에 한숨을 푹푹 내쉬었다. 몇 분 후, 회복한 날개 달린 도망자는 건물 복도를 탐험하러 나섰다. 실험실 곳곳에 먹이 향기가 퍼져 있었던 만큼 멀리까지 벗어난 파리가 많지는 않았으리라.

초파리와 20년간 일했어도 다이어의 감탄은 사그라드는 법이 없다. 해부 현미경으로 또 다른 기진맥진한 파리를 들여다보던 다이어가 중얼거렸다.

"파리가 얼마나 아름다운지 좀 보세요! 그야말로 대단해요. 정말 예쁘다고요!"

난 현미경에 시선을 집중했다. 파리 7마리가 놓여 있었다. 각각 독특하고, 자그마하며, 매우 아름다운 생명의 보석이었다. 그야말로 완벽함의 예시였다.

야생종(비돌연변이) 파리였는데, 툭 튀어나온 분홍색 겹눈은 무표정했고, 스펀지 같은 구기는 확성기와 모양이 비슷했다. 딱 1주일 전, 형태가 불확실한 유충에서 보이던 검고, 휘고, 긁어내는 갈고리 모양으로 된 작은 구기 쌍의 흔적은 전혀 없었다. 자그마한 사각형 반점이 각 파리의 배 가장자리에 완벽하게 줄지어 있었다. 다른 반점 몇 가지도 대칭을 이루며 각 날개에 흩어져 있었다. 다리를 구부린 채로 살짝 씰룩거렸는데, 말쑥하게 배열된 가시털로 장식돼 있었다. 완전한 성충 파리는 균형이 탄탄히 잡혔고 구석구석이 완벽하게 아름다웠다. 진화를 갈고닦은 수십억 세대를 바라보고 있다는 걸 다시금 느꼈다.

다이어가 다음에 준비한 파리는 돌연변이로, 온갖 염색체에서 유전 일탈을 했다. 눈은 갈색이고, 유전자를 조작하지 않은 상대보다 훨씬 작았다.

"돌연변이 때문에, 썩 건강하게는 안 보여요."

다이어가 말했다. 묻고 싶던 질문을 던지기에 딱 좋은 순간이었다.

"파리에게 지각이 있다고 생각하세요? 파리도 뭔가를 느낄까요?"

"저희는 연구 대상인 생물체를 존중해서, 파리가 실험실에서 괜찮은 삶을 산다고 봐요. 먹이가 넘쳐나고, 포식자도 없잖아요. 대학원생이던 어느 날 실험실에서 괴짜 돌연변이 파리를 보게 됐어요. 외성기가 전혀 없었어요. 항문도 없었고요. 그냥 매끈매끈했어요. 선배였던 제리한테 '이거 진짜 멋있어요. 한번 봐요'라고 말했는데 선배가 쓱 보더니 '아, 그거 죽여야 할 거야. 엄청 괴로워하잖아'라고 하더군요. 제가 '왜 그렇게 생각하는데요?'하고 묻자, '음, 넌 몸에서 아무것도 배설을 못 하면 어떨 것 같아?'라고 되묻더군요."

그 파리에게 감정을 이입하지 않고는 못 배기겠다. 유전학 실험실에서 우리는 파리의 운명을 온전히 지배할 수 없다. 만약 그렇게 된다면, 모든 파리의 운명은 극히 보잘것없어질 것이다. 이들은 숫자상으로는 지극히 일부만 성충이 된다. 이들을 기르는 유전학 실험실 영역에서는 파리가 겪는 역경이 한없이 커지기도 한다.

### 영안실

켈리 다이어와는 다르게, 난 유전학에 어울렸던 적이 없다. 유전학을 하려면 수학을 잘해야 하는데 그렇지 않을 뿐 아니라, 동물을 가두기도 싫기 때문이다. 자기변호를 잠깐 해 보자면, 난 동물을 죽이는 일을 혐오한다. 그러니 다이어의 실험실을 찾아가기 36년 전, 내가 학부 유전학 과정에서 소소하게 동물 해방animal liberation을 한 것도 완전한 우연은 아니다.

우리는 몇 주가 넘도록 종류가 다른 초파리를 교차 사육해 표현형이 새끼에게 어떻게 분배되는지를 관찰했다. 철저하게 연구된 표현형인 눈 색깔을 활용했는데, 정확히 말하면 평범하고 눈이 빨간색인 성충 파리를 눈이 흰색인 돌연변이 파리와 결합했다. 유충과 번데기는 작은 플라스틱 유리병에 넣었다. 수년 후에 켈리 다이어의 실험실에서 보게 될 유리병과 똑같이, 각 병에는 이스트 매개물이 담겨 있었다. 마개가 스펀지라서 공기가 드나들었는데, 파리는 그럴 수 없었다. 몇 주 동안 실험실에서는 굽지 않고 살짝 맛이 변한 빵 냄새가 진동했다.

파리가 짝짓기하고 일주일이 지나자 토실토실하고 작은 구더기가 이스트 쓰레기로 꿈틀꿈틀 나아갔다. 다시 일주일 뒤, 유리병이 무기력한 번데기로 뒤덮였다. 3주 무렵, 성충 파리가 나타나면서 각 유리병은 활기가 넘쳤다. 몇 마리는 서 있고, 몇 마리는 기어다니고, 나머지는 좁아터진 감옥을 바삐 돌아다녔다.

교육이라는 이름 아래에서, 이처럼 작은 곤충은 더 드넓은 왕국을 즐길 수가 없다. 에테르를 한바탕 넣자, 파리는 금세 나가떨어지더니 의식을 잃고야 말았다. 우리는 마취한 파리를 살짝 건드려 하얀색 종이에 올리고 해부 현미경으로 빨간색과 하얀색 눈을 가진 파리 수를 확인해 각각 기록한 다음, 여전히 기절 상태인 실험 대상을 실험실 책상 위 유리 접시에 올려야 한다고 배웠다. 영안실, 그러니까 접시가 파리의 마지막 안식처가 될 곳이었다. 난 실험실에 있는 영안실 대부분에 이미 파리 수백 마리가 안치됐다는 걸 알고 있었다. 아마 다른 학부 실험실의 학생이 거기에 버렸을 터였다. 나는 파리가 어두컴컴한 무덤에서 악의 어린 눈빛으로 쳐다보던 모습을 아직도 기억한다.

이렇게 요정처럼 작은 생물체에게 죽음의 신 노릇을 한다는 생각에 마음이 불편해진 나는 간단한 구출 작전을 짜냈다. 파리 무리를 센 다음, 무심하게 살짝 건드려 까만색 탁상에 올렸다. 멀리서는 거의 안 보일 법한 곳이었다.

자료를 계속 적어 내려가면서, 오른쪽으로 몇 센티미터 거리에 있는 파리목 더미에 시선을 고정했다. 몇 분 안에 움직일 조짐이 보였다. 여기서는 날개를 씰룩이고, 저기서는 다리를 구부렸다. 1분 후, 파리 몇 마리는 누가 봐도 인사불성 상태였다. 몇 마리는 날개 엔진이 바지직 바지직 소리 내는 순간, 등으로 원을 그리며 회전하면서 브레이크 댄싱을 추었다. 다른 파리는 정신을 차리더니 작은 술고래처럼 비틀거렸다. 난 넋이 나갔다. 파리는 정말 사람처럼 행동했다. 확립된 유전학 지식에 따라 눈 색깔 비율을 측정하는 일보다 훨씬 더 재미있었다.

초파리가 에테르에 취한 경험과 내가 경험했던 에테르 마취를 어떻게 비교해야 할지 모르겠다. 나는 1972년에 토론토의 한 병원에서 에테르 마취를 했다. 터보건 썰매를 타다가 사고로 탈구된 발목을 다시 맞추기 위해서였다. 독특하면서도 살을 찌르는 듯한 용액의 느낌과 다시 깨어난 뒤에 정신이 혼미했던 기억이 아직도 생생하다. 초파리도 정신이 혼미했을까? 확신할 수는 없지만, 초파리가 분별력을 되찾는 모습을 지켜보니 분명히 그런 듯했다.

힘을 완전히 되찾자 몇 마리가 날기 시작했다. 나는 자그마한 형태가 멀어지면서 동굴 같은 강의실로 사라지는 모습을 지켜보았다. 잘 모르겠다. 초파리의 목숨을 구해서 만족감을 얻은 건지, 아니면 권위에 맞서는 행동을 해서 기분이 좋았던 건지를. 하지만 자그마하고 가냘픈 생명체가 각자 위대한 미지의 세계로 첫발을 내디딘 순간, 내 영혼의 자그마한 조각도 그들을 따라갔다.

### 방랑자와 착석자

유전학 수업 후 1년 안에, 같은 건물에서 학부 행동학 과정을 들었다. 말라 소코로브스키 교수의 수업이었는데, 지금은 토론토대학교에서 행동 유전학을 가르친다. 이 책과 관련해 연구하면서, 말라 소코로브스키 교수와 스카이프 화상 통화를 하게 됐다. 소코로브스키는 경력 초반부, 그러니까 아직 학부생이었을 때 초파리 유충이 독특한 2가지 유전 암호 방식으로 먹이를 찾는다는 사실을 알아냈다. 이 현상의 정식 명칭은 **방랑자/착석자 다형성**rover/sitter polymorphism이다. 방랑자가 힘을 들여 쉴 새 없이 먹이를 찾다 보니, 소코로브스키의 실험실에는 늘 이스트와 물로 된 반죽 또는 푹 익은 과일이 있었다. 착석자는 더 수동적이어서, 가까이 있는 먹이를 아삭아삭 먹어 치운 뒤에 조금씩 앞으로 나아가는 걸 선호한다.

지식의 역설이다. 더 많이 알면 알수록 답 없는 질문을 더 많이 마주하기 마련이다. 소코로브스키와 제자들은 초파리의 행동 유전학과 관련된 과학 논문만 65편 넘게 발표했다.

　　방랑자와 착석자의 이동에서 나타나는 차이점은 먹이가 없는 상황에서는 사라진다. 따라서 그런 차이는 먹이와 관련이 있다고 본다. 소코로브스키는 역경이 먹이를 찾는 행동에 어떻게 영향을 끼치는지도 설명해 주었다. 먹이에 제약이 있는 형태로 일찍 역경을 맞이하면, 착석자가 더 큰 위험을 감수한다. 자세히 말하면, 착석자는 굶주린 방랑자가 하듯이 먹이가 가득한 페트리 접시 한가운데로 휙 날아가기 시작한다. **방랑자/착석자 다형성** 덕에 새로운 하위 학문도 발전했다. 바로 행동 유전학이다.

　　유전 암호 행동이 확고하지 않다는 점 때문에, 선천성 대 후천성 논쟁을 둘러싼 오랜 관점도 획기적으로 바뀌게 되었다. 선천성 대 후천성 논쟁은 유전을 환경의 영향과 맞붙여 개인의 특성과 건강 궤적, 운동 기량 등을 표현한다. 사실 우리는 유전자와 환경 모두에 영향을 받는다. 게다가 그 효과는 상호 의존적이다. 그래서 유전-환경 상호작용은 '선천성 대 후천성'보다는 '선천성에서 후천성'으로 특징 짓는 게 더 낫다. 여러 **초파리속** 연구처럼, 소코로브스키가 한 일부 작업에서도 인간의 조건을 발전시킬 방법을 모색한다.

　　소코로브스키는 2010년에 발표한 논문에 이렇게 적었다.

　　"돌연변이는 여러 (파리의) 사회 상호 작용을 방해한다……. 자폐증에 도움이 되는 후보 유전자를 제공할 수도 있다……. (파리의) 공격적 상호 작용이 반복해서 패배로 끝나면, 우울 상태일 때 나타나는 만성 패배 증후군chronic defeat syndrome의 표본으로 활용되며, 우울증의 후보 유전자 또한 확인할 수 있다."

그리고 이렇게 이어 나간다.

"우리는 조심해야 한다. 동물 표본과 인간의 사회성 질환을 비교하려면 비슷한 유전 및 생리학적 구조에 기반을 두어야 하기 때문이다. 비슷한 행동에만 기반을 두어서는 안 된다."

여기에서 걱정되는 부분은 "포유류의 복잡한 행동이 더 단순한 생물체의 더 단순한 행동 단위에서 나온다"(예를 들어 파리라든가)라는 주장이 빈약하다는 사실이다.

### 바쁘게 움직이는 초파리

초파리에게 나타나는 현상을 사람의 건강과 연결 짓는 연구는 패트릭 오그래디Patrick O'Grady의 직접적인 관심 분야는 아니다. 나는 오그래디를 깔끔하고 창문이 있는 뉴욕 코넬대학교 이타카 캠퍼스 연구실에서 만났다. 체격이 좋고 가정에 충실한 40대인 오그래디는 자전거를 타고 출근할 때가 많다. 하와이안 프린트 반소매 티셔츠를 입고 있었는데, 아마도 연구 경력 대부분을 하와이에서 파리를 연구하며 보냈다는 사실을 인정하는 듯했다.

오그래디는 파리 유전학에 입문하면서 파리의 다양성에 흠뻑 빠졌고, 멕시코, 남아메리카, 중앙아메리카를 다니며 박사 학위를 따기 위해 파리를 채집하게 되었다. 오그래디는 초파리과 전체의 계통 발생phylogeny을 연구해 초파리 약 4,200종 중 80종 이상을 최초로 기재했다. 하와이는 초파리 다양성의 온상이다.

오그래디가 말했다.

"하와이 토종은 약 1,000종이에요. 전 세계 다양성의 4분의 1이죠."

1945년에 하와이 곤충 동물상을 주제로 발표된 책과 비교해 보시라. 당시 저자는 대담하게도 하와이에 **초파리속**이 250종 있을 거라며 뽐냈다.

오그래디는 계속 말했다.

"하와이 **초파리속**은 그야말로 굉장해요. 주요 집단 2가지가 있는데, 하나는 성적 이형sexual dimorphism이 특징이에요. 수컷은 정말 화려해요. 큰뿔사슴iris elk이나 큰뿔야생양bighorn sheep을 파리 크기로 축소한 것 같죠. 구기를 변형한 녀석도 있고, 다른 녀석들은 앞다리나 날개 무늬를 변형했어요."

구글에 하와이 초파리 날개 무늬를 검색하면, 선, 줄무늬 반점, 얼룩이 무진장 넘쳐난다. 의상 디자이너여, 눈여겨보시라.

"몇 가지 종은 암컷을 두고 경쟁할 때 머리를 들이받다가 머리가 넓게 진화했어요. 이런 종은 대부분 구애 장소를 형성해요." (구애 장소란 서식지에 있는 특정 장소로, 수컷이 일부 새처럼 암컷을 차지하려고 경쟁하는 곳이다.)

이제 하와이에 초파리가 많은 이유가 지구를 샅샅이 뒤지면서 초파리 사촌을 찾지 않았기 때문이라는 생각이 들 수도 있다. 초파리는 우리가 생각한 것보다 훨씬 더 다양할 거다. 그런데 어쩌면, 오그래디는 그렇게 생각하지 않을 수도 있다.

"초파리의 생물 다양성이 풍부하다는 이론에 따르면, 이들이 하와이 섬보다 훨씬 오래됐다고 해요. 하와이는 기본적으로 컨베이어 벨트 같은 다도해로 태평양판에 용암 기둥이 있어요. 북서부로 1년에 몇 센티미터씩 계속 이동하고요. 결국 섬이 판에서 뚝 떨어져 나가면, 다른 섬이 불쑥 나타나죠."

　나중에 하와이섬 지도를 살펴보니 오그래디의 표현이 찰떡같이 느껴졌다. 북서부 쪽으로 질서정연하게 쭉 펼쳐져 있는데, 보통 작아지다가 바다에 완전히 휩싸였다. 띠처럼 이어진 섬 전체는 판 구조가 약 6,000만 년간 변화했음을 나타낸다. 초파리가 처음으로 서식한 하와이섬은 이제 미드웨이제도Midway Islands 근처 어딘가에서 북서부 쪽으로 3,000킬로미터(1,860마일)가 넘는 곳에 잠겼다고 추정된다.

　"**초파리속**은 2,500만 년 전에 하와이로 갔다고 봐요. 움직이는 컨베이어 벨트를 따라 올라탔겠죠. 새로운 섬이 생길 때마다 파리는 그곳에 군집을 형성해요. 그러면 근처 섬에서 따로 떨어진 채로 완전히 새로운 종 분화speciation 과정이 일어나죠."

　하와이가 초파리에게 너그러워지는 데 보탬이 되는 요소가 더 있다.

　오그래디가 말했다.

　"이 섬에는 잘게 나뉜 서식지도 많아요. 섬 하나가 반드시 화산 하나로 이루어진 것도 아니고요. 하와이 빅 아일랜드를 예로 들면, 화산 봉우리가 5개예요. 무역풍이 불면 한쪽 봉우리에 반대쪽보다 비가 훨씬 많이 내려서, 반대쪽 봉우리에 서로 다른 서식지가 생겨요. 그래서 마우나로아Mauna Loa 북동부로 가면 무척 습한 열대 우림이 있지만, 반대쪽으로 가면 카우 사막Ka'ū Desert이 있어요. 사막에서는 비가 1년에 딱 22.86센티미터만 내리고요."

　살짝 회의감이 든다. 전 세계 초파리의 다양성을 4,200종 정도로 평준화해야 할 듯하다. 내가 볼 땐 그냥 거짓말 같다. 하와이가 지구상에서 유일한 **초파리속** 메가 팩토리라니. 확실한 것 한 가지는 유전학자에게는 연구할 소재가 많은 만큼 **노랑초파리** 말고 다른 초파리 종에도 관심을 좀 가져야 한다는 점이다.

다도해에서 파리의 움직임을 연구하지 않을 때면, 오그래디는 파리를 전 세계로 보낸다. 오그래디는 국립 초파리종 스톡 센터National Drosophila Species Stock Center, NDSCC를 운영한다. 센터는 콤스톡Comstock 건물 지하에 있는데, 바로 우리가 만난 곳이다. 국립 초파리종 스톡 센터는 여러 초파리 종과 계통을 전 세계 실험실에 나누는 3개 기관 중에서 가장 규모가 크다. 나머지는 일본과 오스트리아에 있다. 인디애나대학교 블루밍턴 캠퍼스Indiana University in Bloomington에 있는 시설은 훨씬 더 큰데, 1가지 종, 즉 **노랑초파리**의 돌연변이 유형을 전문으로 다룬다. 이곳에는 돌연변이 계통 약 5만 개가 있으며, 매주 약 3,000개를 전 세계 실험실에 배송한다.

나는 오그래디에게 센터를 살펴봐도 되는지 물었다. 우리는 지하로 걸어 내려갔다. 오그래디는 집에 있는 부엌만 한 공간으로 나를 안내했다. 벽에는 금속 선반이 줄지어 있었는데, 선반마다 유리병이 10묶음쯤 있었다. 내가 상상한 것보다 훨씬 작고 수수했지만, 초파리는 무척 작은 생물체라 널찍한 숙소가 필요하진 않다. 원래 샌디에이고에서 배송한 살아 있는 파리는 75만 마리에 이르는데, 우리가 서 있던 공간에는 약 100만 마리가 있었다.

여기에서 초파리의 적응력이 드러난다. 작고 투명한 플라스틱 관은 솜 마개에 막혀서 완전하게 발육할 수가 없는 세계인데도 초파리는 구애부터 짝짓기, 알 낳기, 유충 먹이기, 번데기 되기까지 생활사 전체를 기꺼이 완수한다. 성충이 되어 다음 세대에 나타나기까지 한다. 내가 켈리 다이어의 실험실에서 봤듯이, 일부 유리병에는 온갖 단계의 초파리가 함께 담겨 있었다. 밑바닥에 깔린 효모 곤죽은 주로 설탕과 영양분이 풍부한 이스트 혼합물이었다. 으깬 바나나, 선인장 열매 가루, 고단백 시리얼을 보충한 것도 있었다. 오그래디는 유리병 한 개를 빼내더니 먹이 매개물 안에 있는 자그마한 관을 손가락으로 가리켰다. 구더기가 아삭아삭 먹은 흔적이 보였다.

페이스북에 적힌 대로, 국립 초파리종 스톡 센터는 "현재 생물 초파리 250종 컬렉션을 보존하고 있는데, 이는 1,500개 스톡으로 대표되며, 진화, 생태학, 발생 생물학, 생리학, 신경 생물학, 비교 유전체학, 면역학 문제에 초점을 두는 생물학자가 활용한다". 여기에서 "스톡"이란 같은 종의 지리학적 개체 수를 나타낸다. 오그래디가 말했다.

"저희한테 스톡이 총 1,500개쯤 있어요. 어떤 종은 스톡이 1개밖에 없는데, 다른 종은 100개가 넘어요. 초파리 약 40종의 유전체 전체를 배열했는데, 이런 종은 수요가 많아요. 누가 새로 유전체를 배열하면 그 파리는 바로 무명에서 유명 인사 신분으로 뛰어오르죠."

국립 초파리종 스톡 센터가 항상 이타카에 기반을 뒀던 건 아니다. 사실 센터의 역사는 하와이섬만큼이나 안정적이다. 텍사스주 오스틴Austin에서 1930년대에 시작해 볼링그린Bowling Green, 투손Tucson, 샌디에이고로 옮긴 뒤, 2017년 가을에 이타카에 정착했다. 꾸준히 운영하고 있으며, 매년 약 1,000건을 지구 방방곡곡에 배송한다. 각각 유리병을 2~3개씩 배송하는데, 각 병에는 파리가 50마리쯤 들어 있다. 비용은 똑같이 종당 40달러다.

고객과의 사이에서 일어나는 가장 큰 문제는 파리가 죽은 채로 도착하는 것이다. 그럴 때는 새로 배송한다. 아마도 매년 3~4번 정도 일어나는 일이다. 그런 사고는 이타카로 옮긴 첫해에 더 자주 발생했다. 이타카의 겨울철 기온에 파리가 노출되면 금세 죽기 때문이다. 이제는 발열 팩을 활용해 단계를 추가하며 춥거나 더운 지역에서 배송물이 악화하지 않도록 예방한다. 가끔 배송물이 사라지는데, 보통은 운이 나쁜 탓이다. 배송물이 공항 활주로에서 다른 곳으로 가게 된 경우니까.

생각해 보니 이상했다. **초파리** 전체의 진화를 나타내는 초파리 혈통이 이렇게 평범한 공간에 있다니 말이다. 무려 6천만 년이 넘는 이들의 역사는 우리가 속하는 포유류 영장목 전체 진화 범위와 거의 똑같다.

### 거대 정자

초파리를 장거리 배송하면, 의도치 않게 이들이 전 세계에 퍼지는 데 일조하게 된다. 어디든 도망자가 있기 마련이니까. 더 일반적으로 말하면, 파리와 동물은 짝짓기로 유전자를 전파한다. 하지만 짝을 선택한다고 해서 파리나 동물의 생식 싸움이 끝나는 건 아니다. 8장에서 살펴봤듯이, 암수 모두 특정 수컷의 정자를 선호하는 전략을 이용할 수 있다. 일부 초파리 종에서 수컷은 유전 복권 당첨 확률을 높이기 위해 이상한 길을 택했다.

우선 유력한 이론을 간략히 언급하겠다. 문란한 종의 경우에는 암컷이 여러 수컷과 짝짓기하는데, 자연은 아주 작은 정자 세포를 많이 생성하는 것을 선호한다. 이른바 정자 경쟁의 진화상 논리는 간단하다. 복권을 많이 사면 당첨 확률이 더 높아지는 것이다. 아니면 이 경우에는 정자 세포 중

하나가 처음(이자 마지막)으로 난자에 다다를 가능성이 커진다. 짝짓기 체계를 비교하면 수컷 침팬지가 자기보다 더 큰 사촌, 즉 고릴라보다 고환이 더 큰 이유를 설명하는 데 도움이 된다. 침팬지의 짝짓기 체계는 심하게 문란하므로, 정자를 복권에 더 많이 투자해야 한다. 반면에 고릴라 사회에서는 우세한 수컷이 독점으로 무리에 있는 암컷과 짝짓기를 한다. 독점하는 만큼 정자를 많이 생성할 필요가 없다(행동 및 해부학적으로 사람은 이런 양극단 사이에 있다). 형태가 다양한 동물의 정자 경쟁은 설치류부터 뱀, 잠자리까지 폭넓게 기록되었다.

기묘하게도 일부 초파리는 다른 길을 택해 경쟁자의 정자보다 우위를 차지한다. 켈리 다이어와 대화했을 때 이 부분을 좀 더 살필 기회를 얻었다.

다이어가 말했다.

"파리의 정자는 크기가 다양해요. 가장 작은 건 아마도 0.5밀리미터일 텐데, 사람의 정자와 비교하면 거대하죠. 정자가 가장 긴 1등 파리는 **드로소필라 비푸르카**Drosophila bifurca예요. 사실 동물 대부분 중에서 가장 길죠. 대략 6~7센티미터예요."

뭐라고?! 초파리가 아주 작다는 사실을 떠올려 보시라. 사람 정자 길이가 테니스 경기장만 하다는 얘기랑 비슷하다. 그렇게 긴 길이 대부분을 꼬리나 편모flagellum가 차지하는데, 이 부분을 움직이면서 정자 머리를 몰고 간다.

어떻게, 그리고 왜 그렇게 작용할까? 정자 길이가 길수록 암컷의 생식관에서 경쟁자를 아주 잘 쫓아내서, 수정 경쟁에서 우위를 차지하게 되는 것이다. 이렇게 기이한 꼬리는 다이어의 표현에 따르면 "뒤엉킨 실뭉치"**사진 26**를

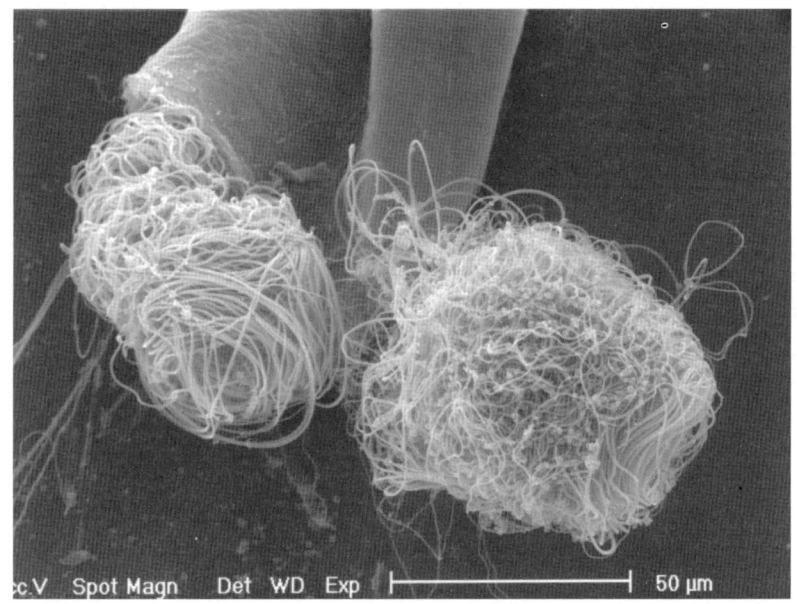

**사진 26** 이 사진에는 두 개만 나오지만, 특정 초파리의 정자 꼬리는 엄청나게 길며, 밝혀진 생물체 중에서 정자 세포가 가장 크다. ⓒ 로마노 달라이 Romano Dallai

형성해 그다음 정자가 현장에 도달하는 일을 방해한다.

이 시점에서 약간 뻔하면서도 실질적인 문제를 거론하게 된다. 암컷은 이렇게 거추장스러운 정자를 어떻게 받아들일까?

일리 있는 대답은 진화가 이를 책임진다는 것이다. 밀접하게 상호 작용해야 하는 일, 그러니까 이를테면 교미와 관련해서라면, 진화는 한쪽 성의 능력이 적응 언덕을 오를 때 옆에 가만히 앉아 있지는 않는다.

다이어는 설명을 위해 오래된 책(1952년에 출간) 《초파리속의 진화

Evolution in the Genus Drosophila》를 선반에서 꺼내 암컷 파리의 산란관을 자세히 나타낸 그림을 보여 줬다.

다이어는 **드로소필라 프세우도옵스쿠라** D. pseudoobscura 그림을 가리켰다. 정자 꼬리가 짧은 종으로, 암컷의 정자 저장 기관은 초파리로서는 보통 크기였다. 책장을 넘겨 정자가 거대한 종의 생식관을 바라보았다. 이런 저장소 또는 기관은 옛날 전화선 같이 기다란 고리 모양이었다.

"암컷의 산란관은 짝의 정자를 받아들이도록 진화했어요. 같은 종 내에서 정자 길이와 암컷의 정자 저장 기관은 무척 긴밀하게 연관돼요."

"이런 조직은 체강(body cavity, 동물의 체벽과 내장 사이에 비어 있는 곳-옮긴이)을 얼마나 차지하나요?"

내가 물었다.

"복부 대부분을 차지해요."

다이어는 나를 가까이 있는 실험실로 데려가 진짜를 보여 줬다. 다이어는 파리 무리를 이산화탄소 가스로 나가떨어지게 한 다음, 코르크 손잡이에 고정된 아주 가는 바늘 쌍으로 암컷 파리를 무리에서 분리한 뒤 작은 물웅덩이에 생식관을 가지런히 놓았다. 현미경 슬라이드 위에 표본을 올린 다음에는 해부 현미경 재물대에 올렸다. 다이어가 보라고 권했다.

진주처럼 하얀 난소 두 개에는 각각 질서정연한 조각 다발이 있었다. 껍질을 벗긴 리치처럼 창백하고, 모양은 모스크 돔 같았다. 가까이에는 진주 목걸이와 비슷한 울퉁불퉁한 관 두 개가 놓여 있는데, 이는 정액 저장소다. 수컷을 해부하면 노란색 나선형 구조 두 개가 나오는데, 바로 고환이다. 그중 하나를 해부하자 악명 높고 긴 정자 세포가 드러났다. 현미경 아래에 뽀얀

구름이 있는 것처럼 보였다. 구름 속에는 꼬리가 긴 정자 수천 개가 놓여 있는데, 크기가 훨씬 더 작은 사람 정액보다 1,000배 적다. 게다가 수컷의 정자는 미세하면서도 가늘어서, 이 배율로 각각 따로 보기에는 너무도 작았다.

거대 정자를 생성하는 일은 색다른 생식 전략이지만, 분명히 일부 파리에게는 통했다. 이게 바로 수컷이 암컷에게 압력을 넣는 예시라는 쪽으로 마음이 기운다. 하지만 그 역할은 암컷이 담당하는 듯하다.

스콧 피트닉Scott Pitnick은 "이상한 정자 형태가 진화하는 이유는 암컷의 생식관이 이렇게 별나고 독특한 특성에 맞게 한쪽으로 치우쳐 생식하도록 진화하기 때문"이라고 말한다. 피트닉은 시러큐스대학교Syracuse University에서 거대 정자 현상을 연구한다. 피트닉이 한 연구에서는 암컷 파리가 사전 대책으로서 거대 정자 저장 기관을 발달시켜서 수컷이 이에 대응해 적응한다고 나타난다. 저장 기관이 더 긴 암컷은 금세 다른 수컷과 다시 짝짓기하는 경향이 있다. 더 나아가 정자 경쟁을 일으키기에, 더 긴 정자를 생성하는 수컷이 유리해진다. 마지막으로, 큰 정자를 생성하려면 수컷이 힘을 많이 들여야 하는 만큼, 정자를 더 많이 생성하는 수컷이 경쟁에서 이길 가능성이 크다. 이는 암컷이 가장 건강하고 원기가 왕성한 수컷과 수정한다고 확신함으로써 스스로 투자하는 데 보탬이 된다. 이를 보면 모든 성 선택이 우리 눈에 보이는 곳에서 일어나는 건 아니라는 점을 알 수 있다.

파리가 자기 주변에서 무슨 일이 일어나는지를 볼 수 없다면 어떨까? 1909년쯤, 페르난도 페인Fernandus Payne이라는 컬럼비아대학교 대학원생은 파리 개체 수가 49세대에 걸쳐 완전히 어둠에 빠져 있다고 비난했다. 왜일까? 페인은 프랑스 생물학자 장 바티스트 라마르크Jean-Baptise Lamarck

가 100년 일찍 전개한 유전 이론의 근거를 생물학적 필요에 따라 뒷받침하고 싶었다. 라마르크는 환경이 동물에 변화를 일으킨다고 보았고, 어둠 속에서 살면 곤충의 눈이 심하게 악화할 거라고 예상했다. 하지만 2년 뒤, 마지막 파리 세대가 어둠 속에서 흐릿한 눈으로 나타나 처음으로 빛을 봤을 때, 이들의 눈은 이전 48세대 조상만큼 멀쩡했다. 가끔 초파리는 가설을 뒷받침할 때만큼이나 가설을 치워 버릴 때도 중요하다.

파리에게는 이 어둠이 끝이 아니었다. 반세기 후, 일본 과학자는 어둠 속에서 살면 나타나는 결과를 더 충분히 연구하기로 마음먹었다. 어둠파리dark-fly는 **노랑초파리** 계통으로, 1954년 교토대학교Kyoto University에서 처음 시작해 어둠 속에서 60년 넘게 보존됐다. 세대 주기는 완벽한 조건 아래에서는 2주 정도로, 약 1,500세대에 이른다. 사람이 2만 7천 년간 진화한 것과 똑같다. 이는 세대 주기가 비교적 짧은 곤충의 적응성을 나타내는 척도로, 어둠파리는 어두운 조건에 개체군을 섞어 뒀을 때 이미 야생종(빛을 빼앗기지 않은) 상대보다 생식에서 우위를 차지한다는 사실이 드러났다. 암컷 어둠파리를 어두운 조건에서 수컷 야생종과 번식시키자, 어미와 아비가 모두 어둠파리일 때보다 새끼를 덜 낳았다. 아직 이유가 밝혀지진 않았지만, 과학자는 암컷 어둠파리가 짝으로 수컷 어둠파리를 더 선호하며, 시각 신호가 없는 곳에서 악취나 소리를 활용해 상대를 가려내리라고 추측한다.

때가 되면, 아마도 어둠파리 덕분에 파리를 둘러싼 더 큰 비밀이 드러날 것이다. 제법 확실한 건, 파리 특히 초파리가 유전학과 진화 분야에서 계속 선두에 서리라는 점이다.

# 10

# 매개체와 해충

여러분이 이 글을 읽을 때쯤이면, 누군가는
어딘가에서 파리 매개 병으로 죽음을 맞이하고
수백 명은 파리와 관련된 미생물 때문에
끙끙 앓을 것이다.

— 스티븐 A. 마셜Stephen A. Marshall

파리의 다양성과 기회주의는 사람의 관심 분야에 이로우면서도 해롭다. 막 살펴봤듯이, 파리는 유전자, 행동, 진화 이해도를 높이는 데 주요 역할을 해 왔다. 이제 파리와 우리 관계의 더 어두운 면으로 눈길을 돌려 보자. 파리는 치명적이고 몸이 쇠약해지는 질병의 매개체이자 농해충으로서 이중으로 영향을 끼친다.

인간의 역사에서 파리가 얼마나 중요한지를 표현하기란 쉽지 않다. 1997년에 발표된 유명한 책 《총, 균, 쇠》 20주년 기념판 표지에는 총알 2개, 모기, 철제 암나사가 나온다. 생물 지리학자 재레드 다이아몬드Jared Diamond는 파리 매개 질병이 유럽 국가가 전 세계로 뻗어 나가고, 유감스럽게도 아프리카와 아메리카를 식민지화하는 데 주된 원인이 되었다는 이론을 내세웠다. 콜로라도메사대학교Colorado Mesa University 정치학자이자 군사 사학자인 티모시 와인가드Timothy Winegard는 《모기》라는 책에서 고대부터 모기가 외부의 침략으로부터 로마Rome를 지켜 온 방식을 자세히 설명한다. 모기는 로마를 지키기도 하고, 로마 제국의 몰락을 근본적으로 지휘하기도 했다. 파리는 1242년에 마지막으로 유럽에서 몽골을 몰아냈으며, 형편없이 대비한 영국 군대를 약탈해 미국의 운명을 결정 지었다.

모기는 다양한 방식으로 질병을 옮긴다. 말라리아 기생충은 암컷 모기의 내장에 달라붙고는 암컷이 먹이를 먹을 때 숙주에게 들어간다. 황열, 뎅기열과 마찬가지로 병원균 역시 이미 감염된 사람의 피를 빨 때 모기에게 들어간다. 병원균은 모기의 침을 통해 다음 희생양에 전달된다. 이처럼 모기는 날아다니는 오염 바늘 역할을 하면서 병에 걸린 사람의 전염력 범위를 수 킬로미터에 걸쳐 확대한다.

모기가 혼자 행동했다는 뜻은 아니다. 등에모기(등에모기과)는 최소 66개 바이러스와 15개 원생동물, 26개 사상충을 옮긴다. 오로야열Oroya fever은 **플레보토무스속**Phlebotomus 모래파리가 옮기는데, 16세기 중반에 잉카를 정복했을 때 피사로Pizarro 군대의 4분의 1이 죽은 것도 이 때문이다. 체체파리는 수입품을 손상하고, 말과 역축을 활용해 트리파노소마증 trypanosomiasys을 옮김으로써 유럽이 아프리카를 식민지화하는 속도를 늦췄다. 트리파노소마증은 나가나병과 마찬가지로 수면병의 원인이다. 아프리카에서 소와 발굽 달린 포유류가 걸리는 질병이며, 주요 증상은 열, 무기력증, 붓기다.

### 제일 대단한 살인자

막대한 피해 측면에서는 모기가 1위를 차지한다. 모기 몇 백 종을 합하면, 사람의 사망 원인에서 모기가 사람보다 상위를 차지한다. 2000년 이후부터 모기는 매년 약 200만 명의 사망에 한몫했다. 사람 때문에 죽는 사람이 매년 47만 5천 명인 것과 비교된다. 연구진은 인간사에서 일어나는 죽음의 거의 절반이 모기 때문이라고 본다. 와인가드의 계산에 따르면, 약 1,080억 인구 중 520억인 셈이다. 제2차 세계대전까지는 전장에서 부상으로 죽은 군인보다 전염성 질병이 퍼지는 바람에 죽은 군인이 훨씬 더 많았다.

죽음의 원인은 사람마다 다르지만, 대개 병에 걸려 죽음에 이르는 경우가 많다. 오늘날 모기는 매년 2~3억 명 이상이 병드는 데에 단독으로 책임이 있다.

모기는 총 15가지가 넘는 질병을 사람에게 옮긴다. 이때 병원균은 뚜렷하게 3가지로 구성된다. 바로 바이러스, 벌레, 원생동물(원생생물에 속하는 미세한 단세포 생물체)이다. 말라리아는 원생동물로 인해 생기며, **학질모기속** Anopheles에 속하는 모기 480종 중 약 70종이 이를 옮긴다. **숲모기속** Aedes 모기, 예를 들면 흰줄숲모기 Asian tiger mosquito는 우리 때문에 아프리카와 아메리카대륙에 퍼지면서 황열, 뎅기열, 치쿤구니야열 chikungunya, 지카 바이러스, 뇌염 6종류 등 바이러스성 질병을 옮긴다. **집모기속** 모기 역시 뇌염뿐 아니라 웨스트 나일 West Nile 바이러스, 선충에 의한 사상충증 및 상피증의 원인이다. 다행히도 모기나 집파리 또는 다른 파리가 코로나바이러스를 전파한다는 증거는 없다.

이런 질병을 통틀어 말라리아(이탈리아어로 '나쁜 공기'라는 말에서 나왔다)가 제일 심각하다. 세계보건기구World Health Organization에 따르면 말라리아는 2016년에 저소득 국가에서 발생한 주요 사망 원인 6위였다. 인구 10만 명당 40명 조금 못 미치는 수치다.

1890년대까지는 모기와 말라리아 사이의 연관성이 정립되지 않았다. 증상은 보통 1주에서 4주 사이에 나타나지만, 잠복기는 1년까지 갈 수 있다. 증상은 열, 설사, 두통, 식은땀이나 오한, 메스꺼움과 구토, 근육통과 복통 등이다. 치료하지 않고 두면 심각한 질병으로 발전해 혼수상태, 발작, 호흡 부전과 사망에 이르기도 한다.

말라리아 기생충과는 지구 생명체 중에서 가장 사악한 조종자이자 잠입자다. 모기는 말라리아 기생충의 주요 꼭두각시이며, 사람은 가장 마음을 끄는 표적이다. 하지만 우리가 말라리아의 유일한 사냥감은 아니다. 유형이 200가지가 넘는 말라리아 기생충은 전 세계에서 새, 박쥐, 원숭이, 영양과 도마뱀을 괴롭힌다. 기생충 중에서는 5가지만 **호모 사피엔스** Homo Sapiens에 해를 끼친다. 행동과 번식 성공 여부에 영향을 받긴 하지만, 동물은 대부분 공진화하며 기생충에 대처해 왔다. 눈에 띄는 예외 한 가지는 하와이 토종 새다. 들어온 말라리아에 노출되면, 이들은 수가 줄어들다가 멸종한다. 우리에게 가장 위험한 말라리아 유형 두 가지는 **열대열원충** Plasmodium falciparum과 **삼일열원충**Plasmodium vivax이다.

말라리아 기생충은 적혈구와 접촉할 때 화학성 미끼를 생성해, 감염된 숙주가 다음번에 우연히 지나가는 모기에게 더 매력적으로 보이게 만들어 질병 확산을 꾀한다. 기생충은 더 나아가 항응고제 생산량을 억제하는 방식으로 모기를 조종해 사람을 더 자주 물게 한다. 이렇게 하면 모기가 물

때마다 혈액 섭취량이 줄어들어서, 사람을 물고, 또 물게 되면서 물린 숙주에게 기생충이 눌러앉을 기회가 더 많아진다.

　　말라리아는 지금보다 과거에 더 넓게 퍼져 있었다. 한때는 열대뿐 아니라 캐나다 최북단과 북유럽까지 쭉 뻗어 나갔다. 유럽인이 아메리카대륙을 식민지화했을 때, 말라리아는 유럽인보다 아메리카대륙을 더 많이 식민지화했다. 모기를 걷잡을 수 없이 많이 데려와서, 이에 면역력이 없는 원주민들이 병에 걸려 사망했다. 이전에도 아메리카대륙에 토종 모기 무리가 있긴 했지만, 이들은 새로 들어온 **학질모기속**과 **숲모기종**이 그랬듯이 치명적인 질병을 옮기지는 않았다. 1935년까지만 해도 미국인 약 13만 명만이 말라리아에 걸렸고, 4,000명이 사망했다. 1950년 무렵에는 DDT 분사와 습지 배수 시설 및 모기 번식지 제거 작업이 맞물려 사실상 이 지역에서 말라리아가 뿌리 뽑혔다. 오늘날 말라리아 사례의 85퍼센트는 사하라사막 이남 아프리카에서, 8퍼센트는 동남아시아, 5퍼센트는 지중해 동부 지역, 1퍼센트는 서태평양, 0.5퍼센트는 아메리카대륙에서 발생한다.

　　열대병 매개체처럼, 파리 역시 노예를 부리는 국가를 처단했다. 감염된 노예 거래에 관여하는 나라가 그렇지 않은 나라보다 황열에 더 시달렸다. 1648년을 시작으로, 많은 사람이 서인도제도West Indies에서 목숨을 빼앗겼다. **아미스타드호**Amistad에서 일어난 유명한 노예 폭동은 모기 덕에 가능했다. 모기에 물린 선원들은 황열에 시달리다가 몸이 약해졌지만, 이미 면역력이 생긴 노예 대부분은 아무런 영향도 받지 않았다. 1693년부터 1905년 사이에는 미국인 10만 명에서 15만 명 정도가 황열 앞에 무릎을 꿇었다.

이런 병원균이 자신을 품어 주는 숙주를 죽이도록 진화한 이유는 무엇일까? 정답은 죽기 전에 나타나는 병의 증상이 병원균의 역할이라는 것이다. 그다음에 우리가 희생된다. 어떤 질병에 시달리느냐에 따라 다르지만, 기침, 재채기, 병변이나 상처 같은 증상 모두 전염 효과가 톡톡한 경로다. 성관계, 오염된 대상과의 접촉 등 우리는 늘 주변 사람과 상호 작용한다. 코로나바이러스의 전 세계적 확산으로 사회적 거리 두기, 마스크 쓰기, 손 자주 씻기가 일상화되면서, 우리는 병원균이 교묘하게 퍼져 나가는 데 도움이 되는 방식을 더 잘 알게 되었다.

말라리아가 우리에게 남긴 것 그리고 전달자인 모기의 역할을 생각해 보면, 모기가 생태계에서 하는 역할을 "통제되지 않는 인구 증가 대응책"으로 표현하는 이유가 조금도 이상하지 않을 것이다. 모기를 두둔해 보자면, 이들에게는 간접 책임이 있다. 모기는 매개체일 뿐, 직접적인 사망 원인은 아니니까. 하지만 결국에는 매한가지다.

### 반격

정말 효과가 좋은 위협에는 어떻게 대처할까? 현대에 파리 매개 질병을 통제하는 주요 방법은 매개체가 되는 종과 이들의 소굴을 살충제 화학 물질로 공격하는 것이었다. 이렇게 접근하면 적의 수와 질병 발생 정도를 줄이는 데 어느 정도 만족스러운 결과를 얻는다. 적어도 잠깐은 그렇다. 문제는 표적이 아닌 종에게 최대한 2차 피해를 주지 않으면서 표적 생물체에 다가가는 것이다. 비용이 많이 들뿐더러 난관도 있기 마련인데, 예를 들면 주기적으로 살충제가 스며들도록 처리한 그물과 그 밖의 물질이 필요하다. 살충제는 우리에게도 위험하다. 국제연합United Nations에 따르면, 살충제 때문에 매년 20만 명이 죽는다. 살충제 저항력은 늘 공포의 씨앗이다.

유전자 전략으로 이런 문제를 대부분 피해 갈 수 있다. 가장 유명한 유전 전략은 불임 수컷 기술sterile male technique과 유전자 편집 기술을 활용해 병원균에 저항력이 있는 유전자 이식 파리를 생성하는 방법이다. 세 번째 기술은 유전자 드라이브gene drive로, 다른 두 가지의 효율성을 크게 촉진할 가능성이 있다.

불임 수컷 기술SMT에는 수컷 무리를 가두어 길러서(암컷은 죽게 된다) 번데기를 방사능 처리해 불임이 되도록 한 다음(그래도 문제없이 건강하다), 야생에 풀어 주는 게 포함된다. 불임 수컷이 더 많을수록 야생 가임 곤충의 비율이 낮아져 다음 세대 수가 줄어든다는 개념이다. 불임 수컷 기술은 불임 곤충 대 야생 가임 곤충 비율이 원칙적으로 10대 1 이상이라는 높은 비율에 의존한다. 종에 따라 다르지만, 이렇게 하려면 수컷 수백만 혹은 수십억 마리를 풀어 줘야 효과가 좋다. 대개 수컷이 표적이 되는 이유는 암컷의 경우 짝짓기를 한 번만 하는 경향이 있기 때문이다. 하지만 수컷은 최대한 자주 짝짓기해서, 기술 효과가 더 빨리 나타난다. 이런 접근법은 커다란 동물보다는 곤충에게 더 적합하다. 크기가 작고 산란 수가 많아서, 비교적 짧은 시간 동안 가둬도 무척 많이 사육할 수 있기 때문이다.

2015년에 한 과학자가 처음으로 유전자 편집 기술인 유전자 가위를 활용해 황열병모기라고 부르는 **이집트숲모기**의 유전체를 수정했다. 역시 2015년에, 연구진은 조작한 유전자를 **이집트숲모기** 배아에 주입해 유전자

가위 기술로 다른 돌연변이를 유도할 수 있다고 밝혀냈다. 특정 유전자 배열이 그렇게 다양한 생리 과정에서 변태, 배아 발생, 숙주-병원균 상호 작용 같은 역할을 할 수 있다고 확인한 점과 연구진이 성공리에 모기 개체군을 만들어 성장이 저해되고, 난소 기능을 상실하며, 알 부화율이 줄어든다는 점을 보여 주었다고 생각하면, 이런 기술을 활용해 우리 뜻대로 야생 곤충 개체군을 조작할 가능성이 있다고 상상하기란 어렵지 않다. 과학자는 **이집트숲모기**의 유전자를 확인하고 조작해 암컷의 유전자를 수컷화하고, 거의 완벽한 수컷 생식기를 만들 수 있다. 암컷 모기만 피를 먹고 병원균을 옮기는 만큼, 유전자 스플라이싱gene splicing을 활용해 암컷 모기를 해롭지 않은 수컷 모기로 바꾸는 전략은 매개체를 관리하는 데 도움이 될 수 있다는 것이다.

과학자는 모기의 생식을 방해할 또 다른 방법으로 생태계에 널리 퍼져 있는 기생 박테리아 **볼바키아**Wolbachia를 든다. 볼바키아 박테리아는 곤충을 무척 좋아한다. 전체 곤충 종의 무려 70퍼센트가 몸속에 **볼바키아**를 품고 있을 것으로 추산된다.

**볼바키아**는 1924년에 처음 확인됐지만, 1971년이 지나도록 활발하게 연구되지 않았다. 당시 **볼바키아**에 감염된 수컷의 정자가 감염되지 않은 난자를 수정하면 **집모기속** 모기의 난자가 죽는다는 사실이 드러났다. 이런 박테리아는 다 자란 난자 어디에든 있지만, 사실 다 자란 정자에는 없다. 따라서 감염된 암컷만 새끼에게 전염병을 물려주고 수컷은 막다른 골목에 다다라서, 암수 비율이 암컷에게 치우칠수록 **볼바키아**는 득을 본다. 능수능란하게 조종하는 볼바키아는 여러 가지 방식을 발달시키면서 수컷보다 암컷을 선호해 왔다. 첫째는 그야말로 수컷 배아를 죽이는 방법이고, 둘째는 암컷 배아를 유도해 수컷 배아를 잡아먹게 하는 방법이며, 셋째는 **볼바키아**에 감염된 암컷만 감염된 수컷과 성공리에 짝짓기하도록 하는 방법이다. 이렇게 하면 감염되지 않은 암컷의 생식 성공률이 줄어들면서 **볼바키아**가 유행하도록 촉진할 수 있다.

**볼바키아**는 선충에서도 서식한다. 상피병elephantiasis을 일으키는 선충과도 상리 공생 관계를 발전시켜 왔는데, 관계가 어찌나 끈끈한지, 볼바키아를 죽이면 선충도 죽이는 셈이다. 따라서 상피병 연구에서 나아가야 할 방향은 **볼바키아**를 죽일 방법을 모색하는 것이다.

최근 들어 알게 됐는데, 파리가 **볼바키아**에 감염되면 바이러스를 옮기는 능력이 손상된다고 한다. 모기 매개 바이러스성 질병, 그러니까 특히 뎅기열을 연구하는 학자가 여기에 사로잡혔다. 모기가 **볼바키아**에 감염되면 뎅기열 병원균을 덜 옮길 테니 아마도 **볼바키아**는 뎅기열 감염을 줄이는 데 활용될 듯하다. 호주 북동부 타운즈빌Townsville에서 주민 18만 7천 명을 대상으로 한 실험에서는 **볼바키아**에 감염된 모기를 들여온 지 4년이 지나자 심각한 뎅기열 사례가 발견되지 않은 것으로 나타났다. **볼바키아** 덕에 치쿤구니야열과 웨스트 나일 바이러스로 인한 위험이 줄어들 가능성도 제기됐다.

켈리 다이어가 말했듯이, "이런 접근법의 장점은 모기 매개체의 개체군에 영향을 주지 않는다는 점이다. 개체 수에 영향을 주게 되면, 심각한 생태학적 결과가 나타날 수 있다(모기가 먹이 그물에서 하는 주요 역할 때문이다)".

다이어는 이 연구 분야를 이렇게 표현한다.

"비정상적으로 활발하게 연구되는 분야예요. 일례로 빌 게이츠Bill

Gates는 볼바키아 연구에 수많은 돈을 쏟아부었어요."

박테리아가 개체군 중에 있는 특정 모기를 선호하거나 없앤다면, 우리도 모기의 유전자를 조작해 똑같은 일을 할 수 있을까? 유전자 드라이브를 검색해 보시라. 유전자 드라이브는 유전성이 강력한 유전자를 생성해 감염된 개체군에 재빨리 퍼뜨리는 방식으로 작용한다. 여기에서 유전자 드라이브와 전통 유전자 이식 방법의 중요한 차이가 드러난다. 자연 선택으로 회피 돌연변이 파리가 확실히 제거될 것이므로 유전자 이식 파리는 해롭지 않다고 보지만, 유전자 드라이브 실험 대상이 된 파리는 그 반대라고 예상된다. 자연 선택은 적어도 일부 야생 개체군에서는 조작된 생물체를 선호할 것이다.

짜릿하면서도 정신이 번쩍 드는 발상이다. 이 전략 덕에 다른 곳에 있는 종이나 개체군에는 영향을 주지 않고도 그 지역에서 해충을 몰아낼 수 있다. 발달한 살충제 저항력을 유전자 드라이브 체계를 활용해 직접적으로 역전시켜 한때 효과가 좋았던 합성물의 수명을 연장할 수도 있다. 이른바 민감화 드라이브를 활용하면 저항력 있는 곤충이 비교적 순한 합성물, 심지어 사람과 환경에 유독하지 않은 합성물에 취약하게 만들 수도 있다.

유전자 드라이브 지지자는 또 다른 희망을 품는다. 해충을 변형해 더는 작물을 섭취하지 않게 하면서도 본연의 생태 기능은 수행하게 하는 것이다. 예를 들면 파리의 후각 체계를 조작해 이들이 표적으로 삼는 작물에 더는 사로잡히지 않게 하는 것이다.

더 암울한 측면에서 보면, 유전자를 변화시켜 자가 번식하게 하면, 유전자 드라이브는 야생 개체군의 유전자 구성을 과감하게 바꿈으로써 생태학적 위험을 일으킨다. 이론적인 모델에서는 유전자 드라이브 구조를 가진 소수의 개체가 조금만 유입돼도 생태계 전체를 초토화할 수 있다고 나났다. 유전자 드라이브로 매개체 감염 질병을 통제하는 판도를 뒤집을 수 있다고 생각하기 쉬운데, 그게 바로 유전자 드라이브를 멸종 드라이브라고도 부르는 이유다.

유전자 드라이브 지지자는 이 접근법의 목적이 표적 개체군 **억제**이지, 멸종이 아니라고 다시 한번 말한다. 이런 체계에 자연 내성natural resistance이 있을 가능성을 지적하기도 한다. 또한 유전자를 조작한 곤충 개체군의 도입은 표적 개체군의 저항 기제를 촉진하는 압력이 되며, 여기에는 드라이브에 저항력을 가진 유전자에 대한 자연 선택, 근친 교배, 심지어 능력 있는 종의 무성 생식까지 포함된다는 것이다. 시간이 흐르면서, 이런 기제는 그저 가능하기만 한 게 아니라 피할 수 없는 것이 될지도 모른다.

최근 한 위험성 워크숍에서는 유전자 드라이브를 활용해 말라리아모기인 **감비아학질모기**Anopheles gambiae를 통제하면 생길 수 있는 피해를 검토했다. 위험성은 있지만, 말라리아의 영향이 줄어들 가능성이 있다는 결론이 나왔다. 박멸 시나리오의 결과가 좋으면, 지역 모기 여러 종이 표적 말라리아모기 매개체의 빈자리를 채울지도 모른다. 게다가 포식자나 수분 식물이 주로 어떤 모기 종에 의존한다고 밝혀지지는 않았으니, 포식자는 그야말로 한 곳에서 다른 곳으로 옮겨 갈 것이다. 마지막으로, 유전자 드라이브로 표적 모기가 멸종하도록 위협한다 해도 과학자는 유전체를 다시 편집해 모기를 '구조'할 수 있다고 여긴다. 어떤 유전자 드라이브를 시도할 생각이든 간에 비용 편익을 분석해 표적 종, 생태계, 불확실한 자연 변화를 고려하는 게 좋다.

말라리아와 모기 매개 질병으로 고통과 죽음이라는 어마어마한 대가를 치르는 만큼, 이런 위험을 기꺼이 감수하려는 사람들이 있다. 2015년 9월 무렵, 빌&멜린다 게이츠 재단Bill and Melinda Gates Foundation은 임페리얼 칼리지 런던Imperial College London에서 진행하는 프로젝트에 7,500만 달러를 후원했다. 타깃 말라리아Target Malaria 시도의 하나로서, 임페리얼 칼리지 런던 연구진은 실험실에 있는 **감비아학질모기** 개체군을 억제하도록 유전자 드라이브를 조작했다. **감비아학질모기**는 사하라사막 이남 아프리카에서 가장 중요한 말라리아 매개체다.

새로운 유전자 기술의 성패는 우리보다는 자연의 손에 더 많이 달려 있다. 곤충은 높은 생식력과 짧은 세대 주기 덕에 우리가 무슨 전략을 써서 도전하든 간에 어마어마한 상대가 된다. 진화는 자기만의 전략으로 맞서 싸우며 유전자 드라이브를 방해할 수도 있다. 자연 개체군에서 유전 변이, 유전자 드라이브의 압력 아래 선택된 돌연변이를 거치며 발달한 저항력, 비임의적 번식 유형이 여기에 포함된다. 여러 곤충 종을 대상으로 실험한 결과, 유전자 저항력과 자연 유전 변이 유행이 모두 나타난다고 보고되었다. 따라서 의도한 것처럼, 유전자 가위 기술로는 개체군에 유전자를 퍼뜨리지 못한다.

### 저항력

모기 매개 질병을 물리치는 데 그토록 적극적으로 유전자 기술을 추구하는 것은 놀랄 일이 아니다. 살충제를 사용한 역사 때문에 표적 곤충의 저항력이 발달했기 때문이다. 말라리아에 맞서 자신을 지키려고 우리보다 더 확실하게 노력하는 존재는 어디에도 없다.

1961년 인도의 말라리아 발병 건수는 15만 건 미만으로 떨어졌다. 1950년대 초반만 해도 7,500만 건으로 한 해에 80만 명이 말라리아로 사망했다. 하지만 DDT 집중 공격 캠페인 때문에 저항력이 생기고 말았다. 1년에 살충제 27,215,542.2킬로그램을 흠뻑 들이붓는 나라를 머릿속에 그려 보시라. 말라리아는 복귀했다. 인도는 1976년에 심각한 유행병에 시달렸는데, 대략 2,500만 건이었다. 인도네시아에서는 1965년부터 1968년 사이에 말라리아 발병 사례가 4배로 늘었다. 그 무렵, 세계보건기구는 말라리아 박멸에 실패했다고 공식적으로 인정했다. 1990년대 초반 무렵에는 모기 최소 100종과 다른 질병 전염 매개체가 다양한 살충제에 저항력이 있는 것으로 나타났다. 궁지에 몰린 기생충에게 이제는 선조보다 더 강한 저항력이 생겼으니, 새로운 전염병의 위험성은 더 높아졌다. 2000년에는 전 세계 인구의 10퍼센트가 말라리아에 시달렸다.

항말라리아 약에서도 비슷한 양상이 드러난다. 17세기 초 로마에서 이 질병을 무찌르려고 처음 사용한 퀴닌quinine은 1940년대 후반 무렵이 되자 더는 효과가 없었고, 그래서 클로로퀸chloroquine으로 대체되었다. 1960년대 무렵에는 클로로퀸이 동남아시아, 남아메리카, 인도, 아프리카 대부분에서 쓸모가 없어졌다. 그 뒤를 이은 메플로퀸mefloquine에도 저항력이 생겼다고 확인된 건 1975년 판매를 시작하고 고작 1년이 지난 뒤였다.

애리조나대학교 소속 브루스 타바시닉Bruce Tabashnik에 따르면, 전체적인 농약 저항력은 2000년부터 2010년 사이에 61퍼센트 증가했다.

2010~2016년 세계보건기구에 따르면, 흔히 쓰는 살충제 4종류, 그러니까 피레스로이드계pyrethroids, 유기염소계organochlororines, 카르밤산염carbamates, 유기인산염organophosphates의 저항력이 아프리카, 아메리카, 동남아시아, 지중해 동부 지역, 서태평양에 걸친 모든 주요 말라리아 매개체 사이에 널리 퍼진 것으로 나타난다. 2016년에는 오래도록 기다린 말라리아 백신 모스키릭스Mosquirix의 임상 시험을 진행했는데, 5~17개월의 아프리카 아이 447명을 포함한 이 시험의 결과는 실망스러웠다. 7년간 추적 관찰한 결과, 4.4퍼센트였던 백신 효능은 4년 차에는 0으로 떨어졌다. 아마도 그 뒤로는 더욱 부정적 결과가 나타났을 것이다. 하지만 2015년에 규모가 더 큰 임상 시험을 발표했는데, 아프리카 7개국에서 유아와 어린 아동 15,459명을 포함하자 임상 말라리아 사례가 39퍼센트 줄었다. 세계보건기구와 특정 의료 기관은 지금까지 찾은 증거를 바탕으로 뇌수막염menigitis이나 경련 발작convulsive seizure 같은 부작용 위험성보다 모스키릭스의 이점이 더 크다고 확신한다.

이 시기에는 살충제 한 종류, 즉 피레스로이드가 매개체 통제 시도에서 우위를 차지했다. 피레스로이드는 인공 농약으로, 자연 농약인 제충국pyrethrum과 비슷하며, 국화꽃에서 생성된다. 바로 여기에 문제가 있는데, 모기 매개체 통제의 역사를 보면 살충제 한 종류에 의존하는 건 매우 위험하다. 앞서 살펴봤듯이 생물체 한 가지, 특히 풍부하면서 빨리 번식하는 곤충을 계속 똑같은 무기로 공격하면 저항력이 생길 수밖에 없다. 아니나 다를까, 피레트린pyrethrin에 저항력을 가진 모기 개체군이 최근 몇 년간 심상치 않게 증가했다.

가끔은 가장 기본적인 방법이 가장 신뢰할 만하다. 침대 망을 살충제 처리하면 덜 물려서 질병 노출도와 고통이 줄어든다. 2000년부터 2016년 사이, 전 세계 말라리아 사례는 약 6억 6,300만 건으로 40퍼센트가 줄었다. 이렇게 감소한 이유 중 3분의 2 이상이 침대 망에 오래가는 살충제를 썼기 때문이며, 19퍼센트는 실내에 살충 스프레이를 뿌렸기 때문이다.

브라질 남부에 있는 플로리아노폴리스Florianópolis에서 뎅기열 통제 프로그램Dengue Control Program을 담당하는 프리실라 타미오주Priscilla Tamioso와 이야기를 나눈 적이 있다. 타미오주는 단순하고 실용적인 조치가 중요하다고 강조한다. 이렇게 머나먼 남쪽에서, 말라리아의 위험성은 뎅기열, 지카 바이러스, 치쿤쿠니야열만 못하다.

타미오주가 말했다.

"저희는 공교육에 집중해요. 모기 번식지를 찾으려는 이웃 여러 명을 찾아가죠. 지역 주민과 한자리에 앉아 번식지를 줄이는 일의 중요성을 설명하기도 해요. 브라질 남부 지방에는 비가 무척 많이 내려요. 그래서 예를 들면, 버려진 차 타이어에 구멍을 뚫거나, 타이어를 덮는 게 중요해요."

살충제 저항력이 발달한 만큼 방어 효과가 좋을수록 더 끈끈하게 반격한다. 일부 모기 종은 피레스로이드 농약에 저항력이 생긴 나머지 침대 망에 적응한다. 농약에 스며든 모기는 먹이를 먹는 일정을 밤에서 낮으로 바꾼다.

뎅기열은 열대와 아열대에서 가장 치명적이며 다시 나타나고 있는 곤충 매개 바이러스성 질병이다. 1970년대 전에는 9개국에서만 심각한 뎅기열이 발생했는데, 세계보건기구에 따르면 오늘날 뎅기열은 100개국에서 풍토성 질병으로 자리 잡았다. 2019년 10월에는 보통은 독감 같지만 가끔은 치명적인 뎅기열이 네팔을 강타했다. 그전까지 네팔은 뎅기열에 걸릴 걱정을 하기에는 너무도 추운 곳이었다. 2개월 내로 최소 9,000명이 병들었으며, 6명이 사망했다. 고도가 높은 나라, 즉 2006년에 첫 뎅기열 사례가 나온 곳에서는 지구 가열Global heating이 발생해서, 매개체 역할을 하는 **숲모기**가 견딜 만한 기온이 더 오래 계속됐다. 게다가 더 심한 몬순으로 인해 저수지도 증가해서 이들의 번식이 쉬워졌다. 2019년에는 아메리카대륙에서도 뎅기열 사례가 270만 건을 기록했다.

우리가 이런 질병에서 벗어날 수 있든 없든 간에, 적어도 감지하는 능력을 향상할 수는 있다. 호주 케언스Cains에 있는 제임스쿡대학교James Cook University의 다그마 마이어Dagmar Meyer 연구팀이 개발한 모기 트랩은 야생에 퍼져 질병을 일으키는 바이러스를 감지했다. 연구팀은 2010년에 혁신적으로 출시된 장치를 개조해 꿀을 입힌 카드로 모기를 꼬드긴 다음, 현장에 남은 모기의 침을 관찰했다. 짐작되겠지만, 그건 파리가 아주 조금 흘린 침으로, 1리터의 약 50억 분의 1이었다. 그렇게 적은 양으로 최근 감지 체계의 한계를 시험하는 것이다.

하지만 모기는 침보다 소변을 약 3,000배 더 남긴다. 진탕 마시는 동안 물을 배출하고 피를 농축하면서 적응하는 모기를 떠올려 보시라. 개조한 트랩에서는 오줌을 모으는 카드를 쓰는데, 기본적으로 간단한 야간용 트랩과 더 오래가는 트랩을 쓴다. 이런 트랩은 맛있는 이산화탄소를 내뿜으며 벌레가 안에 들어가도록 꼬드긴다. 모기가 소변 트랩에 들어가면, 배설물이 카드에 있는 그물망 바닥층에 뚝뚝 떨어진다. 연구진은 퀸즐랜드주

Queensland에서 곤충이 풍부한 두 곳에 소변 트랩 29개와 침 트랩을 동시에 사용했다.

연구팀은 소변 트랩으로 병원균 3가지의 흔적을 감지했다. 웨스트나일, 로스강Ross River, 머리밸리Murray Valley를 일으키는 바이러스였다. 그사이 침 트랩에서는 2가지 흔적이 감지됐다. 카드 기반 방식은 모기 전체를 살필 때 끊임없이 해야 하는 냉동을 거치지 않아도 되고, 닭이나 돼지를 보초 삼아 노출해 감염 징후를 관찰하던 기존 방식만큼 힘을 많이 들이지 않아도 될뿐더러 잔인하지도 않다는 장점이 있다. 이 실험은 지역 모기에게서 옮는 질병의 위험성을 조기에 경고한다는 점에서 극찬받았다.

모기 배설물에 있는 위험한 무임 승객을 관찰할 목적으로 개발된 방법은 카드만이 아니다. 2017년, 영국과 미국 연구진은 모기의 오줌과 똥을 수집할 수 있는 방수성이 뛰어난 원뿔형 기구를 개발했다. 연구진은 인위적으로 노출한 모기에서 사상충, 말라리아 병원충malaria plasmodia, 편충flatworm의 DNA를 발견했다.

앞서 시도한 다양한 박멸 노력의 결과, 말라리아와 파리 매개 질병은 겨울은 춥고, 따뜻한 계절은 짧은 미국 북부, 캐나다, 유럽 북부에서 사라지게 되었다. 하지만 코로나바이러스 팬데믹이 끝나고 사람들이 다시 움직이고, 세계 여행과 국제 무역을 다시 시작하면서 전 세계 기온이 올라가면, 그런 상황도 바뀔 수 있다. 이제 유럽에 있는 치료소와 병원은 1970년대보다 8배 더 많은 말라리아 환자를 치료하고 있다. 중앙아시아와 중동Middle East에서 말라리아 비율은 10배가 넘는다. 뎅기열뿐 아니라 리슈만편모충증과 뇌염도 치솟고 있어서, 유럽 여러 지역에 퍼질 위험성이 높다.

### 농장 전쟁

당연하게도 우리는 파리가 식량 해충이어서라기보다는 전염병을 옮겨서 우리를 죽게 할 가능성이 크다는 이유로 파리에게 공포심을 느낀다. 하지만 파리는 기회를 놓치지 않고 대규모 농작물, 특히 과일을 이용한다. 아니면 가축을 길러 섭취하는 우리의 열정을 이용하기도 한다.

우선 이 맥락에서 **해충**이란 인간 중심주의적 용어로, 상황과 인간의 가치에 기반을 둔다는 걸 알아야 한다. 우리는 '해충'을 '잡초'처럼 다루면서 엄격하게 인간의 용어로 나타낸다. 우리를 넘어선 해충의 생태학적 가치는 아랑곳하지 않는다. 누군가가 조경한 정원에서 벌이 꽃을 수분하면 해충으로 여기지 않지만, 현관 처마 아래에 둥지를 틀면 해충이 되고 만다. 파리도 마찬가지로 죽은 설치류를 분해하면 해충이 아니지만, 과일 작물에 알을 낳으면 해충이 된다. 우리는 이런 맥락을 제법 다르게 본다. 인간의 맥락을 넘어서면, 곤충은 그야말로 생태계 전체에 영양분을 순환하는 데 중요한 역할을 하는 본보기다.

곤충 종의 약 1퍼센트만 부정적 경제 가치가 있다고 하지만, 그렇게 작은 비율로도 큰 영향을 끼칠 수 있다. 어떤 자료를 찾아보느냐에 따라 다르지만, 사람이 섭취할 목적으로 재배한 식량의 15~50퍼센트는 곤충이 피해를 주는 탓에 사라진다. 파리는 여기에 지대하게 공헌하지만, 런던에서 유명한 큐 왕립 식물원Kew Gardens 선정 상위 10위 안에는 들어가지 못한다. 상위 10위에는 나방 유충, 가루이(whitefly, 파리가 아니다), 잎응애spider mite, 꽃무지flower beetle, 진딧물이 들어간다.

중요한 해충 종이라면 틀림없이 풍부하기 마련이다. 곤충 개체군이 대단히 풍부해지는 길은 땅을 크게 깎은 자리에 곤충이 제일 좋아하는 식량을 잔뜩 기르고, 자연 포식자나 기생충은 없애는 것이다. 여기에 단작물 monocrop 농업에서 가장 중요한 딜레마가 있다. 드넓은 옥수수밭이나 제멋대로 뻗어 나가는 사과 과수원이 작물을 섞어 놓은 땅보다 재배하고 추수하기는 쉽지만, 이른바 해충이라는 생물체가 잘 자라는 데 완벽한 기회가 되기도 한다. 엄청난 양의 옥수수를 심을 때 우리는 크게 불평하겠지만, 왕담배나방corn earworm과 유럽조명나방Euripean corn borer, 그 밖의 곤충이 자기가 제일 좋아하는(가끔은 유일한) 숙주 식물에 푹 빠지면, 우리는 얼마나 놀라게 될까?

가장 중요한 작물 해충은 초파리다. 초파리 종 대부분은 역사상 비교적 흔치 않은 자원을 먹이 삼도록 진화했다. 적어도 온화한 지대에서는 그렇다. 과수 재배자에게는 쓸모가 없는 뚝 떨어져 발효에 들어간 과일이 그런데, 썩어 가는 과일 껍질을 뚫을 때 많은 힘도 필요 없다. 어쨌든 보통은 툭 터지니까.

하지만 이런 양상에는 골치 아픈 예외가 있다. 얼룩무늬 날개가 달린 초파리, 즉 **벚초파리**Drosophila suzukii는 심각한 해충이다. 식성이 까다롭지 않은 데다 몇 안 되는 **초파리속**에 속하며, 더 저항력이 있고 신선한 과일 껍질에 알을 찔러넣기 때문이다. 내가 켈리 다이어의 초파리 실험실에 찾아갔을 때, 이렇게 특수한 파리를 바짝 가까이에서 볼 기회가 있었다. 해부현미경으로 들여다보니 초파리치고는 거대한 산란관이 마치 톱니 모양 칼 같았다. 캘리포니아 농식품부California Department of Food and Agriculture 소속 초파리 전문가 마틴 하우저Martin Hauser가 설명해 줬는데, 이런 최첨

**사진 27** 얼룩날개초파리(벚초파리)는 특수한 산란관 덕에 과일 껍질을 뚫고 그 아래에 알을 낳을 수 있다. ⓒ 마틴 하우저, 캘리포니아 농식품부

단 기관 끝부분에는 감각모(강모)가 있어서, 아마도 과일을 "맛보고" 관통할 깊이를 관찰할 거란다. 가시 같은 구조로는 산란관을 고정해 알이 나올 때 과일 밖으로 미끄러지지 않게 할 것이다. **사진 27** 교미하는 동안 이런 구조에서 수컷의 복잡한 생식기를 받아들이리라는 점 또한 생각해 볼 만하다.

벚초파리는 미국 토종이 아니라, 지난 10년쯤 전에 동남아시아에서 왔다. 이런 파리는 조지아를 특히 좋아한다. 블루베리 산업 규모가 무척 크기 때문이다. 미국 과일 재배자가 이 파리 때문에 해마다 쓰는 비용은 이미 4억 달러에 달한다. **벚초파리**종은 유럽 남부 해안가를 따라 급속도로 퍼져 나가면서 뷔페를 먹듯 편하게 감귤, 무화과, 체리, 블랙베리를 먹는다.

우리는 어떤 대책을 세우고 있을까? 전통적인 생물학적 방제는 포식자나 기생충을 들여와 해충 종을 표적으로 삼는다. 똥보기생파리는 식물을 먹는 곤충(파리도 포함된다)을 표적으로 삼는 포식 기생자의 저장소를 대표하며, 그런 이유에서 똥보기생파리는 식물 해충을 통제하는 효과가 무척 톡톡하다. 이런 파리 여러 종은 유럽에서 들여온 파리 탓에 전 세계를 돌아다니며 작물 해충을 억제해 왔다. 북아메리카에 있는 겨우살이나방winter moth이 그 예다. 이런 방식은 추가 개입이 거의 또는 전혀 필요 없어서, 시간과 비용을 크게 절약할 수 있다. 2006년 연구에서 곤충학자 메이스 본Mace Vaughan과 존 로시John Losey는 해충을 통제하는 곤충 덕에 미국에서만 1년에 45억 달러를 절약했다고 추산했다.

하지만 새로운 종의 유입에는 위험이 따르고, 처참한 결과를 가져오기도 한다. 1906년는 유럽에서 북아메리카로 들여온 똥보기생파리로 토종이 아닌 매미나방gypsy moth을 통제하려 했는데, 밝혀진 것만 200종 넘는 숙주로 메뉴를 확장하고 말았다. 유순한 토종 종 여럿도 포함돼서, 그때부터 개체군이 급격히 줄어들었다. 여기에는 멋들어지고 거대한 두 곤충인 케크로피아cecropia와 긴꼬리산누에나방luna moth도 포함된다. 한 연구에 따르면, 똥보기생파리는 매사추세츠주Massachusetts에서 케크로피아속의 약 80퍼센트를 죽인다.

다른 방법에도 각기 문제점은 있다. 살충제의 가장 큰 문제점 3가지는 사람에게 유독하고, 표적이 아닌 생물체에 유독하며, 저항력이 있다는 점이다. 우리가 생물체를 죽일 의도로 무언가를 활용해 공격하면, 그게 화학물질이든 기생충이든 간에, 개체군에서는 저항력 있는 돌연변이와 적응이 바로 촉진된다. 더 재빨리 진화할수록 표적 생물체의 저항력도 더 빨리 나타날 가능성이 크다. 곤충은 이처럼 짧은 시간 내에 새끼를 많이 만들 능력이 있는 생물체다.

가장 효과가 좋은 반응은 여러 가지를 오래도록 계속하는 전략, 즉 병충해 집중 관리 Integrated Pest Management, IPM 전략이다. 체스 게임의 전략처럼, 병충해 집중 관리법도 폭넓은 작전을 아우른다. 마구잡이로 파괴해 죽이는 화학 물질의 피해 방지를 목표 삼기도 한다. 병충해 집중 관리 방법에는 유인 물질을 활용해 대량으로 성충 파리 잡기, 차단 망으로 작물 보호하기, 밀폐된 터널에서 작물 재배하기, 자연 방충제 뿌리기, 더 자주 수확하기, 수확한 후에 냉동하기, 훈증 fumigation 또는 방사 irradiation 하기, 포식 기생자(되도록 토종으로) 또는 일반 포식자나 살충 균류 들여오기가 포함된다.

친환경 자연 살충제 연구도 계속 진행되고 있다. 연구에서는 고엽 작전 defoliation 과 곤충이 조직에 침입했을 때 자연스럽게 적응하는 능력을 활용한다. 실험에서 티트리오일 tea tree oil, 안디로바오일 andiroba oil, 시트로넬라 citronella 를 활용하자, 말파리나 뿔파리 horn fly 사망률이 각각 100퍼센트가 되었다. 대마유 hemp oil 를 유기농 작물에 적용하자, 집파리와 진딧물에 매우 유독하다고 드러났다. 아마도 상업용으로 생산한 살충제보다 수익성이 낮아서, 천연 합성물의 작용 방식은 상대적으로 거의 알려지지 않았을 것이다. 예를 들면, 신경독이 있는지, 아니면 그냥 파리를 질식시키는지 등 말이다.

다음으로는 곤충의 감각 체계와 행동을 활용해 길을 잃게 하는 합성물이 있다. 2019년 연구에서는 수컷 순무깔따구 swede midges, 그러니까 파괴적인 순무(rutabaga, 루타바가) 해충이 천연 및 합성으로 얻은 짝짓기 호르몬 혼합물 때문에 암컷을 찾지 못한다고 나타났다.

아시아 농부는 70년 이상 초파리를 계속 궁지에 몰았다. 힘이 좀 들더라도 과일을 제자리에 둔 채 봉지에 넣는 단순한 방법을 활용해 왔다. 이 방법을 활용하자 망고, 멜론, 오이 수확량이 40~58퍼센트 늘었다. 같은 방법으로 수확하는 말레이시아의 오렴자(carmbola, 스타프루트) 수출 산업은 1994년에 이미 미화 1,000만 달러 가치를 넘어섰다.

자연적 접근 방식은 다른 종에 대한 영향과 환경 지속성 측면에서 2차 피해를 덜 일으키는 경향이 있다. 유기농 작물에 대마유를 활용하면 집파리에게는 유독하지만, 무당벌레와 지렁이처럼 이로운 무척추동물에게는 영향을 끼치지 않는다. 반면 입을 통해 투여해 가축 내부에 있는 기생충을 없애는 이버멕틴ivermectin은 소의 창자에서 분해되지 않고 분뇨로 방출돼 잔류물이 20년 이상 남아, 똥이 딱정벌레와 파리 및 기타 이로운 동물의 대량 학살장이 된다.

1980년 캘리포니아에서 발견된 지중해과실파리(mediterranean fruit fly 또는 medfly)는 껍질이 부드러운 과일과 채소 작물에 침입하기로 유명해서, 3625.98제곱킬로미터 면적을 말라티온malathion 살충제로 뒤덮는 공중 분사 캠페인을 두고 의견이 분분했다. 거주 인구가 200만 명인 43개 도시 지역을 둘러싸고 주에서 박멸 시도에 들인 비용은 1억 달러에 달했는데, 반려동물과 함께 집에 머물라고 권고받은 주민들은 이 캠페인에 분노했다. 요즘 같은 국제 무역 시대에 파리는 가끔 다시 모습을 나타내기도 하지만, 이제는 아무것도 분사하지 않고 불임 수컷만 방출해 억제한다.

말라티온과 더불어 불임 수컷 기술SMT이 자꾸 중단되는 데다 어느 정도 상황이 역전되면서, 지중해과실파리는 중앙아메리카와 멕시코 남부에서 중식했다. 1995년에 코스타리카에 다다른 이들은 1979년 무렵에는 멕시코 남부에 다다랐다. 합의된 불임 수컷 기술 캠페인과 계속 진행 중이던 모스카메드Moscamed 프로그램은 1970년대 후반에 시작됐다. 주로 미국과 멕시코에서 재정을 지원받은 모스카메드 프로그램 측은 불임 수컷 생산 규모가 대단히 커야만 새끼를 많이 낳는 표적을 상대로 효과를 볼 수 있다고 설명한다. 캠페인은 대부분 멕시코와 과테말라에 있는 번식 시설 4곳에서 매주 5억 마리가 넘는 파리를 대량 생산하며 진행됐다. 1979년부터 2016년 사이에는 불임 수컷 지중해과실파리 1조 5천 2백억 마리를 사육했다. 지중해과실파리는 대략 14,200제곱킬로미터(500,000제곱마일 이상) 면적에서 뿌리 뽑혔으며, 멕시코와 미국 대부분 지역에서 사라졌다. 보통은 어쩔 수 없는 차질이 생기기도 하는데, 엘니뇨El Niño 기상 현상 탓에 파리 개체군이 급속도로 늘어나기도 한다. 지역 주민들은 이를 파리 폭풍fly storms이라고 부른다. 그런데도 지역 원예 산업은 매년 미화 수백만 달러 가치가 있으며, 새로운 농업 일자리 수천수만 가지를 창출하기도 한다. 따라서 모스카메드 프로그램의 가격은 현재 대략 10억 달러, 비용 편익비는 150 대 1로 썩 괜찮은 투자로 보인다.

불임 수컷 기술에서 눈에 띄게 성공했다고 손꼽히는 사례는 1950년 후반에 시작해 계속 진행 중인 캠페인이다. 이 캠페인은 미국, 멕시코, 중앙아메리카, 파나마운하Panama Canal 북부에서 온 신대륙 나선구더기screwworm 박멸로 이어졌다. 나선구더기 유충은 가축 숙주의 살아 있는 조직을 먹고 살면서 말파리 유충이 하듯이 자그마한 상처를 통해 들어간다. 하지만 말파리 사촌보다는 배려심이 적은 나선구더기 유충은 숙주에게 치명적인 상처와 감염을 일으킨다.

미국 농무부 소속 곤충학자인 데이브 테일러Dave Taylor는 나선구더기의 생명 작용으로 불임 수컷 기술이 유례없이 민감해졌다고 설명한다. 지중해과실파리와 달리 나선구더기는 개체군이 제곱킬로미터당 5~10마리밖에 안 될 정도로 비교적 낮은 수준에서 자연적으로 발생하므로 할당량에 다다르는 게 벅찬 목표는 아니다. 다른 해충은 대부분 환경에서 훨씬 더 많은 개체군이 존재한다. 예를 들면 침파리는 테일러의 연구 분야인데, 제곱킬로미터당 수천, 수백 마리 수준으로 발생하기도 한다.

테일러가 말했다.

"게다가 나선구더기 성충은 완전히 무해해요. 어떤 물품에도 직접적인 손해를 끼치지 않죠. 그래서 성충 나선구더기를 잔뜩 풀어 놔도 지역 사회에서 별로 신경 쓰지 않았어요. 거주지에 수십만에서 수백만 마리의 (흡혈 또는 질병을 옮기는) 파리를 풀어 놓게 해 달라고 주민을 설득하긴 무척 어려워요."

요즘에는 특히 효과가 좋아도 그 결과가 오래가기 쉽지 않다. 국제 운송 확대, 경제 세계화, 가축과 동물성 제품의 장거리 이동 수단 발달 등으로 곤충이 다시 침입할 위험성은 계속된다. 2017년 기준, 플로리다에서도 나선구더기가 발견되었다. 나선구더기종은 중앙 및 남아메리카 일부 지역에서도 계속 발견된다. 아프리카, 아시아, 중동에는 구대륙 나선구더기도 있다.

흡혈파리는 전 세계 소에게 가장 위험한 절지동물 해충이다. 겨울철이면 침파리 20만 마리가 일반적인 건초 번식지에서 모습을 나타낸다. 침파리 떼가 단체로 피를 빨아들이려고 노력하는 탓에 매년 소의 체중과 우유 생산량이 줄어 미국 축산업에 연간 22억 달러의 비용이 발생할 것으로 추정된다. (163쪽에 나오는 종으로, 내가 침파리에게 다리를 물리기 전과 후 사진에 나온다.)

돌이켜보면 화학 살충제에 의존하는 건 득보다 실이 많았다고 인정하게 될지도 모른다. 경쟁자를 억제해 새로운 해충을 만들어 내는 일까지도 말이다. 그레고리 폴슨Gregory Paulson과 에릭 이튼Eric Eaton이 2018년에 발표한 책 《곤충이 먼저 했다Insects Did It First》에서 지적하듯이, 우리가 목화바구미boll weevil에 살충제를 뿌려 굴복시킨 결과는 회색담배나방tobacco budworm이 자리를 대신 채우는 것뿐이었다. 곤충은 합리적인 이유 최소 2가지로 화학 무기에 적응한다. 첫째, 세대 주기가 짧아서 돌연변이 효과와 그다음에 나타나는 저항력에 속도가 붙는다. 둘째, 곤충 중에 특히 식물에 단단히 상호 의존하는 곤충은 식물이 스스로 생성한 방어 화학 물질에 대응하는 연습을 많이 한다. 이들은 대처하는 방법이나 적극적으로 해독하는 방법을 익힌다. 농약의 더 큰 문제점은 표적보다는 이로운 포식자와 기생 곤충(대부분 파리다)에 더 큰 손해를 끼친다는 점이다. 농약 사용과 영향력을 줄이는 일은 미국에 기반을 둔 서세스 소사이어티Xerces Society의 대표 프로젝트 3가지 중 하나다. 서세스 소사이어티는 국제기구로, 오로지 온갖 무척추동물을 보존하는 일에 온 힘을 기울인다. 곤충도 여기에 포함된다.

인간의 활동 때문에 생물 다양성이 이미 전례 없는 비율로 줄어드는 시대에서, 우리가 식량 생산의 탈공업화를 잘 해낼지 궁금하다. 대규모로 단일 재배한 곡물이 지평선을 쭉 뻗어 나가는 모습을 본 적이 있다면, 생태학적 사막과 전문 해충의 노다지를 본 셈이다. 숲을 개간해 소 목장 주인을 위한 방목지를 만드는 것과 마찬가지로, 곡물을 재배해 가축을 먹이는 일도 우리가 먹고사는 방식의 비효율성을 보여 준다.[3]

마이클 폴란이 《잡식동물의 딜레마》에서 설명하듯이 농부가 다양한 식량을 함께 재배하면 비료와 농약 대부분을 쓰지 않아도 된다. 소비자가 지역 생산품을 더 자주 구입하면 농부가 다양한 식량을 재배할 여지가 생기고, 농장을 다양화하면 자연 비료와 해충 방제가 스스로 해결될 것이다.

\*

농업은 제쳐 놓고, 파리는 특히 우리 피에 맛을 들였다. 더군다나 흡혈귀 같은 습성 때문에 건강에 심각한 위험까지 끼치니, 사람은 파리에게 엄청난 공포심을 느끼며 시달릴 수밖에. 지구에서 사람의 발자국이 쭉쭉 늘어나는 한, 파리가 사람에게 남기는 발자국이 줄어들 것이라고 예상해서는 안 된다. 수는 어마어마하고, 세대 주기는 짧은 곤충은 날쌘 상대라서, 우리가 내미는 여러 도전장에 맞설 수 있다. 모기는 놀랄 만큼 기동성이 좋아서 대양

---

[3] 2020년 10월 초를 기준으로, 아마존 열대 우림에서 3만 2천 건 넘는 화재가 발생했는데, 대부분 목장 주인이 땅을 개간해 소를 방목할 목적으로 방화한 것이다. *The Guardian*, October 1, 2020, https://www.theguardian.com/environment/2020/oct/01/brazil-amazon-rrainforest-worst-fires-in-decade.

비효율성을 나타내는 또 다른 척도로, 전 세계 농지의 80퍼센트를 차지하는 가축이 전 세계 칼로리 공급량의 20퍼센트 미만을 생산한다는 사실을 생각해 보자. Hannah Ritchie, "How Much of the World's Land Would We Need in Order to Feed the Global Population with the Average Diet of a Given country?", *Our World in Data*, October 3, 2017, https://ourworldindata.org/agricultural-land-by-global-diets.

을 횡단하는 비행기 수화물 칸 속 몹시 낮은 기온과 압력에서도 살아남는다. 이를 기준으로 보면, 선박 컨테이너, 자동차, 기차에서도 살아남을 게 분명하다. 이런 특성을 변화하는 기후 양상과 결합하면, 당분간은 모기라는 적과 씨름해야 한다.

아마도 우리의 기술적 독창성이 파리보다는 한 수 위라서, 곧 약탈에서 벗어나게 될 것이다. 말라리아와 파리 매개 질병으로 인한 고통과 죽음을 생각하면, 우리는 뭐든 시도해 봐야 한다. 그러나 시나리오에는 위험이 한가득하다. 우리는 핵심종을 없애면 생태계 전체 안정성에 크나큰 변화가 생긴다는 사실을 반세기 전부터 잘 알고 있었다. 새끼를 많이 낳고 널리 퍼져 있는 파리 종이 줄어들면, 생태계에는 대참사 수준의 결과가 나타난다. 동물 의회를 열어 흡혈파리의 미래 운명을 심판한다면, 박쥐, 새, 물고기, 개구리는 분명히 우리가 던진 몰살 표에 반대표를 던질 것이다. 흡혈파리를 식단에 넣는 곤충도 마찬가지다.

아마도 파리 질병 매개체를 뿌리 뽑으려고 노력하면 얼마 동안은 억제하는 데 성공하겠지만, 개체군을 없애지는 못할 것이다. 우리가 달갑잖게 여기는 자연 요소에 싸울 태세로 어리석게 접근하다 보면, 생명의 상호 연결성이라는 시야를 잃을지도 모른다. 레이첼 카슨은 누구보다도 냉철하게 결과를 지적했다.

"우리가 호수에서 각다귀를 독살하면, 독이 먹이사슬을 타고 줄줄이 이동해 호숫가에 있는 새가 희생자가 된다."

# 11

# 탐정과 의사

신은 지혜롭게도 파리를 창조해 놓고
우리에게 이유를 알려 주는 건 깜빡했다.

—오그덴 나시Ogden Nash

파리가 역학과 농업에서 워낙 큰 역할을 하다 보니, 상대적으로 법의학과 의학 분야에서 얼마나 뛰어난 능력을 발휘하는지는 잘 알려지지 않았다. 파리가 갓 죽은 사체에서 나는 냄새를 감지하는 능력은 무척 탁월해서, 알이나 산 채로 태어난 구더기의 모습과 그 뒤에 성장해 번데기가 되는 일정을 정확한 시간표로 활용할 수 있다. 법의학, 법의 곤충학medicocriminal, 또는 곤충학자는 곤충을 채집한다. 파리종의 생활사에 조예가 깊어서, 보통 1시간 이내에 사망 시점을 알아낼 수 있다. 이런 파리목 탐정 기법은 살인 유죄 판결 수백 건에 도움이 됐다.

전체가 한 조로 다니며 썩어 가는 고기를 좋아하는 습성이 있는 유충은 탐정 일을 돕는다. 똥파리(검정파리과), 쉬파리(쉬파리과) 집파리와 그 친척(집파리과), 병사파리(동애등에과, Stratiomyidae), 벼룩파리(벼룩파리과)와 겨울각다귀(어리각다귀과, Trichoceridae)가 그 예다. 이 중에 법 곤충학에서 가장 중요한 파리는 똥파리와 쉬파리다. 이들의 청소부 같은 재능은 6장에서 살펴보았다.

크기가 아주 작은 벼룩파리는 파묻힌 시체로 가는 길을 찾아낸다. 더 큰 똥파리와 쉬파리는 그런 곳에 드나들지 못한다. 아주 작고 갓 태어난 유충은 관 대부분에 있는 틈과 이음새를 뚫고 들어가서, 관파리coffin fly와 묘파리mausoleum fly라는 이름을 얻었다. 단단히 봉인된 시체는 부패 속도가 느리므로, 시체 한 군데에 여러 관파리 세대가 군집을 형성한다. 실제 스페인에서는 18년 동안 파묻힌 시체에서 혈기 왕성한 구더기가 발견된 일이 있다.

법의학에서 파리를 활용하는 주된 이유는 이들이 서로 다른 부패 단계, 다른 장소, 다른 시기, 그리고 다른 환경에 있는 시체에 예민하게 반응하기 때문이다. 9월 캐나다 삼림지대에 일주일간 방치된 성인 시체와 6월 브라질 상파울루São Paulo 외곽 얕은 무덤에 매장되어 한 달이 지난 시체는 서로 다른 파리목 곤충들을 끌어들인다. 이처럼 예측 가능한 방식으로 시체에 집단 서식하는 다양한 곤충이 존재한다.

주로 그 부분에 사회적 관심이 쏠리기는 하지만, 수상쩍은 죽음이나 살인 사건을 해결하는 데 도움이 되는 곤충의 역할은 법 곤충학의 3가지 갈래 중 1가지에 불과하다. **법의 곤충학**뿐 아니라 **도시 곤충학**urban entomology과 **창고 곤충학**stored product entomology도 있다. 도시 법 곤충학은 주로 거주 또는 상업 환경에서 우리와 상호 작용하는 곤충을 다룬다.

흰개미 피해와 관련된 소송이 그 예다. 곤충과 곤충의 신체 일부와 똥으로 인한 식량 오염을 둘러싼 논란은 창고 법 곤충학 범위에 들어간다. 예를 들면, 보관해 둔 곡물에 바구미가 침입하는 것이다. 여기에서 우리는 법의 곤충학의 갈래에 시선을 집중할 텐데, 주인공은 파리다.

법의 곤충학에는 크게 2가지 영역이 있는데(이하 '법 곤충학'), 우선 **초기 정착**이다. 파리목 전체가 포함되며, 주로 똥파리가 들어간다. 똥파리에게는 신선한 먹이가 필요한데, 이들에게는 구기가 없어서 바싹 마른 조직을 분해하지 못한다. 법 곤충학은 사후 처음 몇 주 동안 시체에 군집을 형성하는 곤충의 발달 단계와 밀접한 관련이 있다. 일부 파리는 사망 후 몇 분 안에 썩어 가는 시체를 감지할 수 있기 때문이다. 두 번째 영역에서는 사체에 **연속 정착**하면서 더 진행된 부패 상태를 조사한다. 시체가 썩으면 생물적, 화학적 및 물리적 변화 단계를 거치는데, 여러 곤충군이 각 단계에 사로잡힌다. 그 밖의 곤충은 더 질긴 조직만 먹도록 적응하기도 했다.

파리라고 해서 모두 똑같은 이유로 시체를 찾아가지는 않는다. 대다수는 먹이를 찾아간다. 피와 신체 분비물은 풍부한 단백질 공급원이라서, 암컷이 알의 성장을 위해 영양분을 공급하거나 수컷이 정액을 생성하는 데 활용된다. 번식하러 찾아가는 파리도 있다. 이들 중 몇몇은 이미 다른 곳에서 짝짓기한 다음, 괜찮은 장소를 찾아 알이나 유충을 낳으려 할 것이다. 하지만 다른 손님은 시체 자체가 아니라, 시체에 사로잡히는 동물상에 이끌린다. 예를 들면, 검정파리류cluster flies는 지렁이의 포식 기생자다. 암컷 쉬파리 **사르코파가 우틸리스**(Sarcophaga utilis, 일반명을 찾지 못했다)는 쇠똥구리의 포식 기생자다. 하지만 희망을 품은 채 썩은 고기나 그 주변에 내려앉은 수컷 구애자를 찾을 때가 많다. 알이나 구더기는 방해받아도 도망가거나 날아가 버리지 않는 만큼, 썩은 고기에서 번식하는 곤충은 사후 경과 시간(postmortem interval 또는 PMI)이나 사망한 뒤부터 시간이 얼마나 흘렀는지 추정하는 데 가장 유용하다.

사후 경과 시간은 법 곤충학 분야에서 대단히 중요하다. 파리, 특히 똥파리는 부패의 개시자이기 때문에, 이들은 가장 정확하면서도 가장 중요한 사망 시점 지표다. 곤충학자는 채집한 유충의 발달 단계와 관련된 지식을 날씨와 온도 조건과 연결해 사후 경과 시간을 추정한다.

사후 경과 시간 변화는 사망 후 최소 시간, 또는 최소 사후 경과 시간 minPMI이다. 최소 사후 경과 시간은 몸에서 가장 오래되고 덜 자란 유충의 단계를 확인함으로써 추정한다. 그다음에는 날씨와 환경 조건을 고려해 역산함으로써 알이나 유충을 낳은 날짜를 추정한다. 가끔은 시체에 있는 특정 종이 대단히 중요한 단서가 되기도 한다. 시체의 위치가 종이 평소에 자리 잡는 범위 밖에 있으면, 시체를 옮겨 갔다는 뜻이기 때문이다.

부패에는 화학성 냄새가 뒤따라온다. 부패 초기에는 미생물이 모여서 무기물 기체와 함황 휘발성 물질이 소화 및 배설계에서 방출되도록 촉진한다. 그 후에 다양한 기체, 액체, 냄새 나는 유기 합성물이 근육, 지방, 장기, 부드러운 조직에서 내뿜어져 나온다. 부패 과정에서 총 수백 가지 화학물질이 방출되며, 어떤 화학 물질이 썩은 고기에 사로잡힌 파리를 자극하는지는 아직 잘 알지 못한다. 시체가 썩으면 영양 성분이 변화하는데, 그런 변화에는 내뿜어져 나오는 화학성 악취가 반영된다. 파리와 썩은 고기를 먹고 사는 동물은 그런 악취 특징에 신호를 보내면서 시체에서 특정 욕구를 충족할 수 있을 때만 찾아간다.

리오 브랙(사진 1에 등장한 인물)은 1981년에 파리에 표시하는 방법을 활용해 이들이 64.37킬로미터 떨어진 곳에서 썩어 가는 시체를 감지할 수 있다는 사실을 알아냈다. 파리는 우뚝 솟은 곳에 있는 시체로 향하는 길도 찾아낸다. 말레이시아 고층 건물 11층에 있는 시체에 군집을 형성한 사례처럼 말이다. 또 다른 파리는 흙에 1.82미터 깊이로 굴을 파고는 부패하는 표적에 다다르기도 한다.

컨테이너도 특정 파리에게는 확실한 장애물이 아니다. 한 연구는 파리가 여행 가방 속에 담긴 죽은 사람에 군집을 형성하는지, 얼마나 빨리 형성하는지를 밝혀내려 했다. 여행 가방에 피해자를 숨기는 건 살인자가 종종 쓰는 전략이니까. 파리는 활용한 미끼(닭의 간과 돼지머리)에 맹렬히 사로잡혔다. 가장 작은 새끼 구더기도 지퍼 이빨 틈새로 비집고 들어갔다. 일부 살인 사건을 해결할 때 쓸모 있는 능력이다.

종종 사람의 유해는 사망 후 오랜 시간이 흐르도록 발견되지 않는데, 이때 일부 종은 더 바싹 마르고 부패가 더 많이 진행된 시체에 이끌려 나타난다. 1장에서 언급한 치즈파리가 바로 그 후기 서식종인데, 법 곤충학자는 이 유충을 활용해 오래도록 발견되지 않은 시체의 사망 시점을 추정한다. 치즈파리는 플로리다주처럼 따뜻하고 습한 곳에서는 2개월도 채 되기 전에 유해에 모습을 드러내지만, 시체가 노출돼 있으면 보통 사후 3~6개월 뒤에 시체가 '썩어 가는' 부패 단계를 끝마치고 바싹 말라갈 때가 되어서야 나타난다. 놀라운 사실은 법의학 수사에 활용하는 다른 곤충들과 달리, 후기 서식종은 성장 과정에서 헤로인 같은 약물의 영향을 크게 받지 않는 점이다.

곤충이 우리 시체를 먹고 산다고 상상하면 역겹다는 생각이 들 거다. 어떻게 감히?! 하지만 곤충은, 당연히, 기회주의적인 구경꾼이다. 존경이나 부끄러움이나 인간 문명에 있는 이상한 관습 따위는 전혀 알지 못한다.

법 곤충학이 사망이나 사람과 관련된 사건에만 국한되는 게 아니라는 점도 덧붙여야겠다. 아동이나 노인, 병약한 환자를 오랫동안 계속 학대하거나 방치하면, 조직이 죽거나 죽어 가서, 보통 시체에 이끌리는 파리의 시선을 끌게 된다. 법 곤충학은 동물 학대, 방치, 밀렵 등 사람이 아닌 대상과 관련된 사건에도 적용할 수 있다. 몬트리올에서 열린 휴메인 캐나다 Humane Canada 학회에 참가했을 당시, 마거릿 도일 Margaret Doyle 박사, 그러니까 허라이즌 수의학회 Horizon Veterinary Group 소속 법의학 수의사는 "법 곤충학을 더 연구하면 좋겠습니다. 제가 구더기를 정말 좋아해서요"라고 말했다. 도일 박사는 '스노볼 Snowball'이라는 고양이와 관련된 사건을 언급했다. 스노볼은 뒷다리와 엉덩이에 난 상처에 구더기가 침입해 고통받고 있었다. '보호자'는 스노볼이 전날 사고를 당했다고 말했지만, 도일 박사가 게일 앤더슨 Gail Anderson 박사에게 표본을 보낸 결과 구더기는 3령애벌레 third-instar 유충으로, 최소 5일은 됐다는 사실을 알게 되었다. 고양이 주인의 거짓말이 드러난 것이다.

### 전문 지식

법 곤충학 분야를 더 알고 싶어서, 사이먼프레이저대학교 Simon Fraser

UIniversity 교수이자 법의학 연구 센터Centre for Forensic Research 공동 책임자인 앤더슨과 이야기를 나눴다. 앤더슨은 대학원생이던 1980년대에 법 곤충학에 발을 들였다. 그 당시 법 곤충학 분야에 관심이 있던 교수님이 앤더슨을 연구실로 불렀다고 한다.

"교수님께서 물어보셨어요. '앤더슨, 법 곤충학자가 될 생각 있나?' 전 대답했죠. '멋있네요! 그게 뭔가요?' 그래서 제가 떠맡았어요. 한 번도 뒤돌아보지 않았고요."

그러나 앤더슨이 간 길, 그러니까 파리의 증거를 적용해 범죄를 해결하는 일은 새로운 분야가 아니었다. 제일 처음 기록된 사례는 10세기 중국으로 거슬러 올라간다. 한 여성이 집에 불이 나서 남편이 죽었다고 주장했는데, 새카맣게 탄 남편의 유해를 조사하자 남편의 머리 뒤쪽에서 파리 구더기 흔적이 발견됐다. 남편이 죽고 얼마 뒤에 불이 타오른 것이다. 구더기는 남편이 치명상을 입은 곳에 흔적을 남겼다.

앤더슨은 법 곤충학이 1800년대에 특히 독일과 프랑스에서 더 현대화되었다고 알려 줬다. 1930년대 무렵에 영국이 이에 합류했는데, 벅 럭스턴Buck Ruxton이라는 의사와 관련된 1935년 사건이 유명하다.

난 럭스턴을 검색해 봤다. 개인 병원 의사로, 아내를 살해한 혐의로 유죄를 선고받은 사람이었다. 럭스턴은 아내가 불륜을 저질렀다고 의심했다. 럭스턴은 우연히 현장을 목격한 가정부도 살해한 뒤, 두 구의 사체를 (대단한 솜씨로) 토막 내고는 산골짜기에 처리했다. 일주일이 지난 뒤에야 눈썰미 있는 보행자가 다리를 건너다 유해를 발견했는데, 사체는 하류로 씻겨 내려가 있었다. 조각 일부가 신문에 싸여 있었는데 이는 사체가 상류에서 흘러 내려왔다는 사실을 증명하는 데 도움이 됐다. 피해자의 몸에서 12~14일 된 구더기가 발견된 덕분에 럭스턴은 유죄 판결을 받고 교수형에 처해졌다.

《법 곤충학The Science of Forensic Entomology》이라는 교과서에서, 데이비드 리버스David Rivers와 그레고리 달렘Gregory Dahlem은 비유를 활용해 시체를 노리는 파리의 눈에 부패하는 몸이 잘 띄는 이유를 설명한다. 시체를 노리는 파리는 주로 시력에 의존해 먹이를 찾는 게 아니다. "시체에 조광 스위치가 달린 전등이 있다고 생각해 보자. 사망한 후 깜깜한 환경에서 화학 신호가 희미한 빛을 켜 시체를 드러낸다. 시간이 흐르면서 화학 신호가 강해지면, 몸은 점점 더 환하게 '빛난다'."

부패가 정점에 달했다가 차츰 시들해지면 시체는 다시금 '더 희미'해져서, 곤충 손님이 매력을 덜 느끼게 된다.

앤더슨에게 사람 몸에 군집을 형성하는 파리종이 얼마나 되는지 물었다.

"북아메리카에는 50종쯤 있어요. 저는 보통 똥파리를 6~10종쯤 다뤄요. 프랑크푸르트Frankfurt나 뭄바이Mumbai에 서식하는 종과는 특성이 다르겠지만, 그런 지역 안에 있는 외래 동물은 예측이 가능해요. 여기서는 파리목(파리)이 스타예요. 모든 부패 단계와 관련 있거든요. 또 다른 중요한 방문객으로는 딱정벌레목(딱정벌레)이 유일해요."

미국 법 곤충학회American Board of Forensic Entomology, ABFE는 1996년에 엄격한 인증 절차를 확립했다. 최소 박사 학위를 소지하고, 실무 경험이 5년 이상이어야 자격을 취득할 수 있다. 인증 시험은 12시간(오전 8시부터 오후 8시까지) 동안 치르며, 몇 년마다 자격을 갱신해야 한다. 앤더슨은 학회에서 인증한 전 세계 전문가 20인에 들어간다.

나는 그게 곤충을 이해하는 일과 얼마나 관련이 있는지 궁금했다.

"전부 다 관련 있어요. 곤충을 알고, 분야를 이해하고(정통하고), 사례를 이해해야 하죠. 하지만 결국 곤충학을 매우 높은 수준으로 이해해야 한다는 데 수렴해요. 미국 법 곤충학회는 법정 최소 교육 수준과 전문가의 능력을 보장하는 데 힘써요. 윤리 규정이 엄격해서, 어떤 사람이 비윤리적으로 행동하면 자격을 박탈당하죠."

앤더슨은 '이너슨스 프로젝트Innocence Project, IP'에서 자원봉사하는데, 실패한 정의를 바로잡는 임무를 맡았다. 주로 DNA 증거를 제시함으로써 무고하게 유죄 판결을 받은 재소자에게 무료 법률 서비스를 제공하는데, 형사 소송 과정이 정확하고 믿을 만하다고 생각하는 사람이라면, 1992년에 이너슨스 프로젝트가 설립된 이후에 나온 면죄 판결이 250건이 넘는다는 사실을 알아야 한다.

앤더슨이 관여한 미국 이너슨스 프로젝트 사건 하나는 9년 넘게 계속됐다. 18세의 커스틴 블레즈 로바토Kirstin Blaise Lobato는 2001년 라스베가스에서 노숙자 남성을 강간 및 살해한 혐의로 기소되었다. 법 곤충학자 3명은 2017년 10월, 피해자를 발견했을 당시 몸에 있던 똥파리 알 또는 유충이 기존 사건 기록에서 완전히 빠져 있다고 증언했다. 분명히 피해자는 기존에 예상한 시간보다 몇 시간 뒤에 죽었으며, 그때 로바토는 193.12킬로미터 떨어진 네바다주Nevada 파나카Panaca에 있었다. 바로 로바토가 살던 곳이었다. 이처럼 접근이 가능한 시체에 검정파리가 나타나면 신뢰할 만하며, 이들이 없다는 사실은 사후 경과 시간을 추정하는 데 꼭 필요한 단서다.

로바토는 2018년에 풀려났는데, 감옥에서 거의 16년을 보낸 뒤였다.

"이 일을 하려면 비위가 강해야 하나요?"

내가 물었다.

"네, 어느 정도는요. 전 사실 비위가 약한 사람이에요. 텔레비전에서 피나 내장을 보는 걸 싫어하죠. 하지만 부패를 다룰 줄 알아야 해요. 사체와 분비물과 악취를 마주해야 하고요. 역겨운 편이죠. 마음이 좀 안 좋기도 해요. 확실히 그래요. 특히 아동과 관련 있을 때죠. 냄새에는 분명히 익숙해지게 되고요."

신기술이 끊임없이 나타나면서 법 곤충학이 구닥다리가 될 위험성도 있을까?

"아, 아뇨! 죽음의 생명 작용에 사람들의 관심이 어마어마하게 높아요. 바로 네크로바이옴이죠. 미생물-곤충 관계와 그런 관계가 네크로바이옴에 어떤 영향을 끼치는지가 인기 분야인걸요."

### 유죄 판결과 면죄 판결

파리 덕에 원활하게 해결한 유명 살인 사건은 대부분 유죄 판결이었지만, 헝가리 나룻배 선장 사건처럼 덜 유명한 면죄 판결도 많다. 나룻배 선장이 한 남자를 칼로 살해해 유죄를 선고받았는데, 남자의 시신은 선장이 몬 배에서 발견되었다. 피고인은 9월의 어느 날 저녁 6시에 피해자가 배에 타고 나서 몇 시간 뒤 살인을 저지른 혐의로 재판받았다. 기존 부검 보고서에 기록된 파리 알과 유충은 원심에서는 참작되지 않았으나, 8년이 흘러 사건을 재개하자 다시 수면 위로 떠올랐다. 곤충학자는 사체에서 발견된 유충이 속하는 파리종은 황혼이 저문 뒤에는 활동하지 않는다고 증언했다. 따라서 피해자는 더 이른 낮 시간대에 살해당한 게 분명했다. 무고하게 기소된 선장은 면죄 판결을 받고 풀려났다.

앤더슨 박사가 전설적인 2007년 사건 기록을 보내 줬는데, 바로 스티븐 트러스콧Steven Truscott이 공식 면죄 판결을 받은 사건이다. 1959년, 트러스콧은 온타리오주 클린턴Clinton 근처에서 같은 반 친구였던 12세 소녀 린 하퍼Lynne Harper를 강간 및 살해한 혐의로 유죄를 선고받았다. 이 사건이 유명해진 이유는 여러 가진데, 특히 대중은 미성년자(트러스콧은 하퍼가 죽은 당시에 14세였다)를 교수형에 처하도록 선고한 데 크나큰 반감을 느낀 나머지 캐나다의 사형제 폐지를 부채질했다. 이는 이사벨 르부르데Isabel LeBourdais 기자가 쓴 베스트셀러의 주제가 되기도 했다. 르부르데는 트러스콧 유죄 판결을 두고 실패한 정의라고 결론 지었다. 사형수 수감 옥사에서 4개월간 지낸 뒤, 트러스콧의 유죄 판결은 1960년에 종신형으로 감형됐다. 1974년에 가석방된 트러스콧은 계속 결백을 주장하며 끔찍한 범죄에서 명예를 회복할 방법을 찾아 나섰다. 수십 년이 지난 뒤, 트러스콧은 소원을 성취했다. 파리에서 얻은 증거로 결정적인 사실이 입증된 것이다.

트러스콧에게는 다행스럽게도 존 L. 페니스탄John L. Penistan 박사가 병리학자로 법정에 출두했는데, 페니스탄은 범죄 현장을 조사하고 하버의 시신을 부검했으며, 곤충 증거물도 수집하고 기록했다. 하퍼가 실종된 뒤부터, 수목이 우거져 로슨스 부시Lawson's Bush라고 불리는 지역에서 시신이 발견된 이틀 사이, 파리 두 종이 시신에 군집을 형성했다. 곤충학자 엘긴 브라운Elgin Brown은 페니스탄이 수집한 애벌레를 길러서 하퍼의 얼굴에 군집을 형성한 똥파리가 **검정파리속**Calliphora이나 청파리에 속한다고 확인했다. 쉬파리는 하퍼의 음부에 군집을 형성했는데, 쉬파리과에 속한다는 점만 확인할 수 있었다. 똥파리는 알을 낳으면 몇 시간 내로 부화하는데, 얼굴 부위에 있는 점액질 세포막에 사로잡히고, 보통 음부 주변에서는 많이 보이지 않는다. 쉬파리는 살아 있는 새끼를 낳는데, 일반적으로 약간 늦게 군집을 형성하며, 보통 얼굴은 멀리하면서 똥파리와의 경쟁을 피한다. 두 파리 모두 낮에 활동하는 만큼 밤에는 알이나 유충을 낳지 않지만, 유충은 계속 먹이를 먹는다.

1960년에 법 곤충학은 기초 단계에 머물렀으며, 파리는 트러스콧에 유죄 판결을 내린 법정에 출두하지 않았다. 페니스탄은 정황 요인 3가지를 바탕으로 트러스콧이 살인자라는 의견을 냈다. 바로 피해자의 위에 남은 음식물 상태, 시신의 부패 정도, 시신이 사후 경직rigor mortis의 영향을 받은 범위다. 페니스탄은 배심원단 앞에서 린 하퍼의 사망 시점은 6월 9일 오후 7시 45분 이전이라고 증언했다. 트러스콧이 오후 7시 15분경에 학교에서 근처 고속도로로 자전거를 타고 하퍼를 태워다 준 사실이 목격됐고, 이후 트러스콧의 행방은 묘연했다가 그날 저녁 8시가 되어서야 학교 운동장으로 돌아왔다. 그때 트러스콧은 다른 사람들과 함께 있었다. 하퍼가 오후 8시 이후 어느 시점에 사망했다면, 사건 기소는 실패한 셈이었다.

거의 50년이 흐른 뒤에 곤충 자료를 재검토했는데, 법 곤충학자 3명이 제시한 증거를 바탕으로 했으며, 게일 앤더슨도 여기에 포함됐다. 앤더슨은 페니스탄이 기존에 내린 결론을 반박했다. 두 파리 종의 유충은 6월 9일해가 지기 전에 태어났다고 하기에는 확실히 너무 작았다. 스헤라 판라르호번Sherah VanLaerhoven 박사는 똥파리가 부검 시점에 2밀리미터밖에 안 될 만큼 빈약한 크기가 되려면, 다음날인 6월 10일에 해가 떠 있는 시간대에 태어났을 확률이 95퍼센트라고 증언했다. 파리가 전날 밤, 해가 지기 전에 알을 낳았다면, 밤사이에 유해를 먹고 2밀리미터보다 더 커졌을 터였다.

곤충학 증거를 바탕으로 린 하퍼가 6월 9일 오후 8시 전에 사망했다는 합리적 의심이 제기됐다. 그런 의심이 든다면 무죄를 선고해야 한다. 2008년, 트러스콧은 650만 달러를 배상받았다. 10년간 옥살이하고, 유죄 판결을 받은 살인자라는 오명을 쓴 채 48년을 살았기 때문이다. 트러스콧의 아내 말린Marlene은 보상금으로 10만 달러를 받았다. 남편의 명예를 회복하는 데 세월을 보냈기 때문이다.

항소인단은 사건을 보강하려고 린 하퍼의 시신을 찾은 식림지에서 재현 실험을 했다. 2006년 6월 17일, 거의 똑같은 시간이자 비슷한 날씨 조건에서 숲속에 작은 암퇘지 3마리의 시체를 뒀다. 운 나쁜 돼지를 감전사시키고, 각 돼지의 어깨에 (칼로) 작은 상처를 냈다. 엉덩이와 음부에 피를 조금 발라 하퍼의 상처를 흉내 내기도 했다. 마지막 단계를 밟은 이유는 신체 분비물이 곤충의 행동에 영향을 끼치기 때문이다. 30분 내로, 하퍼의 몸에 있던 파리와 속이 똑같은 (검정파리속) 똥파리가 각 돼지의 코와 입에 알을 낳았다. 어둑어둑해질 때까지 관찰한 결과, 파리는 해가 지고 뜨는 사이에 더는 알을 낳지 않았다. 이 실험을 바탕으로, 린 하퍼가 실종된 날 오후 7시 45분 전에 사망했다면 파리가 시신에 군집을 형성하지 않았을 가능성이 무척 낮아졌다.

게일 앤더슨은 처음에는 검찰 측에 섭외되었지만, 트러스콧의 무죄를 뒷받침하는 증거를 찾고 나자 결국 트러스콧에 면죄 판결을 내려야 한다고 주장했다.[4]

### 진화하는 과학

기묘하게도, 중국에서 11세기에 전도유망하게 시작한 법 곤충학은 이후 8세기 동안 미개척 상태에 놓여 있었다. 프랑스 군대 수의사 장피에르 메닌Jean-Pierre Mégnin, 1828~1905은 실험을 많이 했는데, 이를 통해 공기에 노출된 시체에서는 서로 전혀 다른 곤충 8가지가, 매장된 시체에서는 2가지가 연속해서 떼 지어 나타난다는 사실을 알게 되었다. 독일에서는 메닌의 동년배 의사 헤르만 라인하르트Hermann Reinhard, 1816~1892가 매장된 시체와 이에 군집을 형성하는 자그마한 벼룩파리의 중요성에 시선을 집중했다.

헬싱키대학교University of Helsinki에서 연구했던 페카 누오르테바Pekka Nuorteva는 20세기에 법 곤충학 분야를 한껏 발전시켰다.[5] 누오르테바는 법 곤충학을 주제로 1987년에 발표한 첫 번째 논문 〈법 곤충학 매뉴얼

---

4  2019년 5월, 판라르호번과 동료는 〈국제 법의학Forensic Science International〉 학술지에 〈50년 후, 곤충 증거로 캐나다에서 가장 악명 높은 사건을 뒤집다–레지나 대 스티븐 트러스콧50 Years Later, Insect Evidence Overturns Canada's Most Notorious Case〉이라는 제목으로 논문을 발표했다. 이 논문에서 재현 실험을 설명한다(VanLaerhoven & Merritt 2019).

5  누오르테바에게 연락해 봤는데, 지금은 94세다 보니 소통 능력이 많이 떨어진 듯했다.

A Manual of Forensic Entomology〉의 주요 저자다. 누오르테바는 곤충이 체내에 독소를 축적한다는 사실을 처음 알린 사람으로 손꼽힌다. 수은과 구리, 철, 아연 같은 금속이 그 예다. 이런 현상은 까다로운 사건 여러 가지를 해결하는 데 도움이 됐다. 예를 들면, 핀란드 잉코Inkoo 시골 지역에서 발견된 몹시 부패한 한 여성의 몸에서 성충 파리를 기르자, 파리의 몸에서는 평소와 달리 적은 양의 수은이 발견됐다. 여성은 투르쿠대학교University of Turku 학생이었는데, 투르쿠대학교는 지리상 수은에 덜 오염된 지역에 속했다.

한편, 사람 몸에서 빼낸 구더기에서 코카인cocaine, 헤로인heroin, 페노바르비탈phenobarbital 같은 약물을 검출하면 과다 복용으로 인한 사망을 확인하는 데 유용하다. 쉬파리 유충이 코카인과 메스암페타민methamphetamine이 함유된 시체 조직에서 더 빨리 자란다는 사실을 바탕으로, 법 곤충학자는 마약과 관련된 사망을 다루는 형사 사건에서 피해자의 사망 시점을 더 정확하게 예측할 수 있게 되었다. 헤로인 때문에 유충의 성장 속도는 빨라지지만, 번데기 단계에서는 성장이 지연된다. 연구진이 농도가 다양한 모르핀morphine을 고깃덩이에 주사하자, 헛간에 있는 똥파리 번데기 껍질의 모르핀 농도가 성충보다 더 높게 나왔다. 메마른 곤충의 유해는 시체나 그 주변에 끈질기게 오래 남기 때문에 적합한 시체 조직을 찾을 수 없을 때 유용한 대안이 된다.

곤충의 종을 확인하는 건 법 곤충학에서 중요한 부분이지만, 신체 단서만 바탕으로 파리 종을 확인하는 건 거의 불가능하다. 밀접한 관련이 있는 종의 알, 유충, 번데기, 성충은 사실상 분간이 안 되기 때문이다. 그게 바로 현대의 분자 분석 기술, 특히 DNA 바코드 기술의 가치가 무척 높은 이유다. 곤충은 알에서 유충, 번데기, 성충으로 변태하는 과정에서 극적으로 변화하지만, DNA 바코드는 변화하지 않는다.

피해자의 DNA 역시 살인 사건을 수사하는 데 결정적 단서가 된다. 다행히도 DNA는 파리의 소화 과정에서 살아남아서, 범죄 현장에서 회수한 구더기의 분자를 분석하면 더는 존재하지 않는 시신을 확인할 수 있다. 게일 앤더슨이 실제 사건을 바탕으로 이를 설명해 줬다. 한 남자가 아내를 살해하고 나서 자택 지하실에 보관하다가 시체가 부패하자 장소를 옮겼고, 이를 수상쩍게 여긴 이웃의 신고로 경찰이 남자의 집을 찾아왔다. 경찰이 냄새가 고약한 얼룩과 지하실 카펫 위를 꿈틀꿈틀 기어다니던 구더기 몇 마리를 두고 의심하자, 남편은 집에서 키우던 고양이가 죽었다고 해명했다. 그러나 실험실에서 이 구더기를 분석한 결과 사람의 DNA가 발견됐고, 남자의 범행은 만천하에 드러났다.

법 곤충학은 여전히 범위가 좁지만 왕성하게 발전해 왔다. 실무자 수가 지난 10년간 2배로 뛰었고, 아직 대학 학위 과정이나 법 곤충학 전문 학술지는 없지만, 교과서는 12권이 넘고 과정도 많으며, 최소 7개 대학교에서 법 곤충학 분야 부전공이나 집중 과정을 제공한다. 제3회 유럽연합 법 곤충학 학회 국제회의The Third International Meeting of the European Association for Forensic Entomology가 2016년 5월 25~28일에 헝가리 부다페스트에서 열렸다. 이때 다룬 주제는 똥파리 유충을 활용해 범죄 현장에서 정액을 감지하는 방법, 유충의 발달 단계를 활용해 합성 대마synthetic cannabinoid나 농도가 다양한 알코올을 측정하는 방법, 아이플라이iFly라는 휴대폰 앱으로 현장에서 찾은 법의학 자료를 수집하는 방법 등이다. 여러 가지 분자

신기술은 범죄 현장에서 파리 종이나 피해자를 확인하는 과정을 간소화하는 데 유망하다. 유세포 분석flow cytometry과 차세대 염기열 분석next-generation sequencing 기술이 여기에 포함된다. 예를 들면, 파이로시퀀싱pyrosequencing은 DNA 염기 서열 분석DNA sequencing 방법으로, 피로인산염pyrophosphate 분자가 방출되면서 뿜어져 나온 빛을 감지하는 데 의존한다. 이를 비롯해 20세기 후반부터 이룩한 다양한 발전으로 법 곤충학은 법의학과 곤충학 분야의 하위 학문으로서 인정받게 되었다. 법 곤충학은 전 세계 사법 체계에 포함되는 추세이며, 현재 북아메리카와 유럽에는 법 곤충학 전문 기관도 있다. 2009년에 전 세계를 대상으로 조사해 24개국에서 응답한 결과, 총 70개 기관이 있는 것으로 나타났다.

자세한 연구를 바탕으로 특정 파리와 특정 박테리아의 상호 작용을 더 잘 이해하게 되면서 법 곤충학의 발전을 위한 새로운 길이 열렸다. 이제 우리는 일부 파리가 알이나 유충, 아니면 둘 모두를 특정 박테리아에 주입한다는 사실을 알고 있다. 그러면 박테리아는 결국 곤충과 식량원 사이를 기계처럼 옮겨 갈 것이고, 특정 박테리아 종의 존재 여부를 바탕으로 어떤 파리가 시체에 있었으며, 언제 떠났는지가 강력하게 드러날 것이다. 한편 전문가는 시기와 미생물의 군집 유형이 곤충 발달에 강력한 영향을 끼칠 수도 있는 만큼, 곤충이 군집을 형성한 시기를 오해하거나 사후 경과 시간을 부정확하게 추정할 수 있다고 경고한다.

오로지 파리의 활동만으로는 폭력 범죄와 불가사의한 죽음을 해결할 수 없다. 피가 튄 흔적은 무슨 일이 어떻게 일어났는지를 나타내는 중요한 단서이며, 이를 분석하고 해석하는 건 정밀한 과학이다. 헤집고 다니고,

피를 빨아들이며, 되새김질하거나 내보내는 파리는 그야말로 일을 꽤 망쳐 놓는다. 파리는 주로 3가지 방식으로 혈액 단서에 훼방을 놓는다. (1) 피를 헤집고 다니면서 피가 튄 흔적의 모양을 바꾸는데, 이는 피가 튄 표면의 방향과 각도를 결정하는 데 영향을 미친다. (2) 피를 다른 곳으로 옮긴다. (3) 인공물을 쌓아 두는데, 피가 튄 흔적과 비슷해서 특히 성가신 골칫거리다. 역류한 물질과 배설물은 사실상 원래 있던 피와 구별이 안 되기 때문이다. 전문가는 파리가 혈액 증거를 왜곡하는 방식을 이해하는 데 도움이 되는 그림을 그릴 방법을 개발하려고 연구하고 있다.

그러니 법 곤충학을 정확한 과학으로 여기지 않는 것도 이해는 된다. 스티븐 마셜은 법 곤충학 분야 덕에 일부 살인 사건을 해결하긴 했지만, 다른 사건에서는 혼란도 생겼다고 말한다. 마셜은 수사관이 오인하거나 오해한 나머지 정도에서 벗어난 사례 몇 가지를 제시한 다음, 곤충 증거를 바탕으로 사망 시점(이나 장소)을 추정하려는 것이 오차의 원인이 될 가능성이 있다고 지적했다. 여기에는 지리적 장소, 서식지, 계절, 기상 유형, 온도 변화, 일조량(또는 인공 빛에 노출된 시간), 시체에 접근하는 데 다양한 영향을 끼치는 상황이 포함된다. 실내나 밀폐된 자동차 안, 기기나 쓰레기통, 양복 커버 안 등이 이에 해당한다. 매달려 있어도 시체를 감지하는 데에 걸림돌이 되지는 않지만, 중력에 맞서야 하고 명확한 분산 경로도 없으니, 구더기는 번데기가 될 시간이 오면 독특한 도전을 맞이하게 된다.

파리는 불에 탄 몸에 더 빠르게 군집을 형성하는데, 그렇다면 우리가 꼭 생각해 봐야 하는 부분이 있다. 시체를 먹고사는 각각의 종은 나중에 도착하는 종의 식량원에 영향을 끼친다는 점이다. 특정 주요 똥파리종을 빼면, 늦게 오는 곤충의 개체 수 통계 자료는 이에 비례해 영향을 받는다. 이와 더불어 다른 요인(예를 들어 향수, 방충제, 자외선 차단제, 알코올 중독)이 숱하게 상호 작용하므로, 시나리오와 결과가 넘쳐나는 지식의 보고를 쌓아 올릴 사건 기록과 철저한 연구는 더욱 중요해진다.

## 구더기와 의학

구더기는 살인 사건 수사뿐 아니라 의학으로 들어가는 길도 찾았다. 오물과 부패와의 연관성을 생각하면, 우리는 구더기가 감염된 상처에만은 없기를 바라겠지만, 상처에 구더기가 있으면 그야말로 우리에게 이롭다.

우리는 구더기에게 상처 치료를 촉진하는 능력이 있다는 사실을 수 세기 동안, 그러니까 아마도 천 년 동안 알고 있었다. 마야족 인디언Mayan Indian과 호주 원주민 부족이 구더기로 상처를 성공리에 치료했다는 기록이 있고, 르네상스 시대 전쟁터에서 군의관은 상처에 구더기가 지나다닌 군인이 더 빨리 낫고 질병 감염률morbidity과 사망률mortality도 줄어든다는 사실을 알게 되었다. 나폴레옹의 군의관이었던 도미니크 라레 남작Baron Dominique Larrey은 1798~1801년, 프랑스가 이집트와 시리아에서 군사 작전을 하는 동안, 특정 파리 종이 죽은 조직만 파괴하며 상처 치료에 긍정적인 효과를 낳았다는 기록을 남겼다.

미국은 역사상 피로 얼룩진 대립이 많았고, 구더기가 색다른 보조 의사가 될 구실(말 그대로)이 더 많아졌다. 미국 남북전쟁 사상자는 부상자를 분류해 수술하는 동안 방치되기 쉬웠는데, 자기도 모르는 사이에 파리

덕을 봤다. 파리는 벌어진 상처에 알을 까는데, 금세 부화한 구더기는 고통을 유발하지 않으면서 죽은 조직과 감염된 조직을 먹고, 건강한 조직에는 해를 끼치지 않는다. 괴저gangrene를 유발하는 박테리아가 구더기의 먹이가 된 것이다. 구더기는 해로운 박테리아를 먹어 치울 뿐 아니라, 먹이를 더욱 이롭게 바꿔 놓았다. 구더기가 배설한 물질 덕에 치료 속도가 빨라지고, 절단 수술을 해야 할 필요성도 줄어들었다는 사실이 나중에서야 드러났다. 이런 이점은 제1차 및 제2차 세계대전 때 다시금 드러나 구더기와 사람이 뭉치는 계기가 되었다. 제1차 세계대전 중에 군인의 상처를 치료하던 정형외과 의사 윌리엄 S. 베어William S. Baer는 구더기의 군집 형성이 상처 치료에 효능이 있다는 사실을 알게 되었다. 베어는 전장에 남겨진 군인 한 명을 며칠 동안 관찰했다. 군인은 대퇴골에는 복합 골절compound fracture을, 복부와 음낭에는 커다랗고 얕은 자상을 입었다. 병원으로 이송된 군인은 심하게 다친 데다 음식이나 물도 없는 상태에 오래 노출됐는데도 열이 나는 징후가 없었다. 옷을 벗기자 "구더기 수천 마리가 상처 부위 전체에 들끓었다"라고 베어는 말한다. 놀랍게도 구더기를 없애자, "앙상한 뼈는 없었으며, 뼈의 내부 구조뿐 아니라 주변 부위도 모두 상상할 수 있는 가장 아름다운 분홍빛 조직으로 덮여 있었다". 그 당시 대퇴골 복합 골절로 인한 사망률은 약 75~80퍼센트였다.

    10년이 넘게 흐른 뒤, 베어 박사는 존스홉킨스대학교에서 처음으로 구더기 치료법을 과학적으로 연구했다. 뼈가 끊임없이 감염된 환자 21명에 똥파리 구더기를 도입했는데, 다른 치료법은 거부한 이들이었다. 박사는 죽은 조직과 곪은 조직이 급속도로 제거되는 현상을 목격했다. 병원체가 감소했으며, 악취도 줄어들었다. 상처 기저부가 안정되고, 치료율도 최상이었다. 환자 21명 모두 벌어져 있던 병변이 말끔히 나아서, 구더기 치료를 한 지 2달 만에 퇴원했다.

이 연구는 1931년에 발표됐는데, 베어가 세상을 떠난 해였다. 곧 외과의 수천 명이 베어의 구더기 치료법을 활용했다. 90퍼센트 이상이 결과에 만족했다. 제약 회사 레덜리 래보러토리Lederle Laboratories는 구더기를 사육할 시설이 없는 병원을 위해 1940년대까지 상업용으로 구더기를 생산했다.

1940년대 중반 무렵, 항생제 혁명이 진행되었다. 이렇게 경이로운 약으로 그 당시까지는 구더기만 성공리에 치료한 다소 어려운 병변을 제거했을 뿐 아니라 상처가 애초에 감염되지 않게 예방할 수 있었다. 구더기가 상처를 성공적으로 치료하는 데 도움이 된 사례가 있음에도, 곤충은 눈 밖에 났다.

하지만 자연은 뛰어나며, 회복력이 있다. 민첩한 미생물이 자신을 억제하는 약에 저항력을 길렀듯이 민첩한 의사도 대안을 찾아냈다. 그렇게 구더기는 재기에 성공했다. 여전히 항생제에 의존하지만, 부작용도 있기에 구더기는 의료도구 상자 속에서 자리를 확보했다. 의사는 실험실에서 기른 무균 똥파리 구더기를 수술을 견디기에는 너무 허약한 환자의 감염에 활용해 치료하고 죽은 조직을 제거한다. 심한 욕창, 외상성 상처, 낫지 않는 외과적 창상, 당뇨병성 족부 궤양, 화상, 골수염, 종양에 시달리는 환자가 이에 해당한다.

20세기 말에는 처음으로 구더기 치료법을 대조하고 비교하는 임상 시험을 했다. 이는 2004년 구더기 치료법이 미국 식품 의약국US Food and

Drug Administration 승인 치료법으로 인정되는 결과로 이어졌다. 그때부터 수많은 연구가 발표되었는데, 구더기 치료법이 전통 치료법보다 더 효과가 좋다는 사실이 몇 번이고 드러났다. 일례로 2012년 〈피부과학지Archives of Dermatology〉에 발표된 연구에서는 외과에서 구더기를 활용해 절개 수술을 했을 때 죽은 조직 제거 수술debridement보다 죽은 조직이 더 많이 사라진 것으로 드러났다. 죽은 조직 제거 수술은 길고 고통스러운 과정이며, 의사는 수술용 메스나 가위를 써서 손상된 조직이나 상처에 있는 이물질을 제거한다.

현대 구더기 치료법maggot debridement therapy, MDT에서는 무균(무박테리아) 구더기를 상처 치료에 활용한다. 보통은 금파리(구리금파리, Lucilia sericata)를 쓴다. 건강한 조직에 2차 피해가 생기는 건 효소 도포, 기계적 괴사 조직 제거술, 수술과 같은 상처 치료법의 골칫거리 중 하나다. 구더기는 부패하는 조직에만 흥미가 있을 뿐이고 건강한 조직에는 흥미가 없어서 멈춰야 할 때를 안다. 이들은 감염되고 죽은 조직을 없애고 용해하면서 상처 부위의 죽은 조직을 제거한다. 구더기는 박테리아를 먹어 치워도 감염되지 않으며, 꿈틀꿈틀 움직이면서 혈액 순환을 돕고 멍 치료에 도움을 주기도 한다.

구더기가 죽은 조직을 제거하는 유형은 2가지다. 바로 기계적 죽은 조직 제거술mechanical debridement과 효소적 죽은 조직 제거술enzymatic debridement이다. 첫 번째 유형은 구더기의 움직임으로 효과가 나타나는데, 주둥이 고리(몸을 앞으로 당기는 용도)와 수없이 많고 자그마한 가시로 외과의가 쓰는 강판보다 무척 정확하게 잔해를 흩어 낸다. 효소적 제거술은 구더기의 소화 효소로 효과가 나타나며, 효소가 감염되고 죽은 조직을 용해해 영양분이 풍부한 혼합물이 생기면 구더기가 이를 마시게 된다. 각 구더기는 죽거나 감염된 조직을 24시간마다 25그램씩 없앨 수 있다. 환산하면 구더기 18마리가 각각 하루에 0.45킬로그램을 없애는 셈이다. 구더기는 감염되고 죽은 조직을 없애기만 하지 않고, 알란토인allantoin도 분비한다. 알란토인은 방부제 속성이 있는 합성물로, 죽은 조직의 분해 속도를 높이면서 새로운 세포가 자라나도록 촉진한다.

금파리 구더기 역시 암모니아를 방출해 살이 부패하면서 끔찍하게 풍기는 악취를 이들의 존재로 억제할 수 있다.

캘리포니아주 어바인Irvine의 모나크 연구소Monarch에서 운영하는 메디컬 매거츠Medical Maggots, MM는 미국에서 으뜸가는 궤양성 또는 외상성 상처 치료용 살균 유충 제조사이자 유통사다. 메디컬 매거츠는 구더기를 상처에 가둬서 생활 주기를 완성하러 쏘다니지 못하게 막는 데 쓰는 상처 드레싱 또는 '우리cage'를 포함한 10가지 범주의 제품을 제공한다. 깨끗하기 그지없는 유충 350마리가 든 유리병 가격은 250달러이며, 배송비 포함이다(비용은 기부금으로 쓰이며, 보험에 가입할 수 없거나 지불 능력이 없는 환자에게는 면제한다). 보통은 상처 부위 표면적 1제곱센티미터당(0.16제곱인치) 구더기 5~10마리를 적용한다. 상처에 붕대를 감고 침투성 정도를 유지하며 관리해 구더기가 질식사하지 않도록 하고, 48~72시간 동안 그대로 둔다.

메디컬 매거츠가 제공하는 유충은 금파리 유충이다. 내가 플로리다주에서 본 갓 눈 개똥 더미를 뒤덮은 파리와 똑같다. 하지만 겁내지들 마시라. 이 유충은 22년간 배양됐고, 살균을 거친다. 환자가 불안해하는 요소

('혐오 요소')에 대해 논의는 많지만, 실제로는 상처가 끊임없이 감염된 환자의 경우 그저 기쁘게 마음이 놓일 만한 치료법을 받아들인다.

나는 메디컬 매거츠의 책임자이자 구더기 치료법 분야의 선도자인 로널드 A. 서먼Ronald A. Sherman 박사에게 이메일을 보냈다. 구더기 치료법 덕분에 환자들이 더 이상 절단 수술을 하지 않게 되었는지, 죽음을 예방하게 되었는지 궁금했다.

"절단 수술과 관련해서 말씀드리면, 정답은 완전히 '그렇다'라는 거예요. 환자 연구가 발표됐습니다. 온갖 전통 방법으로는 차도가 나타나지 않은 이들이 대상이었고요. 절단 수술 일정을 잡아 둔 상태였는데, (구더기로 치료하자) 환자의 40~70퍼센트는 상처가 치유되거나 절단 수술할 필요가 없어졌어요. 아니면 최소한 상처가 상당히 좋아져서, 수술을 훨씬 덜 공격적으로 해도 될 정도였습니다. 죽음을 예방하는 일과 관련해서는, 조건을 (하나) 달고서 그렇다고 답하겠습니다. 죽음을 얼마나 피했는지 수치로 표현하기란 불가능해요. 절단 수술을 받은 지 얼마 안 돼서 죽는 사람이 많잖아요. 그리고 그중에 몇몇은 더는 정신 상태가 좋지 못하거나 신체 활동을 활발하게 할 수가 없어서 죽기도 합니다. 하지만 그런 분류에 몇 명이나 들어맞을지 알 수가 없어요. 아니면 애초에 기저 질환(당뇨병, 혈액 순환 감소 등)으로 절단 수술을 해서 일찍 죽은 사람이 몇 명이나 되는지도요. 또 우리는 안정돼 보이는 괴저가 혈류로 확산돼 언제든지 신체에 침투해 패혈증sepsis과 사망을 일으킨다는 걸 압니다. 하지만 구더기 치료법(더 오래 걸리는 비수술적 방법)으로 괴저를 제거할 때 '무슨 일이 일어날지'를 수치로 나타내는 건 순전히 짐작에 불과해요. 구더기 치료법 덕에 목숨을 건졌다고 확신하는 환자들이 있고, 실제로 구더기 치료법 덕에 목숨을 구한 확실한 증거도 있어요. 구더기 치료법으로 삶의 질이 향상됐다고 말씀드릴 수는 있지만 목숨을 구했다는 걸 수치로 나타낼 수도, 과학적으로 입증할 수도 없습니다."

"배를 타고 얼마나 멀리 가나요?"

내가 물었다.

"거의 전 세계를 돌곤 했습니다. 의료용 구더기를 구할 곳이 달리 없었거든요. 1996년에 구더기 생산법을 발표했고, 이제는 전 세계에 실험실이 있습니다. 저는 사람들한테 지역에서 가장 '가까운' 실험실을 알아보라고 말합니다. 가능한 북아메리카에만 배송하도록 제한을 두지만, 최근까지만 해도 미국 본토나 영토 밖으로 곤충을 배송하기도 했어요. 유럽, 아시아, 중동, 남아프리카 국가도 마찬가지였고요."

"살아 있는 곤충을 장거리 배송할 때 피해 갈 수 없는 어려움이 있나요?"

(지나고 나서 보니 좀 바보 같은 질문이었다.)

"있죠. 계속 살아 있는 상태여야 한다는 점이 제일 어려워요."

의료용 구더기를 다른 질병 치료에 활용하도록 확대하려는 조짐이 보이는지도 궁금해졌다.

"상처 치료 목적이고, 일반적으로 활용하는 건 아니며, 미국 식품 의약국 승인을 받은 치료를 뜻한다면, 맞습니다. 상처 치료보다는 질병과 관련해서라면, 잘 모르겠습니다. 더 많이 연구해야 해요. 구더기에게는 화학 물질이 있고, 활동을 통해서도 세균을 죽이고 조직이 자라도록 자극할 수 있습니다. 전 굉장히 멋지다고 생각하는데, 연구할 돈이 다 떨어졌지 뭐에

 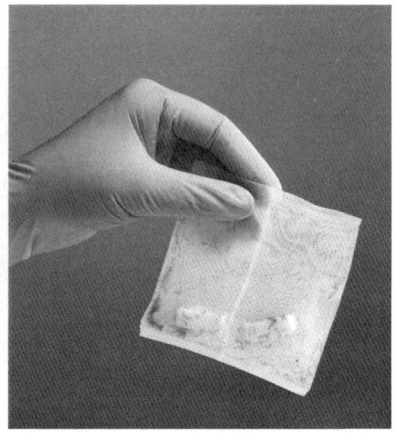

**사진 28** 살균한 새끼 똥파리 구더기 1회분이 미세한 바이오백BioBag 망 안에 밀봉돼 있다. 구더기는 바이오백을 통해 감염된 조직을 먹어 치우면서 환자의 상처를 효과적으로 씻어 낸다.
(바이오몬드 UK 제공)

요. 그런 방법을 더 잘 이해하게 되면, 구더기(아니면 구더기의 생리가 더 맞는 표현이겠다)로 그냥 '상처'뿐 아니라 그 밖의 질병에 걸린 숙주 전체를 치료하게 될 겁니다."

　　이제 이런 파리의 유전자를 조작해 균주를 만들어 다양한 성장 요인을 전달하고, 항균제로 치료 속도와 조직 생성을 앞당길 수 있다. 발표된 논문뿐 아니라 수많은 온라인 영상도 이런 접근법의 효과를 뒷받침하고 있다.

　　법의학에서 파리가 하는 역할과 마찬가지로, 구더기 치료법은 의학의 변두리에 있는 희한한 치료법이 아니다. 2,000곳이 넘는 미국 의료 센터에서 이 치료법을 활용해 왔다. 1995년에는 미국, 이스라엘, 영국에서 의료용 구더기를 생산했다. 2002년 무렵에는 12곳이 넘는 실험실에서 생산됐다.

2013년 기준으로는 의사 수천 명이 최소 24개 실험실에서 생산한 구더기를 활용해 환자 8만 명을 치료했으며, 30개국 이상의 환자에게 이를 배송했다. 구더기 치료법은 수의학에 적용해도 똑같이 효과가 좋아서, 동물 환자에게도 꾸준히 활용된다.

　　구더기 치료법은 전통 상처 치료법보다 훨씬 저렴한데, 코웃음 칠 수준이 아니다. 2013년에 당뇨병성 족부 궤양 치료에 든 연간 비용은 미국에서만 90억에서 130억 달러였다. 그런 효과를 뒷받침하는 과학 연구에 따라 구더기 치료법이 성행하게 됐다. 메디컬 매거츠 웹사이트에는 의학 및 수의학에서 절단 수술을 덜 해도 되고, 무항생제 치료를 더 많이 하며, 화상과 치료하기 까다로운 상처를 성공리에 치료한다는 이점이 있다고 발표한 연구 목록이 69건 넘게 올라와 있다.

*

파리가 오물과 질병을 옮기는 데 책임이 있는 만큼, 이들이 범죄 해결과 상처 치료에 도움을 줌으로써 어느 정도 속죄한다는 점을 헤아려 보자. 최근 추세는 법 곤충학이 가까운 미래에 우리와 함께할 것이라고 예측한다. 구더기 치료법으로 상처를 치료하는 미래를 확신할 수는 없겠지만, 이런 곤충 의생병들은 새로운 기술이 늘 좋은 것만은 아니라는 사실을 상기시킨다.

　　놀라울 따름이다. 기술이 그토록 빨리 발전하는 세상에서도 구더기에 눈을 돌려 문제를 해결하다니. 바로 여기에 교훈이 있다. 우리는 자연의 본질을 피할 수 없다. 파리를 움직이는 기본 생명 과정과 우리 몸이 유지되는 방식은 똑같다. 우리가 어쩔 수 없이 죽어서 부패하면, 파리의 먹이가 될 것이다. 가끔은 그런 과정에서 법정에 서기도 할 것이다. 또 다른 상황에서는, 우리가 파리의 먹이가 되면 건강을 되찾아 수명을 연장할 수도 있다.

파리가 우리에게 그렇게 해 준다면, 우리도 파리에게 좀 더 연민을 품을 수 있지 않을까?

# 12

# 파리에게 마음 쓰기

우리가 자연에서 분리되었다는 신화 때문에
이토록 어마어마한 릴리퍼트 세상에 속한 존재와
상호 작용하는 발판이 불안불안해진 게 분명하다.

—조앤 록 홉스 Joanne Lauck Hobbs

세력이 강하고, 지구에서 흔하게 보이는 동물 무리인 곤충은 늘 내 흥미를 자극했다. 곤충을 다루는 책을 쓰는 데 몸 바치는 건 시간문제였다. 하지만 난 금방 깨달았다. 곤충이란 대개 책 한 권에 담기에는 너무도 광범위한 주제였다. 백과사전 전체에 들어갈 만하다. 그래서 난 부분 집합을 선택했다. 파리가 완벽해 보였다. 다양하고, 불가사의하며, 카리스마가 넘치고(잠시 좀 더 바짝 가까이에서 본다면), 엄청나게 잘나가지만, 대부분 무시당하니까. 이 책에 공들인 3년간, 파리는 더 많이 알고 싶어 하는 내 기대에 한결같이 부응했다.

이 책을 여기까지 읽었다면, 아마 내가 파리 지지자라고 결론 지었으리라. 그건 그저 내가 누구인지를 나타내는 연장선일 뿐이다. 난 어린 시절부터 동물을 무척 좋아해서, 이들을 잔인하게 대하는 걸 경멸했다. 이성을 바탕으로 내린 결론이 아니라 마음 깊은 곳에서 느끼는 감수성으로, 윤리적으로 생각하는 능력보다 훨씬 앞선 것이었다. 내 감수성을 기준으로 하면, 나쁘거나 혐오스러운 생물체란 없었다. 난 귀뚜라미를 짓이기거나 개미를 짓밟는 아이가, 그 아이의 신발 아래에서 짓이겨지는 작은 존재보다 훨씬 낯설었다. 나에게는 전갈부치류whip scorpion와 두꺼비가 코끼리와 상어 못지않게 감탄스러웠다. 6년간 박쥐의 의사소통을 연구하던 대학원 생활을 마치고 나서 25년간 여러 동물 보호 기관에 몸담은 것도 우연은 아니다. 난 야생동물을 살생해 학교 해부학 실습용으로 공급하는 문제, 열악한 실험실 환경에 설치류를 방치하는 문제, 철사 올가미를 사용하는 문제 등을 두고 목소리를 냈다.

### 곤충 학회

나도 안다. 파리를 향한 내 애착은 일반 대중과 폭넓게 나눌 수가 없다. 곤충을 업으로 연구하는 사람과도 나눌 수가 없다. 2018년 후반, 나는 주요 곤충학 학회에서 파리를 향한 반감을 마주하고는 제법 놀랐다. 호텔에서 학회 장소로 가는 셔틀버스에서, 운전기사가 라스베이거스로 가서 버스를 찾아왔다는 얘기를 해 줬다. 버스를 2달간 수리했단다. 객실 칸을 닫아 뒀지만, 파리 수백 마리는 어떻게든 안으로 들어갈 길을 찾아냈다. 운전기사가 말했다.

"버스에서 악취가 진동했어요! 죽은 파리가 사방에 널려 있었고요."

파리가 냄새의 원인이라는 확신이 담긴 말이었다. 그런 발언에는 버스 앞쪽 가까이에 앉은 학회 참가자 약 12명을 향한 연민도 깔려 있었다. 선을 넘는 느낌이었다. 나는 창턱에 죽어 있는 파리에게서 고약한 냄새를 맡아 본 적이 한 번도 없었다.

"파리가 이끌린 대상에서 악취가 난 건 아닐까요?"

내가 조심스레 물었다.

잠깐 침묵이 흐른 뒤, 운전기사는 먹다 만 사과가 버스에 남아 있었다고 말했다. 아마도 파리는 사과에 이끌렸으며, 악취도 거기에서 났을 거다. 아니면 다른 식량원이 숨겨져 있었는지도. 2개월이면 집파리가 생활 주기를 완성하기에 충분한 시간이다. 처음에 버스를 맡겼을 때 암컷 파리 한 마리가 갇혔다가, 나중에 안에서 죽은 파리를 다 낳은 건 아닐까 싶었다.

몇 분 후, 파리는 또다시 한 방 먹었다. 어떤 사람이 하수구파리drain fly가 들끓었다는 얘기를 한 것이다. 다시 한번, 불평분자가 투덜댔다.

"난 하수구파리가 싫어!"

승객 한 명이 말했다. 왜 그런지 상상할 수 없었다. 아마 이렇게 작고 귀여운 나방파리를 몇 마리쯤 봤을 텐데, 이 종이 위에 적힌 '파'라는 글자보다 더 큰 경우는 거의 없다. 하수구파리에게는 회색 날개가 있으며, 등 위에서 깔끔하게 삼각형을 이룬다. 나방파리라고도 하는데, 자그마한 나방처럼 생겨서 그렇다. 이들을 보면 몰래몰래 다니는 폭파범의 축소판이라는 생각도 들지만, 폭파범과는 달리 샤워 꼭지 옆이나 화장실 타일 벽에서 쉴 때, 하수구 근처에서 나타날 때 불길한 폭탄을 짊어지고 다니지 않는다. 이들은 하수구에 쌓인 거품을 야금야금 먹으면서 뜨거운 물과 비누와 세제, 그 밖의 화학 물질과 어떻게든 씨름한다. 입맛을 돋우는 식습관 같진 않지만, 적어도 하수구만큼은 싹 치워 준다. 어떤 속은 **클로그미아**Clogmia라고 하는데, **웅클로그미아**Unclogmia라고 다시 명명하는 게 좀 더 자애로울지도 모른다. 이런 파리는 완전히 무해하다. 난 이들을 보면 기분이 좋아진다.

파리 학술 연구는 대개 동물 친화적이지 않다. 내가 설명한 연구에서 많이들 눈치챘으리라. 초파리 유전학 연구를 빼면, 파리 연구에서는 대부분 파리를 질병 매개체나 농해충으로 보고 통제하는 데 온 힘을 쏟기 때문에 치명적인 파리 연구가 많다.

"저는 파리를 죽여요!"

한 곤충학자가 파리 학술토론회에서 당당하게 말했다. 사실, 내가 이 책을 써 나가는 동안 만난 곤충학자는 모두 연구 과정에서 실제로 파리를 많이 죽인다. 하지만 버스에 있던 승객과는 다르게, 나는 파리를 전공하는 사람이 파리를 업신여기거나 무시한다고 느낀 적이 한 번도 없다. 그와는 반대로 내가 만난 파리목 전문가는 자기 연구 대상을 숭배하기까지 한다.

오늘날 과학계에서는 곤충이 윤리적 배려 대상이라는 주제에 전례 없는 관심을 보인다. 아까와 똑같은 곤충학회, 그러니까 곤충학자가 3,800명 넘게 모이는 학술 토론회에 참가한 적이 있는데, 이름은 '곤충학 윤리'였다. 누구나 아는 범위에서는 이런 모임이 시작된 지 100년이 넘었다. 철학자, 윤리학자, 곤충학자가 모여서 곤충을 먹는 문제, 곤충의 고통 문제, 의도치 않은 포획물을 낭비하는 문제를 두고 이야기를 나눴다. 의도치 않은 포획물 낭비란, 표적이 아닌 곤충을 위협적으로 잡아서 버리는 일을 말한다. 〈파리를 해치면 안 되는 (적어도 사소한) 이유〉라는 논문에서 와이오밍대학교 소속 철학자 제프리 록우드Jeffrey Lockwood는 곤충과의 상호 작용은 적어도 자비, 친절, 연민, 상냥함, 사랑이라는 가치를 실천하는 수단이 된다고 주장했다.

발표된 과학 논문에서도 곤충을 향한 윤리적 관심이 커지고 있다는 사실이 드러난다. 록우드는 2017년에 발표한 책에서 주장을 공식화했다. 코레트렐리과의 짝짓기 행동에서 청각적 의사소통이 하는 역할을 주제로 쓴 2015년 논문에는 다음과 같은 윤리 관련 주석이 달려 있다.

"실험은 동물 복지 지침에 따라 진행했다……. 이산화탄소를 마취제로 활용할 때 아무런 문제가 발생하지 않았으며, 코레트렐리과도 회복했다. 과정을 수행하면서 등에모기를 묶어 둘 때, 손을 대거나 해를 끼치는 일은 최소화했다. 실험 종료 후에는 묶어 둔 등에모기를 각각 저온으로 안락사했다."

파리를 묶는다는 부분(뭉툭한 곤충 핀 끝으로, 초강력 접착제를 씀)과 결말은 등에모기에게 친화적이지 않은 느낌이지만, 그런 방법을 사려 깊게 선택해 실험 과정에서 생길 피해와 고통을 줄이려 했다는 건 눈여겨볼 만하다.

일부 곤충학자가 곤충을 죽이며 연구하는 일을 두고 대립하는지 궁금해져서, 아트 보켄트에게 작은 동물 수천 마리를 죽이는 데 거리낌이 있었는지 물었다.

"우아, 제 평생 그런 질문을 받은 건 이번이 두 번째예요. 저는 오랫동안 고의로 죽이는 것에 대해 혼자서만 생각해 왔어요. 제 마음 한구석에는…… 뭐가 적절한 표현일까요? **후회**는 적절한 표현이 아니에요. 저도 알아요. 제가 목숨을 빼앗는다는 사실을요. 팔에 있는 모기를 짓누르는 것과 피를 빨아들이면서 무는 벌레를 망 안으로 털어 버리는 건 (그사이에는) 차이가 있어요. 전 아름다움을 봐요. 연구하려면 그래야 해요. 하지만 제가 연구하려는 게 생명체라는 사실도 무척 잘 알고 있어요. '다른 방법이 또 있으면 좋겠다'라는 의식을 하지 않고서 현장에 가는 법도 없고요."

앞으로 보게 되다시피 보켄트만 파리에게 감정을 표현하는 건 아니다.

많은 연구는 곤충이 통증을 느끼지 않는다던 오랜 가정에 도전하고 있다. 이 책이 거의 완성될 무렵, 시드니대학교University of Sydney 소속 유전학자 팀이 새로운 연구를 발표했는데, 초파리가 상처를 입은 다음에 오래 계속되는 통증과 비슷한 상태에 시달린다고 전했다. 다리 한쪽이 절단되면서 주변 신경에 상처를 입은 파리에게는 여느 때라면 고통을 느끼지 않을 만한 자극에 과민성이 생기고, 오랜 시간 계속되었다. 일반 파리와 상처를 입은 파리는 모두 42도(화씨 108도)가 넘는 뜨거운 접시에서 벗어나려 하는데, 특히 상처를 입은 파리는 38도(화씨 100도)만 돼도 접시에서 달아났다. 이런 민감성은 상처를 입은 지 5일 뒤부터 시작해 3주가 지나도 계속 나타난다. 일반적으로 통증을 유발하지 않는 자극에도 고통을 느끼는 것을 **이질통증**allodymia이라고 하는데, 이러한 자극에 대한 파리의 민감성은 인간과 척추동물이 계속해서 시달리는 통증과 아주 비슷하다.

골치 아픈 수수께끼는 아직도 남아 있다. 파리가 고통을 어떻게 느끼는지는 알 수가 없다는 것이다. 우리가 파리 몸에 들어가서 이들이 느끼는 것을 느낄 수는 없기 때문이다. 하지만 이런 결과를 보면 잠시 멈칫하게 된다. 파리가 뜨거운 표면 위에서 실제로 무엇을 느끼든 간에, 그 자리를 피하려 한다는 사실은 느낌이 좋지는 않다는 뜻이다. 게다가 작은 생물체가 행동으로 (내가 감히 '싫어하는'이라고 표현해도 되려나?) 뭔가를 피할 수 있다면, 행동으로 ('좋아하는') 무언가를 선호할 수 있다는 결론이 나온다. 파리 세계에서는 꽃에서 꿀을 홀짝이거나, 햇볕을 쬐거나, 갓 눈 똥을 찾는 일이 되겠다. 따라서 일부 철학자는 파리 고유의 가치가 있다고 결론을 내리리라. 파리에게는 관심사가 있으니까.

### 생태계의 닻

우리는 파리의 관심사를 인정하지 않기로 마음먹을지도 모른다. 결국 파리는 우리를 괴롭히고, 물며, 무심결에 병원균을 감염시키면서 언제나 우리를 무시하니까. 하지만 우리가 아무리 파리를 각각 따로 대하기로 마음먹어도, 이들 전체를 함께 살아가는 세상에서 꼭 필요한 구성 요소로 여겨야 마땅하다. 간디가 이를 간단명료하게 정리했다.

"다른 존재와 함께 살아갈 때에만, 우리도 살 수 있다."

구더기를 생각해 보자. 구더기가 우리에게 주는 이점은 잘 알려지지 않은 만큼 심오하다. 이들은 곤충 유충을 통틀어 가장 중요하다. 유기물을 분해하고 재분배하는 능력 때문이다. 미생물은 척추동물이 먹기에는 너무 작으므로, 먹이사슬에 들어가지 못할 것이다. 곤충은 미생물을 먹음으로써 크기 격차를 메우고, 영양분을 물고기, 새, 파충류, 양서류와 크기가 곰만하고 곤충을 먹는 포유류가 먹을 만한 먹이로 바꾼다. 유충이 배설한 폐기물 덕에 먹이 그물 1층에 영양분이 공급된다. 바로 식물과 균류다. 먹이사슬 더 위층에는 유충과 번데기와 수많은 성충 파리가 있는데, 이는 더 큰 동물에게 중요한 식량원이다.

깔따구도 생각해 보자. 깔따구는 특정 장소에서 가장 많은 곤충으로 금메달을 따며, 어떤 수생 곤충보다도 더 다양한 동물에게 잡아먹힌다. 수생 유충 단계에 있는 깔따구는 물고기에게 꼭 필요한 식량원이다. 날개 달린 성충 역시 새에게 중요하다. 수십 억 마리는 결국 섭금류shorebirds, 제비, 굴뚝새의 식도로 들어가고 만다. 깔따구는 파리 중에서 가장 카리스마가 없지만, 아마도 지구상에서 가장 많이 진화하고 생태계에서 가장 중요한 수생 곤충일 것이다. 최근 캐나다에서는 깔따구의 다양성 정도를 조사했는데, 이를 전 세계 생태계에 적용해 추정하면 깔따구의 다양성 수준은 유명한 딱정벌레를 포함한 다른 동물 무리 전체보다 훨씬 높다.

날아다니는 깔따구가 새에게 중요하다는 사실을 직접 목격한 적이 있다. 2019년 4월 말 아침, 온타리오호Lake Ontario에 있는 퀸테만Bay of Quinte과 맞닿는 포장도로를 따라 자전거를 타고 가던 때였다. 거의 얼어붙을 정도로 기온이 뚝뚝 떨어지고 있었는데도, 그 전주부터 깔따구 무리를 마주했다. 무리를 뚫고 지나갈 때마다 내 하얀색 우비는 작고 까만 깔따구로 범벅이 됐다. 그날 아침, 마찬가지로 인상 깊은 제비 집단이 찾아왔다. 쭉 뻗은 만을 따라 적어도 4분의 3마일(1마일은 약 1.6킬로미터-옮긴이)을 페달을 밟으면서 적어도 제비 1,000마리를 보았다. 제비 무리는 위에서 휙 덤벼들고, 빙글빙글 돌며, 해안선 몇 센티미터 위에서 시간을 질질 끌었다. 제비는 식충 동물insectivore이다. 그런데 그날 제비가 사냥한 곤충은 벌, 말벌, 딱정벌레, 나방이 아니었다. 이들은 모두 물에 살지 않는다. 나는 그들이 더 큰 수생 하루살이mayfly나 진강도래stone fly 무리를 찾아냈으리라고 확신했다(그중 어느 것도 파리는 아니다). 그러나 제비의 시선을 사로잡은 존재는 깔따구였다. 자그마한 파리 무리는 북쪽으로 이주하던 굶주린 새에게 영양분이 되어 주고 있었다. 깔따구가 나타난 지 며칠 뒤에 제비가 도착한 건 우연이 아니었다. 수천 년, 아마 수백만 년간 계속된 일이었으리라.

제비와는 다르게, 우리는 곤충과의 관계를 잃어 가는 건 아닌가 싶다. 그 문제에 관심을 두는 학자가 점점 늘어나고 있다. 전 세계적인 도시화로 인류는 점점 우리에게 이로운 자연과 멀어지는 위험을 무릅쓰고 있는 건 아닐까. 미국 기자 리처드 루브Richard Louv는 그렇게 생각한다. 루브는 2005년에 발표해 반향을 일으킨 책《자연에서 멀어진 아이들》에서 아이들이 도시에서 실내 생활을 주로 하고 자연과 덜 접촉하는 **자연 결핍 장애**nature deficit disorder 개념을 소개하며 이것이 개인의 건강과 사회 구조에 부정적 결과로 이어질 가능성을 언급한다. 몇 년 전, 미국 식물학자 제임스 완더시James Wandersee와 엘리자베스 슈슬러Elizabeth Schussler가 **식물맹** plant blindness이라는 신조어를 만들었다. 우리가 먹는 음식과 이를 제공하는 작물 사이의 관계가 사라지고, 생존을 목적으로 식물에 의존한다는 인식도 부족하다는 의미다. 난 **곤충맹**insect blindness이라는 말을 추천한다. 꽃가루 매개자, 먹이 그물 구성 요소, 해충 방제, 관리자 역할을 하면서 우리가 계속 살아가도록 돕는 곤충의 역할을 인식하지 못한다는 의미다. 내친 김에 **해양맹**ocean blindness은 어떨까. 인류는 대부분 해양 서식지에서 멀어졌는데, 그곳에서 전 세계 산소의 반 이상을 공급받으니까 말이다. 어류가 없으면 바다도 없고, 그 반대도 마찬가지니까 **어류맹**fish blindness을 추가할 수도 있겠다.

 이해했으리라 믿는다. 상호 의존 말이다. 존 뮤어(John Muir, 환경 운동가 겸 작가 - 옮긴이)가 한 말을 바꿔 보면, "자연에서 한 가지를 힘껏 잡아당기면, 그것이 나머지 세계와 찰싹 달라붙어 있다는 사실을 알게 된다". 우리 지구는 상호 작용하는 완전체 역할을 한다. 이런 완전체의 구성 요소를 없애거나 훼손하면, 퇴보가 뒤따른다. 계속 일을 망치다가는 조만간 체계 전체가 무너지고 말 것이다. 이스터섬Easter Island 사람이 섬에 있는 나무를 몽땅 개간하자 그런 일이 일어났다. 마야족 역시 넘치는 인구, 환경 파괴, 계속되는 전쟁으로 가뭄과 식량난에 대비하지 못했다.

 1983년에 발표한 책 《멸종: 종이 사라진 원인과 결과Extinction: The Causes and Consequences of the Disappearance of Species》의 머리말에서, 생태학자 폴 에얼릭Paul Ehrlich과 앤 에얼릭Anne Ehrlich은 생물 다양성 손실의 위험성을 딱 알맞게 비유했다. 점보제트기가 우리 지구라고 치자. 각각 제트기 기체를 지탱하는 리벳 수백만 개는 각 종을 나타낸다. 종이 사라지는 건 제트기에서 리벳이 탁 튀어 나가는 격이다. 아마 리벳 수천, 수백 개가 마구잡이로 탁 튀어 나갈 텐데, 그래도 제트기는 계속해서 완전체 역할을 한다. 하지만 그런 과정이 계속되면, 기체 조각은 느슨해지면서 덜커덕거릴 것이다. 아니나 다를까, 이런 '멸종' 과정이 계속되면, 제트기 덩어리는 떨어져 나갈 것이다. 우리는 다음에 무슨 일이 일어날지 안다. 바로 붕괴다. 체계 전체가 무너지게 된다. 다양성은 안정성을 촉진한다. 우리가 한 행동에 발목을 잡히기 전까지만 지구를 제멋대로 다룰 수 있을 것이다.

### '버그포칼립스Bugpocalypse'

이미 우리는 우리가 한 행동에 발목을 잡히고 있다. 곤충이 빠르게 사라지고 있다. 가장 유용한 자료에 따르면, 곤충의 총질량은 매년 2.5퍼센트씩 가파르게 떨어지며, 손실 속도는(멸종 가능성도) 포유류, 조류, 파충류보다 8배 빠르다.

2018년 가을에 발표된 자료에 따르면 독일에서 지난 30년 동안 날아다니며 63곳에 둥지를 튼 곤충(기어 다니는 벌레는 표본으로 삼지 않았다)의 총생물량이 76퍼센트 감소했다. 한여름에는 곤충의 수가 정점을 찍는데, 손실량이 80퍼센트를 초과한다. 살충제 사용과 적당한 서식지가 사라진 것이 으뜸가는 원인이 아닌가 싶다. 연구 공동 저자 중 한 명은 이런 말을 했다.

"곤충을 잃으면, 모든 것이 무너진다."

〈뉴욕타임스〉 사설에서는 침울하게도 "곤충 아마겟돈Insect Armageddon"이라 표현하기도 했다.

'버그포칼립스'는 세계적 현상인 듯하다. 2014년, 국제 생물학자 팀이 전 세계 무척추동물의 수가 1980년부터 거의 반으로 떨어졌다고 추산했다. 오염되지 않은 푸에르토리코Puerto Rico 열대 우림에서는 활용한 표본 방법에 따라 달랐는데, 2012년 무척추동물의 수가 1976년보다 4~60배 적었다. 이 시기에 최대 기온이 2도 올랐다는 뜻이다. 데이비드 와그너David Wagner는 코네티컷대학교University of Connecticut 소속 무척추동물 보호 전문가인데, 이를 두고 "내가 지금껏 읽은 기사 중에 충격적이기로 손꼽힌다"라고 말했다.

점점 더 늘어나는 멸종 위기종 명단에 파리 종이 얼마나 합류했는지는 알려지지 않았다. 종 대부분이 아직 기재되지 않았다고 생각하면, 미지의 숫자는 우리가 존재를 알기도 전에 사라져 간다.

관찰력이 남다른 이들은 이런 사실을 눈치챈다. 한 프랑스 번역가는 나에게 이런 이야기를 했다.

"남편이랑 저랑 자주 얘기하는데, 지금은 오래도록 운전해도 와이드 스크린이 깨끗하지만, 예전에는 몇 시간마다 멈추면서 핏자국하고 갖가지 노란색 물질을 닦아야 했거든요. 그런 물질이 너무도 빽빽한 나머지 운전할 때 시야를 흐렸죠. 그 모든 파리한테 무슨 일이 일어났을까요?"

곤충이 자동차에 끼치는 영향은 적지 않다. 일리노이주Illinois) 중심부에서 나비 로드킬을 6주간 조사한 결과, 죽은 나비 수는 총 1,800마리가 넘었다. 일리노이주 전역을 대상으로 추산하면, 매주 나비 2,000만 마리가 도로에서 죽는 것으로 드러난다. 미국 50개 주 전체에서 다른 조건이 모두 같다면, 여름 날씨에 나비 약 13억 마리가 3개월이 넘는 기간에 걸쳐 운전자 앞에 무릎을 꿇는다고 해석할 수 있다. 파리, 딱정벌레, 벌, 말벌의 밀도는 보통 나비보다 높으니까, 사상률도 비례할 듯하다.

전문 곤충학자 아트 보켄트의 관점도 프랑스 번역가와 크게 다르지 않다.

"제가 하는 일, 그러니까 밖에 나가서 종을 수집하고 죽인 다음, 아주 세세하게 기재하는 일을 하는 사람 중에 상실감을 느끼지 않는 사람, 눈앞에서 목격하는 멸종을 깊이 의식하지 않는 사람은 없어요. 수년 동안 파리목 전문가와 이야기를 나눌 기회가 많았는데, 다들 우리가 끝장났다고 느끼고 있었어요. 무척 소중하고 아름다운 존재를 잃어 가고 있어서, 심각한 문제에 빠지리라는 것도요."

　　곤충은 풍부하고, 다양하며, 생태계가 건강하게 작용하는 데 꼭 필요한 도움을 주는 만큼, 이들이 감소하면 같은 생태계 안에 있는 그 밖의 동물 개체군에도 파문이 인다. 식충성 도마뱀, 새, 개구리도 마찬가지로 위에서 언급한 푸에르토리코 연구에서 사라지고 있다. 북쪽을 살펴보면, 북아메리카의 전체 야생 새 개체군은 1970년부터 거의 3분의 1, 혹은 약 30억 마리로 떨어졌다. 다양한 종과 서식지도 함께 감소하며, 멸종 위기에 처한 종뿐 아니라 뒷마당에서 흔히 보는 새도 마찬가지다. 해양 생물의 절반 역시 1970년부터 함께 사라졌다. 게다가 상업 목적의 낚시 역사를 살펴본 적이 있다면, 이미 그 전에 물고기가 훨씬 많이 사라졌다는 사실을 알 것이다. 미국 철학자 제프리 록우드가 "부재로 인해 좋아하는 마음이 더 커진다면, 인간은 자연에 푹 빠져서 정신을 못 차려야 한다"라고 말하는 것도 당연하다.

　　나는 우리가 인류세 시대에 얼마나 단단히 자리매김했는지를 이보다 더 잘 나타내는 통계 자료를 본 적이 없다. 현재 지구 대륙에 사는 척추동물 전체 생물량에서 야생동물은 전체의 약 3퍼센트에 불과하지만, 사람은 4분의 1을, 가축은 4분의 3을 차지한다. 포유류만 보더라도 비율이 본질적으로 달라지지 않는다(어류, 조류, 파충류나 양서류는 제외). 60퍼센트는 가축, 36퍼센트는 사람, 그리고 나머지, 그러니까 코끼리, 하마, 고래, 돌고래, 기린, 설치류, 박쥐, 원숭이 등은 모두 4퍼센트에 불과하다! 육중한 발자국은 사람만 찍은 게 아니다. 돼지나 소나 염소가 찍은 말굽 자국이거나, 닭이나 칠면조가 찍은 세 발가락 자국이기도 하다. 우리가 천문학적으로 길러서 죽이고, 잡아먹는 동물의 발자국이기도 한 것이다.

지구 생명체가 그토록 엄청나게 개편된 원인을 단 한 가지 이유로만 탓할 수는 없지만, 이른바 '6번째 대멸종'은 우리가 자초한 것이다.

압도적이면서 계속 커지는 인간 존재는 자연을 무수한 위험에 빠뜨린다. 도시 잠식 및 서식지 파괴, 공기 및 수질 오염, 농업, 특히 유축 농업이 그 예다. 영리 목적 낚시, 양식업, 사냥과 밀렵도 마찬가지다. 오래도록 존재했으나 최근에야 널리 알려진 기후 비상climate emergency도 여기에 포함된다.

### 파리 친구

주로 동물과 그들의 놀라운 능력을 주제로 글을 쓰고 연설하며 먹고사는 생물학자로서, 난 동물을 고객이자 친구로 여긴다. 기민한 협력자로 여기기도 해서, 이들을 해치거나 죽이지 않으려고 애쓴다. 물론 예외는 있다. 진드기가 내 피부를 뚫고 들어간 걸 알게 된 다음에는 죽였다. 그때 난 라임병Lyme disease에 걸렸다. 머리에 이가 생겼을 땐, 이를 죽여서 나 자신과 지금은 다 큰 아이들을 직접 치료했다. 감염된 고양이 털을 빗질하며 벼룩을 죽이기도 했다. 흡혈파리와 주로 내 머리 가죽을 벗겨 내려던 모기도 엄청 많이 죽였다. 먹파리와 무는 벌레를 찰싹 때리기도 했다. 한 번은 카누를 타다가 사슴파리에 하도 시달린 나머지 내 머리에 내려앉을 때 제대로 찰싹 때린 횟수를 적어 봤는데, 100번 넘게 때렸으니 100마리 넘게 죽인 셈이다 (그때부터 알게 됐다. 모자가 사슴파리에게 제법 효과가 좋은 걸림돌이라는 걸). 드물게는 술수를 써서 내 발목을 물어뜯는 침파리를 이겨 먹기도 했다.

하지만 예외적인 일이며, 늘 그렇게 하지는 않는다. 내 경험칙은 자기 방어 차원에서만 곤충을 죽인다는 거다. 이들이 내 피를 노린다면, 정당한 싸움 아니겠는가. 그럴 때마저도 난 자제력을 발휘하려 한다. 모기를 찰싹 때리지 않은 적이 수도 없이 많다. 끈질긴 말파리를 잡으려 하는 와중에도 죽이지는 않으려 노력한다. 곤충이 아무리 나를 향해 사악한 마음을 품는다고 해도, 나는 완성도가 높고 생물망에서 걸맞은 자리에 있는 이들을 계속 존경하려 한다.

난 혼자가 아니다. 아마 여러분도 점점 늘어나는 무리에 속할 것이다. 곤충을 해충이나 위험한 존재가 아니라, 지구에서 함께 사는 동료로 여기는 이들 말이다. 서양보다는 동양 지역에서 더 보편적인 관점이다. 통찰 명상Vipassana mediatation 센터 문 앞에는 이렇게 적혀 있다.

**'기숙사에 있는 곤충을 죽이지 않도록 조심해 주세요.'**

신경 과학자 크리스토프 코흐Christof Koch는 "난 집에서 곤충을 봐도 죽이지 않으려 한다"라고 하면서 불교의 가르침에 영향을 받았다고 말한다. 불교에서는 감응력, 즉 느낌을 받아 마음이 따라 움직이는 능력이 어느 곳에서나 다양한 수준으로 나타나리라 본다.

각자의 삶을 존중하자는 윤리관이 서양 문화에 퍼지는 추세인 듯하다. 자원봉사 단체인 하이 파크 모시아The High Park Mothia는 주로 아마추어 곤충학자로 구성돼 있는데, 2016년부터 토론토 하이 파크Toronto's High Park 공원에 유아등light trap을 설치해 벌레를 잡는 과정을 사진에 담아 왔다. 지금까지 900종이 넘는 나방을 기록으로 남겼는데, 그중에는 해당 지역에서 100년 넘도록 보이지 않아서 현지에서는 멸종했다고 보던 종도 포함돼 있었다.

하이 파크 모시아에는 채집 불가, 살생 불가라는 엄격한 원칙이 있다. 이유가 궁금해서 모시아 책임자 테일러 리달Taylor Leedahl에게 물어봤다. 테일러는 개 산책 전문가이자 타이니호스TinyHorse의 대표다. 타이니호스는 여러 마리 개를 다룰 때 쓰는 장비를 제작하는 회사다.

"관계자는 대부분 저희가 살피는 곤충을 무척 존중해요. 그래서 저희도 연구하면서 부정적인 영향을 끼치지 않으려 합니다. 그저 지켜보기만 하죠. 사람은 생물체와 상호 작용할 때 더 기억에 남으면서 중요한 경험을 하는 것 같아요. 그냥 몰살할 때보다요."

난 리달에게 꼭 물어봐야 했다.

"설치해 둔 조명 판에서 파리를 보신 적이 있나요?"

"네, 물론이죠. 이 일을 시작한 뒤부터 저희는 이 작업을 곤충 전반을 관찰하는 데 확장하자고 이야기해 왔어요."

겨울은 기나길고 혹독하다. 그런 시기에도 큰 도시에 있는 1,618제곱킬로미터 규모의 공원에서 나방 900종이 산다고 곰곰이 생각해 보면, 도시에서 생물 다양성이 얼마나 풍부한지, 또 그곳에 녹지가 있는 게 얼마나 중요한지 그 진가를 알아보게 될 것이다. 리달은 아마추어 동식물 연구가가 눈에 띄게 줄어들고 있다며 아쉬워하지만, 시민 과학(citizen science, 비전문가와 과학자가 힘을 합쳐서 하는 과학 활동 - 옮긴이)으로 제작한 자연 앱의 영향력에서 힘을 얻기도 한다. 아이내추럴리스트iNaturalist 같은 앱에 힘입어 사람들, 특히 젊은 세대가 다시 자연에 눈을 돌리고 있다.

나방을 아끼는 일과는 별개로, 우리가 파리에게 연대감을 확장할 수 있을까? 그토록 심하게 미움받고 거부당하는 생물체에 깊이 공감할 수 있을까?

존 피에르John Pierre는 할 수 있다. 작가이자 전문 연설가인 동시에 엘런 디제너러스Ellen DeGeneres 등 유명 인사의 헬스 트레이너인 존은 **생명을 외경**reverence for life한다. 1915년, 알베르트 슈바이처Albert Schweitzer가 아프리카 강배에서 하마를 지켜보다가 '생명 외경'이라는 신조어를 만든 순간에 미소 지었을 법한 수준이다. 내가 마지막으로 존을 만났을 때, 존은 평소처럼 초롱초롱한 눈으로 얘기했다. 지난주에 아파트에서 꼼짝 못 하던 집파리 8마리를 구조했단다. 수를 기억한다는 건 헌신한다는 뜻이다. 존은 키친타월 끝부분을 활용해 유리잔에 든 물의 표면장력에서 벗어나지 못하는 자그마한 벼룩파리도 구조한다. 자그마한 물방울이 금세 증발하면, 구조된 파리는 하루를 더 산다. 나도 해 볼 생각이다.

존 피에르만 파리의 친구는 아니다. 하와이에 사는 내 친구가 얘기해 줬는데, 돌아가신 계부가 맥주 한 캔을 든 채 안락의자에서 쉬곤 하다가, 주변에서 파리가 바삐 돌아다니면, "파리는 내 친구야!"라고 하셨단다. 또 다른 친구는 너무 슬픈 얘기라며 몇 년 전 이야기를 들려주었다. 그때 친구는 아이다호주Idaho에 있는 식당 천장에 배배 꼬인 파리잡이 끈끈이가 매달린 모습을 봤는데, 파리가 어지럽게 흩어져 있었다. 대부분은 죽고, 나머지는 끈끈이 속에서 발버둥 치고 있었다. 친구는 이렇게 짐작했다.

"내가 볼 땐 파리가 탈진한 데다 쫄쫄 굶어서 죽은 것 같아."

유명 인사도 곤충을 도와준다. 2019 PGA 토너먼트가 텔레비전에서 방영 중이었다. 골프 챔피언 로리 맥길로이Rory McIlroy는 퍼팅 그린에서 곤충(카메라로 클로즈업해 보면 딱정벌레인 듯하다)을 조심조심 내보내 기삿거리가 됐다. 맥길로이는 곤충을 근처 더 안전한 곳에 둔 다음, 약 6미터 퍼팅을 했다. 해설자는 "맥길로이가 저렇게 행동했으니, 자격이 있습니다. 야생동물에게 친절을 베푼 대가죠!"라고 말했다. 폴 러드Paul Rudd는 2015년에 개봉한 영화 〈앤트맨〉의 스타인데, 본인이 곤충보다 더 나은 존재가 아니라는 이유만으로 이들을 죽이는 일을 삼간다. 배우 모건 프리먼Morgan Freeman은 2014년부터 꿀벌을 위해 목소리를 내 왔다. 프리먼은 미시시피주Mississippi에서 면적이 약 50만 1,810제곱미터인 목장에 벌집 26개를 설치해 보호 구역으로 바꿔 놓았다. 라운드업Roundup 제초제와 광범위 살충제 때문에 자연이 파괴되었다고 솔직하게 비판하기도 했다. 가수 모비Moby는 수영장을 없애고 정원수와 꽃식물을 위한 공간을 내어 벌이 욕구를 충족할 수 있도록 하면서, "뒷마당을 죽은 시멘트 구멍으로 쓰는 것보다 훨씬 낫다"라고 말했다.

이 모든 선행에 고개를 절레절레 흔들게 된다면, 조앤 록 홉스가 곤충 책 《작은 것의 무한한 목소리The Voice of the Infinite in the Small》에서 한 표현을 생각해 보시라.

"파리를 돕는다는 생각에 분해져서 속으로 씩씩대는 건 편협한 의식 세계에서 나오는 거만에 불과할지도 모른다. 우리의 자아 개념은 곤충에 연민을 베풀 때 확장된다."

친절은 소모품이 아니다. 유리잔에 든 물에서 무당벌레를, 아니면 수영장에서 귀뚜라미를 구해 준 적이 있다면, 가장 사소한 착한 사마리아인 법Good Samaritanism을 실천하더라도 뿌듯해진다는 사실을 알 것이다. 나는 도로에서 다 죽어 가던 나비와 꿀벌을 구해 설탕물을 먹이자 힘을 되찾고 멀리 날아가는 모습을 지켜본 적이 있다. 존 피에르는 파리를 구해 주면서 정신을 수양한다. 그럴 목적으로 하는 일은 아니지만, 그래도 이롭긴 하다. 의심이 든다면, 한번 해 보시길.

점안기보다는 레이드Raid 살충제 깡통에 먼저 손을 뻗을 생각이라면, 여기저기 퍼진 곤충 혐오감은 타고난다기보다는 학습된다는 학설에 주목하시라. 인간이 거미와 뱀을 두려워하도록 타고난다는 증거가 있긴 하지만, 흔치 않은 예외다. 꽃, 집파리, 물고기를 예로 들면, 그런 혐오감을 느끼지는 않으니까.

생물학자 피오트르 나스크레츠키Piotr Naskrecki는 2005년에 발표한 책《더 작은 다수The Smaller Majority》의 머리말에서 "우리는 자연을 향한 두려움 없이 태어난다"라고 하면서, 주로 곤충을 소개한다.

"어린아이는 주변 환경에 흠뻑 빠진다. 애벌레나 개에게 똑같이 호기심을 품는다. 생물체 대부분을 향한 두려움은 후에 과보호하는 부모나 선생님, 또래 압력peer pressure, 그릇된 미디어로 주입된다. 10살 무렵이면 아이들은 대부분 곤충과 자그마한 생물체를 아주 좋아하거나 싫어하게 된다."

\*

지구에 엄청나게 많은 곤충 부대 중에 개미는 군사 체제로, 파리는 기업가이자 사기꾼으로서 눈에 띈다. 민첩하게 진화하고, 잘 속이며, 주변에 자주 해를 끼치다 보니, 파리를 싫어하긴 쉽고 좋아하긴 어렵다. 하지만 무는 존재, 매개체, 육식동물, 배설물을 아삭아삭 먹는 존재라는 악명 뒤에는 모호하면서도 아름다운 광활한 세계가 축소돼 있다. 가냘픈 장다리
사진 파리는 강렬한 황금빛 망토를 두른 채 나뭇잎을 가로질러 획획 달리

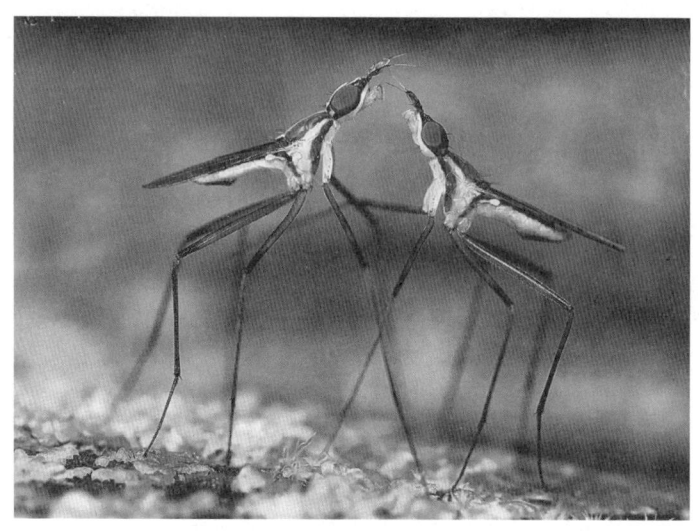

사진 29 아프리카 남동부에 위치한 섬나라 모리셔스에 서식하는 선인장파리 수컷들이 서로 힘겨루기를 벌이고 있다. ⓒ 스티븐 마셜Stephen Marshall

고, 균류를 좋아하며 짝짓기를 원하는 파리의 날개는 밖으로 곱게 쭉 뻗어 있다. 가지뿔파리antler fly에게는 화려한 집게 같은 머리 장식이 있고, 치고 받고 덤비는 선인장파리cactus fly는 죽마 위에서 외계인처럼 싸운다.사진 29 아니면 황소처럼 생겨서는 북슬북슬한 카펫 같은 털이 몸에 곱슬곱슬하게 뒤덮인 채 호박벌을 흉내 내는 꽃등에도 있다.

우리는 어린 시절에 파리를 멀리하라고 배웠는데, 나도 이렇게 깊이 뿌리 박힌 문화적 곤충 혐오감에 물들었었다. 하지만 곤충의 삶을 깊이 있게 파헤치자, 혐오감이 희미해지더니 내 마음도 누그러졌다. 카페, 도서관, 집에서 연구하면서 이 책을 쓰는 동안, 수많은 파리가 나를 찾아왔다. 파리는 눈에 보이는 그 어떤 생물체보다도 내 작업 공간에서 훨씬 더 자주 함께 했다. 내 노트북에서 우쭐대고, 백라이트 화면을 건너 쏜살같이 달리며, 테이블 위에 흩어진 얼룩을 홀짝홀짝 마시더니, 뻔뻔하게도 내 팔과 손을 탐험했다. 자그마한 고객 하나는 캐나다 한겨울에 찾아와서는 내가 교회 성탄 예배에서 찬송하는 동안 악보에 내려앉기까지 했다.

소설가이자 동식물 연구가인 조너선 프랜즌Jonathan Franzen은 2018년에 발표한 책《지구 종말의 끝The End of the End of the Earth》에서 "자연에 있는 동물이나 식물 중에 추한 건 없다. 우리가 반대하지만 않는다면 말이다"라고 이야기한다. 내가 뒷마당에서 아장아장 걸음마를 하면서 곤충을 바라보기 시작한 이후로 거의 60년 동안, 프랜즌의 감응력이 내 눈에 뚜렷이 보이게 되었다. 불관용이라는 문화 규범을 거부함으로써, 집파리가 피부를 가로질러 쏘다니고, 꾹꾹 누르고, 부착반이 달린 발로 맛보며 스펀지 같은 주둥이로 홀짝홀짝 마실 때 집파리의 발에서 살짝살짝 느껴지는 간지러움을 즐기게 되었다.

난 파리의 미묘한 습성이 마음에 든다. 집파리가 스타카토로 쏜살같이 화면을 가로지르며 조금씩 휙휙 움직여서 미끄러지는 모습이 마음에 든다. 파리가 다시 떠나갈 때보다 내려앉을 때 감촉이 덜 느껴지는 게 마음에 든다. 떠날 땐 내 피부를 다리로 살짝 누른다. 집파리의 주둥이가 내려오는 방식이 마음에 드는데, 보통은 내려앉은 직후에, 부드러운 코끼리 발바닥 같은 피부를 꾹꾹 누르고는 쫙 편다. 파리가 유연하고 털이 북슬북슬한 갑옷에 공기를 끌어모아 다이빙한다는 사실이 마음에 든다.

파리가 세련된 것도 마음에 든다. 플로리다주 델레이비치Delray

Beach 시내 커피숍에서, 자그마한 파리 세 마리가 커다란 유리병 속에 꽂힌 국화꽃 줄기에 앉아 있는 걸 알아챘다. 처음에는 좀 안타까웠다. 아마도 창턱에서, 아니면 밤에 관리인이 돌아다닐 때 죽을 운명일 테니까. 하지만 파리는 갇혔다고 생각하지 않았다. 활발하게 짝짓기하며 날개를 흔들고, 쏜살같이 움직이면서 초록빛 나뭇잎에서 생기발랄한 무용수처럼 속임수를 썼다.

곤충은 우리 삶, 심지어 신체 구성 요소와도 하나가 됐다. 데이비드 맥닐 기자, 그러니까 《버그드》의 저자는 "전 세계 인구의 4분의 1 이상이 곤충을 먹는다"라고 말한다. 맥닐의 주장에 **고의로**라는 표현이 들어맞으면 좋겠다. 우리가 의도치 않게 섭취량을 늘리면, 사실상 **모두가** 매일 곤충을 먹는 셈이다. 곤충이 우리가 먹는 곡물과 과일과 채소 어디에든 들어 있다는 건, 그걸 먹는 사람 거의 모두가 수많은 곤충이나 곤충 파편을 매일 삼킨다는 뜻이다.[6] 먹이사슬의 일원이 된다는 건 어쩔 수 없이 뜻하지 않은 것을 삼켜야 한다는 뜻이다. 아침 식사용 시리얼 속에서 딱정벌레 파편을 피할 수 없듯이, 시리얼에 붓는 우유 속에 든 고름 세포도 마찬가지다(내가 식물성 우유를 더 좋아하는 이유다).[7]

그렇다면 파리의 운명은 우리와 얼마나 촘촘히 얽혀 있을까? 게일

---

[6] 일례로 미국 식품 의약국FDA은 453.59그램짜리 스파게티 한 상자당 곤충 파편 450개와 설치류 털 9개를 허용한다. https://www.cnn.com/2019/10/04/health/insect-rodent-filth-in-food-wellness/index.html (2020년 5월 12일 접속).

[7] 최근 FDA 자료에 따르면, 대개 우유 한 컵에는 고름 세포 약 5백만 개가 들어 있다고 한다. https://nutritionfacts.org/2011/09/08/how-much-pus-is-there-in-milk (2020년 5월 12일 접속).

**사진 30** 작은 파리가 저자의 컴퓨터 화면 꼭대기에서 우쭐대고 있다.
(저자가 찍은 사진)

앤더슨은 독특한 곤충학자답게 솔직한 관점을 이야기했다.

"시식성 곤충이 없으면, 우리는 죽을 거예요. 지구에 있는 영양분은 오래전에 다 써 버렸을 테고요. 우리는 모두 영양분이 든 봉지인데, 곤충은 그런 영양분을 지구에 재활용해요. 그러면 병이 오래가는 일을 막을 뿐 아니라, 식물에게 먹이가 되기도 해요. 삶은 계속되죠."

곤충을 억누르려고 갖은 애를 쓰는데도 우리의 크나큰 생태적 영향력은 파리 여럿에게 요긴해졌다. 과수원에, 가축에, 시체에, 배설물에, 퇴비까지 다 있으니까. 분명히, 우리가 야생종을 파괴하는 바람에 세상에 더 알려지지 않은 수많은 파리가 사라지고, 사실상 전멸했다. 하지만 착각하지 말자. 수백 년 뒤에 마지막 인간이 사라지면, 파리가 나뭇잎이나 바위에 자리를 잡고서 발을 비비댈 테니까. 파리가 없는 세상을 떠올려 볼 수는 있지만, 그런 일이 일어나더라도 우리 눈으로 똑똑히 볼 수는 없을 거다.

그래서 난 파리 한 마리와 사람 한 명과 함께 막을 내린다. 비행사 찰스 린드버그Charles Lindbergh는 수면 박탈sleep-deprivation로 의식이 혼미했는데, 1927년 역사에 남을 대서양 횡단 비행을 홀로 하는 동안 파리와 대화했다고 한다. 영화 〈저것이 파리의 등불이다〉에서, 린드버그(지미 스튜어트Jimmy Stewart가 연기했다)는 33시간짜리 비행을 시작할 무렵에 파리를 발견한다. 파리는 발생할 뻔한 재난을 막았다고 한다. 조종사의 뺨에 내려앉아 돌아다니자, 비행기가 하강하는 동안 깜빡 잠이 든 그가 깨어났기 때문이다. 사람과 파리 사이에 부모 자식 관계 같은 일도 있었다. 린드버그는 그린란드 상공에 다다르자 파리에게 지금이 다음 2896.8킬로미터를 가기 전 마지막으로 착륙할 기회라고 알려 준다. 파리는 눈치챈 듯이 열려 있는 창문으로 탈출한다.

린드버그가 파리를 접한 일을 알고 나서 이 조종사가 이름을 날릴 운명이라고 확신했을 때, 작은 곤충을 향한 내 동정심이 깨어났다. 그런 연민은 뇌 한가운데에서 곤충의 불확실한 운명을 걱정하는 마음에 불타올랐다. 난 그런 감정이 우리와 파리, 사실 모든 생명체와의 관계가 발전할 방향을 드러내는 축소판이라고 생각한다. 우리가 아무리 특정 파리에게 느끼는 불안감이나 반감을 정당화하더라도, 이들이 세상에 꼭 필요한 만큼, 동시에 존중심과 외경심까지도 키울 수 있다. 그렇게 하는 데 실패하는 일은 한낱 도덕적 실수에 불과한 게 아니다. 치명적인 생태적 오류다. 좋든 싫든 간에, 우리의 운명은 곤충에게 묶여 있다. 린드버그가 프랑스 파리에 있는 르 브루제 필드 Le Brourget Field에 무사히 착륙한 일에서 우리의 미래가 은연중에 드러난다.

## 감사의 말

여러 사람이 이 연구를 도왔다. 여러 과학자에게 넘치는 도움과 지지를 받았다. 늘 기꺼이 시간을 내주는 이들이었다. 바로 스티븐 마셜, 글렌 모리스Glenn Morris, 아트 보켄트, 스티븐 게이마리Stephen Gaimari, 존 월리스John Wallace, 브록 펜턴, 마크 데이럽, 로버트 보스Robert Voss, 말라 소코로브스키, 켈리 다이어, 빌 스트리버, 게일 앤더슨, 밥 암스트롱, 태머라 센티바니Tamara Szentivanyi, 제임스 톰슨James Thompson, 애슐리 커크-스프릭스Kirk-Spriggs, 에릭 벤보Eric Benbow, 패트릭 오그래디, 데이브 테일러, 리오 브랙, 크리스틴 존슨AMNH, 일라 프랑스 포르셰Ila France Porcher, 셸리 아다모Shelly Adamo, 폴 베델Paul Bedell, 테리 휘트워스Terry Whitworth, 마이크 하월Mike Howell, 토마스 파페, 헨리 디즈니, 제프 톰벌린, 존 딜, 테일러 리달, 프리실라 타미오주, 유시 누오르테바Jussi Nuorteva, 제프리 록우드, 갈리트 쇼햇-오피르, 존 허드슨, 노먼 우들리, 마틴 하우저다.

로버트 보스의 쇠파리 암수를 감별해 준 미국 자연사 박물관 소속 데이비드 그리말디와 말파리 암수를 감별해 준 캘리포니아 농식품부 소속 마틴 하우저에게 특히 감사드린다. 또, 자료 조사에 도움을 준 몬태나대학교University of Montana 제임슨 법학 도서관Jameson Law Library 소속 스테이시 고든Stacey Gorden과 퀸즈대학교Queens University 더글러스 도서관 Douglas Library 소속 모라그 코인Morag Coyne, 그리고 참고문헌을 정리해 준 에밀리 밸컴Emily Balcombe에게도 감사드린다.

사진과 관련해서는 특히 스티븐 마셜에게 감사드린다. 마셜은 숨이 멎을 듯한 책《파리: 파리목의 자연사와 다양성Flies: The Natural History and Diversity of Diptera》에서 기꺼이 사진 여러 장을 기증해 주었다. 브록 펜턴, 데이비드 그리말디, 조지프 무아상-드 세레스Joseph Moisan-De Serres, 안톤 파우Anton Pauw, 바이오몬드 UK, 로널드 셔먼, 시메나 베르날Ximena Bernal, 비나야라즈 V R, 로마노 갈라이, 마틴 하우저, 존 애벗John Abbott과 켄드라 애벗Kendra Abbott, 빈센트 팡Vincent Pang, 카롤리나 슈투츠만 Karolina Stutzman, 캐런 미첼Karen Mitchell에게도 감사드린다.

밥 암스트롱, 파벨 볼코프Pavel Volkov, 서배스천 모로Sebastian Moro는 내게 채집 영상 여러 편과 유용한 연구를 알려 주었다.

아이디어를 주고 격려해 준 수전 매코트Susan McCourt, 모린 밸컴Maureen Balcombe, 조 메세르시Joe Messersi와 앤시아 메세르시Anthea Messersi, 켄 샤피로Ken Shapiro, 마틴 스티븐스Martin Stephens, 퍼트리샤 가발돈Patricia Gabaldon, 조앤 록 홉스, 도리 에런Dori Erann, 아드리아나 아키노-제라르Aquino-Gerard, 존 피에르, 캐리 P. 프리먼Carrie P. Freeman, 마이클 W. 폭스Michael W. Fox에게 감사드린다.

펭귄 랜덤하우스Penguin Random House 편집팀에 감사드린다. 특히 열정이 넘치며, 함께 즐겁게 일하게 해 준 맷 클라이스Matt Klise 편집자께 감사드린다. 현명하고 세심한 스테이시 글릭Stacey Glick에게도 감사드린다. 처음부터 연구의 가능성을 알아봐 주셨다. 내가 제정신인지 의문을 품을 만한 연구였는데도 말이다.

아름다우면서도 수수께끼 같은 지구를 이루는 온갖 기적에 호기심을 품어 주신 독자 여러분께 감사드린다.

사실과 다른 오류는 모두 저자가 책임지며, 최신 정보를 제공해 바로잡을 것이다.

# 미주

## 1부 파리란 무엇인가

1   신의 총애를 받은 존재

### 인기는 없어도 중요한 존재

1   파리를 편드는 사람도: Deyrup 2005, p. 112.
2   언제라도 곤충 1,000경 마리: McGavin 2000.

### 풍부한 생물 다양성

1   사람 한 명당 곤충 2억 마리: Grzimek 2003.
2   살아 있는 사람 한 명당 곤충 14억 마리: MacNeal 2017.
3   개미 수만으로도: Grzimek 2003.
4   흰개미가 비슷한 비율로 사람 수를: Margonelli 2018, p. 10.
5   애니멀리스트Animalist 채널 연구진: Farnham 2018.
6   영국의 파리 전문가 에리카 맥엘리스터Erica McAlister: Gorman 2017.
7   필 타운센드: "Hotspot for Midges Proves to Be Fertile Ground," Nature 454 (August 13, 2008): 815. https://doi.org/10.1038/454815f (2019년

6월 24일 접속).

8  유령 깔따구가 그렇게 어마어마하게: Marshall 2012.
9  더 많은 생물체가 들어 있다: Zlomislic 2019.
10 한 영국 생물학자는 매일 선충: McNeill 2018.
11 1998년 추산치에 따르면: Whitman et al. 1998.
12 캐나다에 전 세계 동물상: Herbert et al. 2016.
13 각각 2.04밀리리터를 차지한다고 하면: Teale 1964.
14 남극 대륙마저도 일부 용감무쌍한 깔따구의 터전: Marshall 2012.
15 북쪽에 서식하는 일부 깔따구는 영하 15도(화씨 5도)를 견뎌 내기 위해 스스로 수분을 바짝 말려서: MacNeal 2017.
16 다른 깔따구 유충은 바이칼호 Lake Baikal 수면 아래 1,000미터: Linevich 1963, Armitage et al. 1995.에서 인용:

### 문화를 만난 파리

1 2007년 메이저리그 야구 플레이오프 경기: Davidoff and King 2017.
2 2018년 8월, 독일에서는: www.dw.com/en/fly-ruins-german-domino-world-record-attempt/a-44955761.
3 17세기 이전 서양화에서는: Klein 2007.
4 르네상스 시기 동안에는: Berenbaum 2003.
5 몇 달이 지나면서 알록달록한 얼룩이: Stinson 2013.
6 헴스워스의 노랫소리를 들을 수 있다: www.youtube.com/

watch?v=qjLBXb1kgMO.

7   1999년에 발표한 관능적인 노래 〈세상의 마지막 밤Last Night of the World〉: www.youtube.com/watch?v=02TUsZzF6es.

8   윈스턴 처칠Winston Churchill이: Bonham Carter 1965.

9   이유는 그리 불가사의하지 않다: Howard 1905.

10   어떤 사람은 재니등에bee fly 두 마리 소리를 듣고 장난스럽게: McGavin 2000.

11   복부가 샛노랗다는 특징이 있으며: http://www.youtube.com/watch?v=VWYRXP50jBc.

12   다른 곤충 5종도 대중문화 아이콘의 이름을 따서 명명됐다: www.telegraph.co.uk/news/2017/04/12/organisms-named-famous-people-pictures/.


2    파리가 일하는 방식
### 파리의 특성
1   나비 및 딱정벌레와 눈에 띄게 경쟁하는: Grzimek 2003.


### 자주 날아다니는 존재
1   곤충 크기가 작으면 비행할 때: Sverdrup-Thygeson 2019.

2   집파리는 1초당 345번 파닥이고: Lauck 1998.

3  자그마한 등에모기과biting midge는 놀랍게도 1,046번 파닥인다: Sjöbergs 2015.

4  이상할 정도로 눈이 커졌음에도: Marshall 2012.

5  맨 아랫부분에는 변속기가 있는데: Deora et al. 2015.

6  특수 신경 세포가 꼬임을 감지: Oldroyd 2018.

7  각도를 바꿔 가며 기어다니면서: Chinery 2008.

8  이런 조기 경보 체계는: Chinery 2008.

9  물결넓적꽃등에는 빨리 난다: Witze 2018.

### 동작 감지기

1  곤충의 겹눈은 군대에서 동작 감지 카메라를: Pomerleau 2015.

2  우리 시각 체계도: Blaj and van Hateren 2004; Kern et al. 2006.

3  페터 볼레벤Peter Wohlleben이 저서: Wohlleben 2017, p. 23.

4  세심하게 조절한 슬로 모션 카메라로 촬영하고: Card and Dickenson 2008.

### 맛보기

1  파리의 대가인 스티븐 마셜은: Marshall 2012.

2  오늘날 파리는 우리보다 단맛에 100배 더 민감하다: Sverdrup-Thygeson 2019.

3  각 구멍에는 여러 화학 물질에 민감한 뉴런이 하나씩: Shanor and

Kanwal 2009.

4 다섯 번째 세포는 맛보는 데 도움이 되지 않는다: Barth 1985.

5 간단히 말하면, 배부른 파리는 먹이에 관심이 없다: K. Scott.

### 후각과 청각

1 이미 '모기 자석Mosquito Magnet'이라는 장비도 있는데: www.mosquitomagnet.com/advice/how-it-works.

2 소리가 더 낮으면 민감도는 더욱 증폭된다: www.bernstein-network.de/en/news/Forschungsergebnisse-en/fliegenhoeren.

3 높은 데시벨에 장기간 노출되면: Galluzzo 2013.

### 적응의 대가

1 대단한 일이에요: Guarino 2017.

2 자외선 차단제 때문에: Pennisi 2017.

### 3 깨어 있는가?(곤충이 생각한다는 증거)

1 몇 달 전에 미리 탈출 경로를 만들어 둠으로써: Heinrich 2003.

2 논문 저자는 곤충이 오래전 캄브리아기: Barron and Klein 2016.

## 썩어 가는 복숭아 그릇

1 코넬대학교Cornell University 곤충학 교수 브라이언 라자로Brian Lazzaro: www.youtube.com/watch?v=1WoS3lG7LUs&feature=youtu.be.

## 흐릿한 선

1 눈에 띄는 사례는 먹잇감 주위를 빙 둘러 가며 사냥하는: Tarsitano and Jackson 1997.

2 같은 연구팀은 더 최근에 한 연구에서: Cross and Jackson 2016.

3 익숙한 얼굴을 고르면: Sheehan and Tibbetts 2011.

4 이런 행동에서: Gallup 1970.

5 갈색 점은 개미의 몸 색과 어우러져서: Cammaerts and Cammaerts 2015.

6 침팬지가 도구를 사용한다는 걸 발견했다는 소식을 접했을 때 한 말: Goodall 1998.

7 이 기술 덕에: Maák et al. 2017.

8 건조한 사막 지역에 사는 신대륙개미A New World ant: Möglich and Alpert 1979.

9 나나니벌digger wasp은 납작한 조약돌을 도구로 삼아: Brockmann 1985; Griffin 1992.

10 어떤 침노린재는 이런 식으로: McMahan 1982, Pierce 1986에서 인용.

11 인공 도구(스펀지)를 선호하고: Maák et al. 2017.

12  벌은 사람 얼굴을 알아본다: Dyer et al. 2005.

13  '같음'과 '다름'의 개념을 이해하고: Muth 2015.

14  벌은 '0' 개념도 이해하는 듯하다: Howard et al. 2018.

15  이는 벌이 제대로 해낼 자신이 있을 때만: Perry and Barron 2013.

### 파리의 정신?

1  도파민과 세로토닌: Van Swinderen and Andretic 2011; Miller et al. 2012.

2  우리처럼 파리의 뇌도: Ofstad et al. 2011.

3  초파리의 공간 표상 능력은: Klein and Barron 2016.

4  이런 기억은: Giurfa 2013에서 검토함.

5  주의 집중의 또 다른 특징은: Giurfa 2013에서 검토함.

6  유리 용기를 톡톡 두드리자: Shanor and Kanwal 2009.

7  수면 욕구는 수면이 박탈되면 더 높아진다: www.uq.edu.au/news/article/2013/04/flies-sleep-just-us.

8  방대한 자료를 메타분석해보면,: Arbuthnott et al. 2017.

9  그 가능성을 탐구하려고: Kiderra 2016; Grover et al. 2016.

10  구애하지 않는 파리의 뇌는: Grover et al. 2020.

11  직접 보지 못한 암컷은: Mery et al. 2009.

12  다른 실험에서는: Mery et al. 2009.

13  "쟤가 가진 걸 나도 가져야겠어!": Young 2018.

14 "어떻게 확신하겠는가": Griffin 1981.

## 파리의 통증?

1 그렇긴 하지만, 통증을 느낄: Eisemann et al. 1984.
2 유명한 곤충 생리학자: Wigglesworth 1980.
3 곤충은 다리를 조금 다쳐도 절뚝거리지 않고: Alupay et al. 2014.
4 메리앤 도킨스Marian Dawkins는: Dawkins 1980.
5 장비는 단지 줄무늬에서: Heisenberg et al. 2001.
6 금세 깨닫는다: Putz and Heinsberg 2002.
7 사마귀, 귀뚜라미, 꿀벌: Groening et al. 2017에서 인용한 자료.
8 수십 년간 알려져: Colpaert et al. 1980; Danbury et al. 2000.
9 연구진은 모르핀에: Groening et al. 2017.
10 순서를 바꿔: Yarali et al. 2008.
11 초파리는 2차 조건 형성second-order conditioning: Tabone and de Belle 2011.
12 비슷하게 반응하는: Dason et al. 2019.

## 그 밖의 감정

1 벌의 실험에서 활용한 감각 체계: Perry and Barron 2013.
2 곤충의 감정 연구는: Perry and Barron 2013.
3 동기 부여를 암시한다: Krashes et al. 2009.

4   마지막으로, 스트레스를 받지만: Gibson et al. 2015.

5   이 연구 논문의 저자: Gibson et al. 2015, p. 1403.

### 개성

1   초파리의 개성을 실험하려고: Kain et al. 2012.

2   연구 논문의 저자는 이렇게 말한다: Kain et al. 2012.

## 2부    파리는 어떻게 사는가

### 4    기생충과 포식자

1   커다란 파리의 등에서 작은 파리가: De Morgan 1872.

2   다른 종은 여러 마리를: Evans 1985.

3   이렇게 조금씩 달랑달랑 매달아 둔: Marshall 2012.

4   역겹게 들린다면: Spielman and D'Antonio 2002; 아트 보켄트, 개인적 대화, 2019년 7월.

5   포자 방출은 일몰 때까지 미뤄졌다가: Zimmer 2000.

### 사람 피부 밑으로 들어가기

1   이들은 이름과는 다르게: www.sciencedirect.com/topics/medicine-

and-dentistry/dermatobia-hominis.

2 매머드말파리mammoth botfly 유충: Marshall 2012.

3 아프리카에서 희귀한 곤충으로 손꼽힌다: Marshall 2012.

### 참수형

1 가장 카리스마가 넘치는 종 일부: Porter 1998.

2 1995년에 한 연구에서는: Brown et al. 2015.

3 머리가 없는 몸이 비틀거리는 사이: Zimmer 2000.

4 개미를 포식: Welsh 2012; Wheeler 2012.

5 참수자 16마리로 구성된 표본: Brown et al. 2015.

6 기생률은 첫 번째 종 개미가 1,042마리: Braganca et al. 2016.

### 조수석에 타기

1 나중에서야 나는: Feener and Moss 1990.

2 미님은 자기가 배치된: Zimmer 2000.

3 미님 네 마리가 조수석에: Chinery 2008.

4 1년에 걸친 연구에서: Feener and Moss 1990.

5 아타속Atta에 들어가는 일부 종: https://en.wikipedia.org/wiki/Leafcutter_ant#Interactions_with_humans.

6 다리도, 날개도 없는 베스티기포다Vestigipoda 파리 성충 암컷: Marshall 2012.

7   안전한 군집에서 저 멀리 떨어진: Marshall 2012; 원자료는 Disney 1994.

### 파리가 벌새를 잡다

1   파리매는 뒤에서 공격하지 않지만: Deyrup 2005.

2   곤충의 피는 우리처럼: Paulson and Eaton 2018.

3   파리매는 대부분 눈 바로 밑에 뻣뻣한 털로 된 수염: Deyrup 2005.

4   물론 파리매에게도 적이 있는데: Marshall 2012, p. 261/9에 나온 사진을 보라.

5   나중에 이메일을 보내서 좀 더 물어보니: https://en.wikipedia.org/wiki/Schmidt_sting_pain_index.

6   맥나이트가 알려 준 인스타그램 게시물: www.instagram.com/p/BXdd3SjFI4-/.

### 반격하기

1   알은 파리의 나머지 신체 기능으로부터 완전히 차단되어: Mortimer 2013.

2   말벌은 화학 독성 요소를 발달시켜: Lynch et. al. 2016.

3   감염된 파리 유충은 에탄올이 든 음식을 적극적으로: Cell Press 2012.

4   암컷 파리는 시각으로(후각이 아니다) 말벌 기생충을 알아차리며: Kacsoh et al. 2013.

5   현재 자가 치료가 가능하다고 알려진 곤충: Abbott 2014.

6   사투리 장벽은 종 사이의 사회화를 바탕으로 완화: Zeldpvich 2018.

## 5    피 수색자

1    봉플랑은 식물 수집을 맡아: Wulf 2016.

### 날개 달린 승리의 여신

1    기재된 모기는 약 3,568종: http://mosquito-taxonomic-inventory.info/valid-species-list.

2    지구에 있는 모기 개체 수는 총 110조: Winegard 2019.

3    다행히도 대다수는: Spielman and D'Antonio 2002.

4    약 6,056,658리터: Byron 2017.

5    이런 해충 박멸 장치가 모기를 잡는 데 효과가 있다고 결론 짓기에 앞서: www.thoughtco.com/do-bug-zappers-kill-mosquitoes-1968054 (2020년 5월 3일 접속).

6    용감하거나 어리석은 누군가가: Hudson et al 2012.

7    사실을 알면 한결 마음이 놓일 수도: Smith 2008.

8    몇 백 번 물려야 하는 수치다: Heid 2014.

9    비행 속도가 1시간당: Spielman and D'Antonio 2002.

10    한 연구에 따르면, 한국의 논에는: Waldbauer 2003.

11    비닐 쓰레기봉투도 모기가 크게 선호하는: Berenbaum 2018.

12    냄새가 몇 년 동안 계속 남아 있다: 아트 보켄트, 개인적 대화, 2019년 12월 18일.

13  모기는 죽은 지 얼마 안 돼 온기가: Spielman and D'Antonio 2002.

14  1966년 한 연구에 따르면: Gilbert et al. 1966.

15  작은 흡혈 모기는 불순물을 따로 떨어진 소화 주머니로 보내기도: Dowling 2019.

16  최근에 이집트숲모기, 그러니까 인간 전문가를 연구한 논문: Vinauger et al. 2018.

17  연구진은 자그마한 모의 비행 실험 장치: Griggs 2018.

18  모두 여과 생식자: Frauca 1968.

19  수컷은 꿀과 식물의 당분을 찾아 나서는데: "Mosquitoes."

20  그게 바로 면역 반응이다: Deyrup 2005.

21  심각한 모기 매개 질병: Deyrup 2005.

### 크기가 작고 무는 존재

1  등에모기과는 흡혈 곤충을 통틀어 먹이를 섭취하는 습성이 가장 다양하다: 아트 보켄트, 개인적 대화, 2018년 11월 27일.

2  척추동물을 쫓아다니는 종: Borkent and Dominiak 2020.

3  아트 보켄트와 스카이프 인터뷰를 하는 동안: Clastrier et al  1994.

4  바싹 마른 전 애인의 겉껍질을 뚝 떨어뜨리면: Downes 1978.

5  마거릿 애트우드 Margaret Atwood: Mead 2017, p. 42.

6  먹파리는 피에 굶주린 습성에 얽매이지도 않는다: Hudson et al. 2012.

7  포식자가 숨어 있을지 모르니: Hudson et al. 2012.

8  일부 춤파리과 유충: Hudson et al. 2012..

9  들키지 않고 성충 먹파리가 되어 나타나는: Marshall 2012.

## 개구리를 무는 존재

1  수십 개에 불과한 표본: McKeever 1977.

2  처음 시도했을 때: McKeever and Hartberg 1980.

3  보아하니 눈에 띄지 않던 수컷: 아트 보켄트, 개인적 대화, 2018년 11월 27일.

4  발신자 확인 장치에 적당한 개구리가 감지되면: McKeever and French 1991; Camp 2006.

5  더듬이는 엄청나게 민감해서: Göpfert and Robert 2000, Bernal et al 2006.

6  한 추산치에서 작은 개구리는: Camp 2006.

7  개구리는 피부에서 폭넓은 화학 물질을 만들어: Borkent 2008.

8  어떤 개구리 울음소리는 4,000헤르츠가 넘어서: Grafe et al. 2019.

9  그런 울음소리를 내는 일은: Aihara et al. 2016.

10  과학자가 도시 물 먹은 개구리를 시골 지역으로 옮기자: Halfwerk et al. 2019.

11  예상하기로는 이 파리들이: de Silva et al. 2015.

### 파리가 공룡을 물어뜯다

1 가장 오래된 개구리 화석 기록: Shubin and Jenkins 1995; Wake 1997.
2 최초의 코레트렐리과 화석 기록: Borkent 2008.
3 이런 털은 이산화탄소 감지기 역할: Rowley and Cornford 1972.
4 커다란 포유류가 터벅터벅 지나다니지도 않았을 테니까요: Borkent 1995.

### 대의명분을 위해 물리다

1 톱 같은 총검을: Deyrup 2005.
2 일단 박쥐 가죽 아래에서 포낭에 싸이고 나면: Marshall 2012, p. 404.
3 양파리는 사실상 양 사육이 국제화되면서: Marshall 2012.

### 숨겨진 이점

1 이처럼 범죄 현장에서 찾아낸 모기: Curic et al. 2014.
2 이런 접근법은 오염되지 않은 지역에서: Hoffmann et al. 2016.
3 체체파리는 사람에게 수면병을 옮기는데: Pearce 2000.
4 체체파리가 남아프리카 생물 다양성을 보존하는 데 꼭 필요하다고 생각: Armstrong and Blackmore 2017.
5 또 다른 등에모기과는 신대륙 열대에 있는: 아트 보켄트, 개인적 대화, 2019년 12월 18일.
6 모기 다섯 마리가 배가 빵빵하고: Merent 2006, pp. 140-141.

## 6   음식물 쓰레기 처리자이자 재생 처리자

1  미국인 한 사람이 평생 똥을: Weisberger 2018.
2  생물이라면 모두: Marshall 2012, p. 54.

### 똥에서 일하겠네

1  생물학자 두 명: Wu and Sun 2010.
2  마분 비료 더미 2분의 1톤을: Teale 1964.

### 네크로바이옴

1  브라질리아 연구팀이: Moretti et al. 2008.
2  베네수엘라에서 진행한 연구: Núñez Rodríguez and Liria 2017.
3  구더기 덩어리는 놀라운 열도: Thompson et al. 2013에 있는 인용을 보라.
4  아마도 이를 바탕으로 알을 품은 파리가: Baron-Browne et al. 1969.
5  먹이를 먹는 무리의 온도가 더 높으면: Rivers and Dahlem 2014.
6  밥은 청소년기와 성충기 북서부 까마귀가 진주처럼 흰 구더기를 먹는 영상: www.naturebob.com/northwestern-crows-eating-maggots-salmon-carcass.
7  내가 예상치 못한 건: "Blowflies and Dead lizard." https://www.youtube.com/watch?v=bH3eWPvxrN8.

### 퇴비를 만드는 존재

1  아메리카동애등에가 속하는 병사파리과soldier fly: Toro et al. 2018.
2  아메리카동애등에 유충을 활용해: Bosch et al. 2019
3  남아공 케이프타운에 있는: MacNeal 2017.
4  엔테라 사업체 부회장 빅토리아 렁Victoria Leung이 말하듯: http://enterrafeed.com/why-insects/.
5  유엔식량농업기구United Nations Food and Agriculture Organization에 따르면: Bland 2012.
6  엔테라 사에서는 제품이: http://enterrafeed.com/why-insects/.
7  인바이로플라이트 대표도: 신디 블레빈스Cindy Blevins, 개인적 대화, 2019년 10월 22일.
8  조금 위로가 되겠다: Doherty 2018.
9  가축 먹이사슬에서 다른 쪽 맨 끝에 있는: Sheppard et al. 1994.
10  흔한 집파리도: Hussein et al. 2017.
11  2010년에는 생산된 어분의: Food and Agriculture Organization of the United Nations 2014.

### 작은 식사 준비

1  홉스에 따르면: Lauck 1998.
2  곤충은 신체 및 화학 쓰레기를 없애며: http://animals.mom.me/flies-rub-hands-6164.html.

3   표시해 둔 파리를 연구한 결과: Teale 1964.

4   눈에 띄게 비위생적이었던: Fullaway amd Krauss 1945.

5   존 월러스John Wallace는 밀러스빌대학교Millersville University 생물학 교수: 존 월러스, 개인적 대화, 2019년 5월 24일.

6   2014년에 오킨 해충 방제Orkin Pest Control에서 실시한 조사: Mclung 2014.

7   구더기는 우적우적 먹어 치우는 동안: Thompson et al. 2013.


7   식물학자

1   곤충은······ 우리에게 최악의 적이기도 하지만: Curran 1965, p. 14.

2   기재된 파리목 150종 중: Ssymank and Kearns 2009.

3   전 세계 꽃식물 25만 종 중 약 21만 8천 종에는: MacNeal 2017에서 Marlene Zuk를 보라.

4   데이비드 맥닐은 2017년에: MacNeal 2017.


**무시당한 꽃가루 매개자**

1   "대부분 벌만 알아보죠": 아트 보켄트, 개인적 대화, 2018년 12월.

2   결론은 이렇다: Lefebvre et al. 2014.

3   꽃식물 5종을 관찰하는 동안: Robinson 2011.

4 2016년 한 연구에서 유럽과 캐나다 과학자는: Tiusanen et al. 2016.

5 이런 꽃은 따뜻한 피난처가 되어 주면서 파리를 사로잡는데: Luzar and Gottsberger 2001.

6 청파리 여럿이 부푼 꽃밥 아래로 힘껏 밀고 들어가면: www.naturebob.com/rice-root-lilies-and-blow-flies.

7 신열대구에서는 정반대다: Inouye et al. 2015에 요약됨.

8 유럽에서 진행된 한 연구는: Knop et al. 2018.

9 이들의 영향력은 먹이사슬에서 더 대단하게 느껴진다: Zimmer 2019.

10 하도 감쪽같이 흉내를 내는 바람에: Deyrup 2005.

11 〈파리 타임스Fly Times〉 57호(2016년 10월): Fly Times, www.nadsdiptera.org/News.FlyTimes/Flyhome.htm.

### 아주 맛있는 음식

1 파리는 중경 작물 총 100가지 이상을: Ssymank at al. 1998, p. 560.

2 별명이 "닥터 벅스"인 마크 모펫Mark Moffett이 사진 찍은 표본: www.youtube.com/watch?v=rXVU2WPYcR8.

3 사람의 코는 카카오꽃이 내뿜는 향을 감지하지 못하지만: Young 2007.

4 꼼꼼하게 추적한 덕분에: Gardner et al. 2018.

### 긴밀한 사이

1 그런데 전문화에는 위험성이 따른다: Session and Johnson 2005.

### 속고 조종당하다

1   파리가 꽃과 수분 체계에 매일같이 이로운 건 아니다: Missagia and Alves 2017.

2   수컷 파리는 꽃과의 교미 시도에 실패하는 동안 꽃을 수분한다: Dodson 1962.

3   다른 꽃은 균등한 기회 쪽으로 좀 더 기운다: McDonald and Van der Walt 1992.

4   큰 난초 아족subtribe 중에는: Pridgeon et al. 2005.

5   트리코살핑크스Trichosalpinx속: Bogarín et al. 2018.

6   어두운 자줏빛에 고운 술이 달린 테두리: Meve and Lidede 1994: Vogel 2001.

7   이런 진동성 움직임은: Bogarín et al. 2018.

8   빈약한 단백질은 신호를 보내고 장난을 치는 역할: Bogarín et al. 2018.

9   일단 머틀 식물 속으로 들어가면: Marshall 2012.

### 고약한 파리 미끼

1   대가가 큰 속임수: Jürgens and Shuttleworth 2015.

2   이런 식물은 흉내를 낼 때: Moré et al. 2018.

3   이런 꽃은 주로: Renner 2006; Policha et al. 2016.

4   수컷은 원하는 것을 얻을 수도 있지만: Renner 2006.

5   암꽃이 이렇게 속임수를 쓰더라도: Renner 2006.

6  너무도 거부할 수가 없고: Stensmyr et al. 2005; Angioy et al. 2004.

7  갓 부화한 유생은 살아남는 데 적절한 먹이를 찾아내지 못할 것: Bänziger 1996.

8  무척 정교하게 흉내 내서: Jürgens and Shuttleworth 2015.

9  말레이시아와 남아프리카의 한 연구팀: Wee et al. 2018.

10  꽃을 표본으로 활용한 실험: Du Plessis et al. 2018.

11  사프로필로우스 파리 수분이 진화상 변화: Moré et al. 2018.

12  신빙성 있는 이론에 따르면: Jürgens and Shuttleworth 2015.

13  딱 알맞게 버섯파리fungus gnat라고 명명된: Pape, Bickel, and Meier 2009.

14  파리와 꽃식물이 그러하듯이: Lim 1977.


8    연애 상대

1  짝짓기하는 걸: Gorman 2017.

### 파리는 어떻게 구애하는가

1  일부 장다리파리과는 구애할 때: Hudson et al. 2012; Marshall 2012.

2  수컷은 가끔 침 분비액을 암컷의 등으로 옮기고는: Marshall 2012.

3  일부 수컷 죽마다리파리stilt-legged flies: Marshall 2012.

4 수컷 모기는 정액을: Spielman and D'Antonio 2002.

5 또 다른 좋은 연애 상대에게: Preston-Mafham 1999.

6 유혹하려고 애를 쓰는 과정: Marshall 2012, illus. p. 258/8.

7 교미는 2시간쯤 계속된다: Wangberg 2001.

8 2016년 프린스턴대학교Princeton University 연구진은: Coen et al. 2016.

9 아리스토텔레스는 파리 소리가: Keller 2007.

10 모기의 청각 충실도는 오류에 영향받지 않는다: Spielman and D'Antonio 2002.

11 어떤 곤충학자는 모기가 소리굽쇠에 이끌린다고: Spielman and D'Antonio 2002.

12 그렇게 예정돼 있다 보니: Frauca 1968.

13 스리랑카, 미국, 파나마 연구팀: De Silva et al. 2015.

14 구애 노래는 최근 미국 서부에서: Runyon and Hurley 2004.

15 1975년에 발표한 이론에서: Zahavi 1975.

### 경쟁 상대 다루기

1 수컷 초파리는 5시간을 치고 덤빌 것이다: Yurkovic et al. 2006.

2 순서는 대체로 단계에 따라 올라가는데: Zwarts et al. 2012.

3 순위제에서는 이전에 겨룬: Yurkovic et al. 2006.

4 승자-승자, 패자-패자, 무경험-무경험 파리: Yurkovic et al. 2006.

5 이들은 2분 넘게 맞붙는다: Marshall 2012.

6 점수를 얻으면, 수컷은 바로: Evolutionary Biology Lab, University of New South Wales. www.bonduriansky.net/waltzingflies.htm.

7 켄 프레스턴-마프햄Ken Preston-Mafham은: Preston-Mafham 2006.

8 수컷 위에 올라타는 행동은: MacNeal 2017.

9 초산파리Vinegar fly는 화학 물질을: Grzimek 2003.

10 아니면 살짝 덜 노골적으로: Sokolowski 2010.

11 감정이 있을 리 없다고 보는 바람에: Sokolowski 2010.

## 파리의 교미

1 질은 길게 늘어난 근육 관이며: Puniamoorthy et al. 2010.

2 일부 날도래caddisfly의 생식기에는: Scudder 1971.

3 띠날개파리 한 종은 성기가 고리 모양: Thornhill and Alcock 1983.

4 파리의 짝짓기만 다루는 책도 많다: Wangberg 2001.

5 학술 목적으로 도서관을 찾았을 때: Theodor 1976.

6 날리니 푸니아무르티Nalini Puniamoorthy와: Puniamoorthy et al. 2009.

7 연속 짝짓기 고정 기록은: Pearson 2015.

8 1949년 무렵에는 펜서콜라Pensacola에: Stiling 1989.

9 속도는 1분당 각각 41미터와 51미터였다: Evans 1985.

## 바쁘게 움직이는 생식기

1 푸니아무르티와 코트르바는 싱가포르국립대학교: Puniamoorthy et al

2009.

2  그건 그렇고, 죽은 동물을 먹는 파리는 암수 모두: Marshall 2012.

3  과학자는 그런 자료로는: Briceño et al. 2007.

4  논문 저자는 적게 어림잡더라도: Briceño et al. 2015, p. 403.

### 즐거울까?

1  이들이 곤충이라는 사실을 잠깐 외면하면: https://www.youtube.com/watch?v=ttqU79Ts0X8.

2  술에 취하는 경향이 있다: Brookes 2001.

3  뒀을 때는: Young 2018.

4  보상 체계가 포화하면: Coghlan 2018.

5  연구 결과를 보완했다: Shohat-Ophir et al. 2012.

6  근거 없는 얘기는 아니다: Brown 2013에서 인용.

7  따라서 암컷과 수컷 파리 모두: Shao et al. 2019.

8  사람의 생식 노화 현상과 관련해: Committee Opinion No. 589, 2014.

9  암컷(물론 수컷도) 초파리에게도 생식 노화가 나타난다: Miler et al. 2014.

10  도파민 체계: Neckameyer et al. 2000.

11  체체파리 같은 일부 종은: Rivers and Dahlem 2014.

## 3부    파리와 사람

9    유전율의 영웅

1  카리브해 지역Caribbean에 다다른: Brookes 2001.

2  1910년부터 1937년 사이에는: Brookes 2001.

3  다른 종은 더 끔찍한 역할을 맡는데: Marshall 2012.

4  현대 유전학에서 모든 것은: Brookes 2001, p. 7.

5  유전과 관련된 내용을 알아낸 경우: 켈리 다이어, 개인적 대화, 2018년 10월 15일.

6  철저하게 초파리의 도움을 받아 폭로한 내용 중에서도: Brookes 2001.

7  1980년대 초반에는 강력하고 새로운: Brookes 2001.

8  유전자 가위에는 이런 힘이 있는 만큼: 패트릭 오그래디, 개인적 대화, 2019년 4월 22일.

9  더 놀라운 사실은: Brookes 2001; Yin et al. 1995.

10  지금까지 초파리 연구로: Sverdrup-Thygeson 2019.

11  노랑초파리 수천, 수백 종류는: 패트릭 오그래디, 개인적 대화, 2019년 4월 22일.

12  다양하게 일으키는 돌연변이에는: Onwald et al. 2015.

13  켄Ken과 바비Barbie 돌연변이: Iyer 2015.

### 방랑자와 착석자

1  돌연변이는 여러 (파리의) 사회 상호 작용을 방해한다: Sokolowski 2010, p. 790.

### 바쁘게 움직이는 초파리

1  1945년에 하와이 곤충 동물상을 주제로 발표된 책: Fullaway and Krauss 1945.

2  초파리가 처음으로 서식한 하와이섬은: Brookes 2001.

### 거대 정자

1  정자 길이가 길수록: Lüpold et al. 2016.

2  다이어는 설명을 위해: Patterson and Stone 1952.

3  이를 보면 모든 성 선택이: Lüpold et al. 2016.

4  하지만 2년 뒤, 마지막 파리 세대가: Brookes 2001.

5  적응성을 나타내는 척도: Izutsu et al. 2015.


## 10 매개체와 해충

1  여러분이 이 글을 읽을 때쯤이면: Marshall 2012, p. 62.

2  1997년에 발표된 유명한 책: Diamond 1997.

3  파리는 1242년에 마지막으로: Winegard 2019.

4  이처럼 모기는 날아다니는: Spielman and D'Antonio 2002.

5  등에모기(등에모기과)는 최소: Borkent 2005; Meiswinkel et al. 2004.

6  오로야열Oroya fever은 플레보토무스속Phlebotomus 모래파리가 옮기는 데: Gaul 1953.

### 제일 대단한 살인자

1  2000년 이후부터 모기는: Winegard 2019.

2  약 1,080억 인구 중 520억인 셈이다: Winegard 2019.

3  제2차 세계대전까지는 전장에서 부상으로 죽은: Grzimek 2003.

4  죽음의 원인은 사람마다 다르지만: Cibulskis et al. 2016; Winegard 2019.

5  모기는 총 15가지가 넘는 질병을 사람에게 옮긴다: Winegard 2019.

6  학질모기속Anopheles에 속하는 모기: www.nationalgeographic.com/animals/invertebrates/group/mosquitoes/.

7  다행히도 모기나 집파리 또는:Vandertogt 2020.

8  세계보건기구World Health Organization에 따르면: World Health Organization 2018.

9  치료하지 않고 두면 심각한 질병으로 발전해: Government of Canada 2016.

10  말라리아 기생충은 적혈구와 접촉할 때: Consuelo et al. 2014.

11  기생충은 더 나아가 항응고제 생산량을: Winegard 2019.

12  1950년 무렵에는 DDT 분사와 습지 배수 시설: Spielman and D'Antonio 2002.

13  유명한 노예 폭동: Spielman and D'Antonio 2002.

14  1693년부터 1905년 사이에는: Patterson 1992.

### 반격

1  살충제는 우리에게도 위험하다: Rifai 2017.

2  살충제 저항력은 늘 공포의 씨앗이다: Jeffries et al. 2018.

3  불임 수컷 기술SMT: Rivers and Dahlem 2014.

4  특정 유전자 배열이 그렇게 다양한: Citations in Sun et al. 2017.

5  암컷의 생식 성공률이 줄어들면서: Hancock et al. 2011.

6  호주 북동부 타운즈빌Townsville에서: Callaway 2018.

7  유전자 이식 파리는 해롭지 않다고 보지만: Min et al. 2018.

8  예를 들면 파리의 후각 체계를 조작해: Matthews et al. 2016, Min et al. 2018에서 인용.

9  더 암울한 측면에서 보면: Bier et al. 2018.

10  이론적인 모델에서는: Sarkar 2018.

11  시간이 흐르면서, 이런 기제는: Min et al. 2018.

12  최근 한 위험성 워크숍에서는: Roberts et al. 2017, cited in Min et al 2018.

13  비용 편익을 분석: Min et al. 2018.

14  타깃 말라리아Target Malaria 시도의 하나로서: Sarkar 2018.

15  진화는 자기만의 전략으로 맞서 싸우며: Sarkar 2018.

16  여러 곤충 종을 대상으로 실험: Sarkar 2018.

### 저항력

1  1990년대 초반 무렵에는: World Health Organization 1992.

2  궁지에 몰린 기생충에게 이제는 선조보다 더 강한 저항력이 생겼으니: Spielman and D'Antonio 2002.

3  2000년에는 전 세계 인구의 10퍼센트가: Spielman and D'Antonio 2002.

4  그 뒤를 이은 메플로퀸mefloquine에도: Spielman and D'Antonio 2002.

5  전체적인 농약 저항력은: McNeal 2017.

6  2010~2016년 세계보건기구에 따르면: World Health Organization 2020.

7  2016년에는 오래도록 기다린 모스키릭스Mosquirix: "Malaria Vaccine Loses Effectiveness over Several Years."

8  7년간 추적 관찰한 결과: Olotu el al. 2016.

9  하지만 2015년에 규모가 더 큰 임상 시험: RTS,S Clinical Trials Partnership 2015.

10  심상치 않게 증가했다: Hoppé 2016.

11　가끔은 가장 기본적인 방법이 가장 신뢰할 만하다: Spielman and D'Antonio 2002.

12　이렇게 감소한 이유 중 3분의 2 이상이: Hoppé 2016.

13　일부 모기 종은 피레스로이드 농약에: Zivkovic 2012.

14　뎅기열은 열대와 아열대에서 가장 중요하면서: Ferreira and Sliva-Filha 2013.

15　9개국에서만: Dickie 2019.

16　2019년에는 아메리카대륙에서도: Cunningham 2019.

17　호주 케언스Cains에 있는: Meyer et al. 2019.

18　카드 기반 방식은 모기 전체를 살필 때: Milius 2019.

19　연구진은 인위적으로 노출한 모기에서: Cook et al. 2017.

20　유럽에 있는 치료소와 병원은: Winegard 2019.

21　뎅기열뿐 아니라: McKie 2019.

### 농장 전쟁

1　벌이 꽃을 수분하면: Grzimek 2003.

2　곤충 종의 약 1퍼센트만: Grzimek 2003.

3　어떤 자료를 찾아보느냐에 따라 다르지만: Grzimek 2003.; Hervé 2018.

4　파리는 여기에 지대하게 공헌하지만: Avis-Riordan 2019.

5　엄청난 양의 옥수수를 심을 때: Paulson and Eaton 2018.

6　생각해 볼 만하다: Muto et al. 2018.

7   벗초파리종은 유럽 남부 해안가를 따라: Radonjić et al. 2019.

8   뚱보기생파리는 식물을 먹는 곤충(파리도 포함된다)을 표적으로: Marshall 2012.

9   이런 방식은 추가 개입이 거의 또는 전혀 필요 없어서: Elkinton and Boettner 2005.

10   2006년 연구에서: Losey and Vaughan 2006.

11   뚱보기생파리는 매사추세츠주Massachusetts에서: Elkinton and Boettner 2005.

12   살충제의 가장 큰 문제점 3가지는: Hervé 2018.

13   병충해 집중 관리 방법에는 유인 물질을 활용해: Lanouette et al. 2018.

14   실험에서 티트리오일tea tree oil, 안디로바오일andiroba oil: Klauck et al. 2014.

15   대마유hemp oil를 유기농 작물에 적용하자: Benelli et al. 2018.

16   아마도 상업용으로 생산한 살충제보다 수익성이 낮아서: Klauck et al 2014.

17   2019년 연구에서는 수컷 순무깔따구: Hodgdon et al. 2019.

18   말레이시아의 오렴자(carmbola, 스타프루트) 수출 산업은: Ansari et al 2012.

19   기생충을 없애는 이버멕틴ivermectin은 소의 창자에서 분해되지 않고: Berenbaum 2018, Floate 1998.

20   요즘 같은 국제 무역 시대에: Van Niekerken 2018.

21 그런데도 지역 원예 산업은: Enkerlin et al. 2017.

22 2017년 기준, 플로리다에서도 나선구더기가: Whitworth.

23 겨울철이면 침파리 20만 마리가: Taylor et al. 2012.

24 농약의 더 큰 문제점은: Paulson and Eaton 2018.

25 이를 기준으로 보면, 선박 컨테이너: Spielman and D'Antonio 2002.

26 반세기 전부터 잘 알고 있었다: Paine 1969.

27 레이첼 카슨은 누구보다도 냉철하게 결과를 지적했다: Carson 1962.


## 11 탐정과 의사

1 이런 파리목 탐정 기법은: Lauck 1998.

2 전체가 한 조로 다니며: Grzimek 2003.

3 실제 스페인에서는 18년 동안 파묻힌 사체에: Martín-Vega et al. 2011.

4 암컷 쉬파리 사르포파가 우틸리스: Rivers and Dahlem 2014.

5 사후 경과 시간은 법 곤충학 분야에서: Rivers and Dahlem 2014.

6 곤충학자는 채집한 유충의 발달 단계와 관련된 지식을: Benecke 1998.

7 총 수백 가지 화학 물질: Rivers and Dahlem 2014.

8 또 다른 파리는 흙에 1.82미터 깊이로 굴을 파고는: MacNeal 2017.

9 한 연구는 파리가 여행 가방 속에 담긴 죽은 사람에: Bhadra et al. 2014.

10 유해에 모습을 드러내지만: Nazni et al. 2008.

11  후기 서식종은 성장 과정에서: Benecke 1998.

### 전문 지식

1  남편이 죽고 얼마 뒤에: Greenberg and Kunich 2002.
2  난 럭스턴을 검색해 봤다: http://aboutforensics.co.uk/buck-ruxton/.
3  시체에 조광 스위치가 달린 전등이 있다고: Rivers and Dahlem 2014.

### 유죄 판결과 면죄 판결

1  유명 살인 사건은 대부분: Sultan 2006.
2  베스트셀러의 주제가 되기도 했다: LeBourdais 1966.
3  곤충 자료를 재검토했는데: VanLaerhoven et al. 2019.

### 진화하는 과학

1  여성은 투르쿠대학교University of Turku 학생이었는데: Goff and Lord 1994.
2  약물을 검출하면 과다 복용으로: http://courses.biology.utah.edu/feener/5445/Lecture/Bio5445%20Lecture%2026.pdf.
3  유충이 코카인과 메스암페타민methamphetamine이 함유된 시체: Paulson and Eaton 2018.
4  연구진이 농도가 다양한 모르핀morphine을 고깃덩이에 주사하자: Bourel et al. 2001.

5   아직 대학 학위 과정이나 법 곤충학 전문 학술지는 없지만: www.forensicscolleges.com/blog/resources/college-forensic-entomology-programs.

6   여러 가지 분자 신기술은: Rivers and Dahlem 2014.

7   특정 박테리아 종의 존재 여부: Thompson et al. 2013.

8   한편 전문가는 시기와 미생물의 군집 유형이: Thompson et al. 2013.

9   전문가는 파리가 혈액 증거를 왜곡하는 방식을: Rivers and Dahlem 2014.

### 구더기와 의학

1   우리는 구더기에게 상처 치료를 촉진하는 능력이: Gaydos 2016.

2   제약 회사 레딜리 래보러토리: Sherman et al. 2013.

3   일례로 2012년 〈피부과학지 Archives of Dermatology〉에 발표된: Arnold 2013.

4   환산하면 구더기 18마리가 각각 하루에 0.45킬로그램을 없애는 셈이다: Sherman et al. 2013.

5   금파리 구더기 역시 암모니아를 방출해: Deyrup 2005.

6   환자가 불안해하는 요소('혐오 요소'): Sherman et al 2013.

7   2013년을 기준으로는: Sherman et al. 2013.

12     파리에게 마음 쓰기

### 곤충학회

1 폭파범과는 달리: Marshall 2012.

2 록우드는 2017년에 발표한 책에서: Brotton 2017.

3 실험은 동물 복지 지침에 따라 진행했다: De Silva et al. 2015.

4 일반적으로 통증을 유발하지 않는 자극에도 고통을 느끼는: Khuong et al. 2019.

### 생태계의 닻

1 미생물을 먹음으로써: Waldbauer 2003.

2 깔따구는 특정 장소에서 가장 많은: Hudson et al. 2012.

3 날개 달린 성충 역시: Deyrup 2005; www.onthewingphotography.com/wings/2011/05/14/midges-and-birds-food-for-thought/.

4 최근 캐나다에서는 깔따구의 다양성 정도를 조사했는데: Hebert et al 2016.

5 반향을 일으킨 책 《자연에서 멀어진 아이들》에서: Louv 2005.

6 몇 년 전: Wandersee and Schussler 1999.

7 이스터섬Easter Island 사람이 섬에 있는 나무를: Cartwright 2014.

8 1983년에 발표한 책 《멸종: 종이 사라진 원인과 결과Extinction: The Causes and Consequences of the Disappearance of Species》: Ehrlich and Ehrlich 1983.

### '버그포칼립스 Bugpocalypse'

1 가장 유용한 자료에 따르면: Sánchez-Bayo and Wyckhuys 2019.

2 〈뉴욕타임스〉 사설에서는 침울하게도: The New York Times editorial board 2017.

3 이 시기에 최대 기온이: Lister and Garcia 2018.

4 데이비드 와그너 David Wagner는 코네티컷대학교 University of Connecticut: Guarino 2018.

5 일리노이주 전역을 대상으로 추산하면: Berenbaum 2018에서 McKenna et al. 2001을 보라.

6 식충성 도마뱀, 새, 개구리도 마찬가지로: Rosenberg et al. 2019.

7 비율이 본질적으로 달라지지 않는다: Bar-On et al. 2018.

### 파리 친구

1 하이 파크 모시아에는 채집 불가, 살생 불가: McLean 2019.

2 야생동물에게 친절을 베푼 대가죠!: www.youtube.com/watch?v=VWHdYuUDh1Y.

3 배우 모건 프리먼 Morgan Freeman은 2014년부터: Nace 2019.

4 프리먼은 미시시피주 Mississippi에서 면적이 약 50만 1,810제곱미터인: https://www.youtube.com/watch?v=N96aCa9mEgw.

5 이 모든 선행에: Lauck 1998, p. 67.

6 인간이 거미와 뱀을 두려워하도록 타고난다는 증거가 있긴 하지만: New

and German 2015.

7 우리는 자연을 향한 두려움 없이 태어난다: Naskrecki 2005, p. 1.
8 자연에 있는 동물이나 식물 중에 추한 건 없다: Franzen 2018, p. 251.

## 참고문헌

Abbott, Jessica. "Self-Medication in Insects: Current Evidence and Future Perspectives." Ecological Entomology 39, no. 3 (June 2014): 273–80. https://doi.org/10.1111/een.12110.

Adamo, Shelly Anne. "Do Insects Feel Pain? A Question at the Intersection of Animal Behaviour, Philosophy and Robotics." Animal Behaviour 118 (August 2016): 75–79. https://doi.org/10.1016/j.anbehav.2016.05.005.

Aihara, Ikkyu, Priyanka de Silva, and Ximena E. Bernal. "Acoustic Preference of Frog-Biting Midges (Corethrella spp) Attacking Túngara Frogs in their Natural Habitat." Ethology 122, no. 2 (2016): 105–13. doi:10.1111/eth.12452.

Alem Sylvain, et al. "Associative Mechanisms Allow for Social Learning and Cultural Transmission of String Pulling in an Insect." PLOS Biology 14, no. 10 (October 4, 2016). https://doi.org/10.1371/journal.pbio.1002564.

Alsan, Marcella. "The Effect of the Tsetse Fly on African Development."

American Economic Review 105, no. 1 (January 2015): 382–410, https://doi.org/10.1257/aer.20130604.

Alupay, J. S., S. P. Hadjisolomou, and R. J. Crook. "Arm Injury Produces Long-Term Behavioral and Neural Hypersensitivity in Octopus." Neuroscience Letters 558 (2014): 137–42.

Angioy, A.-M., et al. "Function of the Heater: The Dead Horse Arum Revisited." Proceedings of the Royal Society B: Biological Sciences 271, supplement 3 (February 7, 2004): S13–S15. https://doi.org/10.1098/rsbl.2003.0111.

Ansari, Mohd Shafiq, Fazil Hasan, and Nadeem Ahmad. "Threats to Fruit and Vegetable Crops: Fruit Flies (Tephritidae): Ecology, Behaviour, and Management." Journal of Crop Science and Biotechnology 15 (2012): 169–88. https://doi.org/10.1007/s12892-011-0091-6.

Arbuthnott, Devin, et al. "Mate Choice in Fruit Flies Is Rational and Adaptive." Nature Communications 8 (2017): 13953. https://doi.org/10.1038/ncomms13953.

Armitage, P. D., P. S. Cranston, and L. C. V. Pinder. The Chironomidae: Biology and Ecology of Non-Biting Midges. London: Chapman & Hall, 1995.

Armstrong, Adrian J., and Andy Blackmore. "Tsetse Flies Should Remain in Protected Areas in KwaZulu-Natal." Koedoe 59, no. 1 (2017):

a1432. https://doi.org/10.4102/koedoe.v59i1.1432.

Arnold, Carrie. "New Science Shows How Maggots Heal Wounds." Scientific American, April 1, 2013. www.scientificamerican.com/article/news-science-shows-how-maggots-heal-wounds/?redirect=1 (accessed June 3, 2019).

Avis-Riordan, Katie. "Ten Insect Pests That Threaten the World's Plants." Royal Botanical Gardens, Kew, March 20, 2019. www.kew.org/read-and-watch/insect-pests-biggest-threat-plants.

Bächtold, Alexandra, and Kleber Del-Claro. "Predatory Behavior of Pseudodorus clavatus (Diptera, Syrphidae) on Aphids Tended by Ants." Revista Brasileira de Entomologia 57, no. 4 (October–December 2013): 437–39. https://doi.org/10.1590/S0085-56262013005000030.

Baer, William S. "The Treatment of Chronic Osteomyelitis with the Maggot (Larva of the Blow Fly)." Journal of Bone and Joint Surgery (American volume), 13 (1931): 438–75.

Bänziger, Hans. "Pollination of a Flowering Oddity: Rhizanthes zippelii (Blume) Spach (Rafflesiaceae)." Natural History Bulletin of the Siam Society 44 (1996): 113–42.

Bar-On, Yinon M., Rob Phillips, and Ron Milo. "The Biomass Distribution on Earth." Proceedings of the National Academy of Sciences of the

United States of America 115, no. 25 (June 19, 2018): 6506–11. https://doi.org/10.1073/pnas.1711842115.

Barron, Andrew B., and Colin Klein. "What Insects Can Tell Us about the Origins of Consciousness." Proceedings of the National Academy of Sciences of the United States of America 113, no. 18 (May 3, 2016): 4900–8. https://doi.org/10.1073/pnas.1520084113.

Barry, Dave. "Bug Off!" In Insect Lives: Stories of Mystery and Romance from a Hidden World, ed. Erich Hoyt and Ted Schultz, 46–48. New York: John Wiley & Sons, 1999.

Barth, Friedrich G. Insects and Flowers: The Biology of a Partnership. Princeton, NJ: Princeton University Press, 1985.

Barton-Browne, Lindsay B., Roger J. Bartell, and Harry H. Shorey. "Pheromone-Mediated Behaviour Leading to Group Oviposition in the Blowfly Lucilia cuprina." Journal of Insect Physiology 15 (1969): 1003–14.

Bateson, Melissa, et al. "Agitated Honeybees Exhibit Pessimistic Cognitive Biases." Current Biology 21, no. 12 (June 21, 2011): 1070–73. https://doi.org/10.1016/j.cub.2011.05.017.

Benecke, Mark. "Six Forensic Entomology Cases: Description and Commentary." Journal of Forensic Science 43, no. 4 (August 1998): 797–805.

Benelli, Giovanni, et al. "Contest Experience Enhances Aggressive Behaviour in a Fly: When Losers Learn to Win." Scientific Reports 5, article 9347 (March 20, 2015). https://doi.org/10.1038/srep09347.

———. "The Essential Oil from Industrial Hemp (Cannabis sativa L.) By-products as an Effective Tool for Insect Pest Management in Organic Crops." Industrial Crops and Products 122, no. 10 (October 15, 2018): 308–15. https://doi.org/10.1016/j.indcrop.2018.05.032.

Berenbaum, May. "Fly on the Wall." American Entomologist 49, no. 4 (Winter 2003): 196–97.

———. "Lords of the Flies: Insects, Humans, and the Fate of the World We Share." The Common Reader: A Journal of the Essay (January 4, 2018). https://commonreader.wustl.edu/c/lords-of-the-flies/ (accessed November 7, 2018).

Bernal, Ximena E., and Priyanka de Silva. "Cues Used in Host-Seeking Behavior by Frog-Biting Midges (Corethrella spp. Coquillet)." Journal of Vector Ecology 40, no. 1 (June 5, 2015). https://doi.org/10.1111/jvec.12140.

Bernal, Ximena E., A. Stanley Rand, and Michael J. Ryan. "Acoustic Preferences and Localization Performance of Blood-Sucking Flies (Corethrella Coquillett) to Túngara Frog Calls." Behavioral Ecology 17, no. 5 (September/October 2006): 709–15. https://doi.org/10.1093/

beheco/arl003.

Bhadra, Parna, Andrew J. Hart, and Martin Jonathan Richard Hall. "Factors Affecting Accessibility to Blowflies of Bodies Disposed in Suitcases." Forensic Science International 239 (June 2014): 62–72. https://doi.org/10.1016/j.forsciint.2014.03.020.

Bier, Ethan, et al. "Advances in Engineering the Fly Genome with the CRISPR-Cas System." Genetics 208, no. 1 (January 1, 2018): 1–18. https://doi.org/10.1534/genetics.117.1113.

Blaj, Gabriel, and J. Hans van Hateren. "Saccadic Head and Thorax Movements in Freely Walking Blowflies." Journal of Comparative Physiology A: Neuroethology, Sensory, Neural, and Behavioral Physiology 190, no. 11 (November 2004): 861–68. https://doi.org/10.1007/s00359-004-0541-4.

Blake, William. "The Fly." In Songs of Experience, 1794. https://poets.org/poem/fly.

Bland, Alastair. "Is the Livestock Industry Destroying the Planet? For the Earth's Sake, Maybe It's Time We Take a Good, Hard Look at Our Dietary Habits." Smithsonian, August 1, 2012. www.smithsonianmag.com/travel/is-the-livestock-industry-destroying-the-planet-11308007/.

Bogarín, Diego, et al. "Pollination of Trichosalpinx (Orchidaceae:

Pleurothallidinae) by Biting Midges (Diptera: Ceratopogonidae)." Botanical Journal of the Linnean Society 186, no. 4 (April 2018): 510–43. https://doi.org/10.1093/botlinnean/box087.

Boisvert, Michael J., and David F. Sherry. "Interval Timing by an Invertebrate, the Bumble Bee Bombus impatiens." Current Biology 16, no. 16 (August 22, 2006): 1636–40. https://doi.org/10.1016/j.cub.2006.06.064.

Bonham Carter, Violet. Winston Churchill As I Knew Him. London: Eyre & Spottiswoode, 1965. (Published in the United States as Winston Churchill: An Intimate Portrait.)

Borkent, Art. "The Biting Midges, the Ceratopogonidae (Diptera)." In Biology of Disease Vectors, ed. W. C. Marquardt. San Diego: Elsevier Academic Press, 2005.

———. Biting Midges in the Cretaceous Amber of North America (Diptera: Ceratopogonidae). Leiden: Backhuys, 1995.

———. "The Frog-Biting Midges of the World (Corethrellidae: Diptera)." Zootaxa 1804, no. 1 (June 16, 2008): 1–456. https://doi.org/10.11646/zootaxa.1804.1.1.

Borkent, Art, and John Bissett. "Gall Midges (Diptera: Cecidomyiidae) Are Vectors for Their Fungal Symbionts." Symbiosis 1 (1985): 185–94.

Borkent, Art, and Patrycja Dominiak. Catalog of the Biting Midges of the

World (Diptera: Ceratopogonidae). Auckland: Magnolia Press, 2020.

Borkent, Art, et al. "Remarkable Fly (Diptera) Diversity in a Patch of Costa Rican Cloud Forest: Why Inventory Is a Vital Science." Zootaxa 4402, no. 1 (March 27, 2018): 53–90. https://doi.org/10.11646/zootaxa.4402.1.3.

Bosch, Guido, et al. "Standardisation of Quantitative Resource Conversion Studies with Black Soldier Fly Larvae." Journal of Insects as Food and Feed 6, no. 2 (August 27, 2019, online): 95–109. https://doi.org/10.3920/JIFF2019.0004.

Bourel, Benoit, et al. "Morphine Extraction in Necrophagous Insects Remains for Determining Ante-Mortem Opiate Intoxication." Forensic Science International 120, no. 1–2 (August 15, 2001): 127–31. https://doi.org/10.1016/s0379-0738(01)00428-5.

Bragança, Marcos Antonio Lima, et al. "Phorid Flies Parasitizing Leaf-Cutting Ants: Their Occurrence, Parasitism Rates, Biology and the First Account of Multiparasitism." Sociobiology 63, no. 4 (2016): 1015–21. https://doi.org/10.13102/sociobiology.v63i4.1077.

Briceño, R. Daniel, and William Eberhard. "Copulatory Dialogues between Male and Female Tsetse Flies (Diptera: Muscidae: Glossina pallidipes)." Journal of Insect Behavior 30 (2017): 394–408. https://doi.org/10.1007/s10905-017-9625-1.

———. "Species-Specific Behavioral Differences in Tsetse Fly Genital Morphology and Probable Cryptic Female Choice." In Cryptic Female Choice in Arthropods, ed. A. V. Peretti and A. Aisenberg. Cham, Switzerland: Springer International, 2015.

———, and Alan S. Robinson. "Copulation Behaviour of Glossina pallidipes (Diptera: Muscidae) outside and inside the Female, with a Discussion of Genitalic Evolution." Bulletin of Entomological Research 97, no. 5 (October 2007): 471–88. https://doi.org/10.1017/S0007485307005214.

Brockmann, H. Jane. "Tool Using in Wasps." Psyche 92 (1985): 309–29.

Brookes, Martin. Fly: The Unsung Hero of 20th-Century Science. New York: Ecco, 2001.

Brotton, Melissa J., ed. Ecotheology and Nonhuman Ethics in Society: A Community of Compassion. Lanham, MD: Lexington Books, 2017.

Brown, Brian V., and Donald H. Feener, Jr. "Efficiency of Two Mass Sampling Methods for Sampling Phorid Flies (Diptera: Phoridae) in a Tropical Biodiversity Survey." Contributions in Science 459 (1995): 1–10.

Brown, Brian V., Giar-Ann Kung, and Wendy Porras. "A New Type of Ant-Decapitation in the Phoridae (Insecta: Diptera)." Biodiversity Data

Journal 3 (2015). https://bdj.pensoft.net/article/4299 (accessed December 1, 2017).

Brown, Elizabeth Nolan. "Sexual Frustration Is Bad for Your Health." Bustle, December 3, 2013. https://www.bustle.com/articles/9879-sexual-frustration-can-be-bad-for-your-health-and-thats-not-just-a-pickup-line (accessed August 13, 2020).

Brunel, Odette, and Juan Rull. "The Natural History and Unusual Mating Behavior of Euxesta bilimeki (Diptera: Ulidiidae)." Annals of the Entomological Society of America 103, no. 1 (January 1, 2010): 111–19. https://doi.org/10.1093/aesa/103.1.111.

Byron, Ellen. "Bugs, the New Frontier in House-Cleaning." The Wall Street Journal, July 15, 2017.

Callaway, Ewen. "Dengue Rates Plummet in Australian City After Release of Modified Mosquitoes: Insects Were Deliberately Infected with Bacteria That Interrupt Transmission of the Disease." Nature, August 8, 2018. https://doi.org/10.1038/d41586-018-05914-3.

Cammaerts, Marie-Claire, and Roger Cammaerts. "Are Ants (Hymenoptera, Formicidae) Capable of Self Recognition?" Journal of Science 5, no. 7 (2015): 521–32.

Camp, Jeremy Vann. "Host Attraction and Host Selection in the Family Corethrellidae (Wood and Borkent) (Diptera)." MS thesis, Georgia

Southern University, Statesboro, 2006.

Card, Gwyneth, and Michael H. Dickinson. "Visually Mediated Motor Planning in the Escape Response of Drosophila." Current Biology 18, no. 17 (September 9, 2008): 1300–7. https://doi.org/10.1016/j.cub.2008.07.094.

Carson, Rachel. Silent Spring. Boston: Houghton Mifflin, 1962.

Cartwright, Mark. "The Classic Maya Collapse." Ancient History Encyclopedia, October 18, 2014. www.ancient.eu/article/759/the-classic-maya-collapse/.

Cell Press. "To Kill Off Parasites, an Insect Self-Medicates with Alcohol." ScienceDaily, February 16, 2012. www.sciencedaily.com/releases/2012/02/120216133428.htm.

Chinery, Michael. Amazing Insects: Images of Fascinating Creatures. Richmond Hill, Ontario: Firefly Books, 2008.

Cibulskis, Richard E., et al. "Malaria: Global Progress 2000–2015 and Future Challenges." Infectious Diseases of Poverty 5, no. 61 (June 2016). https://doi.org/10.1186/s40249-016-0151-8.

Clastrier, Jean, Daniel Grand, and Jean Legrand. "Observations exceptionnelles en France de Forcipomyia (Pterobosca) paludis (Macfie), parasite des ailes de Libellules (Diptera, Ceratopogonidae et Odonata)." Bulletin de la Société Entomologique de France 99, no. 2

(June 1994): 127–30. www.persee.fr/doc/bsef_0037-928x_1994_num_99_2_17051.

Coatsworth, John, et al. Global Connections: Politics, Exchange, and Social Life in World History. Vol. 1, To 1500. Cambridge, UK: Cambridge University Press, 2015.

Coen, Philip, et al. "Sensorimotor Transformations Underlying Variability in Song Intensity during Drosophila Courtship." Neuron 89, no. 3 (February 3, 2016): 629–44. https://doi.org/10.1016/j.neuron.2015.12.035.

Coghlan, Andy. "Male Fruit Flies Feel Pleasure When They Ejaculate." New Scientist, April 19, 2018. www.newscientist.com/article/2166889-male-fruit-flies-feel-pleasure-when-they-ejaculate/.

Colpaert, F. C., et al. "Self-Administration of the Analgesic Suprofen in Arthritic Rats: Evidence of Mycobacterium butyricum–Induced Arthritis as an Experimental Model of Chronic Pain." Life Sciences 27 (1980): 921–28.

Committee Opinion No. 589. "Female Age-Related Fertility Decline." Fertility and Sterility 101 (March 2014): 633–34. https://doi.org/10.1016/j.fertnstert.2013.12.03.

Cook, Darren A. N., et al. "A Superhydrophobic Cone to Facilitate the Xenomonitoring of Filarial Parasites, Malaria, and

Trypanosomes Using Mosquito Excreta/Feces." Gates Open Research 1, no. 7 (November 6, 2017). https://doi.org/10.12688/gatesopenres.12749.1; (April 27, 2018). https://doi.org/10.12688/gatesopenres.12749.2.

Coolen, Isabelle, Olivier Dangles, and Jérôme Casas. "Social Learning in Noncolonial Insects?" Current Biology 15, no. 21 (November 8, 2005): 1931–35. https://doi.org/10.1016/j.cub.2005.09.015.

Cousins, Melanie, et al. "Modelling the Transmission Dynamics of Campylobacter in Ontario, Canada, Assuming House Flies, Musca domestica, Are a Mechanical Vector of Disease Transmission." Royal Society Open Science 6, no. 2 (February 13, 2019). https://doi.org/10.1098/rsos.181394.

Cross, Fiona R., and Robert R. Jackson. "The Execution of Planned Detours by Spider-Eating Predators." Journal of the Experimental Analysis of Behavior 105, no. 1 (January 2016): 194–210. https://doi.org/10.1002/jeab.189.

Cunningham, Aimee. "Dengue Cases in the Americas Have Reached an All-Time High." Science News, November 20, 2019. www.sciencenews.org/article/dengue-cases-americas-have-reached-all-time-high.

Curic, Goran, et al. "Identification of Person and Quantification of Human DNA Recovered from Mosquitoes (Culicidae)." Forensic Science

International: Genetics 8, no. 1 (January 1, 2014): 109–12. https://doi.org/10.1016/j.fsigen.2013.07.011.

Curran, Charles Howard. The Families and Genera of North American Diptera, 2nd ed. Woodhaven, NY: Henry Tripp, 1965.

Dacke, Marie, et al. "Dung Beetles Use the Milky Way for Orientation." Current Biology 23, no. 4 (February 18, 2013): 298–300, https://doi.org/10.1016/j.cub.2012.12.034.

Danbury, T. C., et al. "Self-Selection of the Analgesic Drug, Carprofen, by Lame Broiler Chickens." Veterinary Record 146 (2000): 307–11.

Dason, Jeffrey S., et al. "Drosophila melanogaster Foraging Regulates a Nociceptive-like Escape Behavior through a Developmentally Plastic Sensory Circuit." Proceedings of the National Academy of Sciences. June 18, 2019. https://doi.org/10.1073/pnas.1820840116.

Davidoff, Ken, and George A. King III. "The Night When Bugs Changed the Course of Yankees History." New York Post, October 4, 2017. https://nypost.com/2017/10/04/the-night-when-bugs-changed-the-course-of-yankees-history/.

Dawkins, Marian S. Animal Suffering: The Science of Animal Welfare. New York: Chapman & Hall, 1980.

De Moraes, Consuelo M., et al. "Malaria-Induced Changes in Host Odors Enhance Mosquito Attraction." Proceedings of the

National Academy of Sciences of the United States of America 111, no. 30 (July 29, 2014): 11079–84. https://doi.org/10.1073/pnas.1405617111.

De Morgan, Augustus. A Budget of Paradoxes. London: Longmans, Green, 1872. www.maa.org/press/periodicals/convergence/mathematical-treasure-de-morgan-s-budget-of-paradoxes.

de Silva, Priyanka, Brian Nutter, and Ximena E. Bernal. "Use of Acoustic Signals in Mating in an Eavesdropping Frog-Biting Midge." Animal Behaviour 103 (May 2015): 45–51. https://doi.org/10.1016/j.anbehav.2015.02.002.

Deora, Tanvi, Amit Kumar Singh, and Sanjay P. Sane. "Biomechanical Basis of Wing and Haltere Coordination in Flies." Proceedings of the National Academy of Sciences of the United States of America 112, no. 5 (January 2015): 1481–86. https://doi.org/10.1073/pnas.1412279112.

Deyrup, Mark, and Thomas C. Emmel. Florida's Fabulous Insects. Hawaiian Gardens, CA: World Publications, 1999.

Diamond, Jared M. Guns, Germs, and Steel: The Fates of Human Societies. New York: W. W. Norton, 1997.

Dickie, Gloria. "Nepal Is Reeling from an Unprecedented Dengue Outbreak." Science News, October 7, 2019. www.sciencenews.org/

article/nepal-reeling-from-unprecedented-dengue-virus-outbreak.

Disney, R. H. L. Scuttle Flies: The Phoridae. London: Chapman & Hall, 1994.

Dodson, Calaway H. "The Importance of Pollination in the Evolution of the Orchids of Tropical America." American Orchid Society Bulletin 31, no. 9 (September 1962): 641–735.

Doherty, Mark. "Bug-Growing Facility Will Buzz into Balzac Next Spring." StarMetro (Calgary), September 4, 2018.

Dowling, Stephen. "Do Mosquitoes Feel the Effects of Alcohol?" BBC Future, March 13, 2019. www.bbc.com/future/story/20190313-will-mosquitoes-bite-me-more-when-ive-been-drinking.

Downes, J. A. "Feeding and Mating in the Insectivorous Ceratopogoninae (Diptera)." Memoirs of the Entomological Society of Canada, 104 (1978).

du Plessis, Marc, et al. "Pollination of the 'Carrion Flowers' of an African Stapeliad (Ceropegia mixta: Apocynaceae): The Importance of Visual and Scent Traits for the Attraction of Flies." Plant Systematics and Evolution 304, no. 3 (March 2018): 357–72. https://doi.org/10.1007/s00606-017-1481-0.

Dyer, Adrian G., Christa Neumeyer, and Lars Chittka. "Honeybee (Apis mellifera) Vision Can Discriminate between and Recognise Images of Human Faces." Journal of Experimental Biology 208, part 24 (December 2005): 4709–14. https://doi.org/10.1242/jeb.01929.

Ehrlich, Paul, and Anne Ehrlich. Extinction: The Causes and Consequences of the Disappearance of Species. New York: Ballantine Books, 1983.

Eisemann, C. H., et al. "Do Insects Feel Pain? A Biological View." Experientia 40, no. 2 (1984): 164–67.

Elkinton, Joe S., and George H. Boettner. "The Effects of Compsilura concinnata, an Introduced Generalist Tachinid, on Non-Target Species in North America: A Cautionary Tale." In Assessing Host Ranges for Parasitoids and Predators Used for Classical Biological Control: A Guide to Best Practice, ed. Roy G. Van Driesche, Tara J. Murray, and Richard Reardon, 4–14. Washington, DC: US Department of Agriculture, 2005.

Enkerlin Hoeflich, Walther Raúl, et al. "The Moscamed Regional Programme: Review of a Success Story of Area-Wide Sterile Insect Technique Application." Entomologia Experimentalis et Applicata, Special Issue—Sterile Insect Technique, 164, no. 3 (September 19, 2017): 188–203.

Evans, Harold Ensign. "The Lovebug." In The Pleasures of Entomology. Portraits of Insects and the People Who Study Them. Washington, DC: Smithsonian Institution Press, 1985.

Farndon, John, Barbara Taylor, and Jen Green. Bugs & Minibeasts: Beetles, Bugs, Butterflies, Moths, Insects, Spiders. Illustrated Wildlife Encyclopedia series. London: Armadillo, 2014.

Farnham, Alex. "How We Benefit from Flies." Animalist News, March 28, 2014. www.youtube.com/watch?v=LxjbbNMyTMA&feature=youtu.be (accessed September 2, 2018).

Feener, Donald H., Jr., and Karen A. G. Moss. "Defense against Parasites by Hitchhikers in Leaf-Cutting Ants: A Quantitative Assessment." Behavioural Ecology and Sociobiology 26, no. 1 (January 1990): 17–29. https://doi.org/10.1007/BF00174021.

Ferreira, Lígia Maria, and Maria Helena Neves Lobo Silva-Filha. "Bacterial Larvicides for Vector Control: Mode of Action of Toxins and Implications for Resistance." Biocontrol Science and Technology 23, no. 10 (2013): 1137–68. https://doi.org/10.1080/09583157.2013.822472.

Floate, Kevin D. "Off-Target Effects of Ivermectin on Insects and on Dung Degradation in Southern Alberta, Canada." Bulletin of Entomological Research 88, no. 1 (February 1998): 25–35. https://doi.org/10.1017/S0007485300041523.

Food and Agriculture Organization of the United Nations. Livestock's Long Shadow: Environmental Issues and Options. Rome: FAO,

2006. www.fao.org/3/a-a0701e.pdf.

———. The State of World Fisheries and Aquaculture: Opportunities and Challenges. Rome: FAO, 2014. www.fao.org/3/a-i3720e.pdf.

Förster, Maria, Rolf G. Beutel, and Katharina Schneeberg. "Catching Prey with the Antennae: The Larval Head of Corethrella appendiculata (Diptera: Corethrellidae)." Arthropod Structure & Development 45, no. 6 (November 2016): 594–610. https://doi.org/10.1016/j.asd.2016.09.003.

Franzen, Jonathan. The End of the End of the Earth: Essays. New York: Farrar, Straus and Giroux, 2018.

Frauca, Harry. Australian Insect Wonders. Adelaide: Rigby, 1968.

Fullaway, David Timmins, and Noel Louis Hilmer Krauss. Common Insects of Hawaii. Honolulu: Tongg, 1945.

Gaimari, Stephen D., and Jim O'Hara. "C. P. Alexander Award." Fly Times 58 (April 2017): 1–2.

Gallup, Gordon G., Jr. "Chimpanzees: Self Recognition." Science 167 (1970): 86–87.

Galluzzo, Gary. "A Fly's Hearing: UI Study Shows Fruit Fly Is Ideal Model to Study Hearing Loss in People." Iowa Now, September 2, 2013. https://now.uiowa.edu/2013/09/flys-hearing.

Gardner, Elliot M., et al. "A Flower in Fruit's Clothing: Pollination of

Jackfruit (Artocarpus heterophyllus, Moraceae) by a New Species of Gall Midge, Clinodiplosis ultracrepidata sp. nov. (Diptera: Cecidomyiidae)." International Journal of Plant Sciences 179, no. 5 (June 2018): 350–67. https://doi.org/10.1086/697115.

Gaul, Albro Tilton. The Wonderful World of Insects. New York: Rinehart, 1953.

Gaydos, Jaclyn. "History of Wound Care: Maggots: An Extraordinary Natural Phenomenon." Today's Wound Clinic 10, no. 4 (April 2016). www.todayswoundclinic.com/articles/history-wound-care-maggots-extraordinary-natural-phenomenon.

Gibson, William T., et al. "Behavioral Responses to a Repetitive Visual Threat Stimulus Express a Persistent State of Defensive Arousal in Drosophila." Current Biology 25, no. 11 (June 1, 2015): 1401–15. https://doi.org/10.1016/j.cub.2015.03.058.

Gilbert, Irwin H., Harry K. Gouck, and Nelson Smith. "Attractiveness of Men and Women to Aedes aegypti and Relative Protection Time Obtained with Deet." Florida Entomologist 49, no. 1 (March 1966): 53–66. https://doi.org/10.2307/3493317.

Giurfa, Martin. "Cognition with Few Neurons: Higher-Order Learning in Insects." Trends in Neurosciences 36, no. 5 (May 1, 2013): 285–94. https://doi.org/10.1016/j.tins.2012.12.011.

Goff, M. Lee, and Wayne D. Lord. "Entomotoxicology: A New Area for Forensic Investigation." The American Journal of Forensic Medicine and Pathology 15, no. 1 (March 1994): 51–57.

Goodall, Jane. "Learning from the Chimpanzees: A Message Humans Can Understand." Science 282, no. 5397 (December 18, 1998): 2184–85. https://doi.org/10.1126/science.282.5397.2184.

Göpfert, Martin C., and Daniel Robert. "Nanometre-Range Acoustic Sensitivity in Male and Female Mosquitoes." Proceedings of the Royal Society B: Biological Sciences 267, no 1442 (March 7, 2000): 453–57. https://doi.org/10.1098/rspb.2000.1021.

Gorman, James. "Trillions of Flies Can't All Be Bad." The New York Times, November 13, 2017. www.nytimes.com/2017/11/13/science/flies-biology.html.

Goulson, Dave, et al. "Predicting Calyptrate Fly Populations from the Weather, and Probable Consequences of Climate Change." Journal of Applied Ecology 42, no. 5 (September 2005): 795–804. https://doi.org/10.1111/j.1365-2664.2005.01078.x.

Government of Canada. "Symptoms of Malaria." Last updated April 21, 2016. www.canada.ca/en/public-health/services/diseases/malaria/symptoms-malaria.html.

Grafe, T. Ulmar, et al. "Studying the Sensory Ecology of Frog-Biting Midges

(Corethrellidae: Diptera) and Their Frog Hosts Using Ecological Interaction Networks." Journal of Zoology 307, no. 1 (January 2019): 17–27. https://doi.org/10.1111/jzo.12612.

Grassberger, Martin, et al., eds. Biotherapy—History, Principles and Practice: A Practical Guide to the Diagnosis and Treatment of Disease Using Living Organisms. Dordrecht, Netherlands: Springer, 2013. https://doi.org/10.1007/978-94-007-6585-6.

Greenberg, Bernard, and John Charles Kunich. Entomology and the Law: Flies as Forensic Indicators. Cambridge, UK: Cambridge University Press, 2002.

Griffin, Donald R. Animal Minds: Beyond Cognition to Consciousness. Chicago: University of Chicago Press, 1992.

———. The Question of Animal Awareness: Evolutionary Continuity of Mental Experience. New York: Rockefeller University Press, 1981.

Griggs, Mary Beth. "Mosquitoes Learn Not to Mess with You When You Swat Them: And They'll Likely Go Looking for a Less Combative Meal." Popular Science, January 25, 2018. www.popsci.com/mosquitoes-probably-remember-when-you-try-to-swat-them (accessed January 29, 2019).

Groening, Julia, Dustin Venini, and Mandyam V. Srinivasan. "In Search of Evidence for the Experience of Pain in Honeybees: A Self-

Administration Study." Scientific Reports 7, article 45825 (April 4, 2017). https://doi.org/10.1038/srep45825.

Grover, Dhruv, Takeo Katsuki, and Ralph J. Greenspan. "Flyception: Imaging Brain Activity in Freely Walking Fruit Flies." Nature Methods 13 (2016): 569–72.

Grover, Dhruv, et al. "Imaging Brain Activity during Complex Social Behaviors in Drosophila with Flyception2." Nature Communications 11, no. 623 (2020).

Grzimek, Don Bernhard, Grzimek's Animal Life Encyclopedia, 2nd ed. Vol. 3, Insects, ed. Michael Hutchins et al. Farmington Hills, MI: Gale Group, 2003.

Guarino, Ben. "'Hyperalarming' Study Shows Massive Insect Loss." The Washington Post, October 15, 2018. www.washingtonpost.com/science/2018/10/15/hyperalarming-study-shows-massive-insect-loss/?noredirect=on&utm_term=.75a1f83e2ab3.

———. "Watch These Bizarre Flies Dive Underwater Using Bubbles Like Scuba Suits." The Washington Post, November 20, 2017. www.washingtonpost.com/news/speaking-of-science/wp/2017/11/20/these-bizarre-flies-wear-bubbles-like-scuba-suits-to-dive-in-a-toxic-lake/?utm_term=.372cf575a632.

Halfwerk, Wouter, et al. "Adaptive Changes in Sexual Signalling in Response to Urbanization." Nature Ecology & Evolution 3, no. 3 (March 2019): 374–80. https://doi.org/10.1038/s41559-018-0751-8.

Hall, Andrew Brantley, et al. "A Male-Determining Factor in the Mosquito Aedes aegypti." Science 348, no. 6240 (June 12, 2015): 1268–70. https://doi.org/10.1126/science.aaa2850.

Hancock, Penelope A., Steven P. Sinkins, and H. Charles J. Godfray. "Strategies for Introducing Wolbachia to Reduce Transmission of Mosquito-Borne Diseases." PLOS Neglected Tropical Disease 5, no. 4 (April 26, 2011). https://doi.org/10.1371/journal.pntd.0001024.

Hebert, Paul D. N., et al. "Counting Animal Species with DNA Barcodes: Canadian Insects." Philosophical Transactions of the Royal Society B: Biological Sciences 371, no. 1702 (September 5, 2016): 10. https://doi.org/10.1098/rstb.2015.0333.

Heid, Matt. "How Many Mosquito Bites Would It Take to Kill You (and Other Mosquito Musings)." Be Outdoors: Appalachian Mountain Club, July 1, 2014. www.outdoors.org/articles/amc-outdoors/how-many-mosquito-bites-would-kill-you.

Heinrich, Bernd. Life Everlasting: The Animal Way of Death. Boston: Houghton Mifflin Harcourt, 2012.

———. Winter World: The Ingenuity of Animal Survival. New York: Ecco, 2003.

Heisenberg, Martin, Reinhard Wolf, and Björn Brembs. "Flexibility in a Single Behavioral Variable of Drosophila." Learning & Memory 8, no. 1 (January–February 2001): 1–10.

Hervé, Maxime R. "Breeding for Insect Resistance in Oilseed Rape: Challenges, Current Knowledge and Perspectives." Plant Breeding 137, no. 1 (February 2018): 27–34. https://doi.org/10.1111/pbr.12552.

Hodgdon, Elisabeth A., et al. "Racemic Pheromone Blends Disrupt Mate Location in the Invasive Swede Midge, Contarinia nasturtii." Journal of Chemical Ecology 45, no. 7 (July 2019): 549–58. https://doi.org/10.1007/s10886-019-01078-0.

Hoehl, Stefanie, et al. "Itsy Bitsy Spider . . . : Infants React with Increased Arousal to Spiders and Snakes." Frontiers in Psychology, October 18, 2017. https://doi.org/10.3389/fpsyg.2017.01710 (accessed May 14, 2020).

Hoffmann, Constanze, et al. "Assessing the Feasibility of Fly-Based Surveillance of Wildlife Infectious Diseases." Scientific Reports 6, article 37952 (November 30, 2016). https://doi.org/10.1038/srep37952.

Hoppé, Mark. "Insecticide Resistance: Are We Losing the Battle to Control the Mosquito Vectors of Malaria?" Outlooks on Pest Management

27, no. 3 (June 2016): 116–19. https://doi.org/10.1564/v27_jun_05.

Howard, Leland O. The Insect Book. New York: Doubleday, Page, 1905.

Howard, Scarlett R., et al. "Numerical Ordering of Zero in Honey Bees." Science 360, no. 6393 (June 8, 2018): 1124–26. https://doi.org/10.1126/science.aar4975.

Hoyle, Graham. "Cellular Mechanisms Underlying Behavior—Neuroethology." Advances in Insect Physiology 7 (1970) 349–444. https://doi.org/10.1016/S0065-2806(08)60244-1.

Hudson, John, Katherine Hocker, and Robert H. Armstrong. Aquatic Insects in Alaska. Juneau: Nature Alaska Images, 2012.

Hussein, Mahmoud, et al. "Sustainable Production of Housefly (Musca domestica) Larvae as a Protein-Rich Feed Ingredient by Utilizing Cattle Manure." PLOS One 12, no. 2 (February 7, 2017). https://doi.org/10.1371/journal.pone.0171708.

Inouye, David W., et al. "Flies and Flowers III: Ecology of Foraging and Pollination." Journal of Pollination Ecology 16, no. 16 (2015): 115–33. www.pollinationecology.org/index.php?journal=jpe&page=article&op=view&path%5B%5D=333.

Iyer, Shruti. "14 of the Funniest Fruit Fly Gene Names." Bitesize Bio, March 2, 2015. https://bitesizebio.com/23221/14-of-the-funniest-fruitfly-gene-names/.

Izutsu, Minako, et al. "Dynamics of Dark-Fly Genome under Environmental Selections." Genes, Genomes, Genetics 6, no. 2 (December 4, 2015): 365–76. https://doi.org/10.1534/g3.115.023549.

Jeffries, Claire L., Matthew E. Rogers, and Thomas Walker. "Establishment of a Method for Lutzomyia longipalpis Sand Fly Egg Microinjection: The First Step towards Potential Novel Control Strategies for Leishmaniasis," version 2. Wellcome Open Research 3 (August 2018): 55, https://doi.org/10.12688/wellcomeopenres.14555.2.

Jürgens, Andreas, and Adam Shuttleworth. "Carrion and Dung Mimicry in Plants." In Carrion Ecology, Evolution, and Their Applications, ed. M. Eric Benbow, Jeffery K. Tomberlin, and Aaron M. Tarone, 361–87. Boca Raton, FL: CRC Press, 2015.

Jürgens, Andreas, et al. "Chemical Mimicry of Insect Oviposition Sites: A Global Analysis of Convergence in Angiosperms." Ecology Letters 16 (2013): 1157–67.

Kacsoh, Balint Z., et al. "Fruit Flies Medicate Offspring after Seeing Parasites." Science 339, no. 6122 (February 22, 2013): 947–50. https://doi.org/10.1126/science.1229625.

Kain, Jamey S., Chris Stokes, and Benjamin L. de Bivort. "Phototactic Personality in Fruit Flies and Its Suppression by Serotonin and

White." Proceedings of the National Academy of Sciences of the United States of America 109, no. 48 (November 27, 2012): 19834–39. https://doi.org/10.1073/pnas.1211988109.

Keller, Andreas. "A Cultural and Natural History of the Fly." PLOS Biology 5, no. 5 (May 15, 2007). https://doi.org/10.1371/journal.pbio.0050135.

Kern, Roland, Johannes Hans van Hateren, and Martin Egelhaaf. "Representation of Behaviourally Relevant Information by Blowfly Motion-Sensitive Visual Interneurons Requires Precise Compensatory Head Movements." Journal of Experimental Biology 209, no. 7 (April 1, 2006): 1251–60. https://doi.org/10.1242/jeb.02127.

Khuong, Thang M., et al. "Nerve Injury Drives a Heightened State of Vigilance and Neuropathic Sensitization in Drosophila." Science Advances 5, no. 7 (July 10, 2019). https://doi.org/10.1126/sciadv.aaw4099.

Kiderra, Inga. "First Peek into the Brain of a Freely Walking Fruit Fly." UC San Diego News Center, May 16, 2016. https://ucsdnews.ucsd.edu/pressrelease/first_peek_into_the_brain_of_a_freely_walking_fruit_fly.

Klauck, V., et al. "Insecticidal and Repellent Effects of Tea Tree and

Andiroba Oils on Flies Associated with Livestock." Medical and Veterinary Entomology 28, supplement 1 (August 2014): 33–39. https://doi.org/10.1111/mve.12078.

Klein, Barrett A. "Insects in Art." In Encyclopedia of Human-Animal Relationships: A Global Exploration of Our Connections with Animals, ed. Marc Bekoff. Westport, CT: Greenwood Press, 2007, 92–99.

Klein, Colin, and Andrew B. Barron. "Insects Have the Capacity for Subjective Experience." Animal Sentience 9, no. 1 (2016). https://animalstudiesrepository.org/animsent/vol1/iss9/1/.

Knop, Eva, et al. "Rush Hours in Flower Visitors over a Day–Night Cycle." Insect Conservation and Diversity 11, no. 3 (May 2018): 267–75. https://doi.org/10.1111/icad.12277.

Krashes, Michael J., et al. "A Neural Circuit Mechanism Integrating Motivational State with Memory Expression in Drosophila." Cell 139, no. 2 (October 16, 2009): 416–27. https://doi.org/10.1016/j.cell.2009.08.035.

Lanouette, Geneviève, et al. "The Sterile Insect Technique for the Management of the Spotted Wing Drosophila, Drosophila suzukii: Establishing the Optimum Irradiation Dose." PLOS One 12, no. 9 (September 28, 2017). https://doi.org/10.1371/journal.

pone.0180821.

Lauck, Joanne Elizabeth. The Voice of the Infinite in the Small: Revisioning the Insect-Human Connection. Mill Spring, NC: Swan, Raven, 1998.

LeBourdais, Isabel. The Trial of Steven Truscott. Toronto: McClelland & Stewart, 1966.

Lefebvre, Vincent, et al. "Are Empidine Dance Flies Major Flower Visitors in Alpine Environments? A Case Study in the Alps, France." Biology Letters 10, no. 11 (November 1, 2014). https://doi.org/10.1098/rsbl.2014.0742.

Le Neindre, Pierre, et al. "Animal Consciousness." European Food Safety Authority Supporting Publications 14, no. 4 (April 2017). https://doi.org/10.2903/sp.efsa.2017.EN-1196.

Lim, T. M. "Production, Germination and Dispersal of Basidiospores of Ganoderma pseudoferreum on Hevea." Journal of the Rubber Research Institute of Malaysia 25, no. 2 (1977): 93–99.

Linger, Rebecca J., et al. "Towards Next Generation Maggot Debridement Therapy: Transgenic Lucilia sericata Larvae That Produce and Secrete a Human Growth Factor." BMC Biotechnology 16, article 30 (2016). https://doi.org/10.1186/s12896-016-0263-z.

Lister, Bradford C., and Andres Garcia. "Climate-Driven Declines in

Arthropod Abundance Restructure a Rainforest Food Web." Proceedings of the National Academy of Sciences of the United States of America 115, no. 44 (October 15, 2018): E10397–E10406. https://doi.org/10.1073/pnas.1722477115.

Lockwood, Jeff. The Infested Mind: Why Humans Fear, Loathe, and Love Insects. Oxford: Oxford University Press, 2014.

Losey, John E., and Mace Vaughan. "The Economic Value of Ecological Services Provided by Insects." BioScience 56, no. 4 (April 1, 2006): 311–23. https://doi.org/10.1641/0006-3568(2006)56[311:TEVOES]2.0.CO;2.

Louv, Richard. Last Child in the Woods: Saving Our Children from Nature-Deficit Disorder. Chapel Hill, NC: Algonquin Books, 2005.

Low, Tim. The New Nature: Winners and Losers in Wild Australia. Victoria, Australia: Penguin Books, 2003.

Lüpold, Stefan, et al. "How Sexual Selection Can Drive the Evolution of Costly Sperm Ornamentation." Nature 533, no. 7604 (May 26, 2016): 535–38. https://doi.org/10.1038/nature18005.

Luzar, N., and G. Gottsberger. "Flower Heliotropism and Floral Heating of Five Alpine Plant Species and the Effect on Flower Visiting in Ranunculus montanus in the Austrian Alps." Arctic, Antarctic, and Alpine Research 33 (2001): 93–99.

Lynch, Zachary R., Todd A. Schlenke, and Jacobus C. de Roode. "Evolution of Behavioural and Cellular Defences against Parasitoid Wasps in the Drosophila melanogaster Subgroup." Journal of Evolutionary Biology 29, no. 5 (May 2016): 1016–29. https://doi.org/10.1111/jeb.12842.

Maák, István, et al. "Tool Selection during Foraging in Two Species of Funnel Ants." Animal Behaviour 123 (January 2017): 207–16. https://doi.org/10.1016/j.anbehav.2016.11.005.

MacNeal, David. Bugged: The Insects Who Rule the World and the People Obsessed with Them. New York: St. Martin's Press, 2017.

Magni, Paula A., et al. "Forensic Entomologists: An Evaluation of Their Status." Journal of Insect Science 13, no. 1 (January 1, 2013): 78. https://doi.org/10.1673/031.013.7801.

"Malaria Vaccine Loses Effectiveness over Several Years." The Guardian, June 30, 2016. https://guardian.ng/features/health/malaria-vaccine-loses-effectiveness-over-several-years/ (accessed August 25, 2020).

Manev, Hari, and Nikola Dimitrijevic. "Fruit Flies for Anti-Pain Drug Discovery." Life Sciences 76, no. 21 (April 8, 2005): 2403–7. https://doi.org/10.1016/j.lfs.2004.12.007.

Marent, Thomas, with Ben Morgan. Rainforest. New York: DK Publishing, 2006.

Margonelli, Lisa. Underbug: An Obsessive Tale of Termites and Technology. New York: Scientific American/Farrar, Straus and Giroux, 2018.

Marshall, Stephen A. Flies: The Natural History and Diversity of Diptera. Buffalo, NY: Firefly Books, 2012.

———. Insects: Their Natural History and Diversity. Buffalo, NY: Firefly Books, 2006.

Martín-Vega, Daniel, Aida Gómez-Gómez, and Arturo Baz. "The 'Coffin Fly' Conicera tibialis (Diptera: Phoridae) Breeding on Buried Human Remains after a Postmortem Interval of 18 Years." Journal of Forensic Science 56, no. 6 (July 2011): 1654–56. https://doi.org/10.1111/j.1556-4029.2011.01839.x.

Mason, Andrew C., Michael L. Oshinsky, and Ron R. Hoy. "Hyperacute Directional Hearing in a Microscale Auditory System." Nature 410, no. 6829 (April 5, 2001): 686–90. https://doi.org/10.1038/35070564.

Masterson, A. "Insects Smarter Than We Thought, Macquarie University Academics Say." Sydney Morning Herald, April 21, 2016.

McAlister, Erica. The Secret Life of Flies. Richmond Hill, Ontario: Firefly Books, 2017.

McClung, Chuck. "Study: Flies on Food Should Make You Drop

Your Fork." USA Today, August 14, 2014, www.usatoday.com/story/news/nation/2014/08/14/flies-health-hazard-orkin-study/14044947/ (accessed January 31, 2017).

McDonald, Dave J., and Johannes Jacobus Adriaan Van der Walt. "Observations on the Pollination of Pelargonium tricolor, Section Campylia (Geraniaceae)." South African Journal of Botany 58, no. 5 (October 1992): 386–92.

McGavin, George C. Insects, Spiders and Other Terrestrial Arthropods. London: Dorling Kindersley, 2000.

McKeever, Sturgis. "Observations of Corethrella Feeding on Tree Frogs (Hyla)." Mosquito News 37 (1977): 522–23.

———, and Frank E. French. "Corethrella (Diptera: Corethrellidae) of Eastern North America: Laboratory Life History and Field Responses to Anuran Calls." Annals of the Entomological Society of America 84, no. 5 (September 1991): 493–97. https://doi.org/10.1093/aesa/84.5.493.

McKeever, S., and W. Keith Hartberg. "An Effective Method for Trapping Adult Female Corethrella (Diptera: Chaoboridae)." Mosquito News 40, no. 1 (January 1980): 111–12.

McKenna, Duane D., et al. "Roadkill Lepidoptera: Implications of Roadways, Roadsides, and Traffic Rates for the Mortality of

Butterflies in Central Illinois." *Journal of the Lepidopterists' Society* 55 (2001): 63–68.

McKie, Robin. "Europe at Risk from Spread of Tropical Insect-Borne Diseases." *The Guardian*, April 14, 2019. www.theguardian.com/science/2019/apr/14/tropical-insect-diseases-europe-at-risk-dengue-fever.

McLean, Jesse. "A Moth-er's Love." *Toronto Star*, August 24, 2019, A1, A8.

McNeill, Lizzy. "How Many Animals Are Born in the World Every Day?" *More or Less*, BBC Radio 4, June 11, 2018. www.bbc.com/news/science-environment-44412495.

Mead, Rebecca. "The Prophet of Dystopia." *The New Yorker*, April 17, 2017, 38–47.

Meiswinkel, Rudy, et al. *Infectious Diseases of Livestock, Vol. 1: Vectors: Culicoides spp*, 93–136. Cape Town: Oxford University Press, 2004.

Mery, Frédéric, et al. "Public Versus Personal Information for Mate Copying in an Invertebrate." *Current Biology* 19, no. 9 (May 12, 2009): 730–34. https://doi.org/10.1016/j.cub.2009.02.064.

Meuche, Ivonne, et al. "Silent Listeners: Can Preferences of Eavesdropping Midges Predict Their Hosts' Parasitism Risk?" *Behavioral Ecology* 27, no. 4 (July–August 2016): 995–1003. https://doi.org/10.1093/beheco/arw002.

Meve, U., and S. Liede. "Floral Biology and Pollination in Stapeliads—New Results and a Literature Review." Plant Systematics and Evolution 192 (1994): 99–116.

Meyer, Dagmar B., et al. "Development and Field Evaluation of a System to Collect Mosquito Excreta for the Detection of Arboviruses." Journal of Medical Entomology 56, no. 4 (July 2019): 1116–21. https://doi.org/10.1093/jme/tjz031.

Milan, Neil F., Balint Z. Kacsoh, and Todd A. Schlenke. "Alcohol Consumption as Self-Medication against Blood-Borne Parasites in the Fruit Fly." Current Biology 22, no. 6 (March 20, 2012): 488–93. https://doi.org/10.1016/j.cub.2012.01.045.

Miles, Ronald N., Daniel Robert, and Ron R. Hoy. "Mechanically Coupled Ears for Directional Hearing in the Parasitoid Fly Ormia ochracea." The Journal of the Acoustical Society of America 98, no. 6 (December 1995): 3059–70. https://doi.org/10.1121/1.413830.

Milius, Susan. "Long Tongue, Meet Short Flower." ScienceNews, September 5, 2015. https://www.sciencenews.org/article/long-tongued-fly-sips-afar (accessed January 31, 2017).

———. "Testing Mosquito Pee Could Help Track the Spread of Diseases." ScienceNews, April 5, 2019. https://www.sciencenews.org/article/testing-mosquito-pee-could-help-track-spread-diseases (accessed May

15, 2020).

Miller, Paige B., et al. "The Song of the Old Mother: Reproductive Senescence in Female Drosophila." Fly 8, no. 3 (December 18, 2014): 127–39. https://doi.org/10.4161/19336934.2014.969144.

Milton, Katherine. "Effects of Bot Fly (Alouattamyia baeri) Parasitism on a Free-Ranging Howler Monkey (Alouatta palliata) Population in Panama." Journal of Zoology 239, no. 1 (May 1996): 39–63. https://doi.org/10.1111/j.1469-7998.1996.tb05435.x.

Min, John, et al. "Harnessing Gene Drive." Journal of Responsible Innovation 5, supplement 1 (2018): S40–S65. https://doi.org/10.1080/23299460.2017.1415586.

Missagia, Caio C. C., and Maria Alice S. Alves. "Florivory and Floral Larceny by Fly Larvae Decrease Nectar Availability and Hummingbird Foraging Visits at Heliconia (Heliconiaceae) Flowers." Biotropica 49, no. 1 (January 2017): 13–17. https://doi.org/10.1111/btp.12368.

Möglich, Michael H. J., and Gary D. Alpert. "Stone Dropping by Conomyrma bicolor (Hymenoptera: Formicidae): A New Technique of Interference Competition." Behavioral Ecology and Sociobiology 6 (1979): 105–13. https://doi.org/ 10.1007/ BF00292556"

Moré, Marcela, et al. "The Role of Fetid Olfactory Signals in the Shift to

Saprophilous Fly Pollination in Jaborosa (Solanaceae)." Arthropod-Plant Interactions 13 (October 2018): 375–86. https://doi.org/10.1007/s11829-018-9640-y.

Moretti, Thiago de Carvalho, et al. "Insects on Decomposing Carcasses of Small Rodents in a Secondary Forest in Southeastern Brazil." European Journal of Entomology 105, no. 4 (October 2008): 691–96. www.eje.cz/scripts/viewabstract.php?abstract=1386.

Mortimer, Nathan. "Parasitoid Wasp Virulence: A Window into Fly Immunity." Fly 7, no. 4 (October 1, 2013): 242–48. https://doi.org/10.4161/fly.26484.

"Mosquitoes." National Geographic, n.d. https://www.nationalgeographic.com/animals/invertebrates/group/mosquitoes/ (accessed August 22, 2018).

Muth, Felicity. "Inside the Wonderful World of Bee Cognition—Where We're at Now." Scientific American, April 20, 2015. https://blogs.scientificamerican.com/not-bad-science/inside-the-wonderful-world-of-bee-cognition-where-we-re-at-now/.

Muto, L., et al. "An Innovative Ovipositor for Niche Exploitation Impacts Genital Coevolution between Sexes in a Fruit-Damaging Drosophila." Proceedings of the Royal Society B 285 (2018), 20181635.

Myers, Paul Z. "The Lovely Stalk-Eyed Fly." ScienceBlogs, March 15, 2007. http://scienceblogs.com/pharyngula/2007/03/15/the-lovely-stalkeyed-fly/.

Nace, Trevor. "Morgan Freeman Converted His 124-Acre Ranch into a Giant Honeybee Sanctuary to Save the Bees." Forbes, March 20, 2019. www.forbes.com/sites/trevornace/2019/03/20/morgan-freeman-converted-his-124-acre-ranch-into-a-giant-honeybee-sanctuary-to-save-the-bees/#68b41857dfa5.

Naskrecki, Piotr. The Smaller Majority. Cambridge, MA: Belknap Press, 2005.

Nazni, Wasi Ahmad, et al. "First Report of Maggots of Family Piophilidae Recovered from Human Cadavers in Malaysia." Tropical Biomedicine 25, no. 2 (August 2008): 173–75.

Neckameyer, Wendi S., et al. "Dopamine and Senescence in Drosophila melanogaster." Neurobiology of Aging 21, no. 1 (January–February 2000): 145–52.

New, Joshua J., and Tamsin C. German. "Spiders at the Cocktail Party: An Ancestral Threat That Surmounts Inattentional Blindness." Evolution and Human Behavior 36, no. 3 (August 2015): 165–73. https://doi.org/10.1016/j.evolhumbehav.2014.08.004.

The New York Times editorial board. "Insect Armageddon." The New

York Times, October 29, 2017. www.nytimes.com/2017/10/29/opinion/insect-armageddon-ecosystem-.html (accessed May 15, 2020).

Newman, Barry. "Apple Turnover: Dutch Are Invading JFK Arrivals Building and None Too Soon—U.S.'s Best Known Airport Has Been a Lousy Place to Land, Walk, or Stand—Using Flies to Help Fliers." The Wall Street Journal, May 13, 1997, A1.

Nuñez Rodríguez, José, and Jonathan Liria. "Seasonal Abundance in Necrophagous Diptera and Coleoptera from Northern Venezuela." Tropical Biomedicine 34, no. 2 (June 2017): 315–23. https://www.researchgate.net/publication/317559366_Seasonal_abundance_in_necrophagous_Diptera_and_Coleoptera_from_northern_Venezuela.

Ofstad, Tyler A., Charles S. Zuker, and Michael B. Reiser. "Visual Place Learning in Drosophila melanogaster." Nature 474 (2011): 204–7.

Oldroyd, Harold. "Dipteran." Encyclopædia Britannica, October 30, 2018 (mention of petroleum flies). www.britannica.com/animal/dipteran (accessed May 14, 2020).

Olotu, Ally, et al. "Seven-Year Efficacy of RTS,S/AS01 Malaria Vaccine among Young African Children." The New England Journal of Medicine 374, no. 26 (June 30, 2016): 2519–29. https://doi.

org/10.1056/NEJMoa1515257.

Orford, Katherine A., Ian P. Vaughan, and Jane Memmott. "The Forgotten Flies: The Importance of Non-Syrphid Diptera as Pollinators." Proceedings of the Royal Society B: Biological Sciences 282, no. 1805 (April 22, 2015). https://doi.org/10.1098/rspb.2014.2934.

Owald, David, Suewei Lin, and Scott Waddell. "Light, Heat, Action: Neural Control of Fruit Fly Behaviour." Philosophical Transactions of the Royal Society B: Biological Sciences 370, no. 1677 (September 19, 2015). https://doi.org/10.1098/rstb.2014.0211.

Paine, Robert T. "A Note on Trophic Complexity and Community Stability." The American Naturalist 103, no. 929 (January–February 1969): 91–93. https://doi.org/10.1086/282586.

Pape, Thomas, Daniel Bickel, and Rudolf Meier, eds. Diptera Diversity: Status, Challenges and Tools. Leiden: Brill, 2009.

Patterson, J. T., and W. S. Stone. Evolution in the Genus Drosophila. New York: Macmillan, 1952.

Patterson, K. David. "Yellow Fever Epidemics and Mortality in the United States, 1693–1905." Social Science & Medicine 34, no. 8 (April 1992): 855–65. https://doi.org/10.1016/0277-9536(92)90255-O (accessed May 15, 2020).

Paulson, Gregory S., and Eric R. Eaton. Insects Did It First. Xlibris, 2018.

Pearce, Fred. "Inventing Africa." New Scientist 167, no. 2251 (August 12, 2000): 30.

Pearson, Gwen. "50 Shades of Wrong: Disturbing Insect Sex." Wired, February 9, 2015. www.wired.com/2015/02/50-shades-wrong-disturbing-insect-sex/ (accessed May 10, 2019).

Pennisi, Elizabeth. "This Fly Survives a Deadly Lake by Encasing Itself in a Bubble: Here's How It Makes It." Science, November 20, 2017. https://doi.org/10.1126/science.aar5258.

Perera, Hirunika, and Tharaka Wijerathna. "Sterol Carrier Protein Inhibition-Based Control of Mosquito Vectors: Current Knowledge and Future Perspectives." Canadian Journal of Infectious Diseases and Medical Microbiology 2019, no. 4 (July 2019): 1–6. https://doi.org/10.1155/2019/7240356.

Perry, Clint J., and Andrew B. Barron. "Honey Bees Selectively Avoid Difficult Choices." Proceedings of the National Academy of Sciences of the United States of America 110, no. 47 (November 19, 2013): 19155–59. https://doi.org/10.1073/pnas.1314571110.

———. "Neural Mechanisms of Reward in Insects." Annual Review of Entomology 58, no. 1 (September 2012): 543–62. https://doi.org/10.1146/annurev-ento-120811-153631.

Pierce, John D., Jr. "A Review of Tool Use in Insects." Florida Entomologist

69, no. 1 (March 1986): 95–104. https://doi.org/10.2307/3494748.

Policha, T., et al. "Disentangling Visual and Olfactory Signals in Mushroom Mimicking Dracula Orchids Using Realistic Three-Dimensional Printed Flowers." New Phytologist 210 (2016): 1058–71.

Pomerleau, Mark. "AFRL Working on Insect-Eye View for Urban Targeting." Defense Systems, March 12, 2015. https://defensesystems.com/articles/2015/03/12/afrl-artificial-compound-eye-targeting.aspx.

Porter, Sanford D. "Biology and Behavior of Pseudacteon Decapitating Flies (Diptera: Phoridae) That Parasitize Solenopsis Fire Ants (Hymenoptera: Formicidae)." Florida Entomologist 81, no. 3 (September 1998): 292–309. https://doi.org/10.2307/3495920.

Preston-Mafham, Kenneth G. "Courtship and Mating in Empis (Xanthempis) trigramma Meig., E. tessellata F. and E. (Polyblepharis) opaca F. (Diptera: Empididae) and the Possible Implications of 'Cheating' Behaviour." Journal of Zoology 247, no. 2 (February 1999): 239–46. https://doi.org/10.1111/j.1469-7998.1999.tb00987.x.

———. "Post-Mounting Courtship and the Neutralizing of Male Competitors Through 'Homosexual' Mountings in the Fly Hydromyza livens F. (Diptera: Scatophagidae)." Journal of

Natural History 40, no. 1–2 (April 2006): 101–5. https://doi.org/10.1080/00222930500533658.

Pridgeon, A. M., et al. Genera Orchidacearum. Vol. 4: Epidendroideae (Part 1). Oxford: Oxford University Press, 2005.

Puniamoorthy, Naline, Marion Kotrba, and Rudolf Meier. "Unlocking the 'Black Box': Internal Female Genitalia in Sepsidae (Diptera) Evolve Fast and Are Species-Specific." BMC [BioMed Central] Evolutionary Biology 10, article 275 (2010). https://doi.org/10.1186/1471-2148-10-275.

Puniamoorthy, Nalini, et al. "From Kissing to Belly Stridulation: Comparative Analysis Reveals Surprising Diversity, Rapid Evolution, and Much Homoplasy in the Mating Behaviour of 27 Species of Sepsid Flies (Diptera: Sepsidae)." Journal of Evolutionary Biology 22, no. 11 (November 2009): 2146–56. https://doi.org/10.1111/j.1420-9101.2009.01826.x.

Putz, Gabriele, and Martin Heisenberg. "Memories in Drosophila Heat-Box Learning." Learning & Memory 9, no. 5 (September 2002): 349–59. https://doi.org/10.1101/lm.50402.

Radonjić, Sanja, Snježana Hrnčić, and Tatjana Perović. "Overview of Fruit Flies Important for Fruit Production on the Montenegro Seacoast." Biotechnology, Agronomy, Society and Environment 23, no. 1

(2019): 46–56. https://doi.org/10.25518/1780-4507.17776.

Renner, Susanne S. "Rewardless Flowers in the Angiosperms, and the Role of Insect Cognition in Their Evolution." In Plant-Pollinator Interactions: From Specialization to Generalization, ed. Nickolas M. Waser and Jeff Ollerton, 123–44. Chicago: University of Chicago Press, 2006.

———, and Robert E. Ricklefs. "Dioecy and Its Correlates in the Flowering Plants." American Journal of Botany 82, no. 5 (May 1995): 596–606. https://doi.org/10.1002/j.1537-2197.1995.tb11504.x.

Rifai, Ryan. "UN: 200,000 Die Each Year from Pesticide Poisoning." Al Jazeera, March 8, 2017. www.aljazeera.com/news/2017/03/200000-die-year-pesticide-poisoning-170308140641105.html.

Rivers, David B., and Gregory A. Dahlem. The Science of Forensic Entomology. Chichester, UK: John Wiley & Sons, 2014.

Roberts, Andrew, et al. "Results from the Workshop 'Problem Formulation for the Use of Gene Drive in Mosquitoes.'" The American Journal of Tropical Medicine and Hygiene 96, no. 3 (March 8, 2017): 530–33. https://doi.org/10.4269/ajtmh.16-0726.

Robinson, Samuel V. J. "Plant-Pollinator Interactions at Alexandra Fiord, Nunavut." Trail Six: An Undergraduate Geography Journal 5

(2011): 13–20.

Rosenberg, Kenneth V., et al. "Decline of the North American Avifauna." Science 366, no. 6461 (October 4, 2019): 120–24. https://doi.org/10.1126/science.aaw1313.

Rowley, Wayne A., and Marcia Cornford. "Scanning Electron Microscopy of the Pit of the Maxillary Palp of Selected Species of Culicoides." Canadian Journal of Zoology 50, no. 9 (September 1972): 1207–10. https://doi.org/10.1139/z72-162.

RTS,S Clinical Trials Partnership. "Efficacy and Safety of RTS,S/AS01 Malaria Vaccine with or without a Booster Dose in Infants and Children in Africa: Final Results of a Phase 3, Individually Randomised, Controlled Trial." The Lancet 386, no. 9988 (July 4, 2015): 31–45. https://doi.org/10.1016/S0140-6736(15)60721-8.

Runyon, Justin B., and Richard L. Hurley. "A New Genus of Long-Legged Flies Displaying Remarkable Wing Directional Asymmetry." Proceedings of the Royal Society B: Biological Sciences 271, supplement 3 (February 7, 2004): S114–16. https://doi.org/10.1098/rsbl.2003.0118.

Sánchez-Bayo, Francisco, and Kris A. G. Wyckhuys. "Worldwide Decline of the Entomofauna: A Review of Its Drivers." Biological Conservation 232 (April 2019): 8–27. https://doi.org/10.1016/

j.biocon.2019.01.020.

Sansoucy, R. "Livestock—A Driving Force for Food Security and Sustainable Development." World Animal Review (FAO), 1995. http://www.fao.org/3/v8180t/v8180T07.htm (accessed August 21, 2020).

Sarkar, Sahotra. "Researchers Hit Roadblocks with Gene Drives." BioScience 68, no. 7 (July 2018): 474–80. https://doi.org/10.1093/biosci/biy060.

"Scientists Discover Why Flies Are So Hard to Swat." Phys.org, August 28, 2008. https://phys.org/news/2008-08-scientists-flies-hard-swat.html#jCp.

Scott, Jeffrey G., et al. "Insecticide Resistance in House Flies from the United States: Resistance Levels and Frequency of Pyrethroid Resistance Alleles." Pesticide Biochemistry and Physiology 107, no. 3 (November 2013): 377–84. https://doi.org/10.1016/j.pestbp.2013.10.006.

Scott, Kristin. Faculty Research Page, Department of Molecular and Cell Biology, University of California, Berkeley. Last updated January 1, 2019. https://mcb.berkeley.edu/faculty/NEU/scottk.html (accessed April 2019).

Scudder, Geoffrey G. E. "Comparative Morphology of Insect Genitalia."

Annual Review of Entomology 16 (1971): 379–406. https://doi.org/10.1146/annurev.en.16.010171.002115.

Session, Laura A., and Steven D. Johnson. "The Flower and the Fly: Long Insect Mouthparts and Deep Floral Tubes Have Become So Specialized That Each Organism Has Become Dependent on the Other." Natural History, March 2005. www.naturalhistorymag.com/htmlsite/master.html?https://www.naturalhistorymag.com/htmlsite/0305/0305_feature.html.

Ševčík, Jan, Jostein Kjærandsen, and Stephen A. Marshall. "Revision of Speolepta (Diptera: Mycetophilidae), with Descriptions of New Nearctic and Oriental Species." The Canadian Entomologist 144, no. 1 (February 23, 2012): 93–107. https://doi.org/10.4039/tce.2012.10.

Shanor, Karen, and Jagmeet Kanwal. Bats Sing, Mice Giggle: The Surprising Science of Animals' Inner Lives. London: Icon Books, 2009.

Shao, Lisha, et al. "A Neural Circuit Encoding the Experience of Copulation in Female Drosophila." Neuron 102, no. 5 (June 5, 2019): 1025–36. https://doi.org/10.1016/j.neuron.2019.04.009.

Sheehan, Michael J., and Elizabeth A. Tibbetts. "Specialized Face Learning Is Associated with Individual Recognition in Paper Wasps." Science 334, no. 6060 (December 2, 2011): 1272–75. https://doi.

org/10.1126/science.1211334.

Sheppard, D. Craig, et al. "A Value-Added Manure Management System Using the Black Soldier Fly." Bioresource Technology 50, no. 3 (1994): 275–79. https://doi.org/10.1016/0960-8524(94)90102-3.

Sherman, Ronald A., et al. "Maggot Therapy." In Biotherapy: History, Principles and Practice: A Practical Guide to the Diagnosis and Treatment of Disease Using Living Organisms, ed. M. Grassberger et al. Dordrecht, Netherlands: Springer Science+Business Media, 2013.

Shohat-Ophir, Galit, et al. "Sexual Deprivation Increases Ethanol Intake in Drosophila." Science 335, no. 6074 (March 16, 2012): 1351–55. https://doi.org/10.1126/science.1215932.

Shubin, Neal H., and Farish A. Jenkins, Jr. "An Early Jurassic Jumping Frog." Nature 377 (September 7, 1995): 49–52. https://doi.org/10.1038/377049a0.

Shuttlesworth, Dorothy. The Story of Flies. New York: Doubleday, 1970.

Sjöberg, Fredrik. The Fly Trap. New York: Vintage, 2015.

Smith, Ronald L. Interior and Northern Alaska: A Natural History. Bothell, WA: Book Publishers Network, 2008.

Sokolowski, Marla B. "Social Interactions in 'Simple' Model Systems." Neuron 65, no. 6 (March 25, 2010): 780–94. https://doi.

org/10.1016/j.neuron.2010.03.007.

Spielman, Andrew, and Michael D'Antonio. Mosquito: A Natural History of Our Most Persistent and Deadly Foe. New York: Hyperion, 2002.

Ssymank, Axel, and Carol Kearns. "Flies–Pollinators on Two Wings." The New Diptera Site. http://diptera.myspecies.info/diptera/content/flies-pollinators-two-wings, 2009 (accessed August 7, 2020).

Ssymank, Axel, et al. Das europäische Schutzgebietssystem NATURA 2000. Schriftenreihe für Landschaftspflege und Naturschutz, vol. 53. Bonn–Bad Godesberg: Bundesamt für Naturschutz, 1998.

Stensmyr, Marcus C., et al. "Pollination: Rotting Smell of Dead-Horse Arum Florets." Nature 420 (2002): 625–26. https://doi.org/10.1038/420625a.

Stiling, Peter D. Florida's Butterflies and Other Insects. Sarasota, FL: Pineapple Press, 1989.

Stinson, Liz. "Enchanting Paintings Made from the Puke of 250,000 Flies." Wired, August 5, 2013. www.wired.com/2013/08/beautiful-abstract-paintings-made-from-the-puke-of-250000-flies/.

Sultan, Mehmet. "Forensic Entomology: How Insects Solve Murder Cases." The Fountain 53 (January–March 2006). https://fountainmagazine.com/2006/issue-53-january-march-2006/forensic-entomology-how-insects-solve-murder-cases (accessed August 18, 2020).

Sun, Dan, et al. "Progress and Prospects of CRISPR/Cas Systems in Insects and Other Arthropods." Frontiers in Physiology 8 (September 6, 2017): 608. https://doi.org/10.3389/fphys.2017.00608.

Sverdrup-Thygeson, Anne. Buzz Sting Bite: Why We Need Insects. New York: Simon & Schuster, 2019.

Syracuse University. "Forget Peacock Tails, Fruit Fly Sperm Tails Are the Most Extreme Ornaments: Syracuse University Researchers Among Those to Author New Paper in Nature That Explains Why Ornament May Have Evolved." EurekAlert!, May 25, 2016. www.eurekalert.org/pub_releases/2016-05/su-fpt052516.php.

Tabone, C. J., and J. S. de Belle. "Second-Order Conditioning in Drosophila." Learning & Memory 18, no. 4 (2011): 250–53.

Tarsitano, Michael S., and Robert R. Jackson. "Araneophagic Jumping Spiders Discriminate between Detour Routes That Do and Do Not Lead to Prey." Animal Behaviour 53, no. 2 (February 1997): 257–66. https://doi.org/10.1006/anbe.1996.0372.

Taylor, Barbara, Jen Green, and John Farndon. The Big Bug Book. London: Anness, 2004.

Taylor, David B., Roger D. Moon, and Darrell R. Mark. "Economic Impact of Stable Flies (Diptera: Muscidae) on Dairy and Beef Cattle Production." Journal of Medical Entomology 49, no. 1 (January

2012): 198–209. https://doi.org/10.1603/ME10050.

Teale, Edwin Way. The Strange Lives of Familiar Insects. New York: Dodd, Mead, 1964.

Theodor, Oskar. On the Structure of the Spermathecae and Aedeagus in the Asilidae and Their Importance in the Systematics of the Family. Jerusalem: Israel Academy of Sciences and Humanities, 1976.

Thompson, Christopher R., et al. "Bacterial Interactions with Necrophagous Flies." Annals of the Entomological Society of America 106, no. 6 (November 1, 2013): 799–809. https://doi.org/10.1603/AN12057.

Thornhill, Randy, and John Alcock. The Evolution of Insect Mating Systems. Cambridge, MA: Harvard University Press, 1983.

Tiffin, Helen. "Do Insects Feel Pain?" Animal Studies Journal 5, no. 1 (2016): 80–96. https://ro.uow.edu.au/asj/vol5/iss1/6.

Tiusanen, Mikko, et al. "One Fly to Rule Them All—Muscid Flies Are the Key Pollinators in the Arctic." Proceedings of the Royal Society B: Biological Sciences 283, no. 1839 (September 28, 2016). https://doi.org/10.1098/rspb.2016.1271.

Torres Toro, Juliana, et al. "An Update of Diversity of Soldier Flies (Stratiomyidae) from Colombia and Notes on Distribution in Colombian Biogeographical Provinces." Abstract 281, 9th International Congress of Dipterology, Windhoek, Namibia, 2018.

University of Michigan Health System. "Fruit Flies with Better Sex Lives Live Longer." ScienceDaily, November 28, 2013. www.sciencedaily.com/releases/2013/11/131128141258.htm.

Vandertogt, Alysha. "Can Mosquitoes and Black Flies Transmit COVID-19?" Cottage Life, May 19, 2020. https://cottagelife.com/general/can-mosquitoes-and-black-flies-transmit-covid-19/ (accessed August 21, 2020).

VanLaerhoven, Sherah L., and Ryan W. Merritt. "50 Years Later, Insect Evidence Overturns Canada's Most Notorious Case—Regina v. Steven Truscott." Forensic Science International 301 (August 2019): 326–30. https://doi.org/10.1016/j.forsciint.2019.04.032.

Van Niekerken, Bill. "The Medfly Invasion: How a Tiny Insect Upended Bay Area Life Decades Ago." San Francisco Chronicle, September 19, 2017, updated November 25, 2018. www.sfchronicle.com/chronicle_vault/article/The-medfly-invasion-How-a-tiny-insect-upended-12205233.php (accessed May 15, 2020).

Van Swinderen, Bruno, and R. Andretic. "Dopamine in Drosophila: Setting Arousal Thresholds in a Miniature Brain." Proceedings of Biological Science 278 (2011): 906–13.

Vargas-Terán, Moisés, H. C. Hofmann, and N. E. Tweddle. "Impact of Screwworm Eradication Programmes Using the Sterile Insect

Technique." In Sterile Insect Technique: Principles and Practice in Area-Wide Integrated Pest Management, ed. Victor Arnold Dyck, Jorge Hendrichs, and Alan S. Robinson, 629–50. New York: Springer, 2005.

Vinauger, Clément, et al. "Modulation of Host Learning in Aedes aegypti Mosquitoes." Current Biology 28, no. 3 (February 5, 2018): 333–44. https://doi.org/10.1016/j.cub.2017.12.015.

Vogel, Stephen. "Flickering Bodies: Floral Attraction by Movement." Beiträge zur Biologie der Pflanzen 72 (January 2001): 89–154.

Wake, Marvalee H. "Amphibian Locomotion in Evolutionary Time." Zoology 100 (1997): 141–51.

Waldbauer, Gilbert. What Good Are Bugs? Insects in the Web of Life. Cambridge, MA: Harvard University Press, 2003.

Wandersee, James H., and Elisabeth E. Schussler. "Preventing Plant Blindness." American Biology Teacher 61 (1999): 82–86.

Wangberg, James K. Six-Legged Sex: The Erotic Lives of Bugs. Golden, CO: Fulcrum, 2001.

Wee, Suk Ling, Shwu Bing Tana, and Andreas Jürgens. "Pollinator Specialization in the Enigmatic Rafflesia cantleyi: A True Carrion Flower with Species-Specific and Sex-Biased Blow Fly Pollinators." Phytochemistry 153 (September 2018): 120–28. https://doi.

org/10.1016/j.phytochem.2018.06.005.

Weeks, Emma N. I., et al. "Effects of Four Commercial Fungal Formulations on Mortality and Sporulation in House Flies (Musca domestica) and Stable Flies (Stomoxys calcitrans)." Medical and Veterinary Entomology 31, no. 1 (March 2017): 15–22. https://doi.org/10.1111/mve.12201.

Weisberger, Mindy. "How Much Do You Poop in Your Lifetime?" LiveScience, March 21, 2018. www.livescience.com/61966-how-much-you-poop-in-lifetime.html (accessed May 15, 2020).

Weiss, Harry B. "Insects and Pain." The Canadian Entomologist 46, no. 8 (August 1914): 269–71. https://doi.org/10.4039/Ent46269-8.

Welsh, Jennifer. "World's Tiniest Fly May Decapitate Ants, Live in Their Heads." Live Science, July 2, 2012. www.livescience.com/21326-smallest-fly-decapitates-ants.html.

Wheeler, Quentin. "New to Nature No 88: Euryplatea nanaknihali: A Parasitoid Discovered in Thailand Is the World's Smallest Fly." The Guardian, October 13, 2012. www.theguardian.com/science/2012/oct/14/euryplatea-nanaknihali-new-to-nature.

Whitman, William B., David C. Coleman, and William J. Wiebe. "Prokaryotes: The Unseen Majority." Proceedings of the National Academy of Sciences of the United States of America 95, no. 12 (June

9, 1998): 6578–83. https://doi.org/10.1073/pnas.95.12.6578.

Whitworth, Terry L. Blow Flies home page. http://www.blowflies.net/ (accessed July 22, 2019).

Wigglesworth, Vincent B. "Do Insects Feel Pain?" Antenna 4 (1980): 8–9.

Winegard, Timothy C. The Mosquito: A Human History of Our Deadliest Predator. New York: Dutton, 2019.

Witze, Alexandra. "Flying Insects Tell Tales of Long-Distance Migrations: Well-Timed Travel Ensures Food and Breeding Opportunities." Science News, April 5, 2018. www.sciencenews.org/article/flying-insects-tell-tales-long-distance-migrations?utm_source=email&utm_medium=email&utm_campaign=latest-newsletter-v2.

Wohlleben, Peter. The Inner Life of Animals: Love, Grief, and Compassion—Surprising Observations of a Hidden World. Vancouver: Greystone Books, 2017.

World Health Organization. "Malaria: Insecticide Resistance." Last updated February 19, 2020. www.who.int/malaria/areas/vector_control/insecticide_resistance/en (accessed May 15, 2020).

———. "The Top 10 Causes of Death." May 24, 2018. www.who.int/news-room/fact-sheets/detail/the-top-10-causes-of-death.

———. Vector Resistance to Pesticides: Fifteenth Report of the WHO

Expert Committee on Vector Biology and Control [meeting held in Geneva from 5 to 12 March 1991]. Geneva: World Health Organization, 1992. https://apps.who.int/iris/handle/10665/37432.

Wu, Xinwei, and Shucun Sun. "The Roles of Beetles and Flies in Yak Dung Removal in an Alpine Meadow of Eastern Qinghai-Tibetan Plateau." Écoscience 17, no. 2 (June 2010): 146–55. https://doi.org/10.2980/17-2-3319.

Wulf, Andrea. The Invention of Nature: Alexander von Humboldt's New World. New York: Vintage, 2016.

Yarali, Ayse, et al. "'Pain Relief' Learning in Fruit Flies." Animal Behaviour 76, no. 4 (October 2008): 1173–85. https://doi.org/10.1016/j.anbehav.2008.05.025.

Yin, Jerry C. P., et al. "CREB as a Memory Modulator: Induced Expression of a dCREB2 Activator Isoform Enhances Long-Term Memory in Drosophila." Cell 81, no. 1 (April 7, 1995): 107–15. https://doi.org/10.1016/0092-8674(95)90375-5.

Yong, Ed. "Scientists Genetically Engineered Flies to Ejaculate Under Red Light." The Atlantic, April 19, 2018. www.theatlantic.com/science/archive/2018/04/scientists-genetically-engineered-flies-to-ejaculate-under-red-light/558320/.

Young, Allen M. The Chocolate Tree: A Natural History of Cacao, rev. ed. Gainesville: University Press of Florida, 2007.

Yurkovic, Alexandra, et al. "Learning and Memory Associated with Aggression in Drosophila melanogaster." Proceedings of the National Academy of Sciences of the United States of America 103, no. 46 (November 14, 2006): 17519–24. https://doi.org/10.1073/pnas.0608211103.

Zahavi, Amotz. "Mate Selection—A Selection for a Handicap." Journal of Theoretical Biology 53, no. 1 (September 1975): 205–14. https://doi.org/10.1016/0022-5193(75)90111-3.

Zeldovich, Lina. "New Study Finds Insects Speak in Different 'Dialects.'" JSTOR Daily, July 31, 2018. https://daily.jstor.org/new-study-finds-insects-speak-in-different-dialects (accessed May 15, 2020).

Zimmer, Carl. Parasite Rex: Inside the Bizarre World of Nature's Most Dangerous Creatures. New York: Free Press, 2000.

———. "These Animal Migrations Are Huge—and Invisible." The New York Times, June 13, 2019. https://www.nytimes.com/2019/06/13/science/animals-migration-insects.html.

Zivkovic, Bora. "Stumped by Bed Nets, Mosquitoes Turn Midnight Snack into Breakfast." Scientific American, October 3, 2012. https://blogs.scientificamerican.com/a-blog-around-the-clock/stumped-by-bednets-mosquitoes-turn-midnight-snack-into-breakfast/.

Zlomislic, Diana. "Fields of Dreams." The Star (Toronto), June 20, 2019. https://projects.thestar.com/climate-change-canada/saskatchewan/ (accessed August 4, 2020).

Zwarts, Liesbeth, Marijke Versteven, and Patrick Callaerts. "Genetics and Neurobiology of Aggression in Drosophila." Fly 6, no. 1 (January–March 2012): 35–48. https://doi.org/10.4161/fly.19249.

신이 선택한 곤충

**초판 1쇄 인쇄** 2025년 8월 27일
**초판 1쇄 발행** 2025년 9월 10일

**지은이** 조너선 밸컴
**옮긴이** 정다은
**펴낸이** 고영성

**편집** 유형일  **디자인** 이화연  **저작권** 주민숙

**펴낸곳** 주식회사 상상스퀘어
**출판등록** 2021년 4월 29일 제2021-000079호
**주소** 경기 성남시 분당구 성남대로 43번길 10, 하나EZ타워 307
**팩스** 02-6499-3031
**이메일** publication@sangsangsquare.com
**홈페이지** www.sangsangsquare-books.com

**ISBN** 979-11-94368-56-4 (03490)

- 상상스퀘어는 출간 도서를 한국작은도서관협회에 기부하고 있습니다.
- 이 책은 저작권법에 따라 보호를 받는 저작물이므로 무단 전제와 복제와 금지하며, 이 책 내용의 전부 또는 일부를 사용하려면 반드시 저작권자와 상상스퀘어의 서면 동의를 받아야 합니다.
- 파손된 책은 구입하신 서점에서 교환해드리며 책값은 뒤표지에 있습니다.